概率与统计
在水科学领域中的应用研究

张子贤　刘家春　著

中国矿业大学出版社

·徐州·

内 容 提 要

本书重点介绍了作者将概率与统计应用于水科学领域的研究成果。主要内容有：概率与统计的基本理论；基于 Excel 和 Matlab 软件常用分布的概率计算；水科学领域中的频率计算方法与应用；概率论在水工程可靠性计算中的应用研究，包括输水管道系统的可靠性研究、水泵机组运行的可靠性研究、雨水管道与溢洪道水力设计的可靠性计算与基于可靠性的水力设计等；回归分析方法的应用研究与改进，包括可线性化的非线性回归的有关问题分析与回归方法的改进、一类非线性回归模型的新解法及其应用、回归分析方法在地下水动态规律研究中的应用等；基于非线性回归的城市暴雨强度公式的拟合方法与推求路径的研究，以及城市暴雨强度公式的编制与优化实例等。

本书可供水科学领域及其他相关领域的研究人员、工程技术人员、管理人员，以及高等院校有关专业的师生参考使用。

图书在版编目(CIP)数据

概率与统计在水科学领域中的应用研究 / 张子贤，
刘家春著. — 徐州 ：中国矿业大学出版社，2019.11
　ISBN 978 - 7 - 5646 - 3292 - 2

　Ⅰ. ①概… 　Ⅱ. ①张… ②刘… 　Ⅲ. ①概率论－应用
－水文学－研究②数理统计－应用－水文学－研究 　Ⅳ.
①O21②P33

　中国版本图书馆 CIP 数据核字(2019)第 261712 号

书　　　名	概率与统计在水科学领域中的应用研究
著　　　者	张子贤　刘家春
责任编辑	何晓明
出版发行	中国矿业大学出版社有限责任公司
	（江苏省徐州市解放南路　邮编 221008）
营销热线	(0516)83884103　83885105
出版服务	(0516)83995789　83884920
网　　　址	http://www.cumtp.com　**E-mail**：cumtpvip@cumtp.com
印　　　刷	江苏淮阴新华印务有限公司
开　　　本	787 mm×1092 mm　1/16　**印张** 14.75　**字数** 368 千字
版次印次	2019 年 11 月第 1 版　2019 年 11 月第 1 次印刷
定　　　价	58.00 元

（图书出现印装质量问题，本社负责调换）

前　言

概率论与数理统计(以下简称概率与统计)是研究随机现象统计规律的数学学科,广泛应用于自然科学、工程技术、社会经济科学、军事科学、农业科学、医学、企业管理等各个领域。Excel 和 Matlab 等软件,特别是 Matlab 软件的出现,为概率与统计中的复杂计算以及概率与统计模型的求解,提供了很好的平台,使得概率与统计的应用更加方便、广泛和深入。理论与实践均表明,应用概率与统计的理论与方法解决自然科学与工程技术等领域的随机性问题,将为自然科学与工程技术等领域的发展注入活力。正如马克思所言:"一种科学只有在成功地运用数学时,才算达到了真正完善的地步。"[①]

近 40 年来,我们一直在高等院校从事教学与科研工作,承担过水文与水资源、水利工程、给水排水、市政工程等专业的教学,特别是曾承担过"水文统计学"和"概率与统计"课程累计 20 轮次的教学,对概率与统计在水科学领域中的应用有着浓厚的兴趣,成功地将概率与统计有机地融入水科学领域,并成功应用其解决了许多相关的工程技术问题,取得了多项研究成果。

本书共 6 章,重点介绍了我们将概率与统计应用于水科学领域的研究成果。

第 1 章,概率论的基本理论。本章内容是阅读后续各章应具备的基本知识和基本方法,特别是介绍了基于 Excel 和 Matlab 软件的常用概率分布的计算,便于读者进行相关计算。此外,力求列举水科学领域的例题,旨在将概率的概念和方法与水科学领域中的随机性问题有机融合。

第 2 章,数理统计的基本理论与有关研究。介绍了样本与统计量的分布、参数估计、回归分析,这些内容是阅读后续各章应具备的基本理论;介绍了我们在样本容量的选取、回归方程的误差等方面的分析与研究内容。

第 3 章,水科学领域中的频率计算方法与应用。主要包括频率计算中的基本概念与公式、皮尔逊Ⅲ型分布、耿贝尔分布和指数分布的频率计算。其中,关于耿贝尔分布和指数分布的优化适线法的原理与方法,尚未见系统介绍该内容的其他专业书籍。

第 4 章,概率论在水工程可靠性计算中的应用研究。包括输水管道系统的可靠性研究、水泵机组运行的可靠性研究、应用概率方法确定给水泵站备用泵台数、雨水管道与溢洪道水力设计的可靠性计算与基于可靠性的水力设计等。在此章中,所有参数的确定均依据国家或行业现行有关规范,并对以往有关研究结合现行规范重新进行了计算,数据翔实。

第 5 章,回归分析方法的应用研究与改进。主要包括可线性化的非线性回归的有关问题剖析与回归方法的改进、一类非线性回归模型的新解法及其应用、回归分析方法在地下水动态规律研究中的应用等。

[①] 保尔·拉法格,威廉·李卜克内西.忆马克思恩格斯[M].李启源,等译.北京:生活·读书·新知三联书店,1963.

第 6 章,城市暴雨强度公式的拟合方法与推求路径的研究。主要包括城市暴雨强度公式形式的选择方法、参数拟合的非线性回归方法,城市暴雨强度公式推求的新路径(新方法)——直接拟合法,城市暴雨强度公式编制与优化的实例等。本章的理论基础是频率计算与非线性回归分析。

本书涉及面广,读者除应具备高等数学、概率与统计的基本理论外,还应具备矩阵运算的知识以及水科学领域的相关专业知识等。

本书由江苏建筑职业技术学院张子贤教授和刘家春教授所著。本书的研究和成书得到了江苏建筑职业技术学院有关领导和部门以及著者所在二级学院的大力支持,在此表示衷心的感谢。

本书参考、引用的有关文献,除部分已经列出外,其余未能一一注明,在此一并诚挚致谢。

希望本书的出版,对读者有所裨益。限于著者水平,书中难免有不妥之处,恳请读者批评指正。

著 者

2019 年 7 月

目　录

第1章　概率论的基本理论

必然现象和随机现象是自然界中普遍存在的两类现象。在一定条件下,必然出现某种结果的现象称为必然现象。在一定条件下,试验有多种可能结果,但预先不能确知出现哪种结果,这类现象称为随机现象。例如,河流某一断面明年的年径流量多大,显然具有随机性,无法确切回答。

对于随机现象,一次试验的结果是随机的,但随机现象并非无章可循。例如,河流某一断面年径流量的数值,由长期观测资料可知:其多年平均值是比较稳定的,且特大或特小数值的年径流量出现的年份较少,而中等数值的年径流量出现的年份较多。这种在相同的条件下,大量重复试验中随机现象所遵循的内在规律称为统计规律。概率论与数理统计就是研究随机现象统计规律的科学。概率论是从理论上进行研究,而数理统计是以概率论的理论为基础,由一部分试验资料研究全体现象的统计规律。概率论与数理统计自17世纪中叶起源以来,得到了很大的发展和广泛的应用,其应用几乎遍及所有科学技术领域、工农业生产和国民经济的各个部门,而且越来越显示了它的重要性及理论与应用价值。概率论与数理统计(以下简称概率与统计),其内容是丰富的,本章简单介绍概率论的基本理论。

1.1　随机事件及其运算

1.1.1　随机事件与样本空间

对自然现象和社会现象所进行的观察或实践统称试验。一般情况下,我们将具有如下基本特点的试验,称为随机试验:(1)试验可以在相同的条件下重复进行;(2)每次试验的可能结果不止一个,并且能事先明确试验的所有可能结果;(3)进行一次试验之前,不能确定会发生哪一种可能结果。

需要说明的是,本书中以后提到的试验均指随机试验。

通常把在一次试验中可能发生也可能不发生的事情,称为随机事件,简称事件,常用大写英文字母 $A,B,\cdots$ 表示。一次试验中,必然发生的结果称为必然事件,记为 Ω;不可能发生的结果称为不可能事件,记为 $\varnothing$。必然事件和不可能事件不是随机事件,但为了研究方便,通常将它们看成特殊的随机事件。

试验中每一个不能再分(即直接的)的结果,称为基本事件。在给定试验条件下全体基本事件的集合,或随机试验的所有可能结果的集合,称为样本空间,也称为基本空间。若将样本空间看成一个事件,其特征是每次试验必定发生,是必然事件,因此,样本空间也记为 Ω。集合 Ω 中的元素为基本事件,也称为样本点。

1.1.2 事件间的关系与运算

（1）事件的包含与等价

如果事件 A 发生必然导致事件 B 发生，即 A 中的样本点都在 B 中，则称 A 包含于 B，或 B 包含 A，记为 $A \subset B$ 或 $B \supset A$。

显然，对任一事件 A 都有 $A \subset \Omega$。方便起见，规定任一事件 A 包含不可能事件，记为 $A \supset \varnothing$。

如果 $A \subset B$ 且 $B \subset A$，即 A 与 B 包含完全相同的样本点，则称事件 A 与事件 B 等价，或相等，记为 $A = B$。

（2）事件的和（或并）

由事件 A 与 B 至少发生一个构成的事件，称为事件 A 与 B 的和（或并），记为 $A + B$ 或 $A \bigcup B$。$A + B$ 是由 A 与 B 的所有基本事件构成的集合。

"事件 $A_1, A_2, \cdots, A_n$ 中至少有一个发生"这一事件称为 $A_1, A_2, \cdots, A_n$ 的和，记为 $\sum_{i=1}^{n} A_i$ 或 $A_1 + A_2 + \cdots + A_n$；"事件 $A_1, A_2, \cdots, A_n, \cdots$ 中至少有一个发生"这一事件称为 $A_1, A_2, \cdots, A_n, \cdots$ 的和，记为 $\sum_{i=1}^{\infty} A_i$ 或 $A_1 + A_2 + \cdots + A_n + \cdots$。

（3）事件的积（或交）

由事件 A 与 B 同时发生构成的事件，称为事件 A 与 B 的积（或交），记为 AB 或 $A \bigcap B$。积事件 AB 由 A 与 B 公共的基本事件构成。

"事件 $A_1, A_2, \cdots, A_n$ 同时发生"这一事件称为 $A_1, A_2, \cdots, A_n$ 的积，记为 $\prod_{i=1}^{n} A_i$ 或 $A_1 A_2 \cdots A_n$；"事件 $A_1, A_2, \cdots, A_n, \cdots$ 同时发生"这一事件称为 $A_1, A_2, \cdots, A_n, \cdots$ 的积，记为 $\prod_{i=1}^{\infty} A_i$ 或 $A_1 A_2, \cdots, A_n, \cdots$。

（4）事件的差

由事件 A 发生与事件 B 不发生构成的事件，称为事件 A 与 B 的差。记为 $A - B$。差事件 $A - B$ 由属于 A 而不属于 B 的那些基本事件构成。

（5）事件的互斥（互不相容）

若事件 A 与 B 在一次试验中不可能同时发生，即满足 $AB = \varnothing$，则称事件 A 与 B 互斥（互不相容）。事件 A 与 B 互斥意味着它们没有公共的基本事件。

对 n 个事件 $A_1, A_2, A_3, \cdots, A_n$，若其中任意两个事件互斥，即 $A_i A_j = \varnothing, i \neq j$，且 $i, j = 1, 2, \cdots, n$，则称 $A_1, A_2, A_3, \cdots, A_n$ 两两互斥。对于无限可列多个事件，也可仿此建立两两互斥的概念。

（6）事件的对立（互逆）

若事件 A 与 B 在一次试验中不可能同时发生，但二者中必有其一发生，即 $A + B = \Omega$，$AB = \varnothing$，则称事件 A 与 B 对立（互逆）。事件 A 与 B 对立意味着它们没有公共的基本事件，而其所有基本事件又恰好充满样本空间 Ω。若记 A 的对立事件为 $\overline{A}$，则 $\overline{A} = B$，易知对立必互斥，反之则不一定。

（7）互斥完备事件组（样本空间的划分）

若 n 个事件 $A_1,A_2,A_3,\cdots,A_n$ 在一次试验中既不能同时发生,但又必定恰有一个发生,即满足 $A_iA_j=\varnothing,i\neq j$,且 $i,j=1,2,\cdots,n$；$A_1+A_2+\cdots+A_n=\Omega$,则称 $A_1,A_2,A_3,\cdots,A_n$ 构成互斥事件完备组,或称为样本空间的一个划分。

（8）运算法则

对任意事件 A,B,C,可以证明下列运算法则：

交换律：$A+B=B+A,AB=BA$；

结合律：$(A+B)+C=A+(B+C),(AB)C=A(BC)$；

分配律：$(A+B)C=AC+BC,(AB)+C=(A+C)(B+C)$；

对偶律（德·摩根律）：$\overline{A+B}=\overline{A}\ \overline{B},\overline{AB}=\overline{A}+\overline{B}$；

常用关系式：$A=AB+A\overline{B},A+B=A+\overline{A}B$。

1.2　概率的基本概念与公式

1.2.1　概率与频率

古典概型与概率的古典定义　有一类简单随机试验,具有以下两个特征：（1）试验的每种可能结果都是等可能的；（2）试验的所有可能结果总数是有限的。这种随机试验称为古典概型。

对于古典概型,若样本空间 Ω 包含 n 个基本事件,事件 A 包含其中的 k 个基本事件,则

$$P(A)=\frac{k}{n} \tag{1-2-1}$$

称 $P(A)$ 为事件 A 发生的概率。

由概率的古典定义易知,对于任意事件 A,有：$0\leqslant P(A)\leqslant 1$；$P(\Omega)=1$；$P(\varnothing)=0$。

对于不符合古典概型的试验,无法利用式（1-2-1）直接计算概率。为此,引出频率这一重要概念,同时给出概率的统计定义。

频率的定义　设事件 A 在 n 次试验中出现了 m 次,将事件 A 发生的次数 m 与试验总次数 n 的比值,称为事件 A 在 n 次试验中发生的频率,记为 $W(A)$。即

$$W(A)=\frac{m}{n} \tag{1-2-2}$$

容易得出,$0\leqslant W(A)\leqslant 1$；$W(\Omega)=1$；$W(\varnothing)=0$。

当试验次数 n 不大时,任一事件 A 发生的频率很不稳定；而当试验次数 n 充分大时,事件 A 发生的频率趋于稳定值,该稳定值即为事件 A 发生的概率。此结论不但由大量的试验和人类实践活动所证明,而且概率论中的贝努利大数定律对其给予了严格的证明（详见 1.7 节）。

概率的统计定义　在相同条件下进行的大量重复试验中,若随着试验次数 n 的增加,事件 A 的频率 $W(A)$ 始终围绕某一常数 p 做稳定而微小的摆动,则称 p 为事件 A 的概率,即 $P(A)=p$。

综上所述,概率与频率既有区别,又有联系。概率是反映事件发生可能性大小的理论值,是客观存在的；频率是反映事件发生可能性大小的试验值,当试验次数 n 不大时,具有

不确定性,但当试验次数 n 充分大时,频率趋于稳定值,即为概率。正是这种必然的联系,给解决实际问题带来了很大的方便。当试验不符合古典概型时,可通过试验数据推求事件的频率作为概率的近似值,但要求试验次数 n 充分大。

此外,苏联的数学家柯尔莫哥洛夫在 1933 年提出了概率的公理化定义,读者可参阅有关书籍。

概率具有如下基本性质:

(1) 对于任意事件 A,总有 $0 \leqslant P(A) \leqslant 1$。

(2) $P(\Omega)=1; P(\varnothing)=0$。

(3) 对于两两互斥的有限个事件 $A_1, A_2, \cdots, A_n$,有

$$P(A_1+A_2+\cdots+A_n)=P(A_1)+P(A_2)+\cdots+P(A_n) \tag{1-2-3}$$

(4) 设任意事件 A,有 $P(\overline{A})=1-P(A)$。

(5) 设事件 $A \subset B$,则

$$P(B-A)=P(B)-P(A) \tag{1-2-4}$$

(6) 当 $A \subset B$ 时,$P(A) \leqslant P(B)$。

1.2.2 概率的加法和乘法公式

1.2.2.1 加法公式

式(1-2-3)为互斥事件的加法公式。对于任意两事件 A, B,加法公式为

$$P(A+B)=P(A)+P(B)-P(AB) \tag{1-2-5}$$

式(1-2-5)也称为加法定理。

设 A_1, A_2, A_3 为任意三个事件,则有

$$P(A_1+A_2+A_3)=P(A_1)+P(A_2)+P(A_3)-P(A_1A_2)-P(A_1A_3)-$$
$$P(A_2A_3)+P(A_1A_2A_3) \tag{1-2-6}$$

对于任意 n 个事件 $A_1, A_2, \cdots, A_n$,有

$$P(A_1+A_2+\cdots+A_n)=\sum_{i=1}^{n}P(A_i)-\sum_{1\leqslant i<j\leqslant n}P(A_iA_j)+\sum_{1\leqslant i<j<k\leqslant n}P(A_iA_jA_k)-\cdots+$$
$$(-1)^{n-1}P(A_1A_2\cdots A_n) \tag{1-2-7}$$

1.2.2.2 条件概率

设 A, B 为同一随机试验的两个事件,在 B 已发生的条件下,A 发生的概率,记作 $P(A|B)$。同理,在 A 发生的条件下,B 发生的概率,记作 $P(B|A)$。

条件概率的定义 对事件 A, B,且 $P(B)>0$,则称

$$P(A\mid B)=\frac{P(AB)}{P(B)} \tag{1-2-8}$$

为事件 B 发生条件下事件 A 发生的条件概率。

同理,可定义 $P(B|A)$。

1.2.2.3 乘法公式

设 $P(A)>0, P(B)>0$,由条件概率的定义,可得两事件概率的乘法公式为

$$P(AB)=P(A)P(B\mid A)=P(B)P(A\mid B) \tag{1-2-9}$$

式(1-2-9)也称为乘法定理。

式(1-2-9)可以推广到多个事件同时发生的情形。对于 3 个事件 A_1,A_2,A_3,当 $P(A_1A_2)>0$ 时,有

$$P(A_1A_2A_3)=P(A_1A_2)P(A_3\mid A_1A_2)$$
$$=P(A_1)P(A_2\mid A_1)P(A_3\mid A_1A_2) \qquad (1\text{-}2\text{-}10)$$

一般情况下,对于 n 个事件 $A_1,A_2,\cdots,A_n$,当 $P(A_1A_2\cdots A_{n-1})>0$ 时,有

$$P(A_1A_2\cdots A_n)=P(A_1)P(A_2\mid A_1)P(A_3\mid A_1A_2)\cdots P(A_n\mid A_1A_2\cdots A_{n-1}) \quad (1\text{-}2\text{-}11)$$

1.2.3　全概率公式和逆概率(贝叶斯)公式

计算某一事件的概率时,可以用简单事件表示复杂事件,然后计算复杂事件的概率;也可以将复杂事件分解为若干个互斥事件,然后利用加法、乘法公式计算事件的概率。全概率公式就是用第二种思路进行概率计算的。

全概率公式　若 $A_1,A_2,\cdots,A_n$ 构成样本空间 Ω 的一个划分;又 $P(A_i)>0,i=1,2,\cdots,n$,则对于 Ω 中的任意事件 B,有

$$P(B)=\sum_{i=1}^{n}P(A_i)P(B\mid A_i) \qquad (1\text{-}2\text{-}12)$$

证　$B=B\Omega=B\sum_{i=1}^{n}A_i=\sum_{i=1}^{n}A_iB$, 因 $A_1,A_2,\cdots,A_n$ 两两互斥,则 $A_1B,A_2B,\cdots,A_nB$ 也两两互斥,故

$$P(B)=P(\sum_{i=1}^{n}A_iB)=\sum_{i=1}^{n}P(A_iB)=\sum_{i=1}^{n}P(A_i)P(B\mid A_i)$$

全概率公式是在对事件 B 进行互斥分解的基础上,借助那些简单事件的概率实现对事件 B 的概率计算。可见,全概率公式的主要作用是化繁为简。

逆概率(贝叶斯)公式　若 $A_1,A_2,\cdots,A_n$ 构成样本空间 Ω 的一个划分;又 $P(A_i)>0,i=1,2,\cdots,n,B$ 是 Ω 中的任意事件,且 $P(B)>0$,则有

$$P(A_j\mid B)=\frac{P(A_j)P(B\mid A_j)}{\sum_{i=1}^{n}P(A_i)P(B\mid A_i)} \qquad (j=1,2,\cdots,n) \qquad (1\text{-}2\text{-}13)$$

式(1-2-13)源于英国哲学家贝叶斯(Bayes)的发现,故也称为贝叶斯公式。此式根据条件概率的定义式和全概率公式易于证明(过程从略)。

全概率公式的主导思想是:"由因导果",即当求一个复杂事件 B 的概率,若存在伴随 B 发生的若干"原因": $A_1,A_2,\cdots,A_n$,它们两两互斥,且 $\sum_{i=1}^{n}A_i=\Omega$,则由式(1-2-12)计算事件 B 的概率,"全"字的意义就是对于导致 B 发生的可能原因要无一遗漏地加以考察。逆概率公式(1-2-13)的主导思想是"执果索因",这正是"逆"字意义所在。读者可通过例1-2-1,进一步理解这两个公式的含义。

【例 1-2-1】　若某城市的空气污染主要是由工业污染与汽车尾气引起的,在今后 5 年中分别控制这两个污染源的概率分别是 75% 和 60%,如果只有其中一个污染源得到控制,则可使污染程度达到可以接受的概率为 80%。

(1) 在今后 5 年中控制空气污染可以接受的概率是多少?

(2) 在今后 5 年里,污染程度未被充分控制(控制空气污染不可以接受)的情况下完全

是由于未控制汽车尾气而引起污染的概率是多少?

解 (1) 设 A_1:"今后 5 年中成功地控制工业污染",A_2:"今后 5 年中成功地控制汽车尾气污染",B:"今后 5 年中控制空气污染可以接受"。由题设,$P(A_1)=0.75$,$P(A_2)=0.60$,所求概率为 $P(B)$。

易知,A_1A_2,$A_1\overline{A_2}$,$\overline{A_1}A_2$,$\overline{A_1}\,\overline{A_2}$ 是样本空间 Ω 的一个划分,并假设工业污染与汽车尾气污染相互独立,可得

$$P(A_1A_2)=0.75\times 0.6=0.45, \quad P(A_1\overline{A_2})=0.75\times 0.4=0.30$$

$$P(\overline{A_1}A_2)=0.25\times 0.6=0.15, \quad P(\overline{A_1}\,\overline{A_2})=0.25\times 0.4=0.10$$

利用全概率公式(1-2-12),有

$$P(B)=P(A_1A_2)P(B\,|\,A_1A_2)+P(A_1\overline{A_2})P(B\,|\,A_1\overline{A_2})+P(\overline{A_1}A_2)P(B\,|\,\overline{A_1}A_2)+$$
$$P(\overline{A_1}\,\overline{A_2})P(B\,|\,\overline{A_1}\,\overline{A_2})$$
$$=0.45\times 1+0.30\times 0.8+0.15\times 0.8+0.10\times 0$$
$$=0.81$$

(2) $\overline{B}$:"污染程度未被充分控制",而 $A_1\overline{A_2}\,|\,\overline{B}$:"污染程度未被充分控制的情况下完全是由于未控制汽车尾气",利用贝叶斯公式(1-2-13),有

$$P(A_1\overline{A_2}\,|\,\overline{B})=\frac{P(A_1\overline{A_2})P(\overline{B}\,|\,A_1\overline{A_2})}{P(\overline{B})}=\frac{0.30\times(1-0.8)}{1-0.81}=0.32$$

1.2.4 事件的独立性

设 A,B 两个事件,如果 A(或 B)发生与否对事件 B(或 A)发生的概率没有影响,我们说事件 A 与 B 是相互独立的。其数学定义如下:

定义 对于 A,B 两个事件,若 $P(A)>0$ 时,有

$$P(B\,|\,A)=P(B) \tag{1-2-14}$$

成立,则称事件 B 对事件 A 独立。

类似地,若 $P(B)>0$ 时,有

$$P(A\,|\,B)=P(A) \tag{1-2-15}$$

成立,则称事件 A 对事件 B 独立。

基于乘法公式(1-2-9),易知式(1-2-14)与式(1-2-15)是可以相互导出的。因此,满足 $P(B|A)=P(B)$ 或 $P(A|B)=P(A)$ 的 A,B,称为相互独立,简称 A,B 独立。两事件 A,B 不独立时,称为相依。

两独立事件概率的乘法公式 当事件 A,B 相互独立时,则有

$$P(AB)=P(A)P(B) \tag{1-2-16}$$

式(1-2-16)为事件 A,B 相互独立的充要条件。

若事件 A 与 B 相互独立,可以证明 A 与 $\overline{B}$,$\overline{A}$ 与 B,$\overline{A}$ 与 $\overline{B}$ 也相互独立。

定义 设 A,B,C 三事件,若

$$\begin{cases} P(AB)=P(A)P(B) \\ P(AC)=P(A)P(C) \\ P(BC)=P(B)P(C) \end{cases} \tag{1-2-17}$$

$$P(ABC) = P(A)P(B)P(C) \tag{1-2-18}$$

则称事件 A, B, C 相互独立。

需要指出，三事件 A, B, C 相互独立等价于 A 与 B，A 与 C，B 与 C，A 与 BC，B 与 AC，C 与 AB 相互独立。若仅式(1-2-17)成立，则称为 A, B, C 两两相互独立。因此，若三事件 A, B, C 两两相互独立，则不一定该三事件相互独立；而若三事件 A, B, C 相互独立，则其必定是两两相互独立的。此外需注意，不能仅将式(1-2-18)作为三事件相互独立的定义式，由此式是不能导出式(1-2-17)的。

定义 设 $A_1, A_2, \cdots, A_n$ 是 n 个事件，如果对于其中 $k(1 < k \leqslant n)$ 个事件 $A_{i_1}, A_{i_2}, \cdots, A_{i_k}(1 \leqslant i_1 < i_2 < \cdots < i_k \leqslant n)$，其中 k 为任意正整数，有

$$P(A_{i_1} A_{i_2} \cdots A_{i_k}) = P(A_{i_1}) P(A_{i_2}) \cdots P(A_{i_k}) \tag{1-2-19}$$

则称事件 $A_1, A_2, \cdots, A_n$ 相互独立。

注意，在 $A_1, A_2, \cdots, A_n$ 相互独立的定义式(1-2-19)中，包含的等式个数为

$$C_n^2 + C_n^3 + \cdots + C_n^n = 2^n - n - 1$$

可以证明，若 $A_1, A_2, \cdots, A_n$ 相互独立，则将其中任意个事件换成它们的对立事件，得到的诸事件仍然相互独立。

在实际应用中，对于事件独立性的判别，往往是从独立性的直观意义来加以判断的。

【例 1-2-2】 设某河流某断面年最高洪水位为 Z_m，每年 $P(Z_m > 20.0\ \text{m}) = 0.01$。当 $Z_m > 20.0\ \text{m}$ 时，两岸被淹。假设每年发生 $Z_m > 20.0\ \text{m}$ 与否相互独立，试求今后两年内两岸至少被淹没一次的概率。

解法一 设 A：“今后两年内两岸至少被淹没一次”，A_i：“第 i 年出现 $Z_m > 20.0\ \text{m}$”，$i = 1, 2$。由题设 $A = A_1 + A_2$，A_1, A_2 不互斥且相互独立。于是，利用概率的加法公式(1-2-5)和独立事件概率的乘法公式(1-2-16)，得

$$
\begin{aligned}
P(A) &= P(A_1 + A_2) = P(A_1) + P(A_2) - P(A_1 A_2) \\
&= P(A_1) + P(A_2) - P(A_1)P(A_2) \\
&= 0.01 + 0.01 - 0.01 \times 0.01 \\
&= 0.019\ 9
\end{aligned}
$$

解法二 由事件 A, A_1, A_2 含义可知，$\overline{A}$ 表示“今后两年内两岸不被淹”，则 $\overline{A} = \overline{A_1}\,\overline{A_2}$。由于 A_1 与 A_2 相互独立，$\overline{A_1}$ 与 $\overline{A_2}$ 也相互独立。于是，利用式(1-2-16)，得

$$
\begin{aligned}
P(\overline{A}) &= P(\overline{A_1}\,\overline{A_2}) = P(\overline{A_1})P(\overline{A_2}) \\
&= (1 - 0.01)^2 = 0.980\ 1
\end{aligned}
$$

则

$$P(A) = 1 - P(\overline{A}) = 1 - 0.980\ 1 = 0.019\ 9$$

显然，利用解法二的思路容易计算今后 n 年内两岸至少被淹一次的概率，请读者自己完成。

1.3 一维随机变量及其分布

为深入研究随机现象，需进一步揭示事件与其概率二者的对应规律，引入随机变量及其概率分布等概念与有关计算。

1.3.1　一维随机变量的概念

若将随机试验的所有可能结果用一个变量的取值来表示,则试验的结果是随机的,该变量的取值也是随机的。通俗理解,将随试验的结果不同而取不同值的变量称随机变量,记为 X,Y,Z 等。一般地,随机变量的取值常用小写字母 x 表示, x 是普通变量。$\{X=x\}$, $\{X \geqslant x\}$ 均代表事件。若试验的可能结果用一维实数来描述,称为一维随机变量。在上述直观描述基础上,给出一维随机变量的数学定义。

定义　设样本空间 $\Omega=\{\omega\}$,其中 ω 为基本事件。若对于每一基本事件 ω,都有唯一实数 $X(\omega)$ 与之对应,则称实值函数 $X(\omega)$ 为 Ω 上的随机变量,并简记为 X。

引入随机变量后,求某一事件的概率可转化为求随机变量取某值(或在某一区间取值)的概率,以便于用数学分析的方法来研究随机试验。

随机变量可以分为两大类型:离散型随机变量和非离散型随机变量,非离散型随机变量中常见的是连续型随机变量。若随机变量的取值是有限的或可列无穷多个,则为离散型随机变量。若随机变量可以取某一区间内的任何值,则为连续型随机变量,这是连续型随机变量的描述性定义,后续将介绍其数学定义。

连续型随机变量是常见的,例如水科学中的年径流量、年最大洪峰流量等均是连续型随机变量。

1.3.2　离散型随机变量的概率分布

定义　离散型随机变量 X 的所有可能取值 $x_k,k=1,2,\cdots$,与其概率之间的对应关系

$$p_k=P(X=x_k) \quad (k=1,2,\cdots) \tag{1-3-1}$$

称为离散型随机变量 X 的分布律,或概率分布、概率函数,简称分布。

分布律也可用表格形式表示,即

X	x_1	x_2	$\cdots$	x_n	$\cdots$
P	p_1	p_2	$\cdots$	p_n	$\cdots$

或表示为

$$X \sim \begin{bmatrix} x_1 & x_2 & \cdots & x_n & \cdots \\ p_1 & p_2 & \cdots & p_n & \cdots \end{bmatrix}$$

由概率的定义,可得分布律的性质:(1) 非负性: $p_k \geqslant 0,k=1,2,\cdots$;(2) 规范性(归一性): $\sum\limits_{k=1}^{\infty} p_k=1$。

下面给出离散型随机变量的几个例子。

1.3.2.1　(0—1)分布

设随机变量 X 只可能取 0、1 两个值,其分布律

$$P(X=k)=p^k (1-p)^{1-k} \quad (k=0,1;0<p<1) \tag{1-3-2}$$

则称 X 服从(0—1)分布。

(0—1)分布也可写成表格形式:

X	0	1
P	$1-p$	p

显然,(0—1)分布满足分布律的两个性质。

1.3.2.2 贝努利试验与二项分布

（1）贝努利试验

将试验 E 重复进行 n 次,若各次试验的结果互不影响,即每次试验的结果出现的概率都不依赖于其他各次试验的结果,则称这 n 次试验是相互独立的。

设试验 E 只有两种可能结果: A 和 $\overline{A}$, $P(A)=p$, $P(\overline{A})=1-p=q$。将 E 独立地重复进行 n 次,则称这一串重复的独立试验为 n 重贝努利试验,或简称贝努利试验。

（2）二项分布

对于 n 重贝努利试验,引入随机变量 X:"n 重贝努利试验中事件 A 发生的次数",X 的所有可能取值为 $0,1,\cdots,n$。由于各次试验是相互独立的,分析可得事件 A 恰好发生 k 次的概率为

$$P(X=k)=C_n^k p^k q^{n-k} \quad (k=0,1,\cdots,n) \tag{1-3-3}$$

式(1-3-3)右端刚好是二项式 $(p+q)^n$ 的展开式出现 p^k 的那一项,故称随机变量 X 服从参数为 n,p 的二项分布,记为 $X\sim B(n,p)$。

显然,二项分布满足分布律的两个性质,即

$$P(X=k)\geqslant 0 \quad (k=0,1,\cdots,n)$$

$$\sum_{k=0}^{n}P(X=k)=\sum_{k=0}^{n}C_n^k p^k q^{n-k}=(p+q)^n=1$$

特别地,当 $n=1$ 时,二项分布化为(0—1)分布,即

$$P(X=k)=p^k(1-p)^{1-k} \quad (k=0,1)$$

【例 1-3-1】　在设计河流的洪水控制系统时,必须注意河流的年最高洪水位 H。若在任何一年中最高洪水位 H 超过某一规定的设计水位 h_0 的概率为 0.01,试求:

（1）在今后 5 年中年最高洪水位将有一次超过 h_0 的概率。

（2）在今后 N 年中发生年最高洪水位超过 h_0 的概率。

解　（1）将观察每年年最高洪水位 H 是否超过规定的设计水位 h_0 作为一次试验,则有两种情况: $P(H>h_0)=0.01$ 和 $P(H\leqslant h_0)=0.99$,即为贝努利试验,将其独立地重复进行 5 次,则为 5 重贝努利试验。因此,设随机变量 X:"今后 5 年中 $H>h_0$ 发生的次数",则 $X\sim B(5,0.01)$。

在今后 5 年中年最高洪水位将有一次超过 h_0 的概率为

$$P(X=1)=C_5^1 0.01^1 0.99^4=0.048$$

（2）设随机变量 Y:"今后 N 年中 $H>h_0$ 发生的次数",则 $Y\sim B(N,0.01)$。在今后 N 年中不发生年最高洪水位超过 h_0 的概率为

$$P(Y=0)=C_N^0 p^0(1-p)^N=(1-p)^N$$

在今后 N 年中发生年最高洪水位超过 h_0 的概率为

$$P=1-(1-p)^N \tag{1-3-4}$$

若按规定的设计水位 h_0 进行工程设计,式(1-3-4)就是工程承受超标准洪水的风险率。

例如,当设计标准 $P=1‰$、工程使用年限 $N=100$ 年时,由式(1-3-4)得,在使用期内工程承受的风险率为 63.4%。由此可见,尽管设计标准较高,但在 100 年间工程遭受超标准洪水的概率仍然很大。因此,工程运行期间决不可掉以轻心,要遵循"有限保证,无限负责"的方针。一旦出现超标准洪水,必须采取相应措施,将损失减到最小。

二项分布是一种很重要的数学模型，它有广泛的应用，本书在 4.4 节将应用其选择水泵站备用机组的台数。

1.3.2.3　泊松分布

若 X 的分布律为

$$P(X=k)=\frac{\lambda^k}{k!}\mathrm{e}^{-\lambda} \tag{1-3-5}$$

式中，$k=0,1,2,\cdots;\lambda>0$，为常数，则称 X 服从参数为 λ 的泊松分布，记为 $X\sim P(\lambda)$。

容易验证，泊松分布满足非负性和归一性：

$$P(X=k)=\frac{\lambda^k}{k!}\mathrm{e}^{-\lambda}\geqslant 0 \quad (k=0,1,2,\cdots)$$

$$\sum_{k=0}^{\infty}P(X=k)=\sum_{k=0}^{\infty}\frac{\lambda^k}{k!}\mathrm{e}^{-\lambda}=\mathrm{e}^{-\lambda}\sum_{k=0}^{\infty}\frac{\lambda^k}{k!}=\mathrm{e}^{-\lambda}\mathrm{e}^{\lambda}=1$$

下面的定理说明泊松分布是二项分布的极限分布。

泊松定理　设 λ 是一个正常数，当 $n\to+\infty$ 时，$np_n\to\lambda$，则对任意固定的非负整数 k，有

$$\lim_{n\to+\infty}\mathrm{C}_n^k p_n^k(1-p_n)^{n-k}=\frac{\lambda^k}{k!}\mathrm{e}^{-\lambda}$$

限于篇幅，证明从略。

由泊松定理可知，当 n 很大，p 很小时，有如下近似公式

$$\mathrm{C}_n^k p^k(1-p)^{n-k}\approx\frac{\lambda^k}{k!}\mathrm{e}^{-\lambda} \quad (k=0,1,2,\cdots,n) \tag{1-3-6}$$

式中，$\lambda=np$。

对于那些试验次数 n 很大，事件 A 在每次试验中发生的概率 p 又很小，且 np 等于或近似等于某个常数的一类随机试验，事件 A 发生的次数通常被看作是服从泊松分布的随机变量。泊松分布有诸多应用。例如，一段时间内候车的旅客人数、放射性物质在单位时间内释放出的粒子数等随机变量均服从泊松分布。

过去采用手工计算时，基于式(1-3-6)，当 $n>10$，$p<0.1$，且精度要求不太高时，可由泊松分布对二项分布近似计算。随着计算手段的提高，采用 Excel 和 Matlab 软件对各种概率分布进行计算，已变得非常方便且准确，详见 1.8 节。

1.3.3　随机变量的分布函数

对于连续型随机变量，由于其可能取值无法一一列出，而且可以证明取个别值的概率等于零，因此连续型随机变量不存在分布律。分布函数可以表示各种随机变量的概率分布规律，它研究随机变量在某个区间取值的概率。

定义　设 X 为一维随机变量，对于任意实数 x，事件 $\{X\leqslant x\}$ 的概率

$$F(x)=P(X\leqslant x) \tag{1-3-7}$$

称为 X 的分布函数(cumulative distribution function，缩写为 cdf)。

可见，分布函数研究随机变量的可能取值 x 与 $P(X\leqslant x)$ 之间的关系，它是定义域为 $(-\infty,+\infty)$、值域为 $[0,1]$ 的普通函数。分布函数值代表了 X 取值在区间 $(-\infty,x]$ 上的累积概率，以下简称概率。

需要指出，在水科学领域中，常研究概率 $P(X\geqslant x)$，称为等于或超过累积概率，简称超

过制累积概率,相应函数为

$$G(x) = P(X \geqslant x)$$

【例 1-3-2】 已知随机变量 X 的分布律为

$$X \sim \begin{bmatrix} 0 & 1 & 2 \\ 7/15 & 7/15 & 1/15 \end{bmatrix}$$

试求 X 的分布函数 $F(x)$。

解 当 $x<0$ 时,由分布律看出"$X \leqslant x$"为不可能事件,故

$$F(x) = P(X \leqslant x) = 0$$

当 $0 \leqslant x < 1$ 时,由分布律看出"$X \leqslant x$"等同于事件"$X=0$",故

$$F(x) = P(X \leqslant x) = P(X=0) = 7/15$$

同理,当 $1 \leqslant x < 2$ 时,有

$$F(x) = P(X \leqslant x) = P(X=0) + P(X=1) = 14/15$$

当 $x \geqslant 2$ 时,有

$$F(x) = P(X \leqslant x) = P(X=0) + P(X=1) + P(X=2) = 1$$

因此,

$$F(x) = \begin{cases} 0, & (x<0) \\ 7/15, & (0 \leqslant x < 1) \\ 14/15, & (1 \leqslant x < 2) \\ 1, & (x \geqslant 2) \end{cases}$$

其分布函数 $F(x)$ 的图形如图 1-3-1 所示。

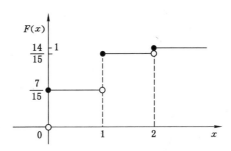

图 1-3-1 例 1-3-2 分布函数图

一般地,若离散型随机变量的分布律为 $P(X=x_k)=p_k, k=1,2,\cdots$,则它的分布函数为

$$F(x) = P(X \leqslant x) = \sum_{x_k \leqslant x} P(X=x_k) \tag{1-3-8}$$

分布函数有如下性质:

(1) 不减性:$F(x)$ 具有单调不减性。

(2) 有界性:$0 \leqslant F(x) \leqslant 1$。

(3) $F(-\infty) = \lim\limits_{x \to -\infty} F(x) = 0, F(+\infty) = \lim\limits_{x \to +\infty} F(x) = 1$。

(4) 右连续性:$F(x)$ 在每一点 x_0 处均为右连续,即 $F(x_0+0) = F(x_0)$。此性质表明,分布函数可以在某点处不连续,但每一点处都右连续,而不连续间断点必为跳跃间断点,图 1-3-1 可印证这一点。

1.3.4　连续型随机变量的概率密度函数

连续型随机变量不存在分布律,除采用分布函数外,也可用密度函数表示其统计规律。

定义　对于随机变量 X,若存在非负可积函数 $f(x)$,使对任意实数 x 有

$$F(x) = \int_{-\infty}^{x} f(x)\mathrm{d}x \qquad (1\text{-}3\text{-}9)$$

则称 X 为连续型随机变量,称 $f(x)$ 为 X 的概率密度函数(probability density function,缩写为 pdf),简称概率密度或密度函数,或分布密度,简记为 $X \sim f(x)$,其图形如图 1-3-2 所示。

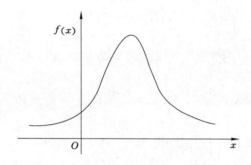

图 1-3-2　密度函数示意图

严格地说,$F(x)$ 为积分上限的函数,应记为 $F(x) = \int_{-\infty}^{x} f(t)\mathrm{d}t$,但习惯上也采用式(1-3-9),故这两种形式在本书中均有所使用。

密度函数有如下性质:

(1) 非负性:$f(x) \geqslant 0$。

(2) 归一性:$\int_{-\infty}^{+\infty} f(x)\mathrm{d}x = 1$。

(3) $P(x_1 < X \leqslant x_2) = F(x_2) - F(x_1) = \int_{x_1}^{x_2} f(x)\mathrm{d}x$。

(4) 若 $f(x)$ 在点 x 处连续,则有 $f(x) = F'(x)$。

容易验证,对于连续型随机变量 X,若 c 为任意实数,则 $P(X=c)=0$。需注意连续型随机变量 $X=c$ 并非不可能事件,只是概率很小很小而已。

由 $P(X=c)=0$ 可知,连续型随机变量 X 在区间 (a,b)、$[a,b]$、$[a,b)$、$(a,b]$ 上取值的概率相等。

为进一步通俗理解密度函数的含义,说明如下:

设一小区间 Δx,则

$$P(x < X \leqslant x + \Delta x) = \int_{x}^{x+\Delta x} f(x)\mathrm{d}x \approx f(x)\Delta x \qquad (1\text{-}3\text{-}10)$$

$$f(x) \approx P(x < X \leqslant x + \Delta x)/\Delta x \qquad (1\text{-}3\text{-}11)$$

可见,$f(x)$ 的直观意义为 X 在单位区间长度上取值的概率,其大小反映了随机变量 X 在 x 附近取值的密集程度。

【例 1-3-3】　设随机变量 X 的密度函数

$$f(x) = \begin{cases} k\mathrm{e}^{-2x}, & (x \geqslant 0) \\ 0, & (x < 0) \end{cases}$$

试确定常数 k，并求 X 的分布函数 $F(x)$。

解　由于 $\int_{-\infty}^{+\infty} f(x)\mathrm{d}x = 1$，即有 $\int_{0}^{+\infty} k\mathrm{e}^{-2x}\mathrm{d}x = 1$，解得 $k = 2$。于是 X 的密度函数为

$$f(x) = \begin{cases} 2\mathrm{e}^{-2x}, & (x \geqslant 0) \\ 0, & (x < 0) \end{cases}$$

当 $x < 0$ 时，$F(x) = P(X \leqslant x) = \int_{-\infty}^{x} 0\mathrm{d}x = 0$。

当 $x \geqslant 0$ 时，$F(x) = P(X \leqslant x) = \int_{-\infty}^{0} 0\mathrm{d}x + \int_{0}^{x} 2\mathrm{e}^{-2x}\mathrm{d}x = 1 - \mathrm{e}^{-2x}$。

于是，得

$$F(x) = \begin{cases} 1 - \mathrm{e}^{-2x}, & (x \geqslant 0) \\ 0, & (x < 0) \end{cases}$$

例 1-3-3 中的随机变量服从指数分布。关于指数分布密度函数 $f(x)$、分布函数 $F(x)$ 的一般形式及其统计特性等将在 1.8 节中详细介绍。

下面介绍两个重要的连续型随机变量：均匀分布与正态分布。

1.3.4.1　均匀分布

设连续型随机变量 X 具有密度函数

$$f(x) = \begin{cases} \dfrac{1}{b-a}, & (a \leqslant x \leqslant b) \\ 0, & (\text{其他}) \end{cases} \tag{1-3-12}$$

则称 X 在区间 $[a, b]$ 上服从均匀分布，记为 $X \sim U[a, b]$。

容易验证，均匀分布密度函数 $f(x)$ 满足非负性和归一性。

若 $X \sim U[a, b]$，则 X 的可能取值落入区间 $[a, b]$ 中任意等长度的子区间 ΔL 上的概率相等。例如，由四舍五入而产生的取整误差在 $[-0.5, 0.5]$ 上服从均匀分布；乘客在公交站候车时间也服从均匀分布。

由均匀分布的密度函数容易求得其分布函数为

$$F(x) = \begin{cases} 0, & (x < a) \\ \dfrac{x-a}{b-a}, & (a \leqslant x < b) \\ 1, & (x \geqslant b) \end{cases} \tag{1-3-13}$$

1.3.4.2　正态分布

（1）正态分布的密度函数

设连续型随机变量 X 具有密度函数

$$f(x) = \frac{1}{\sqrt{2\pi}\sigma}\mathrm{e}^{-\frac{(x-\mu)^2}{2\sigma^2}} \quad (-\infty < x < +\infty) \tag{1-3-14}$$

式中，$\mu, \sigma(\sigma > 0)$ 均为常数，则称 X 服从参数为 μ, σ 的正态分布或高斯分布，记为 $X \sim N(\mu, \sigma^2)$，其密度函数的图形如图 1-3-3 所示。

容易验证正态分布密度函数 $f(x)$ 满足非负性和归一性，其中归一性的验证要用到积

分 $\int_{-\infty}^{+\infty} \mathrm{e}^{-\frac{x^2}{2}} \mathrm{d}x = \sqrt{2\pi}$,即

$$\int_{-\infty}^{+\infty} f(x)\mathrm{d}x = \frac{1}{\sigma\sqrt{2\pi}}\int_{-\infty}^{+\infty} \mathrm{e}^{-\frac{(x-\mu)^2}{2\sigma^2}}\mathrm{d}x \quad (\diamondsuit \frac{x-\mu}{\sigma}=t)$$

$$= \frac{1}{\sqrt{2\pi}}\int_{-\infty}^{+\infty} \mathrm{e}^{-\frac{t^2}{2}}\mathrm{d}t = 1$$

正态分布的主要特性有：当 $x=\mu$ 时，$f(x)$ 取得最大值 $f(\mu)=1/(\sqrt{2\pi}\sigma)$；如果固定 σ，改变 μ 值，$f(x)$ 的图形将沿 Ox 轴平移，而不改变其形状，因此，$f(x)$ 的图形位置完全由参数 μ 所决定，故称 μ 为位置参数；如果固定 μ，改变 σ 值，由于最大值为 $f(\mu)=1/(\sqrt{2\pi}\sigma)$，故 σ 越小，密度函数的图形越尖瘦（图1-3-3），X 取值在 μ 附近的概率越大，常称 σ 为形状参数。

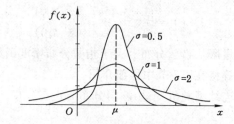

图1-3-3　正态分布密度函数图与参数 σ 对它的影响

关于参数 μ,σ 的意义将在 1.6 节进一步说明。

由式（1-3-9），得正态分布的分布函数为

$$F(x) = \int_{-\infty}^{x} \frac{1}{\sqrt{2\pi}\sigma}\mathrm{e}^{-\frac{(t-\mu)^2}{2\sigma^2}}\mathrm{d}t \tag{1-3-15}$$

特别地，当 $\mu=0,\sigma=1$ 时，称 X 服从标准正态分布，其密度函数用 $\varphi(x)$ 表示，即

$$\varphi(x) = \frac{1}{\sqrt{2\pi}}\mathrm{e}^{-\frac{x^2}{2}} \quad (-\infty < x < +\infty) \tag{1-3-16}$$

记为 $X \sim N(0,1)$。

对于标准正态分布，其分布函数记为 $\Phi(x)$，则

$$\Phi(x) = \int_{-\infty}^{x} \frac{1}{\sqrt{2\pi}}\mathrm{e}^{-\frac{t^2}{2}}\mathrm{d}t \tag{1-3-17}$$

（2）正态分布的概率计算

由于正态分布的重要性和用途的广泛性，在本书的附表1给出了标准正态分布概率表，此处介绍采用此表进行概率计算的方法，而利用 Excel 和 Matlab 软件进行概率计算的方法将在 1.8 节中介绍。

对于给定的正实数 x，标准正态分布的分布函数值 $\Phi(x)$ 可利用标准正态分布概率表查得。遇有负实数时，利用标准正态分布密度函数的对称性，可按 $\Phi(-x)=1-\Phi(x)$ 处理。

例如，若 $X \sim N(0,1)$，查表计算得

$$P(X > -2.17) = 1-\Phi(-2.17) = 1-[1-\Phi(2.17)] = \Phi(2.17) = 0.985\,0$$

若 $X \sim N(\mu,\sigma^2)$，可以证明

$$U = (X - \mu)/\sigma \sim N(0,1) \tag{1-3-18}$$

并称 $(X - \mu)/\sigma$ 为标准化随机变量。

根据式(1-3-18),可将 $X \sim N(\mu, \sigma^2)$ 的分布函数 $F(x)$ 写成

$$F(x) = P(X \leqslant x) = P\left(\frac{X-\mu}{\sigma} \leqslant \frac{x-\mu}{\sigma}\right) = \Phi\left(\frac{x-\mu}{\sigma}\right) \tag{1-3-19}$$

对于任意区间 $(x_1, x_2]$,有

$$P(x_1 < X \leqslant x_2) = \Phi\left(\frac{x_2-\mu}{\sigma}\right) - \Phi\left(\frac{x_1-\mu}{\sigma}\right) \tag{1-3-20}$$

运用式(1-3-19)和式(1-3-20),可将非标准正态分布转化为标准正态分布进行概率计算。例如,若 $X \sim N(1,4)$,查表计算得

$$P(0 < X \leqslant 4) = F(4) - F(0) = \Phi\left(\frac{4-1}{2}\right) - \Phi\left(\frac{0-1}{2}\right)$$

$$= \Phi(1.5) - \Phi(-0.5) = 0.933\ 2 - [1 - \Phi(0.5)]$$

$$= 0.933\ 2 - 1 + 0.691\ 5 = 0.624\ 7$$

1.4 二维随机变量及其分布

例如,对某一地区一昼夜的最低温度 X 和最高温度 Y 进行观察,并设这一地区的温度不会小于 T_0,也不会大于 T_1,则试验的所有可能结果可用两个变量 X,Y 的取值来表示,即 $\Omega = \{(x,y) \mid T_0 \leqslant x \leqslant y \leqslant T_1\}$,最低温度 X 和最高温度 Y 是定义在同一样本空间上的两个随机变量。

定义 如果随机试验中的每一基本事件都唯一对应着两个随机变量 X,Y 的一对取值,则称这两个随机变量的整体 (X,Y) 为二维随机变量(或二维随机向量),并分别称 X,Y 为二维随机变量 (X,Y) 的分量。

一般地,如果随机试验中的每一基本事件都唯一对应着 n 个随机变量 $X_1, X_2, \cdots, X_n$ 的一组取值,则称这 n 个随机变量的整体 $(X_1, X_2, \cdots, X_n)$ 为 n 维随机变量(或 n 维随机向量),其中 X_i 称为它的第 i 个分量,$i = 1,2, \cdots, n$。当维数 $n \geqslant 2$ 时,统称为多维随机变量。

在进行理论分析时,可以把二维随机变量 (X,Y) 看作是平面上的向量,或具有随机坐标 (X,Y) 的点。

本节主要介绍二维随机变量的联合分布、边缘分布、独立性,并将二维随机变量的联合分布、独立性推广到 n 维随机变量 $(X_1, X_2, \cdots, X_n)$ 的情形。

1.4.1 二维离散型随机变量及其分布律

定义 若二维随机变量 (X,Y) 的所有可能取值 (x_i, y_i) 只有有限个数对或可列无穷多个数对,则称 (X,Y) 为二维离散型随机变量。

与一维离散型随机变量的情形类似,建立 (X,Y) 的每一对取值与其相应概率的对应关系,则可完整地刻画二维离散型随机变量的统计规律。

定义 设二维离散型随机变量 (X,Y) 所有可能取值的联合概率为

$$P(X = x_i, Y = y_j) = p_{ij} \quad (i,j = 1,2,3,\cdots) \tag{1-4-1}$$

称式(1-4-1)为(X,Y)的联合分布律或联合概率分布。

由概率的性质可得联合分布律的性质:(1) 非负性,$p_{ij}\geqslant 0, i,j=1,2,\cdots$;(2) 规范性,$\sum_{i=1}^{\infty}\sum_{j=1}^{\infty}p_{ij}=1$。

1.4.2 二维随机变量的分布函数

与一维随机变量的情形类似,可用联合分布函数描述二维随机变量的统计规律。

定义 设(X,Y)为二维随机变量,则对于任意实数 x,y,事件$\{X\leqslant x, Y\leqslant y\}$的概率为

$$F(x,y)=P(X\leqslant x, Y\leqslant y) \tag{1-4-2}$$

称其为(X,Y)的联合分布函数,简称分布函数。

联合分布函数 $F(x,y)$ 在点(x,y)处的函数值,是二维随机点(X,Y)落在以(x,y)为顶点,且位于该点左下方无穷矩形区域 D 的概率,如图 1-4-1 所示。

易知,二维随机变量的联合分布函数具有如下性质:

(1) $F(x,y)$具有单调不减性。

(2) 有界性:$0\leqslant F(x,y)\leqslant 1$,且 $F(-\infty,y)=0, F(x,-\infty)=0, F(-\infty,-\infty)=0,$ $F(+\infty,+\infty)=1$。

(3) $F(x,y)$关于 x 与 y 右连续。

(4) 由联合分布函数 $F(x,y)$ 的定义,得(X,Y)的取值位于图 1-4-2 中的区域 G,即 $x_1<X\leqslant x_2, y_1<Y\leqslant y_2$ 内的概率为

$$P(x_1<X\leqslant x_2, y_1<Y\leqslant y_2)=F(x_2,y_2)-F(x_1,y_2)-F(x_2,y_1)+F(x_1,y_1)$$
$$\tag{1-4-3}$$

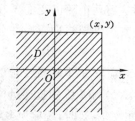

图 1-4-1　$F(x,y)$的函数值对应(X,Y)的取值区域

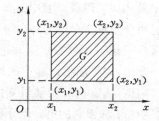

图 1-4-2　区域 G 示意图

若已知联合分布函数,则可求得随机变量(X,Y)落入某一区域内的概率。因此,联合分布函数完整地刻画了(X,Y)取值的概率规律。

1.4.3 二维连续型随机变量及其密度函数

定义 对于二维随机变量(X,Y)的分布函数 $F(x,y)$,如果存在非负可积函数 $f(x,y)$使对任意的 x,y 有

$$F(x,y)=P(X\leqslant x, Y\leqslant y)=\int_{-\infty}^{y}\int_{-\infty}^{x}f(x,y)\mathrm{d}x\mathrm{d}y \tag{1-4-4}$$

则称(X,Y)为二维连续型随机变量,并称 $f(x,y)$ 为(X,Y)的联合密度函数。

二维联合密度函数具有如下性质:

(1) 非负性：$f(x,y) \geqslant 0$。

(2) 归一性（规范性）：$\int_{-\infty}^{+\infty} \int_{-\infty}^{+\infty} f(x,y) \mathrm{d}x \mathrm{d}y = 1$。

(3) 在 $f(x,y)$ 的连续点处，有

$$f(x,y) = \frac{\partial^2 F(x,y)}{\partial x \partial y} \tag{1-4-5}$$

(4) 二维随机变量 (X,Y) 落在平面上任一区域 D 内的概率，等于联合密度函数在 D 上的积分，即

$$P[(X,Y) \in D] = \iint\limits_{D} f(x,y) \mathrm{d}x \mathrm{d}y \tag{1-4-6}$$

由于二重积分的几何意义是体积，故概率 $P[(X,Y) \in D]$ 是以曲面 $z = f(x,y)$ 为顶，以区域 D 为底的曲顶柱体的体积，如图 1-4-3 所示。

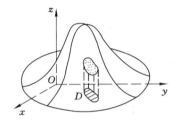

图 1-4-3　$P[(X,Y) \in D]$ 示意图

特别地，当区域 D 为一矩形，即 $D: x_1 \leqslant x \leqslant x_2, y_1 \leqslant y \leqslant y_2$ 时，概率

$$P(x_1 \leqslant X \leqslant x_2, y_1 \leqslant Y \leqslant y_2) = \int_{x_1}^{x_2} \int_{y_1}^{y_2} f(x,y) \mathrm{d}x \mathrm{d}y \tag{1-4-7}$$

1.4.4　二维随机变量的边缘分布

二维随机变量 (X,Y) 的两个分量 X 与 Y 都是一维随机变量，各自都有概率分布，分别称为 X 和 Y 的边缘分布。本书介绍常用的边缘分布函数、边缘密度函数，关于边缘分布律从略。

1.4.4.1　边缘分布函数

随机变量 X 和 Y 的边缘分布函数，分别记为 $F_X(x)$，$F_Y(y)$。可由 (X,Y) 的联合分布函数 $F(x,y)$ 确定边缘分布函数。由于 $\{Y < +\infty\}$ 是必然事件，故 $\{X \leqslant x\} = \{X \leqslant x, Y < +\infty\}$。于是，$X$ 的边缘分布函数为

$$F_X(x) = P(X \leqslant x) = P(X \leqslant x, Y < +\infty) = F(x, +\infty)$$

即
$$F_X(x) = F(x, +\infty) \tag{1-4-8}$$

也就是说，只要在函数 $F(x,y)$ 中令 $y \to +\infty$，就能得到 $F_X(x)$。

同理，Y 的边缘分布函数为

$$F_Y(y) = F(+\infty, y) \tag{1-4-9}$$

1.4.4.2　边缘密度函数

由式 (1-4-8)、式 (1-4-4) 得

$$F_X(x) = F(x, +\infty) = \int_{-\infty}^{x} \left[\int_{-\infty}^{-\infty} f(x, y) \mathrm{d}y \right] \mathrm{d}x$$

再由式(1-3-9)得

$$f_X(x) = \int_{-\infty}^{+\infty} f(x, y) \mathrm{d}y \qquad (1\text{-}4\text{-}10)$$

同理

$$f_Y(y) = \int_{-\infty}^{+\infty} f(x, y) \mathrm{d}x \qquad (1\text{-}4\text{-}11)$$

【例 1-4-1】 设二维连续型随机变量(X_1, Y_1)与(X_2, Y_2)的联合密度函数分别为

$$f_1(x, y) = \begin{cases} x + y, & (0 \leqslant x \leqslant 1; 0 \leqslant y \leqslant 1) \\ 0, & (其他) \end{cases}$$

$$f_2(x, y) = \begin{cases} (x + \dfrac{1}{2})(y + \dfrac{1}{2}), & (0 \leqslant x \leqslant 1; 0 \leqslant y \leqslant 1) \\ 0, & (其他) \end{cases}$$

试分别求它们的边缘密度。

解 利用式(1-4-10)和式(1-4-11)得

$$f_{1X}(x) = \int_{-\infty}^{+\infty} f_1(x, y) \mathrm{d}y = \begin{cases} \int_0^1 (x + y) \mathrm{d}y = x + \dfrac{1}{2}, & (0 \leqslant x \leqslant 1) \\ 0, & (其他) \end{cases}$$

$$f_{1Y}(y) = \int_{-\infty}^{+\infty} f_1(x, y) \mathrm{d}x = \begin{cases} \int_0^1 (x + y) \mathrm{d}x = y + \dfrac{1}{2}, & (0 \leqslant y \leqslant 1) \\ 0, & (其他) \end{cases}$$

$$f_{2X}(x) = \int_{-\infty}^{+\infty} f_2(x, y) \mathrm{d}y = \begin{cases} \int_0^1 (x + \dfrac{1}{2})(y + \dfrac{1}{2}) \mathrm{d}y = x + \dfrac{1}{2}, & (0 \leqslant x \leqslant 1) \\ 0, & (其他) \end{cases}$$

$$f_{2Y}(y) = \int_{-\infty}^{+\infty} f_2(x, y) \mathrm{d}x = \begin{cases} \int_0^1 (x + \dfrac{1}{2})(y + \dfrac{1}{2}) \mathrm{d}x = y + \dfrac{1}{2}, & (0 \leqslant y \leqslant 1) \\ 0, & (其他) \end{cases}$$

例 1-4-1 表明,具有相同边缘密度的两个二维随机变量,不一定具有相同的联合密度。边缘密度由联合密度唯一确定,而反之则不一定。但有一种情况,可由边缘密度求联合密度,那就是 X 与 Y 相互独立的情况,详见 1.4.6 节。

1.4.5 二维随机变量的条件分布

鉴于本书在应用研究部分主要涉及连续型随机变量,以下仅介绍连续型随机变量的条件分布。

对于连续型随机变量,在条件 $Y = y$ 下 X 的条件分布函数,记为 $P(X \leqslant x \mid Y = y)$ 或 $F_{X \mid Y}(x \mid y)$,可导出[1-2]

$$F_{X \mid Y}(x \mid y) = \frac{\int_{-\infty}^{x} f(u, y) \mathrm{d}u}{f_Y(y)} \qquad (1\text{-}4\text{-}12)$$

将式(1-4-12)对 x 求导,则可得到在条件 $Y = y$ 下 X 的条件密度函数 $f_{X \mid Y}(x \mid y)$ 为

$$f_{X|Y}(x|y) = \frac{f(x,y)}{f_Y(y)} \tag{1-4-13}$$

类似地,在条件 $X=x$ 下 Y 的条件分布函数 $F_{Y|X}(y|x)$、条件密度函数 $f_{Y|X}(y|x)$ 分别为

$$F_{Y|X}(y|x) = \frac{\displaystyle\int_{-\infty}^{y} f(x,v)\mathrm{d}v}{f_X(x)} \tag{1-4-14}$$

$$f_{Y|X}(y|x) = \frac{f(x,y)}{f_X(x)} \tag{1-4-15}$$

1.4.6　随机变量的独立性

由式(1-2-16)事件 A,B 相互独立的充要条件,即 $P(AB)=P(A)P(B)$,可建立随机变量相互独立的概念。对于二维随机变量 (X,Y),若对于任意实数 x,y,有 $P(X\leqslant x, Y\leqslant y)=P(X\leqslant x)P(Y\leqslant y)$,则事件 $\{X\leqslant x\}$ 与 $\{Y\leqslant y\}$ 必定相互独立。用分布函数来表示,则有如下定义。

定义　设 $F(x,y),F_X(x),F_Y(y)$ 分别是 (X,Y) 的联合分布函数和边缘分布函数,若对于任意实数 x,y,有

$$P(X\leqslant x, Y\leqslant y) = P(X\leqslant x)P(Y\leqslant y) \tag{1-4-16}$$

即

$$F(x,y) = F_X(x)F_Y(y) \tag{1-4-17}$$

则称 X 与 Y 相互独立。

式(1-4-16)、式(1-4-17)也称为 X 与 Y 相互独立的充要条件。由于 x,y 是任意的,因此,随机变量独立性概念的直观意义与实际意义是随机变量的取值互不影响。

对于连续型随机变量 (X,Y),设 $f(x,y),f_X(x),f_Y(y)$ 分别是 (X,Y) 的联合密度和边缘密度,则 X 与 Y 相互独立的充要条件式(1-4-17)等价于,对任意实数 x,y,有

$$f(x,y) = f_X(x)f_Y(y) \tag{1-4-18}$$

对于离散型随机变量 (X,Y),由事件相互独立的充要条件,容易得出 X 与 Y 相互独立的充要条件是,对于 (X,Y) 的所有可能取值 (x_i,y_j),有

$$P(X=x_i, Y=y_j) = P(X=x_i)P(Y=y_j) \tag{1-4-19}$$

对于例 1-4-1,依据式(1-4-18),经计算可知,X_1 与 Y_1 不相互独立,X_2 与 Y_2 相互独立。

以下介绍二维正态分布及其有关结论。设随机变量 (X,Y) 的联合密度函数为

$$f(x,y) = \frac{1}{2\pi\sigma_1\sigma_2\sqrt{1-\rho^2}} \exp\left\{-\frac{1}{2(1-\rho^2)}\left[\frac{(x-\mu_1)^2}{\sigma_1^2} - \frac{2\rho(x-\mu_1)(y-\mu_2)}{\sigma_1\sigma_2} + \frac{(y-\mu_2)^2}{\sigma_2^2}\right]\right\} \tag{1-4-20}$$

式中,$-\infty<x<+\infty$,$-\infty<y<+\infty$;$\mu_1,\mu_2,\sigma_1(\sigma_1>0),\sigma_2(\sigma_2>0),\rho(|\rho|<1)$ 均为常数。则称 (X,Y) 服从参数 $\mu_1,\mu_2,\sigma_1,\sigma_2,\rho$ 的二维正态分布,简记为 $(X,Y)\sim N(\mu_1,\mu_2;\sigma_1^2,\sigma_2^2;\rho)$。二维正态分布密度函数的图形是如图 1-4-4 所示的曲面。

由式(1-4-10)、式(1-4-11)可得 (X,Y) 的边缘分布[2]分别为

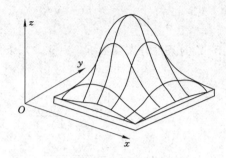

图 1-4-4   二维正态密度函数示意图

$$f_X(x) = \frac{1}{\sqrt{2\pi}\sigma_1} \exp\left[\frac{-(x-\mu_1)^2}{2\sigma_1^2}\right] \quad (-\infty < x < +\infty) \tag{1-4-21}$$

$$f_Y(y) = \frac{1}{\sqrt{2\pi}\sigma_2} \exp\left[\frac{-(y-\mu_2)^2}{2\sigma_2^2}\right] \quad (-\infty < y < +\infty) \tag{1-4-22}$$

现考察 X 与 Y 的独立性。两个边缘分布的乘积为

$$f_X(x)f_Y(y) = \frac{1}{2\pi\sigma_1\sigma_2} \exp\left[-\frac{(x-\mu_1)^2}{2\sigma_1^2} - \frac{(y-\mu_2)^2}{2\sigma_2^2}\right] \tag{1-4-23}$$

比较式(1-4-20)与式(1-4-23)可知,当 $\rho \neq 0$ 时,X 与 Y 不独立。只当 $\rho = 0$ 时,X 与 Y 相互独立。

综上所述,可得出两个重要结论:(1) 对于二维正态分布,X 与 Y 相互独立的充要条件为 $\rho = 0$;(2) 二维正态分布的两个边缘分布都是一维正态分布,并且都不依赖于参数 ρ,亦即对于给定的 $\mu_1,\mu_2,\sigma_1,\sigma_2$,不同的 ρ 对应不同的二维正态分布,而它们的边缘分布却都是一样的。这一事实进一步表明,一般情况下不能由随机变量的边缘分布确定其联合分布,只有在 X 与 Y 相互独立的情况下,联合分布和边缘分布才可以相互唯一确定。

以上关于二维随机变量联合分布函数、独立性的讨论,可推广到 $n(n > 2)$ 维随机变量的情形。

对于任意 n 个实数 $x_1, x_2, \cdots, x_n$,n 元函数

$$F(x_1, x_2, \cdots, x_n) = P(X_1 \leqslant x_1, X_2 \leqslant x_2, \cdots, X_n \leqslant x_n) \tag{1-4-24}$$

称为 n 维随机变量 $(X_1, X_2, \cdots, X_n)$ 的联合分布函数。

对于 n 维随机变量 $(X_1, X_2, \cdots, X_n)$,$X_1, X_2, \cdots, X_n$ 相互独立的充要条件是

$$F(x_1, x_2, \cdots, x_n) = F_{X_1}(x_1) F_{X_2}(x_2) \cdots F_{X_n}(x_n) \tag{1-4-25}$$

类似地,可将式(1-4-18)、式(1-4-19)推广,分别得出 n 维连续型、n 维离散型随机变量相互独立的充要条件,留给读者完成。

1.5   随机变量的函数的分布

1.5.1   一维随机变量的函数的分布

在实际问题中,有时无法直接求随机变量 Y 的统计规律,而是通过 Y 的影响因素 X 去

求 Y 的统计规律,这就是由随机变量 X 的分布规律推求其函数 Y 的分布规律的问题。

定义 设 $y=g(x)$ 是定义在随机变量 X 的一切可能取值 x 的集合上的函数,当 X 取值 x 时,Y 取值 $y=g(x)$,则称 $Y=g(X)$ 为随机变量 X 的函数。

以下仅介绍水科学领域中常用的连续型随机变量的函数的分布的推求方法。

设连续型随机变量 X 的密度函数和分布函数分别记为 $f_X(x)$,$F_X(x)$;随机变量 Y 的密度函数和分布函数分别记为 $f_Y(y)$,$F_Y(y)$。若连续型随机变量 $Y=g(X)$,其可能取值 $y=g(x)$,其中 $g(x)$ 是严格的单调可微函数,可根据以下定理,由 X 的密度函数推求 Y 的密度函数。

定理 设随机变量 X 的密度函数为 $f_X(x)$,$-\infty<x<+\infty$,与 $Y=g(X)$ 对应的函数 $y=g(x)$ 为严格的单调可微函数,$x=g^{-1}(y)$ 是它的反函数,于是 Y 的密度函数为

$$f_Y(y)=f_X\left[g^{-1}(y)\right]\left|\frac{\mathrm{d}g^{-1}(y)}{\mathrm{d}y}\right| \tag{1-5-1}$$

式中,y 的取值范围原则上由 $f_X(x)$ 中 x 的取值范围确定。该定理的证明从略。

此外,由连续型随机变量 X 的分布推求 $Y=g(X)$ 的分布,可采用分布函数转化法,读者可参考有关书籍。

【例1-5-1】 设随机变量 $X\sim N(\mu,\sigma^2)$,又 $Y=aX+b(a\neq0)$。试求 Y 的密度函数。

解 由题设知 X 的密度函数

$$f(x)=\frac{1}{\sqrt{2\pi}\sigma}\mathrm{e}^{-\frac{(x-\mu)^2}{2\sigma^2}} \quad (-\infty<x<+\infty)$$

显然,$Y=aX+b$ 单调可微,反函数为 $x=g^{-1}(y)=(y-b)/a$,$\mathrm{d}g^{-1}(y)/\mathrm{d}y=1/a$。

由式(1-5-1)得 Y 的密度函数为

$$f_Y(y)=f_X\left(\frac{y-b}{a}\right)\frac{1}{|a|} \quad (-\infty<y<+\infty)$$

将 X 的密度函数代入上式,并整理得

$$f_Y(y)=\frac{1}{|a|}\frac{1}{\sqrt{2\pi}\sigma}\mathrm{e}^{-\frac{[y-(a\mu+b)]^2}{2(a\sigma)^2}} \quad (-\infty<y<+\infty)$$

可见,服从正态分布的线性函数 $Y=aX+b$ 也服从正态分布 $N(a\mu+b,(|a|\sigma)^2)$。这一性质称为正态随机变量的线性不变性。

特别地,若 $a=1/\sigma$,$b=-\mu/\sigma$,则 $U=\dfrac{X-\mu}{\sigma}\sim N(0,1)$,这种变换称为标准化变换。这正是1.3.4节的式(1-3-18)。

1.5.2 二维随机变量的函数的分布

设随机变量 (X,Y) 的密度函数为 $f(x,y)$,求 $Z=g(X,Y)$ 的密度函数的一般方法是,先求 Z 的分布函数,再求其密度函数。即

$$F_Z(z)=P(Z\leqslant z)=P[g(X,Y)\leqslant z]$$

$$=\iint\limits_{g(x,y)\leqslant z}f(x,y)\mathrm{d}x\mathrm{d}y \tag{1-5-2}$$

$$f_Z(z)=F_Z'(z) \tag{1-5-3}$$

以下介绍几个常用结论。

(1) 设 X 与 Y 相互独立,都服从标准正态分布 $N(0,1)$,可得 $Z = X^2 + Y^2$ 的密度函数为

$$f_Z(z) = \begin{cases} \dfrac{1}{2}e^{-\frac{z}{2}}, & (z > 0) \\ 0, & (z \leqslant 0) \end{cases} \tag{1-5-4}$$

具有式(1-5-4)的密度函数时,称该随机变量服从自由度为 2 的 χ^2 分布,记为 $Z \sim \chi^2(2)$。其自由度为相互独立的自变量的个数。这个结论可推广到 n 个相互独立的标准正态分布随机变量的平方和的情况。即若 $X_i \sim N(0,1)$, $i = 1,2,\cdots,n$,且它们相互独立,则有

$$\sum_{i=1}^{n} X_i^2 \sim \chi^2(n) \tag{1-5-5}$$

特别地,$X \sim N(0,1)$,$X^2 \sim \chi^2(1)$。关于 $\chi^2(n)$ 分布的密度函数,详见 1.8.11 节。

(2) 设 X 与 Y 相互独立,都服从标准正态分布 $N(0,1)$,可得 $Z = X + Y$ 的密度函数为

$$f_Z(z) = \frac{1}{2\sqrt{\pi}}e^{-\frac{z^2}{4}} \quad (-\infty < z < +\infty)$$

即 $Z \sim N(0,2)$。

一般地,若 X 与 Y 相互独立,且 $X \sim N(\mu_1, \sigma_1^2)$,$Y \sim N(\mu_2, \sigma_2^2)$,则经计算可知 $Z = X + Y$ 仍然服从正态分布,且 $Z \sim N(\mu_1 + \mu_2, \sigma_1^2 + \sigma_2^2)$。此结论可推广到 n 个相互独立的正态随机变量之和的情况。即若 $X_i \sim N(\mu_i, \sigma_i^2)$,$i = 1,2,\cdots,n$,且它们相互独立,则有

$$\sum_{i=1}^{n} X_i \sim N\left(\sum_{i=1}^{n} \mu_i, \sum_{i=1}^{n} \sigma_i^2\right) \tag{1-5-6}$$

更一般地,可以证明有限个相互独立的正态随机变量的线性组合仍然服从正态分布。

上述性质称为正态分布的可加性(也称再生性)。不是所有分布都具有可加性,例如容易验证两点分布、指数分布就不具备这种可加性。

(3) $M = \max(X,Y)$ 和 $N = \min(X,Y)$ 的分布:设 X,Y 是两个相互独立的随机变量,它们的分布函数分别为 $F_X(x)$ 和 $F_Y(y)$,可得 $M = \max(X,Y)$ 的分布函数为

$$F_M(z) = F_X(z)F_Y(z) \tag{1-5-7}$$

$N = \min(X,Y)$ 的分布函数为

$$F_N(z) = 1 - [1 - F_X(z)][1 - F_Y(z)] \tag{1-5-8}$$

推广到 n 个相互独立的随机变量的情况。设 $X_1, X_2, \cdots, X_n$ 为相互独立的随机变量,它们的分布函数分别为 $F_{X_i}(x_i)$,$i = 1,2,\cdots,n$,则 $M = \max(X_1, X_2, \cdots, X_n)$ 和 $N = \min(X_1, X_2, \cdots, X_n)$ 的分布函数分别为

$$F_M(z) = F_{X_1}(z)F_{X_2}(z)\cdots F_{X_n}(z) \tag{1-5-9}$$

$$F_N(z) = 1 - [1 - F_{X_1}(z)][1 - F_{X_2}(z)]\cdots[1 - F_{X_n}(z)] \tag{1-5-10}$$

特别地,当 $X_1, X_2, \cdots, X_n$ 为相互独立且具有相同分布函数 $F(x)$ 时,有

$$F_M(z) = [F(z)]^n \tag{1-5-11}$$

$$F_N(z) = 1 - [1 - F(z)]^n \tag{1-5-12}$$

关于 $M = \max(X_1, X_2, \cdots, X_n)$ 的分布的进一步讨论详见 1.8.9 节。

1.6　随机变量的数字特征

分布函数、分布律、密度函数完整地刻画了随机变量的分布规律,但是在实际应用中,常常需要知道一些能反映随机变量分布统计特征的参数或数字。例如,河流某一断面的年径流量,人们常常希望知道多年平均值,年际变化的离散程度,等等。这类从某一侧面反映随机变量统计特性的某些特征数字,称为随机变量的数字特征。本节介绍数学期望、方差、相关系数和矩等。

1.6.1　随机变量的数学期望与应用

1.6.1.1　离散型随机变量的数学期望

定义　设离散型随机变量 $X \sim \begin{bmatrix} x_1 & x_2 & \cdots & x_i & \cdots \\ p_1 & p_2 & \cdots & p_i & \cdots \end{bmatrix}$,若级数 $\sum\limits_{i=1}^{\infty} x_i p_i$ 绝对收敛,则称其为随机变量 X 的数学期望,记为 $E(X)$ 或 EX,即

$$E(X) = \sum_{i=1}^{\infty} x_i p_i \tag{1-6-1}$$

离散型随机变量的数学期望是以取值的概率为权的加权平均,它由分布律唯一确定,其结果反映了 X 取值的集中位置或平均水平,故数学期望也称为均值,或简称期望。

由任意项级数验敛法知,一个绝对收敛的级数,该级数必定收敛,反之则不一定。因此,在数学期望定义中要求绝对收敛,为的是确保当 X 取值为可列无穷多个时,级数的收敛性与各项的排列顺序无关。常见的随机变量一般均满足绝对收敛的要求,故做题时,并不需绝对收敛的验证。特别地,随机变量取值为有限可列多个时,并不需绝对收敛的条件。

【例 1-6-1】　试求(0—1)分布的数学期望。

解　根据(0—1)分布的分布律:

X	0	1
P	q	p

由式(1-6-1)可得

$$E(X) = 0 \times q + 1 \times p = p$$

【例 1-6-2】　试求二项分布的数学期望。

解　若 $X \sim b(n, p)$,由式(1-3-3)知,X 的分布律为

$$P(X=k) = C_n^k p^k q^{n-k} \quad (q=1-p; k=0,1,\cdots,n)$$

由于

$$k C_n^k = \frac{kn!}{k!(n-k)!} = \frac{n(n-1)!}{(k-1)![(n-1)-(k-1)]!} = n C_{n-1}^{k-1}$$

由式(1-6-1)可得

$$E(X) = \sum_{k=0}^{n} k C_n^k p^k q^{n-k} = np \sum_{k=1}^{n} C_{n-1}^{k-1} p^{k-1} q^{[(n-1)-(k-1)]}$$

令 $i=k-1$,则

$$E(X) = np \sum_{i=0}^{n-1} C_{n-1}^i p^i q^{[(n-1)-i]} = np(p+q)^{n-1} = np$$

可见,二项分布的期望等于参数 n 与 p 的乘积。

1.6.1.2 连续型随机变量的数学期望

将式(1-6-1)中求和改为积分,则可得到连续型随机变量数学期望的定义式。

定义 设连续型随机变量 X 的密度函数为 $f(x)$,若积分

$$\int_{-\infty}^{+\infty} x f(x) \mathrm{d}x$$

绝对收敛,则称其为连续型随机变量 X 的数学期望,记为 $E(X)$(或 EX),即

$$E(X) = \int_{-\infty}^{+\infty} x f(x) \mathrm{d}x \tag{1-6-2}$$

若式(1-6-2)的积分不绝对收敛,则数学期望不存在。

【**例 1-6-3**】 试求均匀分布的数学期望。

解 由式(1-3-12)均匀分布的密度函数及期望的定义得

$$E(X) = \int_{-\infty}^{+\infty} x f(x) \mathrm{d}x = \int_a^b x \frac{1}{b-a} \mathrm{d}x = \frac{a+b}{2}$$

【**例 1-6-4**】 试求正态分布的数学期望。

解 由式(1-3-14)正态分布的密度函数及期望的定义得

$$E(X) = \int_{-\infty}^{+\infty} x \frac{1}{\sqrt{2\pi}\sigma} \mathrm{e}^{-\frac{(x-\mu)^2}{2\sigma^2}} \mathrm{d}x \quad (\diamondsuit\ t = \frac{x-\mu}{\sigma})$$

$$= \frac{1}{\sqrt{2\pi}} \int_{-\infty}^{+\infty} (t\sigma + \mu) \mathrm{e}^{-\frac{t^2}{2}} \mathrm{d}t$$

$$= \frac{1}{\sqrt{2\pi}} \left[\int_{-\infty}^{+\infty} t\sigma \mathrm{e}^{-\frac{t^2}{2}} \mathrm{d}t + \int_{-\infty}^{+\infty} \mu \mathrm{e}^{-\frac{t^2}{2}} \mathrm{d}t \right]$$

$$= \frac{1}{\sqrt{2\pi}} [0 + \mu\sqrt{2\pi}] = \mu$$

可见,正态分布的位置参数 μ 恰好是它的数学期望。

1.6.1.3 数学期望在水科学领域的应用举例

以下介绍数学期望在计算多年平均防洪效益中的应用,以期使读者领会数学期望的基本原理在实际问题中的应用。防洪效益是指有防洪项目与无防洪项目对比,可减免的洪灾损失和可增加的土地开发利用价值。以下介绍防洪效益中可减免的洪灾损失的计算方法。由于洪灾发生具有随机性,因此防洪工程抵御不同频率的洪水将产生不同频率的防洪效益。因此,常用多年平均防洪效益来表示。多年平均防洪效益,等于防洪工程实施前与实施后的多年平均洪灾损失之差。

若已求得防洪工程实施前与实施后的洪灾损失值 S 的频率曲线,如图 1-6-1 所示,计算多年平均洪灾损失的步骤如下:

(1)将频率划分成若干小区间。例如,图 1-6-1 中工程实施前洪灾损失值 S 的频率曲线所示,对于第 i 个小区间 $\Delta P_i = P_{i+1} - P_i$;区间 ΔP_i 相应的损失为 $\overline{S}_i = (S_i + S_{i+1})/2$。

(2)依据离散型随机变量数学期望的定义式(1-6-1),得工程实施前多年平均洪灾损失 $\overline{S}_q$ 的计算式为

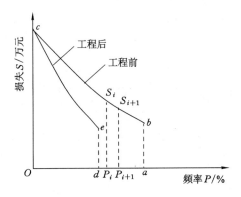

图 1-6-1　洪灾损失频率曲线

$$\overline{S}_q = \sum_{P_i=0}^{1} \frac{S_i + S_{i+1}}{2}(P_{i+1} - P_i) = \sum_{P_i=0}^{1} \overline{S}_i \Delta P_i$$

类似地,可计算修建防洪工程后的多年平均洪灾损失 $\overline{S}_h$。

根据工程实施前与实施后的多年平均洪灾损失,则得多年平均防洪效益等于 $\overline{S}_q - \overline{S}_h$。

1.6.1.4　随机变量函数的数学期望

设 Y 是随机变量 X 的函数,$Y=g(X)$,$y=g(x)$(g 是连续函数),求 Y 的数学期望 $E(Y)$。方法一是由 X 的分布求 Y 的分布,然后利用期望的定义式计算 $E(Y)$;方法二是直接利用 X 的分布进行计算,这是常用方法,以下介绍该法的计算公式(证明略)。

(1) 设 X 是离散型随机变量,它的分布律为 $P(X=x_k)=p_k$,$k=1,2,\cdots$。 若 $\sum\limits_{k=1}^{\infty} g(x_k)p_k$ 绝对收敛,则有

$$E(Y) = E[g(X)] = \sum_{k=1}^{\infty} g(x_k)p_k \tag{1-6-3}$$

(2) 设 X 是连续型随机变量,它的密度函数为 $f(x)$,若 $\int_{-\infty}^{+\infty} g(x)f(x)\mathrm{d}x$ 绝对收敛,则有

$$E(Y) = E[g(X)] = \int_{-\infty}^{+\infty} g(x)f(x)\mathrm{d}x \tag{1-6-4}$$

式(1-6-3)、式(1-6-4)可以推广到两个或两个以上随机变量函数的数学期望的情况。例如,对于两个随机变量 X,Y 的函数 $Z=g(X,Y)$,g 是连续函数,若(X,Y)为离散型随机变量,其联合分布律为 $P(X=x_i,Y=y_j)=p_{ij}$,$i,j=1,2,\cdots$,则有

$$E(Z) = E[g(X,Y)] = \sum_{j=1}^{\infty}\sum_{i=1}^{\infty} g(x_i,y_j)p_{ij} \tag{1-6-5}$$

这里设式(1-6-5)第二个等号右边的级数绝对收敛。又若(X,Y)为连续型随机变量,其联合密度函数为 $f(x,y)$,则有

$$E(Z) = E[g(X,Y)] = \int_{-\infty}^{+\infty}\int_{-\infty}^{+\infty} g(x,y)f(x,y)\mathrm{d}x\mathrm{d}y \tag{1-6-6}$$

这里设式(1-6-6)第二个等号右边的积分绝对收敛。

1.6.1.5　数学期望的性质

（1）设 C 为常数，则 $E(C)=C$。

（2）设 X 为随机变量，C 为常数，则

$$E(CX)=CE(X) \tag{1-6-7}$$

（3）设 X,Y 是两个随机变量，$E(X),E(Y)$ 存在，则

$$E(X+Y)=E(X)+E(Y) \tag{1-6-8}$$

这一性质可推广到任意有限个随机变量之和的情况。

（4）设 X,Y 是相互独立的两个随机变量，$E(X),E(Y)$ 存在，则

$$E(XY)=E(X)E(Y) \tag{1-6-9}$$

这一性质可推广到有限个相互独立的随机变量之积的情况。

1.6.2　随机变量的中位数和众数

数学期望是表示随机变量取值位置的最主要的数字特征，除此之外，中位数和众数也表示随机变量取值的位置特征。

（1）中位数：设 X 为任意随机变量，则称同时满足不等式

$$P(X \leqslant x) \geqslant \frac{1}{2} \text{ 和 } P(X \geqslant x) \geqslant \frac{1}{2} \tag{1-6-10}$$

的 x 值为随机变量的中位数，也称为中值。

（2）众数：若 X 为离散型随机变量，具有最大概率相应的可能取值称为众数。若 X 为连续型随机变量，使密度函数值达到最大值的 x 值，称为众数。

显然，对于具有单峰对称分布的随机变量，例如正态分布，数学期望、中位数、众数三者合一。

中位数、众数的优点是对一切随机变量都有定义，且比较直观，但它们没有数学期望所具有的各种优良性质，所以应用较少。

1.6.3　随机变量的方差与变差系数

1.6.3.1　随机变量的方差与均方差

数学期望（均值）能反映随机变量取值的平均情况，但不能反映随机变量取值的离散特征。引入描述随机变量取值与其期望值偏离程度的数字特征，并且为了避免正、负偏差相互抵消，掩盖其离散性，常采用偏差平方的期望来描述离散特征。

定义　设 X 是一个随机变量，若 $E[X-E(X)]^2$ 存在，则称其为 X 的方差，记为 $D(X)$ 或 $\mathrm{Var}(X)$，即

$$D(X)=E[X-E(X)]^2 \tag{1-6-11}$$

在应用时还常用与随机变量 X 取值具有相同量纲的量 $\sqrt{D(X)}$，也记为 σ（正态分布的形状参数也记为 σ，请读者根据上下文含义加以区分），称为 X 的均方差或标准差。

由方差的定义可知，$D(X)$ 与 σ 反映了随机变量取值与其期望值的偏离程度，$D(X)$ 与 σ 较小时，表明随机变量取值比较集中；反之，若 $D(X)$ 与 σ 较大，随机变量取值比较分散。

由于方差是随机变量 X 与 $E(X)$ 的偏差平方的期望，故由随机变量函数的期望的计算公式，容易得到方差的计算公式。

若 X 是离散型随机变量,它的分布律为 $P(X=x_k)=p_k,k=1,2,\cdots$,由式(1-6-3)得

$$D(X)=\sum_{k=1}^{\infty}\left[x_k-E(X)\right]^2 p_k \tag{1-6-12}$$

若 X 是连续型随机变量,它的密度函数为 $f(x)$,由式(1-6-4)得

$$D(X)=\int_{-\infty}^{+\infty}\left[x-E(X)\right]^2 f(x)\mathrm{d}x \tag{1-6-13}$$

由数学期望的性质,容易推出计算方差的常用公式

$$D(X)=E(X^2)-\left[E(X)\right]^2 \tag{1-6-14}$$

【例 1-6-5】　试求正态分布的方差。

解　对于正态分布,利用方差的定义式推求方差较为方便。

由式(1-3-14)正态分布的密度函数及方差的定义得

$$D(X)=E\left[(X-\mu)^2\right]=\int_{-\infty}^{+\infty}(x-\mu)^2\frac{1}{\sqrt{2\pi}\sigma}\mathrm{e}^{-\frac{(x-\mu)^2}{2\sigma^2}}\mathrm{d}x\quad(\diamondsuit\ t=\frac{x-\mu}{\sigma})$$

$$=\frac{\sigma^2}{\sqrt{2\pi}}\int_{-\infty}^{+\infty}t^2\mathrm{e}^{-\frac{t^2}{2}}\mathrm{d}t=\frac{\sigma^2}{\sqrt{2\pi}}\int_{-\infty}^{+\infty}-t\,\mathrm{d}(\mathrm{e}^{-\frac{t^2}{2}})$$

$$=\frac{\sigma^2}{\sqrt{2\pi}}\left[-t\mathrm{e}^{-\frac{t^2}{2}}\Big|_{-\infty}^{+\infty}+\int_{-\infty}^{+\infty}\mathrm{e}^{-\frac{t^2}{2}}\mathrm{d}t\right]=\sigma^2$$

可见,正态分布的参数 σ^2 恰好是它的方差。对于标准正态分布,$E(X)=0,D(X)=1$。

1.6.3.2　标准化随机变量

对于任何随机变量 X,进行变换

$$X^*=\frac{X-E(X)}{\sqrt{D(X)}} \tag{1-6-15}$$

称为标准化变换,称 X^* 为标准化随机变量。

容易求得,$E(X^*)=0,D(X^*)=1$。标准化随机变量 X^* 是无量纲的,可用于不同单位量之间的比较,应用较广。

1.6.3.3　随机变量的变差系数

均方差是衡量随机变量分布离散程度的绝对量,在比较不同随机变量取值的离散程度时,若各随机变量的数学期望不同,用均方差比较其分布的离散程度就不合适了。为此,引入相对量——变差系数。

定义　随机变量的均方差与其数学期望的比值,称为变差系数,记为 C_{vX}。即

$$C_{vX}=\frac{\sqrt{D(X)}}{E(X)} \tag{1-6-16}$$

变差系数也称为变异系数、离势系数、离差系数。

变差系数 C_{vX} 作为表示随机变量取值离散程度的相对量,该值越大,随机变量取值的离散程度就越大。$C_{vX}=C_{v1},C_{vX}=C_{v2}$ 时对密度函数曲线的影响如图 1-6-2 所示,C_{vX} 越大,密度函数曲线形状越矮胖。

在水文统计中,将水文特征值作为随机变量,对于年径流量来说,变差系数 C_{vX} 反映了年径流量的年际变化。该值越大,年径流量的年际变化越大,越不利于水资源的开发利用。

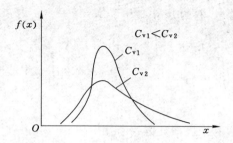

图 1-6-2　C_{vx} 对密度曲线的影响

1.6.3.4　方差的性质

设以下所遇到的随机变量方差存在：

(1) 设 C 为常数，$D(C)=0$。

(2) 设 X 为随机变量，C 为常数，则 $D(CX)=C^2 D(X)$。

(3) 设 X,Y 是两个相互独立的随机变量，则

$$D(X \pm Y)=D(X)+D(Y) \tag{1-6-17}$$

为便于后续应用有关结论，现证明性质(3)。为简便起见，此处随机变量 X,Y 的期望分别简记为 EX,EY。

$$
\begin{aligned}
D(X+Y) &= E[(X+Y)-E(X+Y)]^2 \\
&= E[(X-EX)+E(Y-EY)]^2 \\
&= E[(X-EX)^2+2(X-EX)(Y-EY)+(Y-EY)^2] \\
&= E(X-EX)^2+E(Y-EY)^2+2E[(X-EX)(Y-EY)] \tag{1-6-18}
\end{aligned}
$$

由于 X,Y 相互独立，$[X-E(X)]$ 与 $[Y-E(Y)]$ 也相互独立，利用数学期望的性质(4)，可得

$$E[(X-EX)(Y-EY)]=E(X-EX)E(Y-EY)=0 \tag{1-6-19}$$

于是　　　　　　　　　　$D(X+Y)=D(X)+D(Y)$

类似可证　　　　　　　　$D(X-Y)=D(X)+D(Y)$

这一性质可推广到 n 个相互独立的随机变量之和的情况。

(4) $D(X)=0$ 的充要条件是 X 依概率 1 取常数 C，即

$$P(X=C)=1$$

显然这里 $C=E(X)$，证明从略。

【例 1-6-6】　设 $X_1, X_2, \cdots, X_n$ 独立同分布，且 $E(X_i)=\mu$，$D(X_i)=\sigma^2$，$i=1,2,\cdots,n$，试求它们的平均值 $\overline{X}=\sum\limits_{i=1}^{n} X_i/n$ 的期望和方差。

解　利用期望与方差的性质，有

$$E(\overline{X})=E(\sum_{i=1}^{n} X_i/n)=\frac{1}{n}E(\sum_{i=1}^{n} X_i)=\frac{1}{n}\sum_{i=1}^{n}E(X_i)=\frac{1}{n}n\mu=\mu$$

$$D(\overline{X})=D(\sum_{i=1}^{n} X_i/n)=\frac{1}{n^2}D(\sum_{i=1}^{n} X_i)=\frac{1}{n^2}\sum_{i=1}^{n}D(X_i)=\frac{1}{n^2}n\sigma^2=\frac{\sigma^2}{n}$$

特别地，若 $X_1, X_2, \cdots, X_n$ 相互独立，且 $X_i \sim N(\mu, \sigma^2)$，$i=1,2,\cdots,n$，运用式(1-5-6)及例 1-5-1 所得结论，便有

$$\overline{X} \sim N(\mu, \sigma^2/n) \tag{1-6-20}$$

对 $\overline{X}$ 进行标准化变换,由式(1-3-18)有

$$U = \frac{\overline{X} - \mu}{\sqrt{\sigma^2/n}} \sim N(0,1) \tag{1-6-21}$$

1.6.4　矩与偏态系数

1.6.4.1　矩

定义　设 X, Y 为随机变量,k, l 为正整数,则称:

(1) $v_k = E(X^k)$ 为 X 的 k 阶原点矩。

(2) $u_k = E[X - E(X)]^k$ 为 X 的 k 阶中心矩。

(3) $v_{k+l} = E(X^k Y^l)$ 为 X, Y 的 $k+l$ 阶原点混合矩。

(4) $u_{k+l} = E\{[X - E(X)]^k [Y - E(Y)]^l\}$ 为 X, Y 的 $k+l$ 阶中心混合矩。

显然,数学期望为一阶原点矩,方差为二阶中心矩。

若已知随机变量 X, Y 的分布律或密度函数,应用式(1-6-3)~式(1-6-6)可以计算其各阶矩。

1.6.4.2　随机变量的偏态系数

随机变量的概率分布,有相对于均值对称的,如正态分布;也有不对称的,如指数分布。如何描述概率分布的不对称程度呢？由于一切对称分布的所有奇数阶中心矩都等于零,而对于不对称分布的一阶中心矩等于零,其他奇数阶中心矩一般不等于零,故常用三阶中心矩,并采用无因次量作为反映概率分布的不对称程度的数字特征,即偏态系数 C_{sX},定义式为

$$C_{sX} = \frac{u_3}{\sigma^3} = \frac{E[X - E(X)]^3}{\sigma^3} \tag{1-6-22}$$

显然,对称分布时 $C_{sX} = 0$,$|C_{sX}|$ 越大,分布越不对称。常称 $C_{sX} \neq 0$ 的分布为偏态分布;$C_{sX} > 0$ 的分布称为正偏;$C_{sX} < 0$ 的分布称为负偏,如图 1-6-3 所示。可以证明当正偏分布时,有

$$P\{X \geqslant E(X)\} < P\{X \leqslant E(X)\}$$

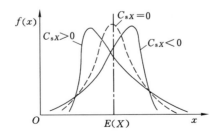

图 1-6-3　C_{sX} 对分布密度的影响

水文现象多属于正偏分布,即 $C_{sX} > 0$,这说明水文变量取值大于均值的机会比取值小于均值的机会少。

1.6.5 协方差及相关系数

1.6.5.1 协方差

由式(1-6-19)可知,当随机变量 X,Y 相互独立时,它们的二阶中心混合矩等于 0,即

$$E\{[X-E(X)][Y-E(Y)]\}=0$$

若上式不为零,那么 X 与 Y 不独立,而存在着一定的关系,可见这个量能描述 X 与 Y 关系的密切程度。

定义 随机变量 X,Y 的二阶中心混合矩 $E\{[X-E(X)][Y-E(Y)]\}$ 称为 X 与 Y 的协方差或相关矩,记为 $\text{Cov}(X,Y)$ 或 σ_{XY},即

$$\text{Cov}(X,Y)=E\{[X-E(X)][Y-E(Y)]\} \tag{1-6-23}$$

由式(1-6-18)及式(1-6-23)可得出,对于任意两个随机变量 X 和 Y,有式(1-6-24)成立。

$$D(X\pm Y)=D(X)+D(Y)\pm 2\text{Cov}(X,Y) \tag{1-6-24}$$

由于协方差是二维随机变量 (X,Y) 的函数,因此,若 (X,Y) 为离散型随机变量,根据式(1-6-5)可计算 $\text{Cov}(X,Y)$;若 (X,Y) 为连续型随机变量,根据式(1-6-6)可计算 $\text{Cov}(X,Y)$。

将 $\text{Cov}(X,Y)$ 的定义式展开,可得式(1-6-25),常利用此式计算协方差。

$$\text{Cov}(X,Y)=E(XY)-E(X)E(Y) \tag{1-6-25}$$

协方差具有如下性质(证明略):

(1) $\text{Cov}(X,Y)=\text{Cov}(Y,X)$,这表明协方差具有对称性。

(2) $\text{Cov}(aX,bY)=ab\text{Cov}(X,Y)$,$a,b$ 是常数。

(3) $\text{Cov}(X_1+X_2,Y)=\text{Cov}(X_1,Y)+\text{Cov}(X_2,Y)$。

由 $\text{Cov}(X,Y)$ 的定义,易知

$$\text{Cov}(X,X)=E\{[X-E(X)][X-E(X)]\}=D(X)$$

可见方差 $D(X)$ 是协方差的特例。

若二维随机变量 (X_1,X_2) 的二阶中心矩或二阶混合中心矩都存在,分别记为

$$\sigma_{11}=E[X_1-E(X_1)]^2,\quad \sigma_{12}=E\{[X_1-E(X_1)][X_2-E(X_2)]\}$$
$$\sigma_{21}=E\{[X_2-E(X_2)][X_1-E(X_1)]\},\quad \sigma_{22}=E[X_2-E(X_2)]^2$$

则矩阵 $\begin{bmatrix} \sigma_{11} & \sigma_{12} \\ \sigma_{21} & \sigma_{22} \end{bmatrix}$ 称为 (X_1,X_2) 的协方差矩阵。

一般地,若 n 维随机变量 $(X_1,X_2,\cdots,X_n)$ 的二阶中心矩或二阶混合中心矩都存在,并记为

$$\sigma_{ij}=E\{[X_i-E(X_i)][X_j-E(X_j)]\}\quad (i,j=1,2,\cdots,n)$$

则矩阵

$$\begin{bmatrix} \sigma_{11} & \sigma_{12} & \cdots & \sigma_{1n} \\ \sigma_{21} & \sigma_{22} & \cdots & \sigma_{2n} \\ \cdots & \cdots & \ddots & \cdots \\ \sigma_{n1} & \sigma_{n2} & \cdots & \sigma_{nn} \end{bmatrix}$$

称为 $(X_1,X_2,\cdots,X_n)$ 的协方差阵。由于 $\sigma_{ij}=\sigma_{ji}(i\neq j,i,j=1,2,\cdots,n)$,因而协方差阵是一个对称阵,主对角线上的元素 σ_{ii} 是 X_i 的方差。

当随机变量(X,Y)服从参数$\mu_1,\mu_2,\sigma_1(\sigma_1>0),\sigma_2(\sigma_2>0),\rho(|\rho|<1)$的二维正态分布时,可求得$(X,Y)$的协方差阵为[3]

$$\begin{bmatrix} \sigma_1^2 & \rho\sigma_1\sigma_2 \\ \rho\sigma_1\sigma_2 & \sigma_2^2 \end{bmatrix} \tag{1-6-26}$$

1.6.5.2　相关系数

定义　若 $\mathrm{Cov}(X,Y)$存在,$D(X),D(Y)$大于零,则称

$$\rho_{XY}=\frac{\mathrm{Cov}(X,Y)}{\sqrt{D(X)D(Y)}} \tag{1-6-27}$$

为随机变量 X 与 Y 的相关系数,也称为标准协方差。ρ_{XY}是一个无量纲的量。

相关系数具有如下性质(证略):

(1) ρ_{XY}的取值在-1和 1 之间,即$|\rho_{XY}|\leqslant 1$。

(2) $|\rho_{XY}|=1$的充要条件是 Y 与 X 有线性函数关系。

以下归纳相关系数的不同取值所表征的两个随机变量的关系。

(1) 当 X 与 Y 相互独立时,X 与 Y 不相关。因为当 X 与 Y 相互独立时,由式(1-6-19)知,$\mathrm{Cov}(X,Y)=0$,故 $\rho_{XY}=0$,即 X 与 Y 必定不相关。反之,若 X 与 Y 不相关,X 与 Y 却不一定相互独立。例如,X 在$[-1,1]$上服从均匀分布,$Y=X^2$,可求得 $\mathrm{Cov}(X,Y)=0$,所以 $\rho_{XY}=0$,即 X 与 Y 不相关,但 X 与 Y 为非线性函数关系,而不相互独立。可见,不相关只是就线性关系来说的,而相互独立是就一般关系而言的。

对于二维正态分布,独立与不相关是等价的。这是因为由式(1-6-26)可得

$$\rho_{XY}=\mathrm{Cov}(X,Y)/\sqrt{D(X)D(Y)}=\rho\sigma_1\sigma_2/(\sigma_1\sigma_2)=\rho$$

这表明参数 ρ 恰好是二维随机变量(X,Y)的相关系数,再利用 1.4.6 节所述二维正态分布 X 与 Y 相互独立的充要条件是 $\rho=0$,因此可得结论:对于二维正态分布,独立与不相关是等价的。

(2) $|\rho_{XY}|=1$,随机变量 Y 与 X 为线性函数关系。

(3) $0<|\rho_{XY}|<1$ 时,随机变量 Y 与 X 为线性相关关系,$|\rho_{XY}|$越接近 1,线性相关越密切。

1.7　大数定律与中心极限定理

1.7.1　大数定律

凡是用以说明随机现象平均结果稳定性的定理统称为大数定律,其内容非常丰富。本节介绍其中两个定理:一是大量观察值的算术平均值具有稳定性;另一个是大量重复试验中随机事件的频率稳定于概率。限于篇幅,对定理的证明从略。

依概率收敛的概念　设 $Y_1,Y_2,\cdots,Y_n,\cdots$是一个随机变量序列,$a$ 是一个常数。若对于任意正数 ε,有

$$\lim_{n\to+\infty}P(|Y_n-a|<\varepsilon)=1 \tag{1-7-1}$$

则称序列 $Y_1,Y_2,\cdots,Y_n,\cdots$依概率收敛于 a。

定理一(契比雪夫定理的特殊情况) 设随机变量 $X_1, X_2, \cdots, X_n, \cdots$ 相互独立,且具有相同的数学期望和方差,$E(X_k) = \mu, D(X_k) = \sigma^2 (k = 1, 2, \cdots)$。作前 n 个随机变量的算术平均值

$$Y_n = \frac{1}{n} \sum_{k=1}^{n} X_k$$

则对于任意正数 ε,有

$$\lim_{n \to +\infty} P(|Y_n - \mu| < \varepsilon) = 1 \tag{1-7-2}$$

即 Y_n 依概率收敛于 μ。

定理一表明,当 n 很大时,随机变量 $X_1, X_2, \cdots, X_n$ 的算术平均值 Y_n 依概率 1 接近于数学期望 $E(X_k) = \mu(k = 1, 2, \cdots, n)$。这表明当 n 很大时,随机变量 $X_1, X_2, \cdots, X_n$ 的算术平均值的随机性很弱,几乎是一个确定的常数 μ。这为实际工作中广泛使用算术平均法则提供了理论依据。例如,某一物体的长度 μ 未知,在相同条件下进行 n 次重复测量,每次测值不尽相同。依据定理一,将多次测值的平均值作为该物体长度真值 μ 的近似值。

定理二(贝努利大数定理) 设在每次试验中事件 A 发生的概率为 p,在 n 次独立重复试验中,A 发生的频数为 m,则当试验次数 n 无限增加时,事件 A 发生的频率 m/n 依概率收敛于它的概率 p,即对任意正数 ε,恒有

$$\lim_{n \to +\infty} P\left(\left|\frac{m}{n} - p\right| < \varepsilon\right) = 1 \tag{1-7-3}$$

定理二表明,当试验次数 n 足够大时,事件 A 发生的频率以很大的概率与它的概率 p 充分接近。因此,实际工作中当 n 很大时,可以用事件的频率代替概率。

通常把概率很小的事件称为小概率事件。由定理二可知,如果事件 A 发生的概率很小,则它发生的频率也很小,即它不易发生。小概率事件在一次试验中几乎不能发生,这一原理称为**实际推断原理**,它在实际中有着非常广泛的应用。

1.7.2 中心极限定理

在实际工作中,有许多随机变量是由大量相互独立的随机因素综合影响而形成的,而每个因素的个别影响都很微小。例如,测量误差 Y 是一个随机变量,在测量过程中,有温度变化引起的误差 X_1,湿度变化引起的误差 X_2,读数误差 X_3,测量仪器误差 X_4,等等。这些因素相互独立,每个因素对测量结果的影响都很微小,而测量误差 Y 可以看成是这些误差的总和,即 $Y = \sum_k X_k$,中心极限定理证明了像 Y 这样的随机变量服从正态分布,并用 Y 的标准化变量 $[Y - E(Y)]/\sqrt{D(Y)}$ 来研究。

定理三(独立同分布中心极限定理) 设随机变量 $X_1, X_2, \cdots, X_n, \cdots$ 是独立同分布的随机变量序列,且具有有限的期望和方差:$E(X_k) = \mu, D(X_k) = \sigma^2 \neq 0(k = 1, 2, \cdots)$,则当 $n \to +\infty$ 时,$\sum_{k=1}^{n} X_k$ 的标准化变量 $(\sum_{k=1}^{n} X_k - n\mu)/\sqrt{n\sigma^2}$ 服从标准正态分布,即

$$\lim_{n \to +\infty} \frac{\sum_{k=1}^{n} X_k - n\mu}{\sqrt{n\sigma^2}} \sim N(0, 1) \tag{1-7-4}$$

定理四（德莫佛-拉普拉斯定理）　设随机变量 $\eta_n(n=1,2,\cdots)$ 服从参数为 $n,p(0<p<1)$ 的二项分布，则当 $n\rightarrow+\infty$ 时，η_n 的标准化变量 $(\eta_n-np)/\sqrt{np(1-p)}$ [二项分布的期望为 np、方差为 $np(1-p)$]服从标准正态分布，即

$$\lim_{n\rightarrow+\infty}\frac{\eta_n-np}{\sqrt{np(1-p)}}\sim N(0,1) \tag{1-7-5}$$

定理四表明，正态分布是二项分布的极限分布。过去手工计算时，当 n 充分大时二项分布可用正态分布近似计算。

需要指出，由于使用一个连续型随机变量的分布来近似一个离散型随机变量的分布，因此必须注意区间端点问题。而国内多数文献均忽视了这一点，如文献[1,3]、文献[4]、文献[5]中，使用的近似公式分别为

$$P(k_1<X<k_2)\approx\Phi\left(\frac{k_2-np}{\sqrt{np(1-p)}}\right)-\Phi\left(\frac{k_1-np}{\sqrt{np(1-p)}}\right) \tag{1-7-6}$$

$$P(k_1<X\leqslant k_2)\approx\Phi\left(\frac{k_2-np}{\sqrt{np(1-p)}}\right)-\Phi\left(\frac{k_1-np}{\sqrt{np(1-p)}}\right) \tag{1-7-7}$$

$$P(k_1\leqslant X\leqslant k_2)\approx\Phi\left(\frac{k_2-np}{\sqrt{np(1-p)}}\right)-\Phi\left(\frac{k_1-np}{\sqrt{np(1-p)}}\right) \tag{1-7-8}$$

式中，$X\sim B(n,p)$，且 n 充分大。

由于连续型随机变量取一具体值的概率为 0，尽管式(1-7-6)～式(1-7-8)均符合德莫佛-拉普拉斯定理，但实际使用时，由于二项分布的随机变量 X 为离散型，会导致由近似号右端同样的结果去近似左端不同事件的概率的情况，这在 n 只是相对较大的情况下，显然会造成较大的误差。文献[6]给出了近似计算的修正公式为

$$P(k_1\leqslant X\leqslant k_2)\approx\Phi\left(\frac{k_2+0.5-np}{\sqrt{np(1-p)}}\right)-\Phi\left(\frac{k_1-0.5-np}{\sqrt{np(1-p)}}\right) \tag{1-7-9}$$

文献[7]计算表明，修正公式(1-7-9)在不增加计算工作量的情况下，可提高近似计算的准确性。

随着计算手段的提高，采用 Excel 或 Matlab 软件进行二项分布的概率计算非常方便且准确，详见 1.8 节。

1.8　常用分布及其基于 Excel 和 Matlab 软件的计算

对于工程技术中的随机变量服从何种概率分布，较少情况是基于实际问题的背景，导出其所服从的概率分布，而更一般的情况是由于实际问题的复杂性尚不能从理论上推导其服从何种概率分布。例如，水科学中的年最大洪峰流量、年降水量服从何种分布，目前尚无法从理论上导出，而是针对我国各个地区获得的不同水文变量的样本资料所表征的分布规律，以及理论上各种概率分布的特点，分析样本资料与哪种概率分布拟合得较好，进而将其作为相应水文变量的概率分布。因此，要确定水文变量的统计规律，需熟知各种概率分布的统计特性。前述内容中作为例了已介绍过一些概率分布。本节中将系统介绍常用概率分布，如二项分布、正态分布、皮尔逊Ⅲ型分布、耿贝尔分布等，以及这些分布的参数已知（分布参数的估计方法将在第 2 章介绍）时，如何进行概率计算，并介绍基于 Excel 和 Matlab 软件的

计算。

Excel 软件具有统计计算的常用功能。本节介绍利用 Excel 软件 2010 版(以下无特别说明时,均为 2010 版)进行常用分布计算的方法。

Matlab 软件提供了专门的统计工具箱[8-9]。在 Matlab 软件中,概率或密度函数值的计算,简记为 pdf;累积概率 $F(x) = P(X \leqslant x)$ 的计算,简记为 cdf;逆累积概率[即已知累积概率 $F(x)$ 求相应的 x]的计算,简记为 inv。运用 Matlab 统计工具箱的命令时,其命名规律一般来说是分布的名称缩写附后缀命令名字符,如 normcdf(x, μ, σ) 是分布的名称正态分布的缩写"norm",附后缀"cdf"命令名字符,表示计算正态分布累积概率即分布函数值的命令。

1.8.1 (0—1)分布

(0—1)分布的分布律为

$$P(X = 0) = 1 - p = q$$
$$P(X = 1) = p$$

分布函数为

$$F(x) = P(X \leqslant x) = \begin{cases} 0, & (x < 0) \\ q, & (0 \leqslant x < 1) \\ 1, & (x \geqslant 1) \end{cases} \tag{1-8-1}$$

由式(1-6-1)、式(1-6-11),得(0—1)分布的数学期望和方差分别为

$$E(X) = p, \quad D(X) = p(1 - p) = pq$$

1.8.2 二项分布

在 1.3 节曾介绍过二项分布,记为 $X \sim B(n, p)$,其分布律为

$$P(X = k) = C_n^k p^k q^{n-k} \quad (k = 0, 1, \cdots, n) \tag{1-8-2}$$

分布函数为

$$F(x) = P(X \leqslant x) = \begin{cases} 0, & (x < 0) \\ \sum_{k \leqslant x} C_n^k p^k q^{n-k}, & (0 \leqslant x < n) \\ 1, & (x \geqslant n) \end{cases} \tag{1-8-3}$$

对于二项分布,在 1.6 节例 1-6-2 已求得 $E(X) = np$,由式(1-6-14)可得其方差为 $D(X) = npq$。

二项分布有着非常广泛的应用,对于它的概率计算,当试验次数 n 较大时,手工计算时常用正态分布或泊松分布近似计算。随着计算手段的提高与普及,利用 Excel 或 Matlab 软件进行计算非常方便且准确。

(1) 利用 Excel 软件计算

一般地,设大写 $P = F(x) = P(X \leqslant x)$。$X \sim B(n, p)$,其中小写 p 为事件 A 发生的概率。

二项分布概率计算 BINOM.DIST 函数语句的一般形式为(Excel 2010 软件中统计函数名称用大写英文字母):

BINOM.DIST(number_s,trials,probability_s,cumulative),其中 number_s 是分布律中的 k 或累积分布函数中的 x;trials 是试验总次数,即二项分布的参数 n;probability_s 是二项分布的参数 p;cumulative 是一逻辑值,如果输入 TRUE,则将返回累积分布函数值 $F(x)$,如果输入 FALSE,则将返回分布律(在 Excel 中也称为概率密度函数)的概率值 $P(X=x)$。将上述函数语句的一般形式具体化,即:

计算分布函数值 $F(x)$ 的语句:BINOM.DIST(x,n,p,TRUE);

计算概率值 $P(X=k)$ 的语句:BINOM.DIST(x,n,p,FALSE),其中 x 即为式(1-8-2)中的 k。

例如,若 $X \sim B(1\,000,0.01)$,分别求 $x=12$ 时的 $F(x)$,$P(X=x)$ 的值。

键入"=BINOM.DIST$(12,1\,000,0.01,\text{TRUE})$",得 $F(x)=0.792\,5$;

键入"=BINOM.DIST$(12,1\,000,0.01,\text{FALSE})$",得 $P(X=k)=0.095\,2$。

BINOM. INV(trials,probability_s,alpha),返回一个数值,它是使得二项分布累积分布函数值 $F(x)=P(X \leqslant x)$ 大于或等于临界值 α 的最小整数,即"alpha"是已知的累积分布函数值 $F(x)$。

例如,求最小的 N,使得

$$\sum_{k=0}^{N} C_{300}^{k} \, 0.01^{k} \, 0.99^{300-k} \geqslant 0.95$$

键入"=BINOM.INV$(300,0.01,0.95)$",得 $N=6$。

(2) 利用 Matlab 软件计算

计算分布函数值 $F(x)=P(X \leqslant x)$ 的指令:在 Command Window 界面的提示符">>"后键入 binocdf(x,n,p)(Matlab 软件中指令单词中英文字母均为小写)。计算概率函数(分布律)$f(x)$ 值的指令:在 Command Window 界面的提示符">>"后键入 binopdf(x,n,p)。逆累积概率计算,即已知分布函数值 $F(x)=P(X \leqslant x)$,计算相应 x 值的指令:在 Command Window 界面的提示符">>"后键入 binoinv(P,n,p),其中 $P=P(X \leqslant x)$,n,p 分别为二项分布的参数。

例如,若 $X \sim B(1\,000,0.01)$,分别求 $x=12$ 时的 $F(x)$,$f(x)=P(X=12)$ 和 $P=P(X \leqslant x)=0.9$ 时的 x 值。

```
>> binocdf(12,1 000,0.01)
ans=
    0.792 5
>> binopdf(12,1 000,0.01)
ans=
    0.095 2
>>binoinv(0.9,1 000,0.01)
ans=
    14
```

1.8.3　泊松分布

服从泊松分布的随机变量 X 的分布律为

$$P(X=k) = \frac{\lambda^k}{k!} e^{-\lambda} \qquad (1\text{-}8\text{-}4)$$

式中，$k=0,1,2,\cdots;\lambda>0$，为常数。记为 $X \sim P(\lambda)$。

泊松分布常用来表达稀遇事件的概率，其有关应用已在 1.3 节中介绍。

利用数学期望的定义式，可得泊松分布的数学期望为

$$E(X) = \sum_{k=0}^{\infty} k \frac{\lambda^k}{k!} e^{-\lambda} = \lambda e^{-\lambda} \sum_{k=1}^{\infty} \frac{\lambda^{k-1}}{(k-1)!} \quad (\text{令 } i=k-1)$$

$$= \lambda e^{-\lambda} \sum_{i=0}^{\infty} \frac{\lambda^i}{i!} = \lambda e^{-\lambda} e^{\lambda} = \lambda$$

利用方差的常用计算式，推求泊松分布的方差为

$$E(X^2) = \sum_{k=0}^{\infty} k^2 \frac{\lambda^k}{k!} e^{-\lambda} = \sum_{k=1}^{\infty} (k-1+1) \frac{\lambda^k}{(k-1)!} e^{-\lambda}$$

$$= \lambda^2 e^{-\lambda} \sum_{k=2}^{\infty} \frac{\lambda^{k-2}}{(k-2)!} + \lambda e^{-\lambda} \sum_{k=1}^{\infty} \frac{\lambda^{k-1}}{(k-1)!} = \lambda^2 + \lambda$$

$$D(X) = E(X^2) - [E(X)]^2 = \lambda^2 + \lambda - \lambda^2 = \lambda$$

可见，泊松分布的期望与方差均是它的参数 λ。

当泊松分布的参数 λ 已知时，利用 Excel 软件，计算分布函数值 $F(x)$ 和分布律的概率值 $P(X=x)$ 的语句分别为 POISSON. DIST (x,λ,TRUE)，POISSON. DIST (x,λ,FALSE)。Excel 中未提供此分布逆累积概率计算功能。

利用 Matlab 软件计算泊松分布 $P(X=x)$ 和累积概率 $F(x)=P(X \leqslant x)$ 的指令分别为：poisspdf(x,λ)，poisscdf(x,λ)；逆累积概率计算的指令为 poissinv(P,λ)。

1.8.4　均匀分布

在区间 $[a,b]$ 上服从均匀分布的随机变量 X 的密度函数为

$$f(x) = \begin{cases} \dfrac{1}{b-a}, & (a \leqslant x \leqslant b) \\ 0, & (\text{其他}) \end{cases}$$

例 1-6-3 中已求得其数学期望为 $E(X)=(a+b)/2$，即位于区间 $[a,b]$ 的中点。

由方差的常用计算式，得均匀分布的方差为

$$D(X) = E(X^2) - [E(X)]^2 = \int_a^b x^2 \frac{1}{b-a} \mathrm{d}x - \left(\frac{a+b}{2}\right)^2 = \frac{(b-a)^2}{12}$$

当均匀分布的参数 a,b 已知时，利用 Matlab 软件计算概率密度值 $f(x)$ 和累积概率 $F(x)=P(X \leqslant x)$ 的指令分别为：unifpdf(x,a,b)，unifcdf(x,a,b)；已知累积概率值 $P=P(X \leqslant x)$ 时，求相应的 x，即计算逆累积概率的指令为 unifinv(P,a,b)。

1.8.5　正态分布(高斯分布)

正态分布在概率论和数理统计中是一重要分布，在工程技术的统计问题中具有重要的地位。服从正态分布的随机变量 $X \sim N(\mu,\sigma^2)$ 的密度函数为

$$f(x) = \frac{1}{\sqrt{2\pi}\,\sigma} e^{-\frac{(x-\mu)^2}{2\sigma^2}} \quad (-\infty < x < +\infty)$$

在 1.6 节例 1-6-4、例 1-6-5 中已求得正态分布的数学期望 $E(X)=\mu$，方差 $D(X)=\sigma^2$。对于 $\mu=0,\sigma=1$ 的标准正态分布，其密度函数为

$$\varphi(x)=\frac{1}{\sqrt{2\pi}}e^{-\frac{x^2}{2}}\quad(-\infty<x<+\infty)$$

在 1.3 节已介绍了利用标准正态分布函数值 $\Phi(x)$ 表进行正态分布计算的方法。以下重点介绍利用软件计算的方法以及正态分布的重要结论"3σ 规则"。

1.8.5.1　正态分布的计算

（1）利用 Excel 软件计算

设正态分布随机变量 $X\sim N(\mu,\sigma^2)$，计算其分布函数值 $F(x)$ 和密度函数值 $f(x)$ 的语句分别为 NORM.DIST$(x,\mu,\sigma,\text{TRUE})$，NORM.DIST$(x,\mu,\sigma,\text{FALSE})$；已知累积概率值 $P=P(X\leqslant x)$，计算相应 x 值的语句为 NORM.INV(P,μ,σ)。

例如，若 $X\sim N(40,25)$，分别求 $x=45$ 时的 $F(x)$，$f(x)$ 和 $P(X\leqslant x)=0.8$ 时相应的 x 值。

键入"=NORM.DIST(45,40,5,TRUE)"，得 $F(x)=0.841\,3$；

键入"=NORM.DIST(45,40,5,FALSE)"，得 $f(x)=0.048\,4$；

键入"=NORM.INV(0.8,40,5)"，得 $x=44.208\,1$。

（2）利用 Matlab 软件计算

计算分布函数值 $F(x)$ 的指令：在 Command Window 界面的提示符">>"后键入 normcdf(x,μ,σ)；

计算密度函数值 $f(x)$ 的指令：在 Command Window 界面的提示符">>"后键入 normpdf(x,μ,σ)；

已知累积概率值 $P=P(X\leqslant x)$ 时，计算相应 x 值的指令：在 Command Window 界面的提示符">>"后键入 norminv(P,μ,σ)。

例如，若 $X\sim N(40,25)$，求 $x=45$ 时的 $F(x)$。在 Command Window 界面的提示符">>"后进行如下操作：

>>normcdf(45,40,5)

ans＝

　　0.841 3

若 $X\sim N(40,25)$，求 $x=45$ 时的 $f(x)$：

>>normpdf(45,40,5)

ans ＝

　　0.048 4

若 $X\sim N(40,25)$，求 $P(X\leqslant x)=0.8$ 时的 x 值：

>> norminv(0.8,40,5)

ans ＝

　　44.208 1

1.8.5.2　正态分布的"3σ 规则"

当 $X\sim N(\mu,\sigma^2)$ 时，可算得

$$P(\mu-\sigma<X\leqslant\mu+\sigma)=\Phi(1)-\Phi(-1)=2\Phi(1)-1=0.682\,6$$

$$P(\mu-2\sigma<X\leqslant\mu+2\sigma)=\Phi(2)-\Phi(-2)=2\Phi(2)-1=0.954\ 4$$
$$P(\mu-3\sigma<X\leqslant\mu+3\sigma)=\Phi(3)-\Phi(-3)=2\Phi(3)-1=0.997\ 4$$

这三个重要数据是实际工作中常用的。第三个数据表明随机变量 X 在区间$(\mu-3\sigma,$ $\mu+3\sigma)$内取值几乎是必然的。这就是工程实际中常称的"3σ 规则"。例如,产品质量管理中,产品的质量指标被认为服从正态分布,正常情况下,产品的质量指标应落入$(\mu-3\sigma,\mu+3\sigma)$内,否则,可判断生产过程不正常。又如,在水科学领域的水文测验中,当测量水位、流量、流速、含沙量等水文要素时,测验误差的分布服从正态分布,常用"3σ 规则"从概率意义上分析测验误差。

1.8.6 Γ 分布

1.8.6.1 Γ 分布的密度函数与分布函数及性质

若随机变量 X 有密度函数

$$f(x)=\begin{cases}\dfrac{1}{\beta^{\alpha}\Gamma(\alpha)}x^{\alpha-1}\mathrm{e}^{-x/\beta}, & (x\geqslant0)\\ 0, & (x<0)\end{cases}\tag{1-8-5}$$

则称 X 服从参数为 $\alpha,\beta(\alpha>0,\beta>0$,均为常数)的 Γ 分布,记为 $X\sim\Gamma(\alpha,\beta)$。当 $\beta=1$ 时的 Γ 分布称为标准 Γ 分布。不同参数 α,β 的密度函数图形如图 1-8-1 所示。

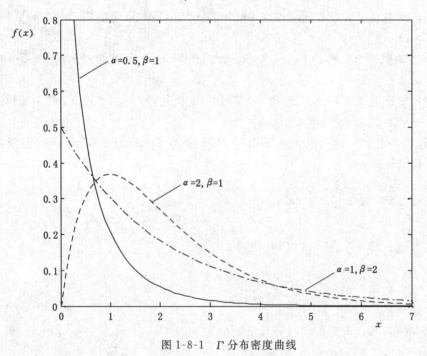

图 1-8-1 Γ 分布密度曲线

式(1-8-5)中,$\Gamma(\alpha)$称为 α 的伽玛函数,其定义是

$$\Gamma(\alpha)=\int_{0}^{+\infty}x^{\alpha-1}\mathrm{e}^{-x}\mathrm{d}x\tag{1-8-6}$$

与 $\Gamma(\alpha)$有关的一些结论如下:

(1)当参数 $\alpha>1$ 时,由分部积分可得

$$\Gamma(\alpha + 1) = \alpha \Gamma(\alpha) \tag{1-8-7}$$

(2) 对于任意正整数 n ，有

$$\Gamma(n + 1) = n! \tag{1-8-8}$$

(3) $\Gamma(1) = 1, \Gamma(1/2) = \sqrt{\pi}$ 。

Γ 分布的分布函数为

$$F(x) = \begin{cases} \dfrac{1}{\beta^{\alpha}\Gamma(\alpha)}\displaystyle\int_0^x x^{\alpha-1}\mathrm{e}^{-x/\beta}\mathrm{d}x, & (x \geqslant 0) \\ 0, & (x < 0) \end{cases} \tag{1-8-9}$$

Γ 分布在可靠性研究中应用甚广。特别地，当 $\alpha = 1$ 时的 Γ 分布就是以 β 为参数的指数分布；而当 Γ 分布 $\alpha = n/2$（n 为正整数），$\beta = 2$ 时，Γ 分布就是自由度为 n 的 χ^2 分布，该分布在数理统计中有广泛应用。

由期望的定义式，有

$$E(X) = \int_0^{+\infty} x\,\frac{1}{\beta^{\alpha}\Gamma(\alpha)}x^{\alpha-1}\mathrm{e}^{-x/\beta}\mathrm{d}x = \frac{1}{\beta^{\alpha}\Gamma(\alpha)}\int_0^{+\infty} x^{\alpha}\mathrm{e}^{-x/\beta}\mathrm{d}x \quad (\diamondsuit\ t = x/\beta, \mathrm{d}x = \beta\mathrm{d}t)$$

$$= \frac{1}{\beta^{\alpha}\Gamma(\alpha)}\int_0^{+\infty} (t\beta)^{\alpha}\mathrm{e}^{-t}\beta\mathrm{d}t = \frac{\beta}{\Gamma(\alpha)}\int_0^{+\infty} t^{\alpha}\mathrm{e}^{-t}\mathrm{d}t$$

利用 $\Gamma(\alpha)$ 函数的定义式，进一步得

$$E(X) = \frac{\beta}{\Gamma(\alpha)}\Gamma(\alpha + 1) = \alpha\beta \tag{1-8-10}$$

利用方差的常用计算式，推求 Γ 分布的方差

$$E(X^2) = \int_0^{+\infty} x^2\,\frac{1}{\beta^{\alpha}\Gamma(\alpha)}x^{\alpha-1}\mathrm{e}^{-x/\beta}\mathrm{d}x = \frac{1}{\beta^{\alpha}\Gamma(\alpha)}\int_0^{+\infty} x^{\alpha+1}\mathrm{e}^{-x/\beta}\mathrm{d}x \quad (\diamondsuit\ t = x/\beta, \mathrm{d}x = \beta\mathrm{d}t)$$

$$= \frac{1}{\beta^{\alpha}\Gamma(\alpha)}\int_0^{+\infty} (t\beta)^{\alpha+1}\mathrm{e}^{-t}\beta\mathrm{d}t = \frac{\beta^2}{\Gamma(\alpha)}\int_0^{+\infty} t^{\alpha+1}\mathrm{e}^{-t}\mathrm{d}t = \frac{\beta^2}{\Gamma(\alpha)}\Gamma(\alpha+2)$$

$$= \frac{\beta^2}{\Gamma(\alpha)}\alpha(\alpha+1)\Gamma(\alpha) = \beta^2\alpha(\alpha+1)$$

$$D(X) = E(X^2) - [E(X)]^2 = \beta^2\alpha(\alpha+1) - \alpha^2\beta^2 = \alpha\beta^2 \tag{1-8-11}$$

综上可得，Γ 分布的期望与方差分别为 $E(X) = \alpha\beta, D(X) = \alpha\beta^2$ 。

与上述计算类似，可求得 $E(X^3) = \beta^3(\alpha+2)(\alpha+1)\alpha$ ，并计算三阶中心矩为

$$E[X - E(X)]^3 = 2\alpha\beta^3 \tag{1-8-12}$$

根据上述结果，可求得 Γ 分布的标准差 σ 、变差系数 C_{vX} 、偏态系数 C_{sX} 如下：

标准差：

$$\sigma = \sqrt{\alpha}\beta \tag{1-8-13}$$

变差系数：

$$C_{vX} = \sigma/E(X) = 1/\sqrt{\alpha} \tag{1-8-14}$$

偏态系数：

$$C_{sX} = \frac{E[X - E(X)]^3}{\sigma^3} = \frac{2\alpha\beta^3}{\sigma^3} = \frac{2}{\sqrt{\alpha}} \tag{1-8-15}$$

或

$$\alpha = \frac{4}{C_{sX}^2}$$

1.8.6.2　Γ 分布的计算

（1）利用 Excel 软件计算

计算 Γ 分布函数值 $F(x)$ 和密度函数值 $f(x)$ 的语句分别为 GAMMA.DIST$(x,\alpha,\beta,$ TRUE$)$,GAMMA.DIST$(x,\alpha,\beta,$FALSE$)$；已知累积概率值 $P=P(X\leqslant x)$,计算相应 x 值的语句为 GAMMA.INV(P,α,β)。

例如，若 $X\sim\Gamma(10,2)$，分别求 $x=20$ 时的 $F(x)$,$f(x)$ 和 $P(X\leqslant x)=0.5$ 时的 x 值。

键入"=GAMMA.DIST$(20,10,2,$TRUE$)$"，得 $F(x)=0.542\ 1$；

键入"=GAMMA.DIST$(20,10,2,$FALSE$)$"，得 $f(x)=0.062\ 6$；

键入"=GAMMA.INV$(0.5,10,2)$"，得 $x=19.337\ 4$。

（2）利用 Matlab 软件计算

Γ 分布式（1-8-5）中参数 α,β 在 Matlab 软件中分别记为 a,b，即 $a=\alpha,b=\beta$。

计算 Γ 分布函数值 $F(x)$ 的指令：在 Command Window 界面的提示符"＞＞"后键入 gamcdf(x,α,β)；

计算密度函数值 $f(x)$ 的指令：在 Command Window 界面的提示符"＞＞"后键入 gampdf(x,α,β)；

已知累积概率值 $P=P(X\leqslant x)$ 时，计算相应 x 值的指令：在 Command Window 界面的提示符"＞＞"后键入 gaminv(P,α,β)。

例如，若 $X\sim\Gamma(10,2)$，分别求 $x=20$ 时的 $F(x)$,$f(x)$ 和 $P(X\leqslant x)=0.5$ 时的 x 值。

＞＞gamcdf$(20,10,2)$

ans＝

　　0.542 1

＞＞gampdf$(20,10,2)$

ans＝

　　0.062 6

＞＞gaminv$(0.5,10,2)$

ans＝

　　19.337 4

需要指出，有些文献中，Γ 分布的密度函数采用

$$f(x)=\begin{cases}\dfrac{\lambda^\alpha}{\Gamma(\alpha)}x^{\alpha-1}\,\mathrm{e}^{-\lambda x}, & (x\geqslant 0)\\ 0, & (x<0)\end{cases}$$

式中，$\lambda=1/\beta$，用 Excel 或 Matlab 软件进行概率计算时应将参数 λ 转化为 β。

1.8.7　皮尔逊 Ⅲ 型分布

19 世纪末期，英国生物学家皮尔逊通过对大量的物理、生物、经济等方面试验资料的分析研究，提出了 13 种随机变量的分布曲线，其中第 Ⅲ 型分布曲线被引入我国水文计算中，成为我国当今水文计算中常用的频率曲线线型。以下简称皮-Ⅲ型分布。

1.8.7.1　皮-Ⅲ型分布的密度函数与性质

在式（1-8-5）所定义的 Γ 分布中，随机变量可能取值的最小值为零，亦即其概率密度函

数曲线的起点为坐标原点。在水科学领域的实际应用中，一般情况下水文特征值的最小值并不为零。因此，需要引入第三个参数 a_0 来表达曲线的起点。皮-Ⅲ型分布则是在 Γ 分布的基础上引入随机变量可能取值的最小值 a_0，即式(1-8-5)中的 x 用 $x-a_0$ 代替，其密度函数为

$$f(x) = \frac{1}{\beta^a \Gamma(\alpha)} (x-a_0)^{\alpha-1} e^{-(x-a_0)/\beta} \tag{1-8-16}$$

式中，$\Gamma(\alpha)$ 为 α 的伽玛函数；α,β,a_0 为三个参数。

皮-Ⅲ型分布密度曲线图形如图 1-8-2 所示，图中 a_0+a 为众数。由于 a_0 是随机变量可能取得的最小值，故皮-Ⅲ型分布的密度曲线是一条一端有限一端无限的不对称单峰、正偏曲线。

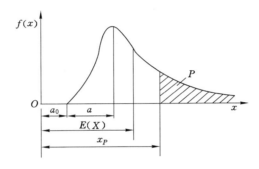

图 1-8-2　皮-Ⅲ型密度曲线

可以推证，α,β,a_0 三个参数与数学期望、变差系数、偏态系数具有下列关系：

$$\begin{cases} \alpha = \dfrac{4}{C_{sX}^2} \\[2mm] \beta = \dfrac{E(X)C_{vX}C_{sX}}{2} \\[2mm] a_0 = E(X)(1-\dfrac{2C_{vX}}{C_{sX}}) \end{cases} \tag{1-8-17}$$

需要指出，在水科学中，对于不可能出现负值的水文变量，a_0 必须大于或等于零，由 $a_0 = E(X)(1-\dfrac{2C_{vX}}{C_{sX}})$ 可知，应有 $C_{sX} \geqslant 2C_{vX}$，这是在水文频率计算中推求理论频率曲线的参数 C_{sX} 时应予以考虑的。

1.8.7.2　皮-Ⅲ型分布的计算

在水科学技术领域，通常计算皮-Ⅲ型分布的超过或等于累积概率(简称超过制累积概率)，如图 1-8-2 中的阴影面积，习惯上也记为符号 P，读者需根据所叙述的内容加以区分，其计算式为

$$P = P(X \geqslant x_P) = \frac{1}{\beta^n \Gamma(\alpha)} \int_{x_P}^{+\infty} (x-a_0)^{\alpha-1} e^{-(x-a_0)/\beta} dx \tag{1-8-18}$$

对式(1-8-18)的积分，需通过变量代换转化成 $\beta=1$ 时的标准 Γ 分布来计算。

令 $t=(x-a_0)/\beta$，即 $x-a_0=\beta t$，$dx=\beta dt$，代入式(1-8-18)，则

$$P = P(X \geqslant x_P) = \frac{1}{\Gamma(\alpha)} \int_{t_P}^{+\infty} t^{\alpha-1} e^{-t} dt \qquad (1\text{-}8\text{-}19)$$

式中，$t_P = (x_P - a_0)/\beta$。

式(1-8-19)是 $\beta = 1$ 的标准 Γ 分布，当参数 α 一定时，超过制累积概率 $P = P(X \geqslant x_P)$ 与 t_P 一一对应。在实际工作中，常常是已知 $P = P(X \geqslant x_P)$ 求 x_P，方法如下。

（1）利用离均系数表计算

由于式(1-8-19)积分复杂，美国工程师福斯特和苏联工程师雷布京先后编制了专用表，使计算大为简化，且为使制成的表能够通用，引入标准化随机变量，在水科学中也称为离均系数，并记为符号 Φ，即

$$\Phi = \frac{x - E(X)}{\sigma} = \frac{x - E(X)}{E(X)C_{vX}} \qquad (1\text{-}8\text{-}20)$$

进而编制了 α 一定，亦即偏态系数 C_{sX} 一定时（$\alpha = 4/C_{sX}^2$），P 与 Φ_P 的关系表。本书列出了该表，见附表 2（该表中 C_s 即此处 C_{sX}），以供无计算软件时查用。根据 C_{sX}，P 即可查得 Φ_P，并由 Φ_P 计算 x_P 为

$$x_P = E(X)(\Phi_P C_{vX} + 1) \qquad (1\text{-}8\text{-}21)$$

（2）利用 Excel 和 Matlab 软件计算

由式(1-8-19)的积分下限 $t_P = (x_P - a_0)/\beta$，得

$$x_P - a_0 = \beta t_P \qquad (1\text{-}8\text{-}22)$$

将式(1-8-17)中的 a_0，β 代入式(1-8-22)，并整理得

$$\Phi_P = \frac{x_P - E(X)}{E(X)C_{vX}} = \frac{C_{sX}}{2} t_P - \frac{2}{C_{sX}} \qquad (1\text{-}8\text{-}23)$$

式(1-8-23)中的 t_P，也即是式(1-8-19)的积分下限，可由 $\beta = 1$ 的标准 Γ 分布逆概率计算求得，即可用 GAMMA.INV 指令计算，但需注意该命令中的概率为 $P(X \leqslant x_P) = 1 - P(X > x_P) = 1 - P(X \geqslant x_P)$ [对于连续型，$P(X > x_P) = P(X \geqslant x_P)$]。因此，利用 Excel 软件计算 Φ_P 的基本公式为

$$\Phi_P = \frac{C_{sX}}{2} \text{GAMMA.INV}\left[1 - P(X \geqslant x_P), \frac{4}{C_{sX}^2}, 1\right] - \frac{2}{C_{sX}} \qquad (1\text{-}8\text{-}24)$$

利用 Matlab 软件计算 Φ_P 的基本公式为

$$\Phi_P = \frac{C_{sX}}{2} \text{gaminv}\left[1 - P(X \geqslant x_P), \frac{4}{C_{sX}^2}, 1\right] - \frac{2}{C_{sX}} \qquad (1\text{-}8\text{-}25)$$

例如，$C_{sX} = 0.5$，$P = P(X \geqslant x_P) = 1\%$，计算 Φ_P。

利用 Excel 软件计算：根据 $C_{sX} = 0.5$，$P = P(X \geqslant x_P) = 1\%$ 及式(1-8-24)，在 Excel 软件中键入"=(0.5/2) * GAMMA.INV(1−0.01,4/0.5^2,1)−2/0.5"，得 $\Phi_P = 2.685\ 7$。

利用 Matlab 软件计算：在 Command Window 界面的提示符"＞＞"后面键入 Φ_P 的计算式，即

＞＞(0.5/2) * gaminv(1−0.01,4/0.5^2,1)−2/0.5

ans=

2.685 7

求得 Φ_P 后，根据 $E(X)$，C_{vX}，利用式(1-8-21)，则可计算 x_P。

1.8.8　指数分布

1.8.8.1　参数为 λ (或 β) 的指数分布

若随机变量具有密度函数

$$f(x)=\begin{cases}\dfrac{1}{\beta}\mathrm{e}^{-x/\beta}, & (x \geqslant 0)\\[2mm]0, & (x<0)\end{cases} \tag{1-8-26}$$

或

$$f(x)=\begin{cases}\lambda\mathrm{e}^{-\lambda x}, & (x \geqslant 0)\\0, & (x<0)\end{cases} \tag{1-8-27}$$

式中, $\lambda>0$, $\beta>0$, 均为常数, 则称 X 服从参数为 λ (或 β) 的指数分布。

注意: Matlab 软件中指数分布的定义按式 (1-8-26), Excel 软件中指数分布的定义按式 (1-8-27), 故记为 $X \sim E(\beta)$ 或 $X \sim E(\lambda)$, 其密度函数图形如图 1-8-3 所示。

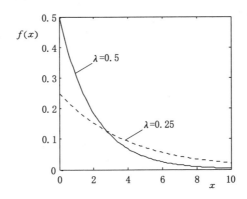

图 1-8-3　参数为 λ 的指数分布密度曲线

指数分布的分布函数为

$$F(x)=P(X \leqslant x)=\begin{cases}1-\mathrm{e}^{-x/\beta}=1-\mathrm{e}^{-\lambda x}, & (x \geqslant 0)\\0, & (x<0)\end{cases} \tag{1-8-28}$$

指数分布在可靠性研究及排队论等方面有重要的应用。例如, 电子元件的寿命、随机服务系统中服务的时间等都服从指数分布。

由指数分布的密度函数可知, 指数分布是 Γ 分布的一种特例, 即是 $\alpha=1$ 的 Γ 分布。因此, 利用 Γ 分布的数字特征可得出指数分布的数字特征。

数学期望:

$$E(X)=\beta=1/\lambda \tag{1-8-29}$$

方差:

$$D(X)=\beta^2=1/\lambda^2 \tag{1-8-30}$$

变差系数:

$$C_{vX}=\sqrt{D(X)}/E(X)=1 \tag{1-8-31}$$

偏态系数:

$$C_{sX}=2 \tag{1-8-32}$$

1.8.8.2 参数为 λ(或 β)及 b 的指数分布

若 $X \sim E(\beta)$ 或 $X \sim E(\lambda)$，则其密度曲线的起点在坐标原点，而对于随机变量可能取值的最小值大于零的情况，则需引入参数 $b(b>0)$ 作为随机变量可能取值的最小值，即将参数为 λ(或 β)的指数分布的密度曲线向右平移 b，相应新的随机变量 $Y=X+b$，则 Y 服从参数 λ(或 β)及 b 的指数分布，记为 $Y \sim E(\lambda,b)$ 或 $Y \sim E(\beta,b)$。该分布常用于短历时年最大雨强的频率计算，详见 3.4 节和第 6 章。

以下给出两参数指数分布 $Y \sim E(\lambda,b)$ 的概率分布和数字特征(当参数用 β,b 表示时，只需将 λ 换成 $1/\beta$ 即可)。Y 的密度函数和分布函数分别为

$$f(y)=\begin{cases} \lambda e^{-\lambda(y-b)}, & (y \geqslant b) \\ 0, & (y < b) \end{cases} \tag{1-8-33}$$

$$F(y)=P(Y \leqslant y)=\begin{cases} 1-e^{-\lambda(y-b)}, & (y \geqslant b) \\ 0, & (y < b) \end{cases} \tag{1-8-34}$$

由 X 的数字特征，容易得到 Y 的数字特征。

数学期望：

$$E(Y)=1/\lambda+b \tag{1-8-35}$$

方差：

$$D(Y)=1/\lambda^2 \tag{1-8-36}$$

变差系数：

$$C_{vY}=1/(1+\lambda b) \tag{1-8-37}$$

偏态系数：

$$C_{sY}=C_{sX}=2 \tag{1-8-38}$$

1.8.8.3 指数分布的计算

(1) 服从参数 λ(或 β)的指数分布的计算

① 利用 Excel 软件计算

计算分布函数值 $F(x)$ 和密度函数值 $f(x)$ 的语句分别为 EXPON.DIST$(x,\lambda,$ TRUE)，EXPON.DIST$(x,\lambda,$FALSE)。Excel 中无 EXPON.INV 功能。

例如，若 $\lambda=2(\beta=1/2)$，分别求 $x=1$ 时的 $F(x),f(x)$。

键入"=EXPON.DIST(1,2,TRUE)"，得 $F(x)=0.864\ 7$。

键入"=EXPON.DIST(1,2,FALSE)"，得 $f(x)=0.270\ 7$。

② 利用 Matlab 软件计算

计算分布函数值 $F(x)$ 的指令：在 Command Window 界面的提示符">>"后键入 expcdf(x,β)；

计算密度函数值 $f(x)$ 的指令：在 Command Window 界面的提示符">>"后键入 exppdf(x,β)；

已知累积概率值 $P=P(X \leqslant x)$ 时，计算相应 x 值的指令：在 Command Window 界面的提示符">>"后键入：expinv(P,β)。

例如，若 $\beta=1/2$，分别求 $x=1$ 时的 $F(x),f(x)$ 和 $P(X \leqslant x)=0.5$ 时相应的 x 值。

\>>expcdf(1,1/2)

ans=

```
    0.864 7
>>exppdf(1,1/2)
ans=
    0.270 7
>>expinv(0.5,1/2)
ans=
    0.346 6
```

（2）服从参数 λ（或 β）及 b 的指数分布的计算

对于服从参数 λ（或 β）及 b 的指数分布,当利用 Excel 软件计算时,计算分布函数 $F(y)$ 和密度函数 $f(y)$ 的语句分别为 EXPON.DIST$(y-b,\lambda,$TRUE$)$,EXPON.DIST$(y-b,\lambda,$ FALSE$)$。

当利用 Matlab 软件计算时,计算分布函数 $F(y)$ 和密度函数 $f(y)$ 的指令分别为 expcdf$(y-b,\beta)$,exppdf$(y-b,\beta)$;已知累积概率值 $P=P(Y\leqslant y)$ 时,计算相应 y 值的指令 为 expinv$(P,\beta)+b$。

1.8.9　极值 I 型分布(耿贝尔分布)

1.8.9.1　极值 I 型分布的密度函数与分布函数

设有 n 个相互独立的随机变量 $X_1,X_2,\cdots,X_n$,且具有相同的分布函数 $F(x)$ 和密度函 数 $f(x)$,令 Y 表示这 n 个随机变量的最大值,即

$$Y=\max(X_1,X_2,\cdots,X_n)$$

根据式(1-5-11),可得 Y 的分布函数为

$$F_Y(y)=[F(y)]^n \tag{1-8-39}$$

Y 的密度函数为

$$f_Y(y)=nF(y)^{n-1}f(y) \tag{1-8-40}$$

由式(1-8-39)、式(1-8-40)可见,当 n 较大时,用上述各式求极大值的分布规律是困难 的。特别是当实际问题中原始分布 $F(x)$ 未知时,无法求极大值的分布规律。但如果采用 极限的方法,推求 $n\rightarrow+\infty$ 时极值的极限分布(也称为渐进分布),那么,只要区别变量原始 分布的类型,而不必了解它的具体形式。理论证明,只有三种可能的渐进分布:第一型称为 指数原型极值分布或双指数分布;第二型称为柯西原型极值分布;第三型称为有界型极值分 布。第一型极值分布是应用最多的一种极值分布,故这里只介绍第一型极值分布,它的原始 分布可以是正态分布、指数分布、皮-Ⅲ型分布等。第一型极值分布首先由费雪(R.A. Fisher)和铁培特(L.H.C.Tippett)于 1928 年发现,故称为费雪-铁培特 I 型分布。德国统计 学家耿贝尔(Gumbel)于 1958 年首先将它应用于水科学领域,因此在水科学领域中称为耿 贝尔分布。该分布常用于短历时年最大雨强的频率计算,详见 3.4 节和第 6 章。

实际应用中,通常计算耿贝尔分布的超过制累积概率。设随机变量 Y 服从耿贝尔分 布,其超过制累积分布函数为

$$G_Y(y)=P(Y\geqslant y)=1-\exp[-\mathrm{e}^{-(y+a)/c}] \tag{1-8-41}$$

式中,a 为位置参数;$c>0$ 为离散特征参数。其密度函数为

$$f_Y(y) = \frac{1}{c}\exp(-\frac{y+a}{c}) \cdot \exp[-e^{-(y+a)/c}] \qquad (1\text{-}8\text{-}42)$$

密度函数图形为正偏铃形分布,两组不同参数的密度函数图形如图 1-8-4 所示。

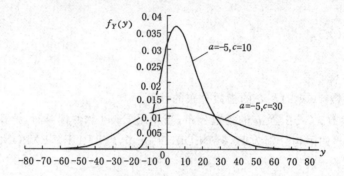

图 1-8-4　不同参数的极值Ⅰ型(耿贝尔)分布密度函数图

根据式(1-8-42),可求出极值Ⅰ型分布的数字特征。

数学期望:

$$E(Y) = rc - a \qquad (1\text{-}8\text{-}43)$$

方差:

$$D(Y) = \sigma^2 = c^2\pi^2/6 \qquad (1\text{-}8\text{-}44)$$

变差系数:

$$C_{vY} = \sqrt{D(Y)}/E(Y) = c\pi/[\sqrt{6}(rc-a)] \qquad (1\text{-}8\text{-}45)$$

偏态系数:

$$C_{sY} = 1.139\,547 \qquad (1\text{-}8\text{-}46)$$

上述各式中,r 为欧拉常数,$r = 0.577\,21$。

由 $E(Y)$ 与 σ 表示 a,c 的公式为

$$a = rc - E(Y) \qquad (1\text{-}8\text{-}47)$$

$$c = \sqrt{6}\sigma/\pi \qquad (1\text{-}8\text{-}48)$$

1.8.9.2　极值Ⅰ型(耿贝尔)分布的计算

当已知参数 a,c 时,利用式(1-8-41)、式(1-8-42),则可计算耿贝尔分布的超过制累积概率 $P(Y \geqslant y)$ 和密度函数值。

若将超过制累积概率 $P(Y \geqslant y)$ 也记为 P[本书中记为 $P = P(Y \leqslant y)$,请读者根据所叙述内容加以区分],且与超过制累积概率 P 对应的 y 记为 y_P,当已知 $P(Y \geqslant y_P)$ 时,由式(1-8-41)可得 y_P 的计算式为

$$y_P = -a - c\ln[-\ln(1-P)] \qquad (1\text{-}8\text{-}49)$$

式中,$P = P(Y \geqslant y_P)$。

【例 1-8-1】　设随机变量 Y 服从耿贝尔分布,$E(Y) = 1\,000$,$C_{vY} = 0.38$,求累积概率 $P = P(Y \geqslant y_P) = 0.5\%$ 时的 y_P 值。

解　(1) 分别由式(1-8-48)、式(1-8-47),计算参数 c,a:

$$c = \sqrt{6}\sigma/\pi = \sqrt{6}E(Y)C_{vY}/\pi = \sqrt{6} \times 1\,000 \times 0.38/3.14 = 296.435$$

$$a = rc - E(Y) = 0.577\,21 \times 296.435 - 1\,000 = -828.895$$

（2）由式(1-8-49)计算 y_P：

$$y_P = -a - c\ln[-\ln(1-P)] = 828.895 - 296.435\ln[-\ln(1-0.005)] = 2\,398.759$$

1.8.10　对数正态分布

1.8.10.1　对数正态分布的密度函数

设随机变量 $Y \sim N(\mu, \sigma^2)$，若 $X = \mathrm{e}^Y$，下面用分布函数转化法推求 X 的密度函数。

$$F_X(x) = P(X \leqslant x) = P(\mathrm{e}^Y \leqslant x)$$
$$= P(Y \leqslant \ln x) = F_Y(\ln x)$$

当 $x > 0$ 时，有

$$f_X(x) = f_Y(\ln x)\frac{1}{x} = \frac{1}{x\sqrt{2\pi}\,\sigma}\mathrm{e}^{-\frac{(\ln x - \mu)^2}{2\sigma^2}}$$

因 $X = \mathrm{e}^Y$，$X \leqslant 0$ 为不可能事件，故当 $x \leqslant 0$ 时，$f(x) = 0$。

于是，X 的密度函数为

$$f_X(x) = \begin{cases} \dfrac{1}{x\sqrt{2\pi}\,\sigma}\mathrm{e}^{-\frac{(\ln x - \mu)^2}{2\sigma^2}}, & (x > 0) \\ 0, & (x \leqslant 0) \end{cases} \tag{1-8-50}$$

式中，μ，σ^2 分别为随机变量 Y 的均值和方差，称 X 服从两参数对数正态分布，记为 $X \sim \ln N(\mu, \sigma^2)$。不同参数的对数正态分布的密度曲线如图 1-8-5 所示。

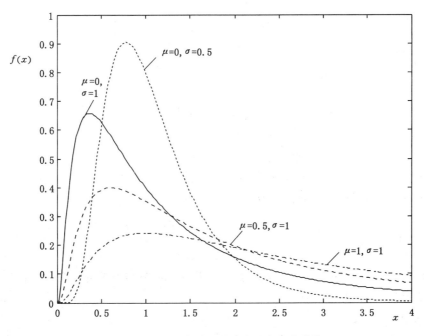

图 1-8-5　两参数对数正态分布密度曲线

水文学家周文德认为，水文变量 X 是由许多相互独立或弱相关的气象和地理因素 X_1，X_2，…，X_n 综合作用的产物，并假定这种综合作用可用相乘的形式来表示，即

$$X = X_1 X_2 \cdots X_n$$

取对数后有

$$\ln X = \sum_{i=1}^{n} \ln X_i$$

即 $\ln X$ 是许多相互独立或弱相关随机变量 $\ln X_i$ 之和,因为 n 很大,根据 1.7.2 节中心极限定理,可认为 $\ln X$ 服从正态分布,或 X 服从对数正态分布。

服从两参数对数正态分布的随机变量 X 的密度曲线的起点在坐标原点,而对于随机变量可能取值的最小值大于零的情况就不适用了,因此需要引入第三个参数 b 来表达曲线的起点,即将两参数对数正态分布的密度曲线向右平移 b,其相应新的随机变量 $Z = X + b$,则服从三参数对数正态分布,记为 $Z \sim \ln N(\mu, \sigma^2, b)$,因此容易得出 $Z = X + b = e^Y + b$ 的密度函数为

$$f_Z(z) = \begin{cases} \dfrac{1}{(z-b)\sqrt{2\pi}\,\sigma} e^{-\frac{[\ln(z-b)-\mu]^2}{2\sigma^2}}, & (z > b) \\ 0, & (z \leqslant b) \end{cases} \tag{1-8-51}$$

式中,μ 与 σ^2 为服从正态分布的随机变量 Y 的均值与方差,$Y = \ln(Z-b)$。

1.8.10.2 对数正态分布的数字特征

服从两参数对数正态分布的随机变量 $X \sim \ln N(\mu, \sigma^2)$ 的数字特征如下(推导略)。

数学期望:

$$E(X) = \exp(\mu + \sigma^2/2) \tag{1-8-52}$$

方差:

$$D(X) = \exp(2\mu + \sigma^2)[\exp(\sigma^2) - 1] \tag{1-8-53}$$

变差系数:

$$C_{vX} = [\exp(\sigma^2) - 1]^{1/2} \tag{1-8-54}$$

偏态系数:

$$C_{sX} = [\exp(\sigma^2) + 2][\exp(\sigma^2) - 1]^{1/2} = (C_{vX}^2 + 3)C_{vX} \tag{1-8-55}$$

两参数对数正态分布的数字特征表明,C_{sx} 取决于 C_{vX},只有 $E(X)$,C_{vX}[或 $D(X)$]是两个独立的参数,因为 X 的分布密度式(1-8-50)中只有参数 μ, σ^2,因此,μ, σ^2 与 $E(X)$,C_{vX}[或 $D(X)$]可以互求。根据式(1-8-52)、式(1-8-54),可得由 X 的数字特征 $E(X)$,C_{vX} 确定 $Y = \ln X$ 相应参数 μ, σ^2 的公式为

$$\mu = \ln[E(X)] - \frac{1}{2}\ln(1 + C_{vX}^2) \tag{1-8-56}$$

$$\sigma^2 = \ln(1 + C_{vX}^2) \tag{1-8-57}$$

根据两参数对数正态分布 X 的数字特征以及数学期望与方差的性质,可得三参数对数正态分布 $Z = X + b$ 的数字特征。

数学期望:

$$E(Z) = E(X+b) = \exp(\mu + \sigma^2/2) + b \tag{1-8-58}$$

方差(与两参数的相同):

$$D(Z) = D(X+b) = D(X) = \exp(2\mu + \sigma^2)[\exp(\sigma^2) - 1] \tag{1-8-59}$$

变差系数:由于 $D(Z) = D(X)$,$\sqrt{D(X)} = E(X)C_{vX}$,因此有

$$C_{vZ} = \frac{\sqrt{D(Z)}}{E(Z)} = \frac{E(Z)-b}{E(Z)} C_{vX} = \frac{E(Z)-b}{E(Z)} \left[\exp(\sigma^2)-1\right]^{1/2} \tag{1-8-60}$$

偏态系数(与两参数的相同)：

$$C_{sZ} = C_{sX} = (C_{vX}^2 + 3)C_{vX} \tag{1-8-61}$$

式(1-8-58)~式(1-8-61)给出了用 μ,σ^2,b 表示 $E(Z),C_{vZ}$[或 $D(Z)$]，C_{sZ} 的公式，实际应用时，通常是根据随机变量 Z 的样本资料去估计其相应的数字特征(详见第 2 章)，进而确定随机变量 Y 的参数 μ,σ^2 和 b，然后进行概率计算。下面给出以 $E(Z),C_{vZ},C_{sZ}$ 表示随机变量 $Y=\ln(Z-b)$ 的相应参数 μ,σ^2,b 的公式。

由式(1-8-58)、式(1-8-60)整理可得出用 $E(Z)$ 与 C_{vZ} 表示随机变量 $Y=\ln(Z-b)$ 的相应参数 μ,σ^2 的公式为

$$\mu = \ln[E(Z)-b] - \frac{1}{2}\ln\left\{1+\left[C_{vZ}\frac{E(Z)}{E(Z)-b}\right]^2\right\} \tag{1-8-62}$$

$$\sigma^2 = \ln\left\{1+\left[C_{vZ}\frac{E(Z)}{E(Z)-b}\right]^2\right\} \tag{1-8-63}$$

由式(1-8-60)可得 $C_{vX}=E(Z)C_{vZ}/[E(Z)-b]$，将其代入式(1-8-61)，得

$$C_{sZ} = C_{vX}^3 + 3C_{vX} = \{E(Z)C_{vZ}/[E(Z)-b]\}^3 + 3E(Z)C_{vZ}/[E(Z)-b]$$

解 b 的三次方程，可得

$$b = E(Z)\left\{1-(C_{vZ}/C_{sZ})\left[\left(\frac{2+C_{sZ}^2+C_{sZ}\sqrt{C_{sZ}^2+4}}{2}\right)^{1/3}+\left(\frac{2+C_{sZ}^2-C_{sZ}\sqrt{C_{sZ}^2+4}}{2}\right)^{1/3}+1\right]\right\}$$

$$\tag{1-8-64}$$

1.8.10.3　对数正态分布的计算

在水科学技术领域，通常计算超过制累积概率。对于服从两参数对数正态分布的随机变量 X，其相应的超过制累积分布函数为

$$G_X(x) = P(X \geqslant x) = P(e^Y \geqslant x) = P(Y \geqslant \ln x)$$
$$= 1 - \Phi\left(\frac{\ln x - \mu}{\sigma}\right) \tag{1-8-65}$$

对于服从三参数对数正态分布的随机变量 Z，其相应的超过制累积分布函数为

$$G_Z(z) = P(Z \geqslant z) = P(e^Y + b \geqslant z) = P[Y \geqslant \ln(z-b)]$$
$$= 1 - \Phi\left[\frac{\ln(z-b)-\mu}{\sigma}\right] \tag{1-8-66}$$

由式(1-8-65)、式(1-8-66)可见，对于对数正态分布，可利用标准正态分布表完成计算，也可利用 Excel 和 Matlab 软件进行计算，其方法如下。

(1) 两参数对数正态分布的计算

利用 Excel 软件计算两参数对数正态分布函数值 $F(x)=P(X\leqslant x)$ 和密度函数值 $f(x)$ 的语句分别为 LOGNORM.DIST$(x,\mu,\sigma,\text{TRUE})$，LOGNORM.DIST$(x,\mu,\sigma,\text{FALSE})$；已知 $P=P(X\leqslant x)$ 值，计算相应 x 值的语句为 LOGNORM.INV(P,μ,σ)。

利用 Matlab 软件计算两参数对数正态分布函数值 $F(x)=P(X\leqslant x)$ 的指令：在 Command Window 界面的提示符">>"后键入 logncdf(x,μ,σ)；计算密度函数值 $f(x)$ 的指令：在 Command Window 界面的提示符">>"后键入 lognpdf(x,μ,σ)；已知 $P=P(X\leqslant x)$ 值，

计算相应 x 值的指令:在 Command Window 界面的提示符"$>>$"后键入 logninv(P,μ,σ)。

【例 1-8-2】 若 $X\sim\ln N(\mu,\sigma^2)$,且 $E(X)=1.0,C_{vX}=0.2$,求 $P(X\leqslant1.5)$,$f(1.0)$ 和使 $P(X\geqslant x)=1\%$ 的 x 值。

解 ① 按式(1-8-56)、式(1-8-57)计算 μ,σ:

$$\mu=\ln[E(X)]-\frac{1}{2}\ln(1+C_{vX}^2)=\ln 1.0-\frac{1}{2}\ln(1+0.2^2)$$
$$=-0.019\ 6$$
$$\sigma^2=\ln(1+C_{vX}^2)=\ln(1+0.2^2)=0.039\ 2$$
$$\sigma=0.198\ 0$$

② 利用 Matlab 软件,进行如下操作:

$>>$ logncdf $(1.5,\ -0.019\ 6,0.198\ 0)$

ans$=$

    0.984 1

$>>$ lognpdf $(1.0,\ -0.019\ 6,0.198\ 0)$

ans$=$

    2.005 0

$>>$ logninv$(1-0.01,\ -0.019\ 6,0.198\ 0)$

ans$=$

    1.554 3

利用 Excel 软件计算留给读者完成。

(2) 三参数对数正态分布的计算

利用 Excel 软件计算三参数对数正态分布函数值 $F(z)=P(Z\leqslant z)$ 和密度函数值 $f(z)$ 的语句分别为 LOGNORM.DIST$(z-b,\mu,\sigma,\text{TRUE})$,LOGNORM.DIST$(z-b,\mu,\sigma,\text{FALSE})$;已知 $P=P(Z\leqslant z)$ 值,计算相应 z 值的语句为 LOGNORM.INV$(P,\mu,\sigma)+b$。

利用 Matlab 软件计算三参数对数正态分布函数值 $F(z)=P(Z\leqslant z)$ 和密度函数值 $f(z)$ 的指令分别为 logncdf$(z-b,\mu,\sigma)$,lognpdf$(z-b,\mu,\sigma)$;已知 $P=P(Z\leqslant z)$ 值,计算相应 z 的指令为 logninv$(P,\mu,\sigma)+b$。

【例 1-8-3】 若 $Z\sim\ln N(\mu,\sigma^2,b)$,且 $E(Z)=1\ 000,C_{vZ}=0.5,C_{sZ}=2.0$,试求 $P(Z\geqslant 2\ 500)$,$f(750)$ 和使 $P(Z\geqslant z)=0.2\%$ 时相应的 z 值。

解 ① 根据 $E(Z)=1\ 000,C_{vZ}=0.5,C_{sZ}=2.0$,计算 b,μ,σ。

由式(1-8-64)计算 b 值:

$$b=1\ 000\left\{1-(0.5/2.0)\left[\left(\frac{2+2.0^2+2.0\sqrt{2.0^2+4}}{2}\right)^{1/3}+\right.\right.$$
$$\left.\left.\left(\frac{2+2.0^2-2.0\sqrt{2.0^2+4}}{2}\right)^{1/3}+1\right]\right\}=161.175\ 0$$

由式(1-8-62)、式(1-8-63)分别计算 μ,σ:

$$\mu=\ln[1\ 000-161.175]-\frac{1}{2}\ln[1+(0.5\times\frac{1\ 000}{1\ 000-161.2})^2]=6.580\ 0$$
$$\sigma^2=\ln[1+(0.5\times\frac{1\ 000}{1\ 000-161.2})^2]=0.304\ 0$$

$$\sigma = 0.551\ 4$$

② 利用 Matlab 软件,进行如下操作:

a. 计算 $P(Z \geqslant 2\ 500)$

$>>1-\text{logncdf}(2\ 500-161.175\ 0,6.580\ 0,0.551\ 4)$

ans $=$

　　0.016 4

b. 计算 $f(750)$

$>>\text{lognpdf}(750-161.175\ 0,6.580\ 0,0.551\ 4)$

ans $=$

　　0.001 15

c. 已知 $P(Z \geqslant z)=0.2\%$,计算相应的 z 值

$>>\text{logninv}(1-0.002,6.580\ 0,0.551\ 4)+161.175$

ans $=$

　　3.684 0e$+$003(即 $z=3\ 684$)

用 Excel 软件计算留给读者完成。

1.8.11　数理统计中的常用分布与上侧分位点

在数理统计中,常用到 χ^2 分布、t 分布、F 分布,它们都与正态分布有着密切的联系。以下介绍这三个分布以及数理统计中常用的上侧(右侧)α 分位点的概念与确定。

1.8.11.1　三个常用分布

(1) χ^2 分布

χ^2 分布在 1.5.2 节曾有所提及,其定义与概率密度函数如下。

定义　设 $X_1, X_2, \cdots, X_n$ 是相互独立的随机变量,且 $X_i \sim N(0,1)$, $i=1,2,\cdots,n$。随机变量

$$\chi^2 = X_1^2 + X_2^2 + \cdots + X_n^2$$

所服从的分布称为 χ^2 分布,记为 $\chi^2 \sim \chi^2(n)$。其中 n 为参数,称为自由度。

χ^2 分布的密度函数为

$$f(x) = \begin{cases} \dfrac{1}{2^{n/2}\Gamma\left(\dfrac{n}{2}\right)} x^{\frac{n}{2}-1} \mathrm{e}^{-\frac{x}{2}}, & (x > 0) \\ 0, & (x \leqslant 0) \end{cases} \tag{1-8-67}$$

当自由度 n 分别为 $3,5,15$ 时,密度函数曲线如图 1-8-6 所示,可见 χ^2 分布为非对称分布。由式(1-8-67)不难看出,$\chi^2(n)$ 分布就是 $\alpha=n/2, \beta=2$ 的 Γ 分布。

下面介绍 χ^2 分布的数字特征和性质,推导与证明从略。

可以求得:$E(\chi^2)=n, D(\chi^2)=2n, C_\mathrm{v}=(2/n)^{1/2}, C_\mathrm{s}=2^{3/2} n^{-1/2}$。

若 X 与 Y 相互独立,$X \sim \chi^2(m), Y \sim \chi^2(n)$,则 $X+Y \sim \chi^2(m+n)$。此性质称为 χ^2 分布具有可加性(也称再生性)。

利用 Excel 软件计算 χ^2 的分布函数值 $F(x)$ 和密度函数值 $f(x)$ 的语句分别为 CHISQ.DIST(x,n,TRUE),CHISQ.DIST(x,n,FALSE);计算逆累积概率 $P=P(X \leqslant x)$

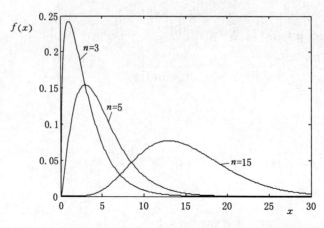

图 1-8-6　χ^2 分布密度函数曲线

的语句为 CHISQ.INV(P,n)。

利用 Matlab 软件计算 χ^2 的分布函数值 $F(x)$ 和密度函数值 $f(x)$ 的指令分别为 chi2cdf(x,n) 与 chi2pdf(x,n)；计算逆累积概率 $P=P(X\leqslant x)$ 的指令为 chi2inv(P,n)。

（2）t 分布

定义　若随机变量 $X\sim N(0,1)$，随机变量 $Y\sim\chi^2(n)$，且 X 与 Y 相互独立，则称随机变量

$$t=\frac{X}{\sqrt{Y/n}}$$

服从 t 分布或学生氏分布，记为 $t\sim t(n)$。其中 n 为参数，称为自由度。

t 分布的密度函数为

$$f(x)=\frac{\Gamma(\frac{n+1}{2})}{\sqrt{n\pi}\Gamma(\frac{n}{2})}(1+\frac{x^2}{n})^{-\frac{n+1}{2}}\quad(-\infty<x<+\infty)\tag{1-8-68}$$

自由度 n 分别为 1，4，50 时的密度函数曲线如图 1-8-7 所示。

t 分布为对称分布，可以证明当自由度 $n\rightarrow+\infty$ 时，t 分布的极限分布为标准正态分布。一般来说，当 $n>45$ 时，t 分布就很接近标准正态分布了。

当 $n=1$ 时，t 分布的数学期望不存在，因广义积分 $\int_{-\infty}^{+\infty}|x|f(x)\mathrm{d}x$ 发散。

当 $n\geqslant2$ 时，$E(t)=0$，$D(t)=n/(n-2)$，$C_s=0$。

利用 Excel 软件计算 t 的分布函数值 $F(x)$ 和密度函数值 $f(x)$ 的语句分别为 T.DIST(x,n,TRUE)，T.DIST(x,n,FALSE)；计算逆累积概率 $P=P(X\leqslant x)$，即确定 t 分布的左尾区间点，语句为 T.INV(P,n)。

利用 Matlab 软件计算 t 分布的分布函数值 $F(x)$ 和密度函数值 $f(x)$ 的指令分别为 tcdf(x,n) 与 tpdf(x,n)；计算逆累积概率 $P(X\leqslant x)$ 的指令为 tinv(P,n)。

（3）F 分布

定义　若随机变量 $X\sim\chi^2(n_1)$，随机变量 $Y\sim\chi^2(n_2)$，且 X 与 Y 相互独立，则称随机

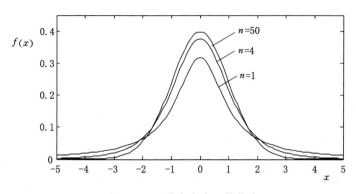

图 1-8-7　t 分布密度函数曲线

变量

$$F = \frac{X/n_1}{Y/n_2}$$

服从 F 分布,记为 $F \sim F(n_1, n_2)$。其中 n_1, n_2 为参数,称为自由度。

F 分布的密度函数为

$$f(x) = \begin{cases} \dfrac{\Gamma((n_1+n_2)/2)}{\Gamma(n_1/2)\Gamma(n_2/2)} \left(\dfrac{n_1}{n_2}\right)^{\frac{n_1}{2}} x^{\frac{n_1}{2}-1} \left(1 + \dfrac{n_1}{n_2}x\right)^{-\frac{n_1+n_2}{2}}, & (x > 0) \\ 0, & (x \leqslant 0) \end{cases} \qquad (1\text{-}8\text{-}69)$$

图 1-8-8 绘出了 $F(10, 50), F(10, 10), F(10, 4)$ 的密度函数曲线。

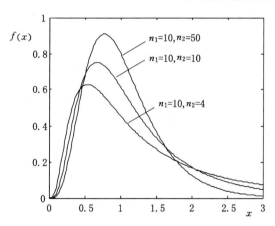

图 1-8-8　F 分布密度函数曲线

下面介绍 F 分布的常用数字特征和性质。数字特征为

$$E(F) = \frac{n_2}{n_2 - 2} \quad (n_2 = 3, 4, \cdots)$$

$$D(F) = \frac{2n_2^2(n_1 + n_2 - 2)}{n_1(n_2 - 2)^2(n_2 - 4)} \quad (n_2 = 5, 6, \cdots)$$

$$C_s = \frac{(2n_1 + n_2 - 2)}{(n_2 - 6)} \left[\frac{8(n_2 - 4)}{n_1(n_1 + n_2 - 2)}\right]^{1/2} \quad (n_2 = 7, 8, \cdots)$$

F 分布的性质:若 $F \sim F(n_1, n_2)$,则 $1/F \sim F(n_2, n_1)$。

证 因为 $F = \dfrac{X/n_1}{Y/n_2} \sim F(n_1, n_2)$,所以

$$\frac{1}{F} = \frac{Y/n_2}{X/n_1} \sim F(n_2, n_1)$$

利用 Excel 软件计算 F 的分布函数值 $F(x)$ 和密度函数值 $f(x)$ 的语句分别为 F.DIST$(x, n_1, n_2,$ TRUE),F.DIST$(x, n_1, n_2,$ FALSE);计算逆累积概率 $P = P(X \leqslant x)$ 的语句为 F.INV(P, n_1, n_2)。

利用 Matlab 软件计算 F 的分布函数值 $F(x)$ 和密度函数值 $f(x)$ 的指令分别为 fcdf(x, n_1, n_2),fpdf(x, n_1, n_2);计算逆累积概率 $P(X \leqslant x)$ 的指令为 finv(P, n_1, n_2)。

1.8.11.2 上侧分位点

在数理统计中,常常遇到给定概率 $P(X \leqslant x)$ 或 $P(X \geqslant x)$,去求相应 x 值的问题。为此,引入上侧分位点的定义与计算。

定义 对某一连续型随机变量 X,给定 $\alpha(0 < \alpha < 1)$,若数 x_α 使

$$P(X > x_\alpha) = \alpha \tag{1-8-70}$$

成立,则称数 x_α 为 X 的概率分布的上(右)侧 α 分位点,也称为上侧 α 临界值。

(1)标准正态分布的上侧分位点

设随机变量 $U \sim N(0, 1)$,对于给定的 $\alpha(0 < \alpha < 1)$,若 u_α 满足条件

$$P(U > u_\alpha) = \alpha \tag{1-8-71}$$

则称点 u_α 为标准正态分布的上侧 α 分位点或临界值,如图 1-8-9(a)所示。

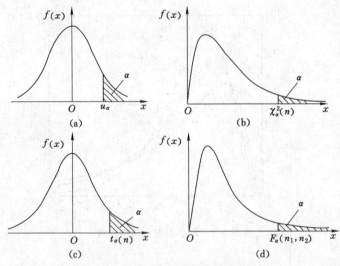

图 1-8-9 不同分布的上侧分位点示意图

(a) 正态分布;(b) χ^2 分布;(c) t 分布;(d) F 分布

利用 Excel 软件确定 u_α,语句为 NORM.INV$(1-\alpha, 0, 1)$;用 Matlab 软件确定 u_α,指令为 norminv$(1-\alpha, 0, 1)$;没有计算软件时可根据附表 1 标准正态分布函数值表确定 u_α。

例如,用 Matlab 软件确定标准正态分布,给定 $\alpha = 0.05$ 的上侧分位点 $u_{0.05}$:在 Command Window 界面的提示符">>"后键入 norminv$(1-0.05, 0, 1)$,即

$\gg$ norminv$(1-0.05,0,1)$

ans$=$

　　1.644 85

需要指出,Matlab 软件中逆累积概率计算指令中的概率 $P=P(X\leqslant x)$。

利用标准正态分布密度函数图形的对称性及上侧分位点的定义,易知

$$u_{1-\alpha}=-u_{\alpha} \tag{1-8-72}$$

(2) χ^2 分布的上侧分位点

设随机变量 $\chi^2\sim\chi^2(n)$,对于给定的 $\alpha(0<\alpha<1)$,若 $\chi_{\alpha}^2(n)$ 满足条件

$$P(\chi^2>\chi_{\alpha}^2(n))=\alpha \tag{1-8-73}$$

则称 $\chi_{\alpha}^2(n)$ 为自由度为 n 的 χ^2 分布的上侧 α 分位点或临界值,如图 1-8-9(b)所示。

利用 Excel 软件确定 $\chi_{\alpha}^2(n)$,语句为 CHISQ.INV.RT(α,n);利用 Matlab 软件确定 $\chi_{\alpha}^2(n)$,指令为 chi2inv$(1-\alpha,n)$;没有计算软件时可根据附表 3 确定 $\chi_{\alpha}^2(n)$。例如,$\chi_{0.01}^2(23)=41.638\ 4$。

(3) t 分布的上侧分位点

设随机变量 $t\sim t(n)$,对于给定的 $\alpha(0<\alpha<1)$,若 $t_{\alpha}(n)$ 满足条件

$$P(t>t_{\alpha}(n))=\alpha \tag{1-8-74}$$

则称 $t_{\alpha}(n)$ 为自由度为 n 的 t 分布的上侧 α 分位点或临界值,如图 1-8-9(c)所示。

利用 Excel 软件确定 $t_{\alpha}(n)$,语句为 T.INV$(1-\alpha,n)$;用 Matlab 软件确定 $t_{\alpha}(n)$,指令为 tinv$(1-\alpha,n)$;没有计算软件时 $t_{\alpha}(n)$ 值可查附表 4 确定。

例如,用 Matlab 软件确定给定 $\alpha=0.1$,自由度 $n=21$ 的 t 分布的上侧分位点 $t_{0.1}(21)$:在 Command Window 界面的提示符"$\gg$"后键入 tinv$(1-0.1,21)$,即

$\gg$tinv$(1-0.1,21)$

ans$=$

　　1.323 19

由 t 分布密度函数图形的对称性及上侧分位点的定义,易知

$$t_{1-\alpha}(n)=-t_{\alpha}(n) \tag{1-8-75}$$

前已叙及,当 $n>45$ 时,t 分布就很接近标准正态分布,因此当 $n>45$ 时,有

$$t_{\alpha}(n)\approx u_{\alpha} \tag{1-8-76}$$

(4) F 分布的上侧分位点

设随机变量 $F\sim F(n_1,n_2)$,对于给定的 $\alpha(0<\alpha<1)$,若 $F_{\alpha}(n_1,n_2)$ 满足条件

$$P(F>F_{\alpha}(n_1,n_2))=\alpha \tag{1-8-77}$$

则称 $F_{\alpha}(n_1,n_2)$ 为自由度 n_1,n_2 的 F 分布的上侧 α 分位点或临界值,如图 1-8-9(d)所示。

用 Excel 软件确定 $F_{\alpha}(n_1,n_2)$,语句为 F.INV.RT(α,n_1,n_2);用 Matlab 软件确定 $F_{\alpha}(n_1,n_2)$,指令为 finv$(1-\alpha,n_1,n_2)$。例如,$F_{0.05}(9,12)=2.796\ 4$,$F_{0.95}(12,9)=0.357\ 6$。

没有计算软件时可查附表 5 确定 $F_{\alpha}(n_1,n_2)$。附表 5 给出 F 分布,概率 α 分别为 0.10,0.05,0.01 相应的上侧分位点。

若要确定大概率 $1-\alpha$ 相应的上侧分位点 $F_{1-\alpha}(n_1,n_2)$,则需利用转换公式

$$F_{1-\alpha}(n_1,n_2)=\frac{1}{F_{\alpha}(n_2,n_1)} \tag{1-8-78}$$

证明如下：

因为 $F \sim F(n_1, n_2)$，所以

$$1 - \alpha = P(F > F_{1-\alpha}(n_1, n_2)) = P\left(\frac{1}{F} < \frac{1}{F_{1-\alpha}(n_1, n_2)}\right)$$

$$= 1 - P\left(\frac{1}{F} \geqslant \frac{1}{F_{1-\alpha}(n_1, n_2)}\right) = 1 - P\left(\frac{1}{F} > \frac{1}{F_{1-\alpha}(n_1, n_2)}\right)$$

故 $$P\left(\frac{1}{F} > \frac{1}{F_{1-\alpha}(n_1, \ n_2)}\right) = \alpha \tag{1-8-79}$$

因为 $\frac{1}{F} \sim F(n_2, n_1)$，所以

$$P\left(\frac{1}{F} > F_{\alpha}(n_2, n_1)\right) = \alpha \tag{1-8-80}$$

比较式(1-8-79)和式(1-8-80)，得

$$\frac{1}{F_{1-\alpha}(n_1, n_2)} = F_{\alpha}(n_2, n_1)$$

证毕。

利用式(1-8-78)可确定 F 分布表中未列出的一些 α 分位点。例如：

$$F_{0.95}(12, 9) = 1/F_{0.05}(9, 12) = 1/2.80 = 0.36$$

本节从理论上介绍了常用的各种概率分布及其计算。在实际问题中，要确定某一随机现象服从何种分布，一种途径是根据实际问题的背景从理论上严格证明，如对于二项分布、正态分布(中心极限定理)；另一种途径则需首先选择符合实际问题背景和物理意义的概率分布类型，然后根据试验资料进行概率分布曲线的拟合，并将拟合最佳的概率分布作为采用的分布，关于概率分布曲线的拟合方法将在第 3 章介绍。

此外，除上述常用分布外，在水科学的水力设计可靠性分析与计算中，像渠道的底宽、糙率系数等水力参数由于受施工、运行过程中边界条件变化等因素的影响，常常将它们作为随机变量，并常采用简单实用的三角形分布，如图 1-8-10 所示，其概率密度函数为

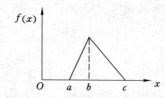

图 1-8-10　三角形分布的密度函数图

$$f(x) = \begin{cases} \dfrac{2(x-a)}{(b-a)(c-a)}, & (a \leqslant x < b) \\ \dfrac{2(c-x)}{(c-a)(c-b)}, & (b \leqslant x < c) \\ 0, & (其他) \end{cases} \tag{1-8-81}$$

式中，a, b, c 分别为随机变量 X 可能取值的下限、最可能值(众数)和上限。

为避免重复，三角形分布的数字特征详见 4.5 节。当随机变量 X 在某一区间取值，且其最可能值是一个范围时，则可采用梯形分布，详见 4.3 节。

第 2 章　数理统计的基本理论与有关研究

概率论从理论上研究统计规律的表示方法,如分布律、分布函数、密度函数、随机变量的数字特征等,同时研究若干常用分布的分布规律、特点、性质等。而实际工作中涉及的随机变量,其概率分布类型、统计参数值,一般无法从理论上导出,要解决这些问题,离不开试验数据。然而,实际问题中常常无法获得所有试验资料或者要获得所有试验资料的工作量太大。例如,在历史长河中的历年的年降水量资料,我们只有设立观测站后才能观测到一部分资料;又如,要测定灯泡的使用寿命,就得将灯泡通电直到毁坏为止,对于这种破坏性试验我们只能抽取一些灯泡做寿命试验;再如,某工厂每日生产几万只螺钉,由于人力物力等原因,不可能将每只螺钉的性质一一进行测定。因此,数理统计就是根据随机现象的一部分试验数据,来研究随机现象全体的统计规律。数理统计的核心就是对一部分试验数据所表征的统计规律,进行统计分析与统计推断。所谓统计推断,是指在一定可靠程度下的推测性判断。限于篇幅,本章仅介绍工程技术中最基本的和应用最广泛的数理统计的理论与技术:样本与统计量的分布、参数估计和回归分析。

2.1　样本与统计量的分布

2.1.1　总体与样本

2.1.1.1　总体与个体

在数理统计中,人们把研究对象的全体称为总体或母体。组成总体的每个元素或单元称为个体。将包括有限个个体的总体称为有限总体,如研究某厂生产的 5 万只灯泡的寿命,5 万只灯泡寿命的全体则组成了一个有限总体,每只灯泡的寿命则是一个个体;将包括无限个个体的总体称为无限总体,如研究某市历年的年最高气温,历史长河中每年年最高气温的全体,则组成了一个无限总体,每年的年最高气温则是一个个体。

任何一个总体,都可以用随机变量来表示。例如,若将上例中灯泡的寿命作为随机变量 X,总体中每一个个体就是 X 的一个可能取值,5 万只灯泡的寿命就是 X 的所有可能取值的全体。因此,总体实质上就是随机变量可能取值的全体,今后凡提到总体就是指一个具有确定概率分布的随机变量,常用随机变量 X,Y,Z 等表示,研究总体的概率分布就是研究相应随机变量的概率分布,研究总体的数字特征就是研究相应随机变量的数字特征。因而,概率论是数理统计的理论基础。

2.1.1.2　简单随机样本

由于总体有时未知或无法得到,自然想利用一部分试验资料来进行研究。从总体中随机抽取的一部分个体,称为样本,也称为子样,记为 $X_1,X_2,\cdots,X_n$。样本中所含个体的数目称为样本容量。

由样本推断总体，除要求样本有足够的容量外，还应具备以下两点：

（1）随机性（代表性）：即样本中每一个体 $X_i(i=1,2,\cdots,n)$ 都是从总体中随机抽取的，故与总体 X 具有相同的分布。

（2）独立性：即 n 个个体的抽取互不受影响，故 $X_1,X_2,\cdots,X_n$ 相互独立。

将满足上述两点的样本，称为简单随机样本，显然，简单随机样本是相互独立的 n 维随机变量。以后无特别说明，提到的样本均指简单随机样本，并简称样本。

抽样通常有两种方法：一种是不放回抽样，即每次抽取一个不放回，再抽取第二个，连续抽取 n 次；另一种是放回抽样，即每次抽取一个进行考察后放回去，再抽取第二个，连续抽取 n 次。需要指出，对于有限总体，采用放回抽样所得样本为简单随机样本，但在放回抽样使用不便的情况下，当总体中个体的数目 N 相对样本容量 n 较大时（$N/n>20$ 或 $n/N<0.01$），实际工作中常将不放回抽样近似视为放回抽样。

如上所述，样本 $X_1,X_2,\cdots,X_n$ 是相互独立的 n 维随机变量。但是，一次抽取以后，它们是一组具体的数值 $x_1,x_2,\cdots,x_n$，称为样本 $X_1,X_2,\cdots,X_n$ 的一组观察值，或简称为样本值。值得注意的是，每抽取一次，其观察值是不完全相同的。

今后为叙述方便，通常不把样本与样本观察值严格加以区分，有时符号也不严格区分，而将样本观察值 $x_1,x_2,\cdots,x_n$ 也称为样本。至于把 $x_1,x_2,\cdots,x_n$ 什么时候看作样本，什么时候看作样本观察值，读者可以从上下文含义上加以区分。总之，样本具有双重性：抽取之前，是 n 维随机变量，通常也称为一般样本；抽取之后，是一组具体值，通常也称为具体样本。

2.1.2　样本矩及其与总体矩的联系

2.1.2.1　样本矩与样本数字特征

由样本估计总体的思路贯穿于数理统计理论的始终。而进行估计时，不是使用样本本身，而是从样本中提炼有用信息，提炼的方法就是构造样本的函数。以下介绍的样本 k 阶原点矩和样本 k 阶中心矩，统称为样本矩，它们均是样本的函数；而样本数字特征也是由样本构造的函数，其更能直观反映随机变量的统计特性，包括样本均值、样本方差、样本均方差、样本变差系数、样本偏态系数等。

设 $X_1,X_2,\cdots,X_n$ 是来自总体 X 的一个样本，$x_1,x_2,\cdots,x_n$ 是该样本的一组样本观察值，k 为正整数，以下介绍样本矩和各样本数字特征的定义式。

（1）样本 k 阶原点矩 A_k

$$A_k=\frac{1}{n}\sum_{i=1}^{n}X_i^k \tag{2-1-1}$$

（2）样本 k 阶中心矩 B_k

$$B_k=\frac{1}{n}\sum_{i=1}^{n}(X_i-\overline{X})^k \tag{2-1-2}$$

特别地，当 $k=1$ 时，易知样本的一阶中心矩恒为零。

（3）样本均值 $\overline{X}$

当 $k=1$ 时，样本的一阶原点矩称为样本均值，即

$$A_1 = \overline{X} = \frac{1}{n} \sum_{i=1}^{n} X_i \qquad (2\text{-}1\text{-}3)$$

(4) 样本方差 S_n^2

当 $k=2$ 时,样本的二阶中心矩称为样本方差,即

$$B_2 = S_n^2 = \frac{1}{n} \sum_{i=1}^{n} (X_i - \overline{X})^2 \qquad (2\text{-}1\text{-}4)$$

对式(2-1-4)平方项展开并化简,可得

$$S_n^2 = \frac{1}{n} \sum_{i=1}^{n} X_i^2 - \overline{X}^2 \qquad (2\text{-}1\text{-}5)$$

(5) 样本均方差或标准差 S_n

$$S_n = \sqrt{\frac{1}{n} \sum_{i=1}^{n} (X_i - \overline{X})^2} \qquad (2\text{-}1\text{-}6)$$

(6) 样本变差系数 C'_{vn}

$$C'_{vn} = \frac{S_n}{\overline{X}} \qquad (2\text{-}1\text{-}7)$$

(7) 样本偏态系数 C'_{sn}

$$C'_{sn} = \frac{\sum_{i=1}^{n} (X_i - \overline{X})^3 / n}{S_n^3} \qquad (2\text{-}1\text{-}8)$$

上述样本数字特征均为随机变量,它们的观察值仍分别称为样本均值、样本方差、样本均方差、样本变差系数、样本偏态系数,分别记为 $\overline{x}, s_n^2, s_n, C_{vn}, C_{sn}$,其计算式分别与式(2-1-3)、式(2-1-4)及式(2-1-6)~式(2-1-8)相对应,即

$$\overline{x} = \frac{1}{n} \sum_{i=1}^{n} x_i \qquad (2\text{-}1\text{-}9)$$

$$s_n^2 = \frac{1}{n} \sum_{i=1}^{n} (x_i - \overline{x})^2 \qquad (2\text{-}1\text{-}10)$$

$$s_n = \sqrt{\frac{1}{n} \sum_{i=1}^{n} (x_i - \overline{x})^2} \qquad (2\text{-}1\text{-}11)$$

$$C_{vn} = \frac{s_n}{\overline{x}} \qquad (2\text{-}1\text{-}12)$$

$$C_{sn} = \frac{\sum_{i=1}^{n} (x_i - \overline{x})^3 / n}{s_n^3} \qquad (2\text{-}1\text{-}13)$$

式(2-1-1)、式(2-1-2)相应的观察值,仍分别称为样本 k 阶原点矩、样本 k 阶中心矩,其计算式留给读者完成。

上述样本数字特征所表征的统计意义是,样本均值表示随机变量取值的集中位置或平均水平。样本方差与均方差均表示随机变量取值相对于均值的偏离程度,反映随机变量取值的离散特征,且样本均方差 s_n 与随机变量的取值具有相同的量纲。例如,某地区某雨量站测得 30 年年降水量资料,即为总体年降水量的一组样本观察值,据其可计算年降水量的样本均值和均方差,它们分别表示该雨量站多年平均年降水量和年降水量的年际变化。利

用 Excel 软件计算样本均值的函数为 AVERAGE;计算样本均方差的函数为 STDEV。样本变差系数是反映随机变量取值离散程度的相对量,特别是对均值不同的样本比较其离散特征时,宜采用样本变差系数。样本偏态系数反映随机变量取值相对于均值的对称程度。

需要指出,当样本容量 n 较小时(一般 $n<30$),要对样本方差进行修正,修正后称为样本修正方差(其定义式见 2.1.2.2 节定理一)。由样本修正方差确定修正的样本均方差和样本变差系数。对样本的三阶中心矩也要进行修正,并由此确定修正的样本偏态系数。修正的理由及修正后的公式详见 2.2.1 节。

2.1.2.2 样本矩与总体矩的联系

由随机变量 X(总体)的分布定义的矩,称为总体矩,也就是 1.6 节所定义的随机变量的原点矩和中心矩等。样本矩和总体矩二者不同,当随机变量的分布一定时,总体矩是由随机变量的分布所确定的常数;而样本矩是样本 $X_1,X_2,\cdots,X_n$ 的函数,即作为 n 维随机变量的函数,是随机变量,其观察值是具体数值,且随样本不同而不同。样本来自总体,二者之间必然会存在某些联系。以下定理表明了二者间的联系。

定理一 假设总体 X 存在二阶矩,$E(X)=\mu,D(X)=\sigma^2$,$X_1,X_2,\cdots,X_n$ 是总体 X 的样本,则样本矩与总体矩有如下联系:

(1) $E(\overline{X})=\mu,D(\overline{X})=\dfrac{\sigma^2}{n}$;

(2) $E(S_n^2)=\dfrac{n-1}{n}\sigma^2,E(S^2)=\sigma^2$。

其中

$$S^2=\frac{1}{n-1}\sum_{i=1}^{n}(X_i-\overline{X})^2 \tag{2-1-14}$$

称为样本修正方差。

限于篇幅,定理一证明从略。

2.1.3 统计量与常用的抽样分布

前已叙及,由样本推断总体,需构造样本的函数,以便利用这些样本的函数进行统计推断。本小节介绍比样本矩涉及范围更广的样本的函数,即统计量。

定义 设 $X_1,X_2,\cdots,X_n$ 是来自总体 X 的一个样本,则将任一不含未知参数的、由样本构造的任一函数 $g(X_1,X_2,\cdots,X_n)$,称为统计量。

统计量 $g(X_1,X_2,\cdots,X_n)$ 是 n 维随机变量的函数,因此它是随机变量。前述介绍的样本矩与样本数字特征都是统计量。

设 $x_1,x_2,\cdots,x_n$ 是相应于样本 $X_1,X_2,\cdots,X_n$ 的样本值,则称 $g(x_1,x_2,\cdots,x_n)$ 是统计量 $g(X_1,X_2,\cdots,X_n)$ 的观察值。

统计量的分布称为抽样分布。在使用统计量进行统计推断时常需要知道它的分布。当总体的分布函数已知时,抽样分布是确定的,然而要求出统计量的精确分布,一般来说是困难的。本小节介绍来自正态总体的几个常用的统计量。

在介绍常用统计量之前,先引入定理二。

定理二 设 $X_1,X_2,\cdots,X_n$ 是正态总体 $X\sim N(\mu,\sigma^2)$ 的样本,$\overline{X},S_n^2,S^2$ 分别是样本均

值、样本方差和样本修正方差,则有

$$\frac{(n-1)S^2}{\sigma^2}=\frac{nS_n^2}{\sigma^2}=\frac{1}{\sigma^2}\sum_{i=1}^{n}(X_i-\overline{X})^2 \sim \chi^2(n-1) \tag{2-1-15}$$

且 $\overline{X}$ 与 S^2 相互独立。

定理二证明从略。

下面介绍四类统计量,它们都是在样本均值、样本方差基础上构造的不含未知参数的样本的函数。它们所服从的分布已在第 1 章的例 1-6-6 和 1.8.11 节介绍过,那是从多维随机变量的函数的角度介绍相应分布的,其理论与结论具有普遍意义。此处从样本的函数的角度,介绍四类统计量的结构式及其服从的分布(证明略)。

(1) U 统计量及其分布

设总体 $X\sim N(\mu,\sigma^2)$,μ,σ^2 为已知参数,$\overline{X}$ 为样本均值,则 U 统计量及其服从的分布为

$$U=\frac{\overline{X}-\mu}{\sigma/\sqrt{n}} \sim N(0,1) \tag{2-1-16}$$

由第 1 章式(1-6-21)易知,U 统计量实际上是标准化正态随机变量。

(2) t 统计量及其分布

设总体 $X\sim N(\mu,\sigma^2)$,μ 为已知参数,则 t 统计量及其服从的分布为

$$t=\frac{\overline{X}-\mu}{S/\sqrt{n}} \sim t(n-1) \tag{2-1-17}$$

(3) χ^2 统计量及其分布

设总体 $X\sim N(\mu,\sigma^2)$,σ^2 为已知参数。χ^2 统计量有两种表达形式:

① μ 为未知参数时的 χ^2 统计量为

$$\chi^2=\frac{(n-1)S^2}{\sigma^2}=\frac{1}{\sigma^2}\sum_{i=1}^{n}(X_i-\overline{X})^2 \sim \chi^2(n-1) \tag{2-1-18}$$

式(2-1-18)即是本章式(2-1-15)。

这里对式(2-1-18)中的自由度加以说明。因为 $X_1-\overline{X},X_2-\overline{X},\cdots,X_n-\overline{X}$ 之间有一个约束关系

$$\sum_{i=1}^{n}(X_i-\overline{X})=0$$

所以当这 n 个正态随机变量 $X_1,X_2,\cdots,X_n$ 中有 $n-1$ 个取值一定时,剩下一个的取值也就确定了,故式(2-1-18)中自由度为 $n-1$。

② μ 为已知参数时的 χ^2 统计量为

$$\chi^2=\frac{1}{\sigma^2}\sum_{i=1}^{n}(X_i-\mu)^2 \sim \chi^2(n) \tag{2-1-19}$$

(4) F 统计量及其分布

F 统计量是在两个具有相同方差 σ^2 的正态总体下引入的,且 σ^2 为已知参数。设 $X_1,X_2,\cdots,X_{n_1}$ 是来自正态总体 $X\sim N(\mu_1,\sigma^2)$ 的容量为 n_1 的样木,样本均值与修正样本方差分别为 $\overline{X},S_1^2$;设 $Y_1,Y_2,\cdots,Y_{n_2}$ 是来自正态总体 $Y\sim N(\mu_2,\sigma^2)$ 的容量为 n_2 的样本,样本均值与修正样本方差分别为 $\overline{Y},S_2^2$,且总体 X,Y 相互独立。F 统计量有两种表达形式:

① μ_1,μ_2 为未知参数时的 F 统计量为

$$F = \frac{S_1^2}{S_2^2} = \frac{\sum_{i=1}^{n_1}(X_i - \overline{X})^2/(n_1 - 1)}{\sum_{i=1}^{n_2}(Y_i - \overline{Y})^2/(n_2 - 1)} \sim F(n_1 - 1, n_2 - 1) \qquad (2\text{-}1\text{-}20)$$

② μ_1,μ_2 为已知参数时的 F 统计量为

$$F = \frac{\sum_{i=1}^{n_1}(X_i - \mu_1)^2/n_1}{\sum_{i=1}^{n_2}(Y_i - \mu_2)^2/n_2} \sim F(n_1, n_2) \qquad (2\text{-}1\text{-}21)$$

本小节介绍的统计量及其分布,是进行统计分析所必需的,读者需掌握它们各自的成立条件、表达形式及其服从的分布,以便应用时正确选择。

2.2 参数估计与样本容量选取的研究

参数指总体分布中的常数或总体的数字特征,记为 θ(当总体有多个未知参数时,θ 为向量,以下不一一说明)。参数估计是指依据从总体中抽取的样本,构造合适的样本函数,对总体的未知参数 θ 或者对参数 θ 的某些函数 $g(\theta)$ 进行估计。参数估计是统计推断的基本内容之一,包括点估计和区间估计。点估计给出总体未知参数的近似值;区间估计则给出总体未知参数所在的范围及在此范围内的概率。

2.2.1 点估计

2.2.1.1 点估计的概念

设总体 X,其分布形式 $F(x;\theta)$ 已知,参数 θ 未知,$X_1,X_2,\cdots,X_n$ 是来自总体 X 的样本。点估计是指由样本构造一个适当的统计量 $\hat{\theta}(X_1,X_2,\cdots,X_n)$,并将其观察值 $\hat{\theta}(x_1,x_2,\cdots,x_n)$ 作为未知参数 θ 的近似值,由于只给出未知参数的近似值,故称点估计。称 $\hat{\theta}(X_1,X_2,\cdots,X_n)$ 为参数 θ 的估计量,是随机变量;称 $\hat{\theta}(x_1,x_2,\cdots,x_n)$ 为参数 θ 的估计值。推求估计量和估计值的问题,统称为估计,并简记为 $\hat{\theta}$,请读者从上下文含义上区分估计量和估计值。例如,用样本均值 $\overline{X}$ 作为总体均值 μ 的估计量,用 $\overline{X}$ 的观察值 $\overline{x}$(也称样本均值)作为总体均值 μ 的估计值,分别记为

$$\hat{\mu} = \overline{X}, \quad \hat{\mu} = \overline{x}$$

2.2.1.2 估计量的优良性准则

对于同一参数,不同的估计方法可以构造不同的估计量,其估计效果可能不同。那么,哪一个估计量好? 好坏的准则是什么? 本小节将讨论这些问题。

在参数未知的情况下,用估计值本身无法评价估计的好坏,而应通过估计量的统计特性来评价其优良性。通常从无偏性、有效性、一致性三个方面来评价估计量。

(1) 无偏性

设总体 X 的分布函数 $F(x;\theta)$,参数 θ 未知,$X_1,X_2,\cdots,X_n$ 是来自总体 X 的样本。θ 的估计量 $\hat{\theta}(X_1,X_2,\cdots,X_n)$ 是随机变量,简记为 $\hat{\theta}$。尽管估计问题存在误差,但我们希望估计量

$\hat{\theta}$ 的取值总是在真值 θ 左右徘徊,误差有正有负,且 $\hat{\theta}$ 的期望值等于未知参数,即 $E(\hat{\theta})=\theta$。在科学技术中,称 $E(\hat{\theta})-\theta$ 为由 $\hat{\theta}$ 估计 θ 的系统偏差。若 $E(\hat{\theta})-\theta=0$,则称为无系统偏差,即无偏。

定义　若估计量 $\hat{\theta}=\hat{\theta}(X_1,X_2,\cdots,X_n)$ 的数学期望 $E(\hat{\theta})$ 存在,且对于任意 $\theta\in\Theta$(在 θ 的取值范围 Θ 内),有

$$E(\hat{\theta})=\theta \tag{2-2-1}$$

则称 $\hat{\theta}$ 为 θ 的无偏估计量,θ 的估计值称为无偏估计值。

【例 2-2-1】　任一总体 X 的均值 $E(X)=\mu$,方差 $D(X)=\sigma^2$。试考察用样本均值 $\overline{X}$ 估计 μ 的无偏性,用样本方差 S_n^2 和样本修正方差 S^2 估计 σ^2 的无偏性。

解　现利用 2.1 节定理一的结论进行分析。

因为 $E(\overline{X})=\mu$,故样本均值 $\overline{X}$ 是总体均值 μ 的无偏估计量。

因为 $E(S_n^2)=\dfrac{n-1}{n}\sigma^2$,故样本方差 S_n^2 不是总体方差 σ^2 的无偏估计量,用 S_n^2 估计 σ^2 是系统偏小的;而 $E(S^2)=\sigma^2$,故样本修正方差 S^2 是总体方差 σ^2 的无偏估计量。因此,实际工作中常用 S^2 作为 σ^2 的估计量,而不是 S_n^2,但当样本容量 n 很大时,S_n^2 与 S^2 接近。

由上述可知,样本修正方差 $S^2=\dfrac{n}{(n-1)}S_n^2$,对样本方差的有偏估计进行了修正,这种将有偏估计量修正为无偏估计量的方法,称为纠偏。

需要指出,无偏性只是就平均意义而言的,由一个具体样本计算无偏估计值去估计未知参数,可能偏大也可能偏小,并且由于参数值是未知的,因此无法确切回答估计误差。

此外,无偏估计量具有如下性质:

若 $\hat{\theta}$ 是未知参数 θ 的无偏估计量,$h(\theta)$ 为 θ 的连续函数,一般 $h(\hat{\theta})$ 不是 $h(\theta)$ 的无偏估计量,即

$$E[h(\hat{\theta})]\neq h(\theta) \tag{2-2-2}$$

例如,S^2 是总体方差 σ^2 的无偏估计量,函数 $h(\sigma^2)=\sqrt{\sigma^2}=\sigma$,而

$$E[h(S^2)]=E(S)\neq\sigma$$

即样本均方差 S 不是总体均方差 σ 的无偏估计量。

证　由方差的常用计算式(1-6-14),得 $D(S)=E(S^2)-[E(S)]^2=\sigma^2-[E(S)]^2>0$(设 S 不为常数),则

$$E(S)<\sigma$$

证毕。

【例 2-2-2】　设总体 X 的均值 $E(X)=\mu$,$X_1,X_2,\cdots,X_n$ 是来自总体 X 的样本。若 $\sum\limits_{i=1}^{n}C_i=1$,且 $C_i\neq1/n$,试考察估计量 $\hat{\mu}_c=\sum\limits_{i=1}^{n}C_iX_i$ 是否为 μ 的无偏估计量。

解　
$$E(\hat{\mu}_c)=E(\sum_{i=1}^{n}C_iX_i)=\sum_{i=1}^{n}C_iE(X_i)=\mu\sum_{i=1}^{n}C_i=\mu$$

因此,$\hat{\mu}_c$ 是 μ 的无偏估计量。

特别地,若本例 $C_i=1/n,i=1,2,\cdots,n$,则 $\hat{\mu}_c$ 即是样本均值 $\overline{X}$。

例 2-2-2 表明,同一个参数可以有多个无偏估计。这说明仅有无偏性要求是不够的。

于是,在无偏性的基础上需增加对估计量的方差要求。无偏估计量的方差越小,表明该估计量的取值(即估计值)围绕其数学期望(也即待估参数真值)的波动就越小,则估计更有效。为此,引入有效性。

(2) 有效性

定义 设 $\hat{\theta}_1$ 与 $\hat{\theta}_2$ 均是未知参数 θ 的无偏估计量,若对于任一样本容量 n,有

$$D(\hat{\theta}_1) < D(\hat{\theta}_2) \tag{2-2-3}$$

则称 $\hat{\theta}_1$ 较 $\hat{\theta}_2$ 有效。

由例 2-2-1、例 2-2-2 知,样本均值 $\overline{X}$ 及 $\hat{\mu}_c = \sum_{i=1}^{n} C_i X_i$(其中 $\sum_{i=1}^{n} C_i = 1$,且 $C_i \neq 1/n$)均是总体均值 μ 的无偏估计量,可以证明(证略):

$$D(\overline{X}) < D(\sum_{i=1}^{n} C_i X_i)$$

即 $\overline{X}$ 较 $\hat{\mu}_c = \sum_{i=1}^{n} C_i X_i$ 有效。此结论表明,由样本均值估计总体均值具有优越性。

(3) 一致性(相合性)

无偏性、有效性均是在样本容量 n 一定的情况下提出的。而在样本容量 n 充分大时,一个好的估计量应能在概率意义下收敛于待估计参数,这就是所谓的一致性。

定义 设 $\hat{\theta}$ 为参数 θ 的估计量,当 $n \rightarrow +\infty$ 时,$\hat{\theta}$ 依概率收敛于 θ,即对任意正数 $\varepsilon > 0$,有

$$\lim_{n \rightarrow \infty} P(|\hat{\theta} - \theta| < \varepsilon) = 1 \tag{2-2-4}$$

称 $\hat{\theta}$ 为 θ 的一致估计量,或相合估计量。

例如,由 1.7.1 节的定理一可得

$$\lim_{n \rightarrow +\infty} P(|\overline{X} - E(X)| < \varepsilon) = 1$$

因此,样本均值 $\overline{X}$ 是总体均值 $E(X)$ 的一致估计量。当 $E(X^2)$ 存在时,可以证明 S_n^2 与 S^2 都是总体方差 σ^2 的一致估计量。

一致性是对估计量的一个基本要求,不具备一致性的估计量是不予以考虑的。

除上述估计量的优良性准则外,还有充分性准则,通俗地说,若一个与参数估计有关的样本的全部信息都得到利用,这样得到的估计量是充分的,详细内容读者可参阅有关文献。

以下介绍点估计的方法及其性质。由点估计的概念可知,点估计的关键环节是借助于来自总体 X 的样本 $X_1, X_2, \cdots, X_n$,构造未知参数 θ 的估计量 $\hat{\theta}(X_1, X_2, \cdots, X_n)$。构造估计量的方法不同,则相应的估计方法不同。本节中介绍数理统计中应用最广泛的矩估计法和极大似然法。在第 3 章将介绍水科学中常用的适线法。

2.2.1.3　矩估计法

用样本矩来估计相应的总体矩(同类、同阶,以下也如此,不一一说明),用样本矩的连续函数来估计相应的总体矩的连续函数,从而得出参数估计,这种估计法称为矩估计法,简称矩法。该方法是 1894 年英国统计学家 K.皮尔逊最早提出的,其依据是大数定律。例如,由 1.7.1 节定理一可知,当样本容量 n 很大时,样本均值 $\overline{X}$ 的随机性很弱,依概率收敛于样本各个分量的数学期望 $E(X_i)(i = 1, 2, \cdots, n)$,而 $E(X_i) = E(X)$。因此,当样本容量 n 很大

时,样本均值依概率收敛于总体均值,进而可用样本均值作为总体均值的估计量。利用大数定律及依概率收敛序列的性质不难得出,样本矩依概率收敛于相应的总体矩;样本矩的连续函数依概率收敛于相应总体矩的连续函数。因此,矩法将样本矩作为相应的总体矩的估计量,将样本矩的连续函数作为相应总体矩的连续函数的估计量。

设 $X_1, X_2, \cdots, X_n$ 为来自总体 X 的样本,由矩法的基本思想可得出总体均值、方差、变差系数、偏态系数的矩估计量。

(1) 样本均值 $\overline{X}$ 是总体均值 μ 的矩估计量,即

$$\hat{\mu} = \overline{X} = \sum_{i=1}^{n} X_i / n \tag{2-2-5}$$

且是无偏估计量。

(2) 样本方差 S_n^2 是总体方差 σ^2 的矩估计量,即

$$\hat{\sigma}^2 = S_n^2 = \sum_{i=1}^{n} (X_i - \overline{X})^2 / n \tag{2-2-6}$$

由于 $E(S^2) = \sigma^2$,因此由式(2-1-14)定义的样本修正方差 S^2 是总体方差 σ^2 的无偏估计量,即

$$\hat{\sigma}^2 = S^2 = \sum_{i=1}^{n} (X_i - \overline{X})^2 / (n-1) \tag{2-2-7}$$

(3) 由于 $E(S^2) = \sigma^2$,总体变差系数 C_{vX} 的矩估计量常采用

$$\hat{C}_{vX} = C_v' = \frac{S}{\overline{X}} = \sqrt{\frac{1}{n-1} \sum_{i=1}^{n} (X_i - \overline{X})^2} \Big/ \overline{X} \tag{2-2-8}$$

可以证明用修正的样本变差系数 C_v' 估计总体的 C_{vX} 仍是系统偏小的,但较式(2-1-7)用 C_{vn}' 估计 C_{vX} 系统偏小程度有所改善。

因此,实际工作中,估计总体的均值、方差、均方差、变差系数的常用估计值的计算式分别为

$$\overline{x} = \frac{1}{n} \sum_{i=1}^{n} x_i \; ; \; s^2 = \frac{1}{n-1} \sum_{i=1}^{n} (x_i - \overline{x})^2 \; ; \; s = \sqrt{\frac{1}{n-1} \sum_{i=1}^{n} (x_i - \overline{x})^2} \; ; \; C_v = \frac{s}{\overline{x}} \tag{2-2-9}$$

式(2-2-9)中 $\overline{x}, s^2$ 分别是总体均值、总体方差的无偏估计值,而 s, C_v 尽管已纠偏,但估计总体均方差和变差系数仍系统偏小。

(4) 可以证明,样本三阶中心矩 $B_3 = \sum_{i=1}^{n} (X_i - \overline{X})^3 / n$ 不是总体三阶中心矩 $u_3 = E[X - E(X)]^3$ 的无偏估计量,而是

$$E(B_3) = \frac{(n-1)(n-2)}{n^2} u_3 \approx \frac{n-3}{n} u_3$$

$$E\Big[\sum_{i=1}^{n} (X_i - \overline{X})^3 / (n-3) \Big] = u_3$$

因此,需对式(2-1-8)样本偏态系数 C_{sn}' 进行修正,得总体偏态系数 C_{sX} 的矩估计量为

$$\hat{C}_{sX} = C_s' \approx \frac{\sum_{i=1}^{n} (X_i - \overline{X})^3}{(n-3) S^3} \tag{2-2-10}$$

可以证明用 C'_s 估计总体 C_{sX} 仍是系统偏小的,但较式(2-1-8)用 C'_{sn} 估计 C_{sX} 系统偏小程度有所改善。与式(2-2-10)相应的估计值 C_s 则是纠偏后的总体偏态系数 C_{sX} 的矩估计值。

由矩法的基本思想可得,样本的 k 阶原点矩是总体 k 阶原点矩的矩估计量,样本的 k 阶中心点矩是总体 k 阶中心矩的矩估计量。这适用于任何总体。

对于多维随机变量也有类似的情形。例如,设容量为 n 的样本 $(X_1,Y_1),(X_2,Y_2),\cdots,(X_n,Y_n)$ 是来自二维随机变量 (X,Y) 的样本。总体协方差 $\text{Cov}(X,Y)$,即$(1+1)$ 阶中心混合矩的矩估计量,就是样本相关矩,即样本的$(1+1)$阶中心混合矩,即

$$\hat{\text{Cov}}(X,Y) = \sum_{i=1}^{n}(X_i - \overline{X})(Y_i - \overline{Y})/n \qquad (2\text{-}2\text{-}11)$$

与式(2-2-11)相应的估计值即为总体协方差的矩估计值。

需要指出,式(2-2-5)~式(2-2-11)对于总体的分布类型并没有限制,适用于任何总体。

一般地,设总体 X,其分布形式 $F(x;\theta_1,\theta_2,\cdots,\theta_m)$ 已知,推求 m 个未知参数 $\theta_1,\theta_2,\cdots,\theta_m$ 的矩估计法,读者可参阅文献[4]。

矩法具有以下性质(证明从略):

(1) 设总体 X 的 k 阶原点矩 $v_k = E(X^k)$($k \geqslant 1$ 且为正整数)存在,可以证明不论总体 X 服从什么分布,样本的 k 阶原点矩 $A_k = \dfrac{1}{n}\sum_{i=1}^{n} X_i^k$ 是总体 k 阶原点矩 v_k 的无偏估计量,同时又是一致估计量。

(2) 样本中心矩是相应总体中心矩的一致估计量,但一般不是无偏估计量。例如,样本二阶中心矩 S_n^2 是总体方差 σ^2 的一致估计量,但不是无偏估计量。

矩法具有简便易行的优点,其不足是:当总体类型已知时,没有充分利用分布提供的信息;有些分布的矩估计量不具有唯一性,例如泊松分布,参数 λ 既是总体均值,又是总体方差,这样参数 λ 就有两个矩估计量;当样本容量 n 不是很大时,矩法估计总体的三阶矩及其以上各阶矩的抽样误差(由随机抽样所引起的误差)较大,例如用样本偏态系数式(2-1-8)、式(2-2-10)估计总体偏态系数的抽样误差均很大,实际工作中是采用适线法估计总体 C_{sX},详见 3.3 节。

2.2.1.4 极大似然估计法

极大似然估计法,简称极大似然法。该法是在总体类型已知条件下使用的一种参数估计方法。它是由德国数学家高斯(Gauss)在 1821 年首先提出,但未得到重视。1912 年英国统计学家费雪(Fisher)再次提出,并证明了它的一些性质,以后得到了广泛应用。因而,通常将费雪作为极大似然法的创始人。

首先引入似然函数,再介绍极大似然法。

定义 设 $X_1,X_2,\cdots,X_n$ 是来自总体 X 的样本,$x_1,x_2,\cdots,x_n$ 为样本值。若总体 X 为离散型,其分布律为 $P(X=x_i)=p(x_i;\theta)$,$i=1,2,\cdots,n$,其中 θ 为未知参数,令

$$L(x_1,x_2,\cdots,x_n;\theta) = \prod_{i=1}^{n} p(x_i;\theta) \qquad (2\text{-}2\text{-}12)$$

若总体 X 为连续型,其密度函数为 $f(x;\theta)$,其中 θ 为未知参数,令

$$L(x_1,x_2,\cdots,x_n;\theta) = \prod_{i=1}^{n} f(x_i;\theta) \qquad (2\text{-}2\text{-}13)$$

称式(2-2-12)、式(2-2-13)中 $L(x_1,x_2,\cdots,x_n;\theta)$ 为 θ 在样本值 $x_1,x_2,\cdots,x_n$ 上的似然函数,简记为 $L(\theta)$。

式(2-2-12)所表达的似然函数实质上是概率 $P(X_1=x_1,X_2=x_2,\cdots,X_n=x_n)$,而式(2-2-13)所表达的似然函数与样本观察值被取到的概率成正比,故也反映了样本观察值被取到的概率。

极大似然法的基本思想是,在试验中概率最大的事件最有可能出现。因此,一个试验如有可能的结果 A,B,C,而在一次试验中,结果 A 出现了,则一般认为 A 出现的概率最大。对于总体 X,试验中样本值 $x_1,x_2,\cdots,x_n$ 出现了,则认为其出现的概率最大。基于极大似然法的基本思想,给出极大似然估计的定义。

定义　设 $x_1,x_2,\cdots,x_n$ 是总体 X 的样本值,总体 X 的密度函数为 $f(x;\theta)$ 或分布律为 $p(x_i;\theta),i=1,2,\cdots,n$,其中 θ 为未知参数。若 θ 的估计值 $\hat{\theta}=\hat{\theta}(x_1,x_2,\cdots,x_n)$(在 θ 的取值范围 Θ 内),使似然函数 $L(x_1,x_2,\cdots,x_n;\theta)$ 达到最大值,即

$$L(\theta)=L(x_1,x_2,\cdots,x_n;\hat{\theta})=\max_{\theta\in\Theta}L(x_1,x_2,\cdots,x_n;\theta) \qquad (2\text{-}2\text{-}14)$$

则称 $\hat{\theta}=\hat{\theta}(x_1,x_2,\cdots,x_n)$ 为参数 θ 的极大似然估计值,而相应的统计量 $\hat{\theta}(X_1,X_2,\cdots,X_n)$ 称为参数 θ 的极大似然估计量,也常简记为 $\hat{\theta}$。

由式(2-2-14)可知,求极大似然估计 $\hat{\theta}$ 的问题就是在样本观察值 $x_1,x_2,\cdots,x_n$ 基础上求似然函数 $L(x_1,x_2,\cdots,x_n;\theta)$ 关于 θ 的极大值问题,即解方程式

$$\frac{\mathrm{d}L(\theta)}{\mathrm{d}\theta}=0 \qquad (2\text{-}2\text{-}15)$$

求解 θ,且由于求的是 θ 的估计值,故在求出 θ 后,需在其符号上方加记号"^",即得 $\hat{\theta}$。

由于 $\ln x$ 是 x 的单调函数,故 $L(x_1,x_2,\cdots,x_n;\theta)$ 与 $\ln L(x_1,x_2,\cdots,x_n;\theta)$ 在同一 θ 处取到极大值,因此为便于计算,常常是利用方程式(2-2-16)求解 $\hat{\theta}$。

$$\frac{\mathrm{d}\ln L(\theta)}{\mathrm{d}\theta}=0 \qquad (2\text{-}2\text{-}16)$$

一般地,设总体 X 的分布中有 m 个未知参数,记参数向量 $\boldsymbol{\theta}=(\theta_1,\theta_2,\cdots,\theta_m)$,求解极大似然估计量 $\hat{\boldsymbol{\theta}}=(\hat{\theta}_1,\hat{\theta}_2,\cdots,\hat{\theta}_m)$ 的一般步骤为:首先,建立样本似然函数 $L(\boldsymbol{\theta})$ 或 $\ln L(\boldsymbol{\theta})$;然后,令

$$\frac{\partial L(\boldsymbol{\theta})}{\partial\theta_i}=0 \quad (i=1,2,\cdots,m) \qquad (2\text{-}2\text{-}17)$$

或

$$\frac{\partial\ln L(\boldsymbol{\theta})}{\partial\theta_i}=0 \quad (i=1,2,\cdots,m) \qquad (2\text{-}2\text{-}18)$$

式(2-2-17)或式(2-2-18)为由 m 个方程组成的方程组,求解此方程组,即可得到 m 个未知参数的极大似然估计 $\hat{\theta}_1,\hat{\theta}_2,\cdots,\hat{\theta}_m$。

【例 2-2-3】　设总体 $X\sim N(\mu,\sigma^2)$,参数 μ,σ^2 未知,$X_1,X_2,\cdots,X_n$ 是来自总体 X 的样本,其样本观察值为 $x_1,x_2,\cdots,x_n$。试求 μ,σ^2 的矩估计量和极大似然估计量。

解　由矩法容易得出 μ,σ^2 的矩估计量分别为 $\hat{\mu}_1=\overline{X}$,$\hat{\sigma}_1^2=S_n^2$。

以下求极大似然估计量。

(1)建立似然函数

$$L(\mu,\sigma^2) = \prod_{i=1}^{n} \frac{1}{\sqrt{2\pi}\sigma} e^{-\frac{(x_i-\mu)^2}{2\sigma^2}} = \left(\frac{1}{\sqrt{2\pi}\sigma}\right)^n e^{-\frac{\sum_{i=1}^{n}(x_i-\mu)^2}{2\sigma^2}} = (2\pi\sigma^2)^{-\frac{n}{2}} e^{-\frac{\sum_{i=1}^{n}(x_i-\mu)^2}{2\sigma^2}}$$

（2）写出对数似然函数

$$\ln L(\mu,\sigma^2) = -\frac{n}{2}\ln(2\pi\sigma^2) - \frac{1}{2\sigma^2}\sum_{i=1}^{n}(x_i-\mu)^2$$

（3）求 μ,σ^2 的极大似然估计值

$$\begin{cases} \dfrac{\partial \ln L(\mu,\sigma^2)}{\partial \mu} = \dfrac{1}{\sigma^2}\sum_{i=1}^{n}(x_i-\mu) = 0 \\ \dfrac{\partial \ln L(\mu,\sigma^2)}{\partial \sigma^2} = -\dfrac{n}{2\sigma^2} + \dfrac{1}{2(\sigma^2)^2}\sum_{i=1}^{n}(x_i-\mu)^2 = 0 \end{cases}$$

由上面第一个方程解得 μ 的极大似然估计值为

$$\hat{\mu} = \frac{1}{n}\sum_{i=1}^{n}x_i = \overline{x}$$

由于 $\hat{\mu}=\overline{x}$，故将方程组的第二个式子中的 μ 替换为 $\overline{x}$，则得 σ^2 的极大似然估计值为

$$\hat{\sigma}^2 = \frac{1}{n}\sum_{i=1}^{n}(x_i - \overline{x})^2$$

因此，μ,σ^2 的极大似然估计量分别为

$$\hat{\mu} = \frac{1}{n}\sum_{i=1}^{n}X_i = \overline{X}, \quad \hat{\sigma}^2 = \frac{1}{n}\sum_{i=1}^{n}(X_i - \overline{X})^2 = S_n^2$$

可见，正态分布总体参数的矩估计量与极大似然估计量是相同的，而其他分布的矩估计量与极大似然估计量则不一定是相同的。

极大似然估计具有如下性质（证略）：

（1）设总体 X 密度函数为 $f(x;\theta)$，θ 为未知参数；又设 θ 的函数 $u=u(\theta)$，$\theta\in\Theta$ 具有单值反函数 $\theta=\theta(u)$，$u\in U$（这里 Θ,U 分别是 θ,u 的取值范围）。若 $\hat{\theta}$ 是未知参数 θ 的极大似然估计，则 $\hat{u}=u(\hat{\theta})$ 是 $u(\theta)$ 的极大似然估计。当总体 X 的分布中有多个未知参数时，也具有上述性质。

例如，对于正态总体 X，可由方差 σ^2 的极大似然估计确定均方差的极大似然估计。将总体均方差表达为方差的函数 $u=u(\sigma^2)=\sqrt{\sigma^2}$，有单值反函数 $\sigma^2=u^2$（$u\geqslant0$），根据上述性质，得总体均方差的极大似然估计为 $\hat{\sigma}=\sqrt{\hat{\sigma}^2}=S_n$。

（2）当存在一个有效估计量时，似然方程就有一个等于有效估计量的唯一解；当样本容量 $n\to+\infty$ 时，极大似然法的解依概率收敛于待估参数的真值，即是一致估计量，而且此解是渐近正态和渐近有效的[2]。

极大似然法的优点，是在优化准则下推求估计量，因而理论上具有上述优良性质。该法不足是计算烦琐，而且对于某些分布（如皮-Ⅲ型）似然方程有时无解。

2.2.2 区间估计

2.2.2.1 基本概念

参数的点估计给出了待估参数 θ 的近似值 $\hat{\theta}$，但没有回答这种近似的精确程度和可信

程度,而区间估计可以弥补这一不足。

所谓区间估计,是指给出待估参数 θ 所在的区间(精确程度),以及此区间包含 θ 的概率(可信程度)。也就是说,区间估计能同时给出包含待估参数 θ 的区间及其可信程度,这样的区间即所谓的置信区间,定义如下。

定义 设总体 X 的分布函数 $F(x;\theta)$,参数 θ 未知。对于给定的概率 $\alpha(0<\alpha<1)$,若由来自总体 X 的样本 $X_1,X_2,\cdots,X_n$ 确定的两个统计量 $\underline{\theta}=\underline{\theta}(X_1,X_2,\cdots,X_n)$ 和 $\overline{\theta}=\overline{\theta}(X_1,X_2,\cdots,X_n)$ 满足

$$P(\underline{\theta}<\theta<\overline{\theta})=1-\alpha \tag{2-2-19}$$

则称 $1-\alpha$ 为置信度,称随机区间 $(\underline{\theta},\overline{\theta})$ 为 θ 的置信度为 $1-\alpha$ 的置信区间,其中 $\underline{\theta},\overline{\theta}$ 分别称为置信下限和置信上限。通常 α 为事先给定的小概率,一般取 0.01、0.05 或 0.1。

式(2-2-19)的意义为:若反复抽取容量为 n 的 N 个样本,由每一组样本值得到一个具体区间,各个具体区间要么包含参数 θ,要么不包含参数 θ,包含的约有 $(1-\alpha)N$ 个,即随机区间 $(\underline{\theta},\overline{\theta})$ 包含参数 θ 值的概率为 $1-\alpha$。注意,不能说参数 θ 落入随机区间 $(\underline{\theta},\overline{\theta})$。

对一组样本值 $x_1,x_2,\cdots,x_n$,根据随机区间 $(\underline{\theta},\overline{\theta})$,便可得到一个具体区间(也称为置信区间),将该区间作为参数 θ 的区间估计,其含义为:有可信度 $1-\alpha$ 的把握认为此区间包含 θ。

由置信区间的定义可知,对参数 θ 作区间估计,关键是要设法构造统计量,以便确定只依赖于样本的置信下限 $\underline{\theta}$ 和置信上限 $\overline{\theta}$,进而根据样本值,对参数 θ 作出区间估计。

确定置信区间的一般步骤如下:

(1) 寻求一个仅包含待估参数 θ 的样本 $X_1,X_2,\cdots,X_n$ 的函数:$Z=Z(X_1,X_2,\cdots,X_n;\theta)$,$Z$ 的分布已知且不依赖于任何未知参数(包括 θ)。

(2) 对于给定的置信度 $1-\alpha$,由 Z 的分布确定其相应的双侧分位点 a,b,使

$$P\{a\leqslant Z(X_1,X_2,\cdots,X_n;\theta)\leqslant b\}=1-\alpha$$

(3) 由 $a\leqslant Z(X_1,X_2,\cdots,X_n;\theta)\leqslant b$,得到与其等价的不等式

$$\underline{\theta}\leqslant\theta\leqslant\overline{\theta}$$

其中,$\underline{\theta}=\underline{\theta}(X_1,X_2,\cdots,X_n)$,$\overline{\theta}=\overline{\theta}(X_1,X_2,\cdots,X_n)$。与该不等式相应的随机区间 $(\underline{\theta},\overline{\theta})$,就是待估参数 θ 的一个置信度为 $1-\alpha$ 的置信区间。

以下针对正态总体,介绍参数的区间估计。

2.2.2.2 正态总体均值的区间估计

设正态总体 $X\sim N(\mu,\sigma^2)$,$X_1,X_2,\cdots,X_n$ 是来自总体 X 的样本。均值 μ 为待估参数。按总体方差 σ^2 已知和未知两种情况进行介绍。

(1) 总体方差 σ^2 已知的情形

要解决的问题是,确定 μ 的一个范围,使此范围包含 μ 的概率为 $1-\alpha(0<\alpha<1)$。

因为 $\overline{X}$ 是 μ 的无偏估计量,由式(2-1-16)有

$$U = \frac{\overline{X} - \mu}{\sigma / \sqrt{n}} \sim N(0,1)$$

这表明，$(\overline{X} - \mu)/(\sigma/\sqrt{n})$ 所服从的分布 $N(0,1)$ 不依赖于任何未知参数。对于给定的小概率 α，以及如图 2-2-1 所示的标准正态分布的双侧分位点 $-u_{\frac{\alpha}{2}}, u_{\frac{\alpha}{2}}$，有

$$P\left(-u_{\frac{\alpha}{2}} < \frac{\overline{X} - \mu}{\sigma / \sqrt{n}} < u_{\frac{\alpha}{2}}\right) = 1 - \alpha \tag{2-2-20}$$

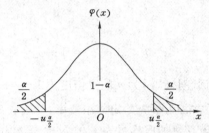

图 2-2-1　$N(0,1)$ 分布的双侧分位点示意图

将式（2-2-20）表达为待估参数 μ 的不等式，得

$$P\left(\overline{X} - u_{\frac{\alpha}{2}} \frac{\sigma}{\sqrt{n}} < \mu < \overline{X} + u_{\frac{\alpha}{2}} \frac{\sigma}{\sqrt{n}}\right) = 1 - \alpha$$

这样，便得到了总体均值 μ 的置信度为 $1 - \alpha$ 的置信区间

$$\left(\overline{X} - u_{\frac{\alpha}{2}} \frac{\sigma}{\sqrt{n}}, \overline{X} + u_{\frac{\alpha}{2}} \frac{\sigma}{\sqrt{n}}\right) \tag{2-2-21}$$

其置信区间的长度为 $2u_{\frac{\alpha}{2}}\sigma/\sqrt{n}$。关于 $u_{\frac{\alpha}{2}}$ 的确定方法已在 1.8.11 节作了介绍。

【例 2-2-4】 假设河流的日溶解氧（DO）浓度服从正态分布 $X \sim N(\mu, \sigma^2)$。某观测站采集了某河流 30 个日溶解氧浓度的数据，其样本均值 $\overline{x} = 2.52$ mg/L，若已知日溶解氧浓度的标准差 $\sigma = 2.05$ mg/L，试确定日溶解氧浓度均值的置信概率为 0.99 的置信区间。

解 因置信概率为 0.99，则 $\alpha/2 = 0.005$。由 1.8.11 节介绍的方法，确定 $u_{0.005} = 2.576 \approx 2.58$，于是由式（2-2-21）得置信下限和置信上限分别为

$$\overline{X} - u_{\frac{\alpha}{2}} \frac{\sigma}{\sqrt{n}} = 2.52 - 2.58 \frac{2.05}{\sqrt{30}} = 1.56$$

$$\overline{X} + u_{\frac{\alpha}{2}} \frac{\sigma}{\sqrt{n}} = 2.52 + 2.58 \frac{2.05}{\sqrt{30}} = 3.49$$

故欲求的置信区间为（1.56,3.49），区间长度为 1.93。

若本例置信概率减小为 0.95，则置信区间为（1.79,3.25），区间长度为 1.46。

读者在已对上述内容理解的基础上，需进一步理解以下几点：

① 样本容量 n 一定时，置信概率越大，区间长度越长。区间长度反映估计的精度，置信概率反映估计的可靠度。可靠度与精度是一对矛盾，一般是在保证可靠度的条件下尽可能提高精度。

② 置信度 $1 - \alpha$ 一定时，样本容量 n 增大时，置信长度减小，则区间估计的精度提高。在 2.2.3 节将介绍当估计精度和置信度 $1 - \alpha$ 一定时，样本容量的选取。

③ 满足 $1-\alpha$ 的置信区间不唯一,可以证明:当概率密度函数为对称分布时,双侧取对称的分位点,置信区间最短。而当非对称分布时,习惯上也取两侧概率相同所对应的分位点。

④ 根据区间估计结果,可从概率意义上确定由样本均值 $\overline{x}$ 估计 μ 最大可能误差为:由 $\overline{x}$ 估计 μ,有 $100(1-\alpha)\%$ 的把握认为最大可能误差为 $\left| \pm u_{\frac{\alpha}{2}} \sigma/\sqrt{n} \right|$。

(2) 总体方差 σ^2 未知的情形

因样本修正方差 S^2 是 σ^2 的无偏估计量,故当 σ^2 未知时,可用修正的样本均方差 S 估计总体均方差 σ,且由式(2-1-17)有

$$t = \frac{\overline{X}-\mu}{S/\sqrt{n}} \sim t(n-1)$$

对于给定的小概率 α,与标准正态分布类似,设 t 分布的双侧分位点 $-t_{\frac{\alpha}{2}}(n-1)$,$t_{\frac{\alpha}{2}}(n-1)$,则可得当总体方差 σ^2 未知时,总体均值 μ 的置信度为 $1-\alpha$ 的置信区间

$$\left(\overline{X} - \frac{S}{\sqrt{n}} t_{\frac{\alpha}{2}}(n-1), \overline{X} + \frac{S}{\sqrt{n}} t_{\frac{\alpha}{2}}(n-1) \right) \tag{2-2-22}$$

该置信区间的长度为 $2\dfrac{S}{\sqrt{n}} t_{\frac{\alpha}{2}}(n-1)$。

【例 2-2-5】 某实验室测得 25 个混凝土试件的破坏强度(MPa)数据如下:

5.6　5.3　4.0　4.4　5.5　5.7　6.0　5.6　7.1　4.7　5.5　5.9　6.4
5.8　6.7　5.4　5.0　5.8　6.2　5.6　5.7　5.9　5.4　5.1　5.7

假设混凝土强度服从正态分布,试确定其均值 μ 的置信度为 95% 的置信区间。

解 由样本观察值计算样本均值、样本修正方差、均方差分别为

$$\overline{X} = \sum_{i=1}^{25} x_i/25 = 5.6 \text{ (MPa)}; \quad s^2 = \sum_{i=1}^{25}(x_i-5.6)^2/24 = 0.44 \text{ (MPa)}^2; \quad s = 0.66 \text{ (MPa)}$$

由置信度 95%,得 $\alpha/2 = 0.025$。由 1.8.11 节介绍的方法,利用 Excel 软件,确定 t 分布的左尾区间点,则输入 T.INV(0.975,24),得 $t_{0.025}(25-1) = 2.06$,于是由式(2-2-22)得均值 μ 的置信下限和置信上限为

$$\overline{X} - \frac{s}{\sqrt{n}} t_{\frac{\alpha}{2}}(n-1) = 5.6 - \frac{0.66}{\sqrt{25}} \times 2.06 = 5.33$$

$$\overline{X} + \frac{s}{\sqrt{n}} t_{\frac{\alpha}{2}}(n-1) = 5.6 + \frac{0.66}{\sqrt{25}} \times 2.06 = 5.87$$

故均值 μ 的置信度 95% 的置信区间为(5.33,5.87)。

2.2.2.3 正态总体方差的区间估计

以下只介绍总体均值 μ 未知时,总体方差 σ^2 的区间估计,这是实际问题中的常见情况。

因为样本修正方差 S^2 是总体方差 σ^2 的无偏估计量,故可利用式(2-1-15),即

$$\frac{(n-1)S^2}{\sigma^2} \sim \chi^2(n-1)$$

当概率密度函数为非对称分布时,对于给定的小概率 α,习惯上在密度函数的两侧仍取相同的概率,来确定置信区间。如图 2-2-2 所示,设 $\chi^2(n-1)$ 分布的上侧分位点 $\chi^2_{1-\frac{\alpha}{2}}(n-1)$,

$\chi^2_{\frac{\alpha}{2}}(n-1)$，则可得总体方差 σ^2 的置信度为 $1-\alpha$ 的置信区间

$$\left(\frac{(n-1)S^2}{\chi^2_{\frac{\alpha}{2}}(n-1)}, \frac{(n-1)S^2}{\chi^2_{1-\frac{\alpha}{2}}(n-1)}\right) \qquad (2\text{-}2\text{-}23)$$

进一步可得 σ 的一个置信概率为 $1-\alpha$ 的置信区间为

$$\left(\frac{\sqrt{n-1}\,S}{\sqrt{\chi^2_{\frac{\alpha}{2}}(n-1)}}, \frac{\sqrt{n-1}\,S}{\sqrt{\chi^2_{1-\frac{\alpha}{2}}(n-1)}}\right) \qquad (2\text{-}2\text{-}24)$$

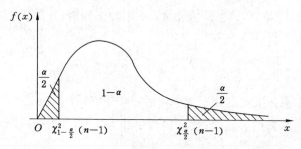

图 2-2-2　$\chi^2(n-1)$ 分布的上侧分位点示意图

2.2.3　参数估计中对样本容量选取的研究

当总体参数未知时，常用样本参数作为总体参数的估计值。使用此法时，人们常常缺乏样本离散程度对估计精度影响的足够认识，对于样本容量的选取通常也未考虑样本离散程度的影响。有些规范中涉及样本容量的问题，没有提及样本离散程度的影响[10]。以下针对样本均值估计总体均值的问题，研究如何考虑样本离散程度，确定合理的样本容量[11]。

2.2.3.1　正态总体估计总体均值样本容量的选取

设正态总体 $X \sim N(\mu, \sigma^2)$，用样本均值 $\overline{x}$ 估计总体均值 μ，通常总体方差 σ^2 也是未知的。因此，常用式（2-2-22）估计总体均值 μ 的置信度为 $1-\alpha$ 的置信区间。为便于表达，以下将式（2-2-22）中 $t_{\frac{\alpha}{2}}(n-1)$ 简记为 $t_{\frac{\alpha}{2}}$。

式（2-2-22）表明，由样本计算样本均值 $\overline{x}$，均方差 s，并由 $\overline{x}$ 估计 μ，有置信概率 $1-\alpha$ 的把握认为，其误差绝对值不大于 $\frac{s}{\sqrt{n}}t_{\frac{\alpha}{2}}$，该值从概率意义上反映了由 $\overline{x}$ 估计 μ 的精度，将其称为最大可能绝对误差，并记为

$$\Delta x = \frac{s}{\sqrt{n}}t_{\alpha/2} \qquad (2\text{-}2\text{-}25)$$

由式（2-2-25）可见，当 $1-\alpha$ 一定时，估计精度不仅与样本容量有关，还与反映样本离散特征的参数均方差 s 有关。

设由 $\overline{x}$ 估计 μ 最大可能相对误差为 E，则

$$E = \frac{\Delta x}{\mu} = \frac{s}{\mu\sqrt{n}}t_{\frac{\alpha}{2}} \approx \frac{C_v}{\sqrt{n}}t_{\frac{\alpha}{2}} \qquad (2\text{-}2\text{-}26)$$

式中，C_v 为样本变差系数，$C_v = s/\overline{x}$。

可见，样本变差系数对估计精度有较大影响。

由式(2-2-26)得

$$n \approx (t_{\frac{\alpha}{2}})^2 \left(\frac{C_v}{E}\right)^2 \tag{2-2-27}$$

由式(2-2-27)计算的样本容量,即是正态总体,基于把握程度 $1-\alpha$ 和最大可能相对误差 E 限制时,用样本均值估计总体均值所需的样本容量,该值随样本变差系数的增大而增大。

使用式(2-2-27)确定样本容量 n,因 $t_{\frac{\alpha}{2}}$ 为自由度为 $n-1$ 的 t 分布的上侧 $\frac{\alpha}{2}$ 的分位点,故与 n 有关,所以需试算。给定置信概率 $1-\alpha$、最大可能相对误差 E,计算不同变差系数 C_v 相对应的样本容量 n,见表 2-2-1(表中仅列举了 C_v 较大的情况)。计算中利用 Excel 软件确定 $t_{\frac{\alpha}{2}}(n-1)$,要比查 t 分布表确定更方便准确。

表 2-2-1 $1-\alpha$ 及 E 一定时不同变差系数 C_v 相对应的样本容量 n

$(1-\alpha)/\%$	$E/\%$	C_v							
		0.5	0.6	0.7	0.8	0.9	1.0	1.1	1.2
95	10	98	141	191	248	314	387	467	556
	15	45	64	86	112	141	173	209	248
	20	27	37	49	64	80	98	119	141
90	10	69	99	134	175	221	272	329	391
	15	32	45	61	79	99	122	147	175
	20	19	26	35	45	57	69	84	99

2.2.3.2   任意总体估计总体均值样本容量的选取

设任意总体 X,均值 μ,方差 σ^2,$X_1, X_2, \cdots, X_n$ 是来自总体 X 的一个样本,由 1.6 节例 1-6-6 或 2.1 节定理一的结论可知,样本均值 $\overline{X}$ 的期望和方差为

$$E(\overline{X}) = \mu, \quad D(\overline{X}) = \sigma^2/n$$

由于 $D(\overline{X}) = E(\overline{X} - \mu)^2$,故 $\sqrt{D(\overline{X})}$ 为由 $\overline{X}$ 估计 μ 的均方误差,简称均方误。设 $x_1, x_2, \cdots, x_n$ 是总体 X 的一个具体样本,由其计算均方误,记为 $\sigma_{\overline{X}}$,有

$$\sigma_{\overline{X}} = \sqrt{D(\overline{X})} = \frac{\sigma}{\sqrt{n}} \tag{2-2-28}$$

设相对均方误为 δ,且由样本变差系数 C_v 估计总体变差系数 C_{vX},则

$$\delta = \frac{\sigma_{\overline{X}}}{\mu} = \frac{C_{vX}}{\sqrt{n}} \approx \frac{C_v}{\sqrt{n}} \tag{2-2-29}$$

于是

$$n \approx \left(\frac{C_v}{\delta}\right)^2 \tag{2-2-30}$$

因此任意总体,基于相对均方误 δ 限制时,样本均值估计总体均值所需的样本容量可由式(2-2-30)进行估算。给定相对均方误 δ,计算不同变差系数 C_v 相对应的样本容量 n,见表 2-2-2。

表 2-2-2 δ 一定时，不同变差系数 C_v 相对应的样本容量 n

$\delta/\%$	C_v							
	0.5	0.6	0.7	0.8	0.9	1.0	1.1	1.2
5	100	144	196	256	324	400	484	576
10	25	36	49	64	81	100	121	144
15	11	16	22	28	36	44	54	64

上述研究表明，由样本均值 $\bar{x}$ 估计总体均值 μ 时，样本变差系数对估计精度有较大影响，对此应引起足够的重视。当受资料限制，无法扩大样本容量时，根据样本容量情况，对于样本均值估计总体均值的最大可能相对误差或相对均方误差应分别根据式（2-2-26）、式（2-2-29）作出估计，同时，需从多方面、多途径分析论证样本均值估计总体均值的合理性。

2.3 回归分析与有关研究

2.3.1 概述

2.3.1.1 相关关系的概念

以两个变量为例介绍相关关系的概念。

（1）完全相关，即函数关系，这种关系的函数式一般表达为 $y = f(x)$，对变量 x 每一数值，变量 y 有确定值与之对应，x 与 y 的关系点完全落在函数的图像上。例如，圆面积与半径的关系 $S = \pi r^2$。

（2）零相关，也称没有关系，是指两变量 y 与 x 之间毫无联系或相互独立。这种关系 y 与 x 的关系点杂乱无章，如图 2-3-1 所示。

（3）相关关系，指两个变量 y 与 x 之间的非确定性关系。这种关系介于完全相关和零相关之间，y 与 x 的关系点呈带状分布趋势，如图 2-3-2 所示。相关关系的特征是 y 受 x 的影响，但又不由 x 唯一确定。

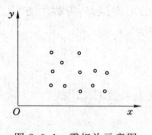

图 2-3-1　零相关示意图

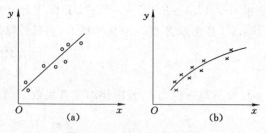

图 2-3-2　相关关系示意图

(a) 直线相关；(b) 曲线相关

2.3.1.2 回归分析及其主要内容

对相关关系的研究，一种情况是将变量全部作为随机变量，研究随机变量之间的相依关系，称为相关分析；第二种情况是因变量为随机变量，而将自变量（即影响因素）作为普通变量，研究因变量与自变量之间的近似关系，这种分析方法称为回归分析。本书主要介绍回归分析。

当只有一个自变量时，称为一元回归；若自变量个数为两个及以上，则称为多元回归。若回归方程为线性的，则称为线性回归，否则称为非线性回归。

回归分析作为研究相关关系的一种数学工具，其主要内容有：① 基于样本观察值，建立变量之间的回归方程；② 对回归效果进行显著性检验；③ 当回归效果显著时，则利用回归方程进行预测或控制，本书主要介绍预测。

2.3.2　一元线性回归

2.3.2.1　一元线性回归的数学模型

对于一元回归，一般地，将随机变量 y（本章用小写）与自变量 x 的关系表示为

$$y = \mu(x) + \varepsilon \tag{2-3-1}$$

式中，y 称为因变量或倚变量；$\mu(x)$ 称为 y 对 x 的回归函数，$\mu(x)$ 的值称为 y 的回归值，函数 $\mu(x)$ 的图形称为回归线；ε 为随机误差；自变量 x 称为回归变量，是普通变量。

若根据 x 的一组不完全相同的值 $x_1, x_2, \cdots, x_n$ 对 y 进行 n 次独立试验，得到 n 组观察值

$$(x_1, y_1), (x_2, y_2), \cdots, (x_n, y_n)$$

它们称为一元回归分析的容量为 n 的样本。根据 n 组观察值绘出的图，称为散点图。若散点图如图 2-3-3 所示为直线趋势，则进行一元线性回归。采用的数学模型为

$$y = \beta_0 + \beta_1 x + \varepsilon \quad [\varepsilon \sim N(0, \sigma^2)] \tag{2-3-2}$$

其中，称 β_0, β_1 为（总体）回归系数；ε 为随机误差。于是

$$y \sim N(\beta_0 + \beta_1 x, \sigma^2) \tag{2-3-3}$$

故

$$\mu(x) = E(y) = \beta_0 + \beta_1 x \tag{2-3-4}$$

若由样本得到式（2-3-4）中 β_0, β_1 的估计值分别记为 b_0, b_1，则对于给定的 x，将

$$\hat{y} = b_0 + b_1 x \tag{2-3-5}$$

作为式（2-3-4）的估计方程，称为 y 对 x 的线性回归方程，简称回归方程，其图形称为回归直线，也称 b_0, b_1 为（经验）回归系数。显然，回归计算实质上是用 $\hat{y}$ 对随机变量 y 的期望值 $E(y)$ 进行估计。

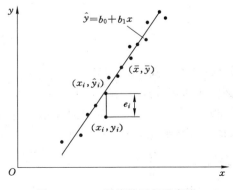

图 2-3-3　一元线性回归示意图

2.3.2.2 β_0 与 β_1 的最小二乘估计(b_0 与 b_1 的确定)

总体回归系数 β_0，β_1 通常是未知的，利用样本观察值确定其估计值 b_0，b_1，可以有不同的准则。

最小二乘法准则 由图 2-3-3 可见，观测值(x_i，y_i)与回归直线在倚变量 y 方向上的离差 e_i 为

$$e_i = y_i - \hat{y}_i$$

式中，y_i 为观测值的纵坐标，$\hat{y}_i$ 为由 x_i 根据回归直线求得的纵坐标值。离差 e_i 也称为 x_i 处的残差，$i = 1, 2, \cdots, n$。

我们希望回归线拟合所有观察值"最佳"，即残差平方和

$$Q = \sum_{i=1}^{n} (y_i - \hat{y}_i)^2 = \sum_{i=1}^{n} (y_i - b_0 - b_1 x_i)^2 \qquad (2\text{-}3\text{-}6)$$

为最小。此准则称为残差平方和准则，相应方法称为最小二乘法。

为简单计，下述以"$\sum_i$"代替"$\sum_{i=1}^{n}$"。

由上可知，确定回归方程式(2-3-5)，也即推求经验回归系数 b_0，b_1。由于残差平方和 Q 是非负的，故作为 b_0 与 b_1 的二次函数恒有极小值存在。因此，欲使残差平方和 Q 取得最小值，可分别对 b_0 及 b_1 求一阶偏导数并使其等于零，即

$$\begin{cases} \dfrac{\partial Q}{\partial b_0} = -2 \sum_i (y_i - b_0 - b_1 x_i) = 0 \\ \dfrac{\partial Q}{\partial b_1} = -2 \sum_i (y_i - b_0 - b_1 x_i) x_i = 0 \end{cases} \qquad (2\text{-}3\text{-}7)$$

整理式(2-3-7)，得方程组

$$\begin{cases} n b_0 + \left(\sum_i x_i\right) b_1 = \sum_i y_i \\ \left(\sum_i x_i\right) b_0 + \left(\sum_i x_i^2\right) b_1 = \sum_i x_i y_i \end{cases} \qquad (2\text{-}3\text{-}8)$$

式(2-3-8)称为正规方程组。由于 x_i 不全相同，方程组式(2-3-8)的系数行列式不等于零，故方程组式(2-3-8)有唯一一组解，解得

$$b_1 = \frac{\sum_i (x_i - \bar{x})(y_i - \bar{y})}{\sum_i (x_i - \bar{x})^2} = \frac{\sum_i x_i y_i - n \bar{x} \bar{y}}{\sum_i x_i^2 - n \bar{x}^2} \qquad (2\text{-}3\text{-}9)$$

$$b_0 = \bar{y} - b_1 \bar{x} \qquad (2\text{-}3\text{-}10)$$

式中，$\bar{x}$，$\bar{y}$ 分别为 x，y 系列的样本均值。

由式(2-3-10)可知，回归线通过散点重心($\bar{x}$，$\bar{y}$)。

需要指出，在假设随机误差 $\varepsilon \sim N(0, \sigma^2)$，也即因变量为正态随机变量的情况下，可以证明回归系数的最小二乘估计也等于其极大似然估计。

为方便起见，引入记号：$L_{xy} = \sum_i (x_i - \bar{x})(y_i - \bar{y})$，$L_{xx} = \sum_i (x_i - \bar{x})^2$，$L_{yy} = \sum_i (y_i - \bar{y})^2$，代入式(2-3-9)，有

$$b_1 = \frac{L_{xy}}{L_{xx}} \qquad (2\text{-}3\text{-}11)$$

引入样本相关系数 r，表示 y 与 x 之间线性相关的密切程度（后续将详细讨论），根据式(1-6-27)随机变量的相关系数 ρ_{XY} 的定义及矩法，定义样本相关系数 r 为

$$r = \frac{\sum_i (x_i - \overline{x})(y_i - \overline{y})}{\sqrt{\sum_i (x_i - \overline{x})^2 \sum_i (y_i - \overline{y})^2}} = \frac{L_{xy}}{\sqrt{L_{xx}}\sqrt{L_{yy}}}$$

$$= \frac{\sum_i (k_{x_i} - 1)(k_{y_i} - 1)}{\sqrt{\sum_i (k_{x_i} - 1)^2 \sum_i (k_{y_i} - 1)^2}} \qquad (2\text{-}3\text{-}12)$$

式中，$k_{x_i} = x_i / \overline{x}$，$k_{y_i} = y_i / \overline{y}$ 分别称为样本 x，y 系列的模比系数。当不同变量的样本观察值取值范围差异较大时，可用式(2-3-12)中第三个等号计算 r。

比较式(2-3-11)、式(2-3-12)可知，回归系数 b_1 与相关系数 r 同号。当 $b_1 > 0$ 时，$r > 0$，由式(2-3-5)可知，y 随 x 的增大而增大，这种情况称为正相关；反之，称为负相关。

在实际工作中，回归系数 b_1 常利用 x 与 y 系列的样本修正均方差 s_x，s_y 及相关系数 r 来表达，由式(2-3-11)、式(2-3-12)可得

$$b_1 = r \frac{\sqrt{L_{yy}}}{\sqrt{L_{xx}}} = r \frac{s_y}{s_x} \qquad (2\text{-}3\text{-}13)$$

将式(2-3-10)、式(2-3-13)代入式(2-3-5)，则得由样本相关系数表示的 y 倚 x 的回归方程为

$$\hat{y} - \overline{y} = r \frac{s_y}{s_x}(x - \overline{x}) \qquad (2\text{-}3\text{-}14)$$

式中，$r \dfrac{s_y}{s_x}$ 为回归线的斜率，称 y 倚 x 的回归系数，并记为 $R_{y/x}$，即

$$R_{y/x} = r \frac{s_y}{s_x} \qquad (2\text{-}3\text{-}15)$$

对于一元线性回归计算，可利用 Excel 软件的图表向导功能直接绘出回归直线，并求出回归直线方程及"R 平方值"(R^2)。对于一元线性回归，R^2 即为线性相关系数 r 的平方值。当正相关时，$r = \sqrt{R^2}$；当负相关时，$r = -\sqrt{R^2}$。

2.3.2.3　b_0 与 b_1 的统计性质

根据 x 的一组不完全相同的值 x_1，x_2，$\cdots$，x_n，对 y 进行 n 次独立试验，就一般样本而言，y_1，y_2，$\cdots$，y_n 是相互独立的随机变量，因此与之有关的 b_0 与 b_1 均是随机变量，可由它们的期望和方差来反映估计 β_0 与 β_1 的统计特性。

可以证明[2]：$E(b_0) = \beta_0$，$E(b_1) = \beta_1$；$E(\hat{y}) = \beta_0 + \beta_1 x_1 = \mu(x) = E(y)$。即 b_0 和 b_1 分别是 β_0 和 β_1 的无偏估计量；经验回归方程是理论回归方程的无偏估计；$\hat{y}$ 是 $E(y)$ 的无偏估计。

可得 b_0 的方差为

$$D(b_0) = \sigma^2 \Big[\frac{1}{n} + \frac{\overline{x}^2}{\sum_i (x_i - \overline{x})^2} \Big] \tag{2-3-16}$$

式(2-3-16)表明，b_0 的方差不仅与 ε 与 x 的波动有关，还与样本容量 n 有关。n 越大且 x 取值越分散，b_0 的波动就越小，估计就越精确。

可得 b_1 的方差为

$$D(b_1) = \sum_i \Big[\frac{(x_i - \overline{x})}{\sum_i (x_i - \overline{x})^2} \Big]^2 D(y_i) = \frac{\sigma^2}{\sum_i (x_i - \overline{x})^2} \tag{2-3-17}$$

式(2-3-17)表明，回归系数 b_1 的波动大小与随机误差 ε 的方差 σ^2 成正比，与回归变量 x 的波动程度成反比。如果 x 的取值范围较大，则 b_1 的波动就较小，估计就比较精确。

2.3.2.4　回归方程的显著性检验

由一元线性回归模型式(2-3-2)可知，影响随机变量 y 取值的因素有对 y 线性影响的因素 x 和 x 之外的其他因素 ε（包括 x 对 y 的非线性影响），而回归方程忽略了 ε 的影响，假定 x 对 y 线性影响显著。然而，是否真的如此呢？首先要基于物理成因，根据有关专业知识和实践来判断；还可以采用统计分析的方法进行判断，该方法称为回归方程的显著性检验。

回归方程的显著性检验，基本思想是考察在确定性因素 x 和随机因素 ε 中，哪一个是导致随机变量 y 取值不同的主要因素，然后再判断 x 对 y 的线性影响是否显著。

（1）y 的离差分析

y 取值 $y_1, y_2, \cdots, y_n$ 之间的差异，用 $L_{yy} = \sum_i (y_i - \overline{y})^2$ 来表示，称为总平方和，记为 $S_{总}$，即

$$S_{总} = L_{yy} = \sum_i (y_i - \overline{y})^2 \tag{2-3-18}$$

以下将 $S_{总}$ 分解为 x 的线性影响和随机因素 ε 影响两部分。

$$S_{总} = \sum_i (y_i - \hat{y}_i)^2 + \sum_i (\hat{y}_i - \overline{y})^2 \tag{2-3-19}$$

由式(2-3-6)知，式(2-3-19)等号后的第一项即为残差平方和 $Q = \sum_i (y_i - \hat{y}_i)^2$，也称为剩余平方和，记为 $S_{剩}$，它是由 ε 的影响引起的，即除了 x 对 y 线性影响之外的一切因素对 y 的影响。

将式(2-3-19)等号后的第二项记为 U，于是，式(2-3-19)可以表达为

$$S_{总} = Q + U \tag{2-3-20}$$

对 U 进一步分析，并利用式(2-3-10)，得

$$U = \sum_i (\hat{y}_i - \overline{y})^2 = \sum_i (b_0 + b_1 x_i - b_0 - b_1 \overline{x})^2$$

即

$$U = \sum_i b_1^2 (x_i - \overline{x})^2 = b_1^2 L_{xx} = b_1 L_{xy} \tag{2-3-21}$$

可见，在总平方和 $S_{总}$ 中，U 是自变量 x 的变化引起的 y 的变化，反映了自变量对因变量的线性影响，称其为回归平方和。

为便于计算，通常用式(2-3-18)计算总平方和 $S_{总}$，用式(2-3-21)计算回归平方和 U，

则残差平方和 Q 常用计算式为

$$Q = S_{总} - U \tag{2-3-22}$$

（2）回归方程的显著性检验

方法一：F 检验法。

提出假设（称为原假设）H_0：总体回归系数 $\beta_1 = 0$；与之对立的假设为 H_1：$\beta_1 \neq 0$。

可以证明，当 H_0 为真时，统计量

$$F = \frac{U/1}{Q/(n-2)} \tag{2-3-23}$$

服从自由度为 1 与 $n-2$ 的 F 分布。

F 检验法的应用步骤如下：

① 给定小概率 α（一般取 $\alpha = 0.01, 0.05$），确定自由度为 1 与 $n-2$ 的 F 分布的上侧 α 分位点 $F_\alpha(1, n-2)$，使统计量 F 满足

$$P(F \geqslant F_\alpha(1, n-2)) = \alpha \tag{2-3-24}$$

式中，α 称为显著性水平。

② 由样本观察值，根据式（2-3-23）计算统计量 F 的观察值，也记为 F。

③ 当 $F \geqslant F_\alpha(1, n-2)$ 时，则拒绝 H_0，即接受 H_1：$\beta_1 \neq 0$，称为 β_1 显著不为零，表明 x 对 y 线性影响显著，所求回归方程有意义；反之，接受 H_0，表明 x 对 y 线性影响不显著，所求回归方程没有意义，不能使用。

进一步说明第③步作出判断的理由。由式（2-3-24）可知，统计量 $F \geqslant F_\alpha(1, n-2)$ 为小概率事件，若计算结果出现 $F \geqslant F_\alpha(1, n-2)$，表明小概率事件在一次试验中发生了，这与实际推断原理（见 1.7.1 节）相矛盾，则说明原假设 H_0 不成立，即否定 H_0，接受 H_1，表明 x 对 y 线性影响显著。

方法二：相关系数 r 检验法。

首先建立相关系数 r 与回归平方和、残差平方和的关系式，由式（2-3-12）得

$$r^2 = \frac{L_{xy}^2}{L_{xx}L_{yy}} = \frac{b_1 L_{xy}}{L_{yy}} = \frac{U}{U+Q} \tag{2-3-25}$$

由式（2-3-25）可知，相关系数 r 的平方正好是回归平方和与总平方和的比值，故 $|r| \leqslant 1$。当 $|r| = 1$ 时，残差平方和 $Q = 0$，这时称 y 与 x 完全线性相关，即线性函数关系；当 $r = 0$ 时，$U = 0$，而 Q 最大，称 y 与 x 无线性关系；当 $0 < |r| < 1$ 时，y 与 x 存在线性相关关系。总平方和一定的情况下，U 越大，则 $|r|$ 越大，y 与 x 线性回归越显著。

由式（2-3-23）、式（2-3-25）及 $F \geqslant F_\alpha(1, n-2)$，可导出与 $F \geqslant F_\alpha(1, n-2)$ 等价的不等式

$$|r| \geqslant \sqrt{\frac{F_\alpha(1, n-2)}{F_\alpha(1, n-2) + n - 2}} = r_\alpha(n-2) \tag{2-3-26}$$

式中，$r_\alpha(n-2)$ 称为相关系数显著性检验临界值，详见附表 6。

因此，当由式（2-3-12）计算样本相关系数 r，其绝对值 $|r| \geqslant r_\alpha(n-2)$ 时，表明 x 对 y 线性影响显著，所求回归方程有意义。否则，所求回归方程没有意义，不能使用。

此外，还可以采用 t 检验法，限于篇幅从略。

需要指出，当 y 与 x 在成因上确有联系，但回归效果不显著时，可能有如下原因：影响 y

的主要因素除 x 外，还有其他不可忽略的因素，此时应考虑增加其他自变量，进行多元回归；y 与 x 之间无线性关系，但可能存在曲线关系，则需根据散点图的趋势进行分析，当曲线关系较密切时，则进行曲线相关。

2.3.2.5 随机误差 ε 的方差 σ^2 的估计与回归线的均方误

可以证明

$$Q/\sigma^2 \sim \chi^2(n-2)$$

在 1.8.11 节已叙及 χ^2 分布的数学期望等于其自由度，于是 $E(Q/\sigma^2)=n-2$，即

$$E\left(\frac{Q}{n-2}\right)=\sigma^2$$

因此

$$\hat{\sigma}^2=\frac{Q}{n-2} \qquad (2-3-27)$$

是 σ^2 的无偏估计。

由回归方程所确定的回归线是在最小二乘法准则情况下与观察值的最佳配合线，反映了 y 与 x 之间的平均关系，由 x 利用回归方程求 y 不可避免地存在误差。常用 $\hat{\sigma}=\sqrt{\hat{\sigma}^2}$ 反映平均误差，记为 S_e，并称其为回归线的均方误，即

$$S_e=\hat{\sigma}=\sqrt{\frac{\sum\limits_{i}(y_i-\hat{y}_i)^2}{n-2}} \qquad (2-3-28)$$

2.3.2.6 回归中 y 值的区间估计

若回归方程的回归效果显著，则可利用其在已知 $x=x_0$ 时，由 $\hat{y}_0=b_0+b_1x_0$ 去估计相应 y 的真值 $y_0=\beta_0+\beta_1x_0+\varepsilon_0$，这不可避免地存在误差，记相应误差为 $y_0-\hat{y}_0$。由于真值未知，无法确切回答误差的具体值，需研究误差 $y_0-\hat{y}_0$ 的统计特性，进而从概率意义上回答误差情况。

可以证明[4]，$y_0-\hat{y}_0$ 服从正态分布

$$(y_0-\hat{y}_0) \sim N\left[0,\sigma^2\left[1+\frac{1}{n}+\frac{(x_0-\overline{x})^2}{\sum\limits_{i}(x_i-\overline{x})^2}\right]\right]$$

或

$$\frac{y_0-\hat{y}_0}{\sigma\sqrt{1+\dfrac{1}{n}+\dfrac{(x_0-\overline{x})^2}{\sum\limits_{i}(x_i-\overline{x})^2}}} \sim N(0,1) \qquad (2-3-29)$$

由于 σ 未知，用 $\hat{\sigma}=\sqrt{Q/(n-2)}$ 去估计 σ，可以证明

$$\frac{y_0-\hat{y}_0}{\hat{\sigma}\sqrt{1+\dfrac{1}{n}+\dfrac{(x_0-\overline{x})^2}{\sum\limits_{i}(x_i-\overline{x})^2}}} \sim t(n-2) \qquad (2-3-30)$$

于是，对于给定的置信度 $1-\alpha$，可得 y_0 的置信度为 $1-\alpha$ 的预测区间为

$$\left(\hat{y}_0 - t_{\frac{\alpha}{2}}(n-2)\hat{\sigma}\sqrt{1+\frac{1}{n}+\frac{(x_0-\overline{x})^2}{\sum\limits_{i}(x_i-\overline{x})^2}}, \hat{y}_0 + t_{\frac{\alpha}{2}}(n-2)\hat{\sigma}\sqrt{1+\frac{1}{n}+\frac{(x_0-\overline{x})^2}{\sum\limits_{i}(x_i-\overline{x})^2}}\right)$$

$$(2-3-31)$$

设

$$\delta(x_0) = t_{\frac{\alpha}{2}}(n-2)\hat{\sigma}\sqrt{1+\frac{1}{n}+\frac{(x_0-\overline{x})^2}{\sum\limits_{i}(x_i-\overline{x})^2}} \qquad (2-3-32)$$

式(2-3-31)的含义为:当 $x=x_0$ 时,由 $\hat{y}_0$ 估计真值 y_0,最大可能误差为 $|\pm\delta(x_0)|$ 的概率为 $100(1-\alpha)\%$。

由式(2-3-32)可见,$\delta(x_0)$ 不仅与回归线的均方误 $\hat{\sigma}$、样本容量 n 有关,而且与 $(x_0-\overline{x})^2$ 有关。$|x_0-\overline{x}|$ 越大,$\delta(x_0)$ 越大。因此,利用回归方程插补样本系列或预测时,回归估计值的误差范围(置信度 $1-\alpha$),如图 2-3-4 所示,当 x 在 $\overline{x}$ 附近时预测精度较高,x 偏离 $\overline{x}$ 越远误差越大。对于 x 超出样本点控制的部分,使用回归方程应特别慎重。例如,《水利水电工程水文计算规范》(SL 278—2002)指出,相关线外延的幅度不宜超过实际变幅的 50%。

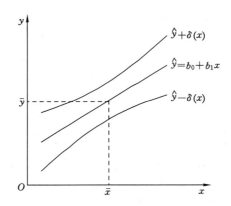

图 2-3-4　回归估计值的误差范围示意图

当样本容量 n 很大,且 x 在 $\overline{x}$ 附近时,式(2-3-31)中的根式近似地等于 1,而 $t_{\frac{\alpha}{2}}(n-2)\approx u_{\frac{\alpha}{2}}$。于是,$y_0$ 的置信度为 $1-\alpha$ 的预测区间近似为

$$(\hat{y}_0 - u_{\frac{\alpha}{2}}\hat{\sigma}, \hat{y}_0 + u_{\frac{\alpha}{2}}\hat{\sigma}) \qquad (2-3-33)$$

特别地,当 $1-\alpha=0.683, 0.954, 0.997$ 时,分别对应 $u_{\frac{\alpha}{2}}=1.0, 2.0, 3.0$,故它们分别对应的预测区间近似为 $(\hat{y}_0-\hat{\sigma}, \hat{y}_0+\hat{\sigma})$,$(\hat{y}_0-2\hat{\sigma}, \hat{y}_0+2\hat{\sigma})$,$(\hat{y}_0-3\hat{\sigma}, \hat{y}_0+3\hat{\sigma})$。

由上述可见,$\hat{\sigma}$(即回归线的均方误 S_e)反映了预测的精确程度。实际计算中也常用 $\hat{\sigma}$ 反映回归效果。研究表明,相关系数一定时,倚变量的离散程度越大,回归方程的均方误 $\hat{\sigma}$ 就越大,详见 2.3.5 节。因此,实际应用时,应将相关系数与回归线的均方误 $\hat{\sigma}$ 结合使用,通常要求 $\hat{\sigma}$ 应小于 $\overline{y}$ 的 15%。

2.3.2.7　回归分析中应注意的问题

回归分析中除了对样本容量、相关系数、回归线的均方误等方面要求外,还应注意以下几点：

（1）避免假相关。所谓假相关，是指本来不相关或弱相关的两个变量，由于通过数学上的某种处理（如两者都加入第三个变量）而使相关关系变得十分密切，但这是缺乏成因基础的。使用回归分析法，首先应分析论证，确保变量之间在物理成因上确实存在着联系，然后才能建立回归方程。为避免假相关，应直接研究变量之间的关系。

（2）避免辗转相关。例如，有 x,y,z 三个变量的样本系列，x 系列较长，而 y,z 系列较短。其中 z 是待求变量，由 x 插补或预测 z 时，z 与 x 的相关系数较小，而 y 与 x、y 与 z 相关系数均较大，由 x 插补或预测 z 时，先通过 y 与 x 回归计算插补或预测 y，再进行 z 与 y 回归计算插补或预测待求变量 z，这就是辗转相关。研究表明，辗转相关的误差，一定不会小于直接相关的误差，辗转相关是不可取的。

（3）要正确确定倚变量和自变量。建立回归方程时，应将待求变量作为倚变量。本节一元线性回归所得公式和结论均是在倚变量为 y 的情况下讨论的。实际问题若由 y 求 x，则要建立 x 倚 y 的回归方程

$$\hat{x} - \overline{x} = r \frac{s_x}{s_y}(y - \overline{y}) \tag{2-3-34}$$

且本节中其他公式均应变成 x 为倚变量的情况，而不可以类似于函数关系那样在 y 倚 x 的回归方程基础上由 y 求 x。读者可结合式（2-3-14）与式（2-3-34）进行分析，只当 $|r|=1$（y 与 x 为线性函数关系）时，在 y 倚 x 的回归方程基础上转化为 x 倚 y 的回归方程才是成立的。当 $0 < |r| < 1$ 时，y 倚 x 与 x 倚 y 的两条回归线是不重合的，但有一公共交点 $(\overline{x}, \overline{y})$。

此外，仅用相关系数反映回归效果具有局限性，详见 2.3.5 节的分析研究。

2.3.3 可线性化的曲线回归

在工程技术领域，经常会遇到因变量与自变量的相关关系为非线性的。若能通过变量代换将其线性化，则称为可线性化的非线性回归模型。例如，幂函数、指数函数、双曲线函数等均可通过变量代换线性化。

对于可线性化的曲线回归，传统方法是：首先通过变量代换化为线性模型，其次利用线性回归方法推求线性回归系数，然后再根据变量代换的具体情况，由线性回归系数反求非线性回归系数。这种方法称为曲线回归的线性化回归方法。

例如，如图 2-3-5 所示的散点图，可选配采用乘积随机误差的指数函数回归模型

$$y = A e^{Bx} e^{\varepsilon} \tag{2-3-35}$$

对式（2-3-35）进行自然对数变换后，并令 $v = \ln y$，$a = \ln A$，得线性模型

$$v = a + Bx + \varepsilon \tag{2-3-36}$$

将 n 组观察值 (x_i, y_i) 转化为 (x_i, v_i)，则可对式（2-3-36）进行直线回归分析，得到 a，B 后，再由 $a = \ln A$，求得 $A = e^a$。

应当指出，式（2-3-36）的线性相关系数反映了变换后新变量之间的线性密切程度，不能确切反映式（2-3-35）曲线相关的密切程度。在曲线相关中，常用相关指数 R^2 作为衡量密切程度的指标，其计算式为

$$R^2 = 1 - \frac{\sum\limits_i (y_i - \hat{y}_i)^2}{\sum\limits_i (y_i - \bar{y})^2} \qquad (2\text{-}3\text{-}37)$$

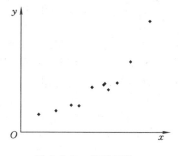

图 2-3-5　指数函数
回归的散点图

R^2 也称为拟合优度、确定性系数。

$R^2 \leqslant 1$，R^2 越大，非线性相关关系越密切。特别地，可以证明，当 x,y 为回归直线时，相关指数 R^2 即为线性相关系数 r 的平方。

对于可线性化的曲线回归，上述方法看起来是合理的，其实不然。研究表明（详见 5.1 节），存在以下问题：① 当对非线性回归的因变量作了变换时，上述方法所求非线性回归系数不满足该因变量的残差平方和为最小。② 对于幂函数、指数函数等类型的非线性回归，若采用加性随机误差，是无法线性化的，只当采用乘积随机误差时才能够线性化，而这种情况下因变量 y 的估计值 $\hat{y}$ 并非是 $E(y)$ 的估值，显然不是好的估计。③ 线性化回归方法可能导致回归失真，即线性化的回归拟合效果好而原变量的曲线回归拟合效果不佳、变量代换后线性相关系数较大，而曲线相关指数却较小。

针对上述问题，笔者进行了深入研究并提出了改进方法，将在第 5 章详细介绍。

2.3.4　多元线性回归

在实际问题中，若影响因变量（随机变量）y 的因素有 p 个普通变量 $x_1,x_2,\cdots,x_p(p>1)$，研究因变量 y 与自变量 $x_1,x_2,\cdots,x_p$ 之间的近似关系，即是多元回归问题。本节仅讨论多元线性回归。

2.3.4.1　多元线性回归的数学模型

多元线性回归的数学模型为

$$y = \beta_0 + \beta_1 x_1 + \cdots + \beta_p x_p + \varepsilon \quad [\varepsilon \sim N(0,\sigma^2)] \qquad (2\text{-}3\text{-}38)$$

称 $\beta_0,\beta_1,\cdots,\beta_p$ 为（总体）回归系数；ε 为随机误差。于是

$$y \sim N(\beta_0 + \beta_1 x_1 + \cdots + \beta_p x_p, \sigma^2)$$

故回归函数

$$\mu(x) = E(y) = \beta_0 + \beta_1 x_1 + \cdots + \beta_p x_p \qquad (2\text{-}3\text{-}39)$$

设 n 组样本观察值

$$(x_{11}, x_{12} \cdots, x_{1p}; y_1), \cdots, (x_{n1}, x_{n2}, \cdots, x_{np}; y_n)$$

注意在 n 组样本观察值中，自变量的第一个角标为样本观察值的序号 i，$i=1,2,\cdots,n$；第二个角标为自变量的序号 j，$j=1,2,\cdots,p$。

与一元线性回归类似，根据样本观察值，可确定 $\beta_0,\beta_1,\cdots,\beta_p$ 的最小二乘估计，分别记为 $b_0,b_1,\cdots,b_p$，进而得到式（2-3-39）的经验回归方程

$$\hat{y} = b_0 + b_1 x_1 + \cdots + b_p x_p \qquad (2\text{-}3\text{-}40)$$

2.3.4.2　多元线性回归系数的最小二乘估计

（1）回归系数的正规方程组的一般形式及其求解

与一元线性回归类似，求 $\beta_0,\beta_1,\cdots,\beta_p$ 的最小二乘估计即是求 $b_0,b_1,\cdots,b_p$，使残差平方和

$$Q = \sum_i (y_i - \hat{y}_i)^2 = \sum_i (y_i - b_0 - b_1 x_{i1} - \cdots - b_p x_{ip})^2 \qquad (2\text{-}3\text{-}41)$$

为最小。

欲使残差平方和 Q 取得最小值,则分别对 $b_0, b_1, \cdots, b_p$ 求一阶偏导数并使其等于零,经整理化简,可得方程组

$$\begin{cases} nb_0 + (\sum_i x_{i1})b_1 + (\sum_i x_{i2})b_2 + \cdots + (\sum_i x_{ip})b_p = \sum_i y_i \\ (\sum_i x_{i1})b_0 + (\sum_i x_{i1}^2)b_1 + (\sum_i x_{i1}x_{i2})b_2 + \cdots + (\sum_i x_{i1}x_{ip})b_p = \sum_i x_{i1}y_i \\ \qquad\qquad \cdots\cdots \\ (\sum_i x_{ip})b_0 + (\sum_i x_{ip}x_{i1})b_1 + (\sum_i x_{ip}x_{i2})b_2 + \cdots + (\sum_i x_{ip}^2)b_p = \sum_i x_{ip}y_i \end{cases}$$

$$(2\text{-}3\text{-}42)$$

式(2-3-42)称为满足 Q 最小的回归系数的正规方程组的一般形式。

为便于对式(2-3-42)求解,引入如下矩阵,设

$$\boldsymbol{X} = \begin{pmatrix} 1 & x_{11} & x_{12} & \cdots & x_{1p} \\ 1 & x_{21} & x_{22} & \cdots & x_{2p} \\ \cdots & \cdots & \cdots & \ddots & \cdots \\ 1 & x_{n1} & x_{n2} & \cdots & x_{np} \end{pmatrix}, \boldsymbol{Y} = \begin{pmatrix} y_1 \\ y_2 \\ \vdots \\ y_n \end{pmatrix}, \boldsymbol{B} = \begin{pmatrix} b_0 \\ b_1 \\ \vdots \\ b_p \end{pmatrix}$$

则有

$$\boldsymbol{X}'\boldsymbol{X} = \begin{pmatrix} 1 & 1 & \cdots & 1 \\ x_{11} & x_{21} & \cdots & x_{n1} \\ \cdots & \cdots & \ddots & \cdots \\ x_{1p} & x_{2p} & \cdots & x_{np} \end{pmatrix} \begin{pmatrix} 1 & x_{11} & x_{12} & \cdots & x_{1p} \\ 1 & x_{21} & x_{22} & \cdots & x_{2p} \\ \cdots & \cdots & \cdots & \ddots & \cdots \\ 1 & x_{n1} & x_{n2} & \cdots & x_{np} \end{pmatrix}$$

$$= \begin{pmatrix} n & \sum_i x_{i1} & \cdots & \sum_i x_{ip} \\ \sum_i x_{i1} & \sum_i x_{i1}^2 & \cdots & \sum_i x_{i1}x_{ip} \\ \cdots & \cdots & \ddots & \cdots \\ \sum_i x_{ip} & \sum_i x_{ip}x_{i1} & \cdots & \sum_i x_{ip}^2 \end{pmatrix}$$

$$\boldsymbol{X}'\boldsymbol{Y} = \begin{pmatrix} 1 & 1 & \cdots & 1 \\ x_{11} & x_{21} & \cdots & x_{n1} \\ \cdots & \cdots & \ddots & \cdots \\ x_{1p} & x_{2p} & \cdots & x_{np} \end{pmatrix} \begin{pmatrix} y_1 \\ y_2 \\ \vdots \\ y_n \end{pmatrix} = \begin{pmatrix} \sum_i y_i \\ \sum_i x_{i1}y_i \\ \vdots \\ \sum_i x_{ip}y_i \end{pmatrix}$$

其中,$\boldsymbol{X}'$ 为 $\boldsymbol{X}$ 的转置阵,$\boldsymbol{X}'\boldsymbol{X}$ 为方程组(2-3-42)的系数矩阵,是对称阵。将式(2-3-42)写成矩阵形式为

$$\boldsymbol{X}'\boldsymbol{X}\boldsymbol{B} = \boldsymbol{X}'\boldsymbol{Y} \qquad (2\text{-}3\text{-}43)$$

令系数矩阵 $\boldsymbol{X}'\boldsymbol{X} = \boldsymbol{A}$,对于式(2-3-43),在系数矩阵 $\boldsymbol{A}$ 满秩的情况下,即 $|\boldsymbol{A}| \neq 0$ 时,

A^{-1} 存在,在式(2-3-43)两边左乘逆矩阵 A^{-1},则得到式(2-3-43)的解为

$$B = (X'X)^{-1}X'Y = A^{-1}X'Y \tag{2-3-44}$$

为便于后续内容引用,设

$$A^{-1} = C = (c_{ij})_{(p+1)\times(p+1)} \quad (i, j = 0, 1, 2, \cdots, p) \tag{2-3-45}$$

对式(2-3-42)的求解方法,也可以用高斯消去法、主元消去法等多种解法。而 Matlab 软件的出现,采用式(2-3-44)矩阵解法,方便快捷,具有非常大的优越性,并且后续对回归系数的显著性检验也要用到 $C = (c_{ij})_{(p+1)\times(p+1)}, i, j = 0, 1, 2, \cdots, p$。

式(2-3-40)称为原始变量回归方程。此外,为消除各变量取值范围不同的影响,可表达成中心化形式的回归方程;不仅能消除各变量取值范围不同的影响,也能消除各变量变异程度不同的影响,可表达成标准化形式的回归方程。以下介绍这两种形式的回归方程及其求解。

(2) 回归系数的正规方程组的中心化形式及其求解

由式(2-3-42)中的第一个方程得

$$b_0 = \bar{y} - b_1\bar{x}_1 - b_2\bar{x}_2 - \cdots - b_p\bar{x}_p \tag{2-3-46}$$

将式(2-3-46)代入回归方程式(2-3-40)得

$$\hat{y} = \bar{y} + b_1(x_1 - \bar{x}_1) + b_2(x_2 - \bar{x}_2) + \cdots + b_p(x_p - \bar{x}_p) \tag{2-3-47}$$

式(2-3-47)称为中心化回归方程。

于是,求 $b_1, \cdots, b_p$,使残差平方和

$$\begin{aligned}
Q &= \sum_i (y_i - \hat{y}_i)^2 \\
&= \sum_i [(y_i - \bar{y}) - b_1(x_{i1} - \bar{x}_1) - b_2(x_{i2} - \bar{x}_2) - \cdots - b_p(x_{ip} - \bar{x}_p)]^2
\end{aligned} \tag{2-3-48}$$

为最小。

再由 $\partial Q/\partial b_j = 0 (j = 1, 2, \cdots, p)$,得到推求 $b_j(j = 1, 2, \cdots, p)$ 的 p 个方程构成的方程组

$$2\sum_i [(y_i - \bar{y}) - b_1(x_{i1} - \bar{x}_1) - b_2(x_{i2} - \bar{x}_2) - \cdots - b_p(x_{ip} - \bar{x}_p)][-(x_{ij} - \bar{x}_j)] = 0$$

$$(j = 1, 2, \cdots, p) \tag{2-3-49}$$

将式(2-3-49)展开、移项,则得由 p 个方程构成的方程组

$$b_1\sum_i (x_{ij} - \bar{x}_j)(x_{i1} - \bar{x}_1) + b_2\sum_i (x_{ij} - \bar{x}_j)(x_{i2} - \bar{x}_2) + \cdots + b_p\sum_i (x_{ij} - \bar{x}_j)(x_{ip} - \bar{x}_p) =$$

$$\sum_i (x_{ij} - \bar{x}_j)(y_i - \bar{y}) \quad (j = 1, 2, \cdots, p) \tag{2-3-50}$$

式(2-3-50)称为回归系数的正规方程组的中心化形式。

引入记号

$$L_{jk} = \sum_i (x_{ij} - \bar{x}_j)(x_{ik} - \bar{x}_k) \quad (j, k = 1, 2, \cdots, p) \tag{2-3-51}$$

$$L_{jy} = \sum_i (x_{ij} - \bar{x}_j)(y_i - \bar{y}) \quad (j = 1, 2, \cdots, p) \tag{2-3-52}$$

$$L_{jj} = \sum_i (x_{ij} - \bar{x}_j)^2 \quad (j = 1, 2, \cdots, p) \tag{2-3-53}$$

则式(2-3-50)可写成

$$L_{j1}b_1 + L_{j2}b_2 + \cdots + L_{jp}b_p = L_{jy} \quad (j=1,2,\cdots,p; p \text{ 个方程}) \tag{2-3-54}$$

即

$$\begin{cases} L_{11}b_1 + L_{12}b_2 + \cdots + L_{1p}b_p = L_{1y} \\ L_{21}b_1 + L_{22}b_2 + \cdots + L_{2p}b_p = L_{2y} \\ \quad\quad\quad \cdots\cdots \\ L_{p1}b_1 + L_{p2}b_2 + \cdots + L_{pp}b_p = L_{py} \end{cases} \tag{2-3-55}$$

为便于后续内容引用相关要素,以下在式(2-3-50)基础上求解回归系数。引入矩阵

$$\boldsymbol{X}_1 = \begin{bmatrix} x_{11}-\overline{x}_1 & x_{12}-\overline{x}_2 & \cdots & x_{1p}-\overline{x}_p \\ x_{21}-\overline{x}_1 & x_{22}-\overline{x}_2 & \cdots & x_{2p}-\overline{x}_p \\ \cdots & \cdots & \ddots & \cdots \\ x_{n1}-\overline{x}_1 & x_{n2}-\overline{x}_2 & \cdots & x_{np}-\overline{x}_p \end{bmatrix}, \boldsymbol{Y}_1 = \begin{bmatrix} y_1-\overline{y} \\ y_2-\overline{y} \\ \vdots \\ y_n-\overline{y} \end{bmatrix}, \boldsymbol{B}_1 = \begin{bmatrix} b_1 \\ b_2 \\ \vdots \\ b_p \end{bmatrix}$$

于是将式(2-3-50)写成矩阵形式为

$$\boldsymbol{X}_1'\boldsymbol{X}_1\boldsymbol{B}_1 = \boldsymbol{X}_1'\boldsymbol{Y}_1 \tag{2-3-56}$$

对于式(2-3-56),当$|\boldsymbol{X}_1'\boldsymbol{X}_1| \neq 0$时,$(\boldsymbol{X}_1'\boldsymbol{X}_1)^{-1}$存在,则可求得$b_1,\cdots,b_p$,用矩阵表示为

$$\boldsymbol{B}_1 = (\boldsymbol{X}_1'\boldsymbol{X}_1)^{-1}\boldsymbol{X}_1'\boldsymbol{Y}_1 = \boldsymbol{A}_1^{-1}\boldsymbol{X}_1'\boldsymbol{Y}_1 \tag{2-3-57}$$

式中,$\boldsymbol{A}_1 = \boldsymbol{X}_1'\boldsymbol{X}_1$为方程组(2-3-50)的系数矩阵,也是对称阵。

利用正规方程组的中心化形式求解$b_1,\cdots,b_p$,与式(2-3-44)相比,其优点是逆矩阵运算降了一阶,且消除了各变量的样本观察值取值范围不同的影响,便于求解。

此外,后续内容为便于引用,设

$$(\boldsymbol{A}_1)^{-1} = \boldsymbol{C}_1 = (c_{1,ij})_{p \times p} \tag{2-3-58}$$

可以证明[2,12],将式(2-3-45)中矩阵$\boldsymbol{C}$的第一行和第一列元素划去后,剩下的子块就是矩阵$\boldsymbol{C}_1$,即

$$c_{1,ij} = c_{ij} \quad (i,j=1,2,\cdots,p) \tag{2-3-59}$$

(3)回归系数的正规方程组的标准化形式及其求解

当方程组(2-3-42)、式(2-3-50)中的系数和常数项的差异比较大时,为便于控制计算误差和消除各变量变异程度不同的影响,常将原始数据标准化后建立回归方程。设x_1,$x_2,\cdots,x_p,y$的标准化变量分别为$x_1',x_2',\cdots,x_p',y'$,则$x_j'=(x_j-\overline{x}_j)/s_j$,$j=1,2,\cdots,p,y'=(y-\overline{y})/s_y,s_j$与$s_y$分别是$x_j$系列和$y$系列的均方差,$j=1,2,\cdots,p$。将原始数据标准化得

$$x_{ij}' = (x_{ij}-\overline{x}_j)/\sqrt{L_{jj}/(n-1)} \quad (j=1,2,\cdots,p; i=1,2,\cdots,n)$$

$$y_i' = (y_i-\overline{y}_i)/\sqrt{L_{yy}/(n-1)} \quad (i=1,2,\cdots,n)$$

则由标准化变量建立回归方程为

$$\hat{y}' = b_0' + b_1'x_1' + b_2'x_2' + \cdots + b_p'x_p' \tag{2-3-60}$$

类似于式(2-3-46),有

$$b_0' = \overline{y'} - b_1'\overline{x_1'} - b_2'\overline{x_2'} - \cdots - b_p'\overline{x_p'}$$

由于$\overline{y'}=0,\overline{x_j'}=0,j=1,2,\cdots,p$,故$b_0'=0$,于是

$$\hat{y}' = b_1'x_1' + b_2'x_2' + \cdots + b_p'x_p' \tag{2-3-61}$$

称为标准化变量的回归方程。又因为$\overline{y'}=0,\overline{x_j'}=0,j=1,2,\cdots,p$,则该式也是标准化变量

的中心化回归方程。因此，可类似于式(2-3-55)得出求解式(2-3-61)中回归系数 $b'_j(j=1,2,\cdots,p)$ 的正规方程组，且方程组中相应系数和常数项应分别为

$$
\begin{aligned}
L'_{jk} &= \sum_i (x'_{ij} - \overline{x'_j})(x'_{ik} - \overline{x'_k}) = \sum_i x'_{ij} x'_{ik} \\
&= \sum_i \frac{(x_{ij} - \overline{x_j})}{\sqrt{L_{jj}/(n-1)}} \frac{(x_{ik} - \overline{x_k})}{\sqrt{L_{kk}/(n-1)}} \\
&= (n-1)r_{jk} \quad (j,k=1,2,\cdots,p)
\end{aligned} \tag{2-3-62}
$$

$$
\begin{aligned}
L'_{jy} &= \sum_i (x'_{ij} - \overline{x'_j})(y'_i - \overline{y'}) = \sum_i x'_{ij} y'_i \\
&= \sum_i \frac{x_{ij} - \overline{x_j}}{\sqrt{L_{jj}/(n-1)}} \frac{y_i - \overline{y}}{\sqrt{L_{yy}/(n-1)}} \\
&= (n-1)r_{jy} \quad (j=1,2,\cdots,p)
\end{aligned} \tag{2-3-63}
$$

式(2-3-62)、式(2-3-63)中 r_{jk} 和 r_{jy} 分别为 x_j 与 x_k 和 x_j 与 y 的样本相关系数。于是，式(2-3-61)中回归系数 $b'_j(j=1,2,\cdots,p)$ 的正规方程组为

$$r_{j1}b'_1 + r_{j2}b'_2 + \cdots + r_{jp}b'_p = r_{jy} \quad (j=1,2,\cdots,p;p \text{ 个方程}) \tag{2-3-64}$$

即

$$
\begin{cases}
r_{11}b'_1 + r_{12}b'_2 + \cdots + r_{1p}b'_p = r_{1y} \\
r_{21}b'_1 + r_{22}b'_2 + \cdots + r_{2p}b'_p = r_{2y} \\
\quad\quad\quad \cdots\cdots \\
r_{p1}b'_1 + r_{p2}b'_2 + \cdots + r_{pp}b'_p = r_{py}
\end{cases} \tag{2-3-65}
$$

式(2-3-64)、式(2-3-65)称为回归系数的正规方程组的标准化形式。

引入矩阵

$$
\boldsymbol{R} = \begin{bmatrix}
r_{11} & r_{12} & \cdots & r_{1p} \\
r_{21} & r_{22} & \cdots & r_{2p} \\
\cdots & \cdots & \ddots & \cdots \\
r_{p1} & r_{p2} & \cdots & r_{pp}
\end{bmatrix}, \quad
\boldsymbol{B}_2 = \begin{bmatrix} b'_1 \\ b'_2 \\ \vdots \\ b'_p \end{bmatrix}, \quad
\boldsymbol{Y}_2 = \begin{bmatrix} r_{1y} \\ r_{2y} \\ \vdots \\ r_{py} \end{bmatrix}
$$

于是式(2-3-65)写成矩阵形式为

$$\boldsymbol{R}\boldsymbol{B}_2 = \boldsymbol{Y}_2 \tag{2-3-66}$$

对于式(2-3-66)，当 $|\boldsymbol{R}| \neq 0$ 时，$\boldsymbol{R}^{-1}$ 存在，有唯一一组解，则所求 $b'_1,\cdots,b'_p$ 用矩阵表示为

$$\boldsymbol{B}_2 = \boldsymbol{R}^{-1}\boldsymbol{Y}_2 \tag{2-3-67}$$

当求得 $b'_1,\cdots,b'_p$ 后，需进一步求原变量回归方程的回归系数 $b_1,\cdots,b_p$。可以证明

$$b_j = b'_j \frac{\sqrt{L_{yy}}}{\sqrt{L_{jj}}} \quad (j=1,2,\cdots,p) \tag{2-3-68}$$

当求得 $b_1,\cdots,b_p$ 后，由式(2-3-46)可计算 b_0。

综上所述，引入标准化回归方程是便于控制计算误差与分析问题而采取的一种处理形式，而推求原变量的回归方程及其解才是最终目的。

此外，为后续内容便于引用，设

$$\boldsymbol{R}^{-1} = \boldsymbol{C}_2 = (c_{2,ij}) \tag{2-3-69}$$

可以证明[2,12]，矩阵 $\boldsymbol{C}_2$ 的元素与式(2-3-58)中矩阵 $\boldsymbol{C}_1$ 的元素之间的关系为

$$c_{2,ij}=c_{1,ij}\sqrt{L_{ii}}\sqrt{L_{jj}}=c_{ij}\sqrt{L_{ii}}\sqrt{L_{jj}} \quad (i,j=1,2,\cdots,p) \qquad (2\text{-}3\text{-}70)$$

2.3.4.3 回归系数向量 $\boldsymbol{B}$ 的统计性质

前已叙及，$\boldsymbol{B}=(b_0,b_1,\cdots,b_p)'$，并设总体回归系数 $\boldsymbol{\beta}=(\beta_0,\beta_1,\cdots,\beta_p)'$，可以证明回归系数向量 $\boldsymbol{B}$ 具有下述统计性质[2,12]：

（1）$\boldsymbol{B}$ 是总体回归系数 $\boldsymbol{\beta}$ 的无偏估计量，即 $E(\boldsymbol{B})=\boldsymbol{\beta}$。

（2）回归系数 $\boldsymbol{B}$ 的协方差矩阵为 $\sigma^2\boldsymbol{A}^{-1}$。

由于 $\boldsymbol{A}^{-1}=\boldsymbol{C}=(c_{ij})_{(p+1)\times(p+1)}$，则有

$$\text{Cov}(b_i,b_j)=\sigma^2 c_{ij} \quad (i,j=0,1,2,\cdots,p) \qquad (2\text{-}3\text{-}71)$$

式(2-3-71)表明，回归系数 $b_0,b_1,\cdots,b_p$ 的方差不仅与随机误差 ε 的方差 σ^2 成正比，而且与 $\boldsymbol{A}^{-1}$ 的主对角线元素有关。

2.3.4.4 回归方程的显著性检验

可以证明，式(2-3-19)、式(2-3-20)对于多元线性回归仍成立，将该两式综合表达为

$$S_{\text{总}}=L_{yy}=\sum_i(y_i-\overline{y})^2=\sum_i(y_i-\hat{y}_i)^2+\sum_i(\hat{y}_i-\overline{y})^2=Q+U \qquad (2\text{-}3\text{-}72)$$

分析可得多元线性回归的回归平方和的计算式

$$U=\sum_j b_j L_{jy} \qquad (2\text{-}3\text{-}73)$$

残差平方和 Q，常用 $Q=S_{\text{总}}-U$ 计算。

方法一：F 检验法。

检验回归方程显著性的原假设为 H_0：在总体中因变量与所有自变量都不存在线性回归关系，即

$$H_0:\beta_1=0,\beta_2=0,\cdots,\beta_p=0$$

与原假设 H_0 对立的假设为 $H_1:\beta_j(j=1,2,\cdots,p)$ 不全为零。可以证明，当 H_0 成立时，统计量

$$F=\frac{U/p}{Q/(n-p-1)} \qquad (2\text{-}3\text{-}74)$$

服从自由度为 p 与 $n-p-1$ 的 F 分布。

简记 F 分布的上侧 α 分位点 $F_\alpha(p,n-p-1)=F_\alpha$，采用 F 检验法检验原假设 H_0 的否定域为 $F\geqslant F_\alpha$，即 F_α 满足

$$P(F\geqslant F_\alpha)=\alpha \qquad (2\text{-}3\text{-}75)$$

因此，F 检验法的步骤为：① 给定显著性水平 α（一般取 $\alpha=0.01,0.05$），确定 F 分布的上侧 α 分位点 F_α。② 由样本观察值计算 $S_{\text{总}}(L_{yy})$，U,Q 及统计量 F 的观察值（也记为 F）。③ 当 $F\geqslant F_\alpha$ 时，则拒绝 H_0，接受 H_1，认为线性回归效果显著，所求回归方程有意义；反之，接受 H_0，认为回归效果不显著，所求回归方程没有意义，不能使用。

方法二：复相关系数 R 检验法。

与一元类似，回归方程的显著性也可以用复相关系数 R 检验法。复相关系数 R 反映 y 与 p 个自变量 $x_1,x_2,\cdots,x_p$ 整体线性相关的密切程度。类似于式(2-3-25)，定义复相关系数为

$$R = \sqrt{\frac{U}{L_{yy}}} = \sqrt{1 - \frac{Q}{L_{yy}}} \qquad (2\text{-}3\text{-}76)$$

也称为全相关系数。特别地,当一元线性回归时,$R = |r|$。R^2 称为相关指数,或确定性系数。

由式(2-3-74)、式(2-3-76)及 $F \geqslant F_\alpha$,可导出与 $F \geqslant F_\alpha$ 等价的不等式

$$R \geqslant \sqrt{\frac{p F_\alpha}{p F_\alpha + n - p - 1}} = R_\alpha \qquad (2\text{-}3\text{-}77)$$

式中,R_α 称为复相关系数显著性检验临界值,详见附表 6;$F_\alpha = F_\alpha(p, n-p-1)$。

当由式(2-3-76)计算 $R \geqslant R_\alpha$ 时,则否定 H_0,表明回归方程效果显著;反之,所求回归方程没有意义,不能使用。

2.3.4.5　各自变量的显著性检验

对于多元线性回归,当回归方程效果显著时,是所有自变量整体的线性回归效果,也即否定 H_0,接受 H_1,只说明"$H_1: \beta_j (j = 1, 2, \cdots, p)$ 不全为零"。但不一定每一自变量 x_j $(j = 1, 2, \cdots, p)$ 对 y 线性影响均是显著的。显然,对 y 线性影响不显著的自变量,应予以剔除。因此,在确认回归方程显著后,还需要对各个自变量的回归效果进行显著性检验。该项工作是通过检验假设 $H_0: \beta_j = 0 (j = 1, 2, \cdots, p)$ 来判断的,故也称为回归系数的显著性检验。

（1）偏回归平方和与偏相关系数

欲对各自变量进行显著性检验,需先搞清楚各自变量对因变量线性影响的程度。对于多元线性回归,既然回归平方和 U 反映了所有自变量对因变量的线性影响,那么可以用每一自变量对回归平方和 U 的贡献程度来反映其对因变量线性影响的程度。

设 Q_p, U_p 分别是包含 p 个自变量 $x_1, x_2, \cdots, x_p$ 的回归方程的残差平方和与回归平方和,$Q_{k,p-1}, U_{k,p-1}$ 分别是不含 x_k 时,$p-1$ 个自变量的回归方程的残差平方和与回归平方和。则自变量 x_k 对回归平方和 U_p 的贡献,也即对因变量线性影响的贡献,应为

$$V_{k,p} = U_p - U_{k,p-1} \qquad (2\text{-}3\text{-}78)$$

称 $V_{k,p}$ 为自变量 x_k 的偏回归平方和,这个量越大,说明 x_k 对因变量线性影响越大。请读者注意,此处 $V_{k,p}$ 中角标"p"表示由 p 个自变量减少一个自变量 x_k 时的对比分析。

由于 $S_{总} = Q + U$,故 $V_{k,p}$ 也可用残差平方和表示为

$$V_{k,p} = Q_{k,p-1} - Q_p \qquad (2\text{-}3\text{-}79)$$

式(2-3-79)表明,$V_{k,p}$ 又可看成是在原来不含 x_k 的 $p-1$ 个自变量的回归方程中增加 x_k 使之变成 p 个自变量的回归方程时,残差平方和的减少量。

定义

$$r_{k,p} = \sqrt{\frac{V_{k,p}}{Q_{k,p-1}}} = \sqrt{1 - \frac{Q_p}{Q_{k,p-1}}} \qquad (2\text{-}3\text{-}80)$$

为 y 与 x_k 的偏相关系数。$r_{k,p}^2$ 表示除去 $x_1, x_2, \cdots, x_{k-1}, x_{k+1}, \cdots, x_p$ 等 $p-1$ 个自变量的作用外,x_k 将 y 的残差平方和 $Q_{k,p-1}$ 进一步降低的程度。为区别起见,若采用式(2-3-12)计算 x_k 与 y 的相关系数,称之为简单相关系数。需要指出,在多元回归中,只有偏相关系数才能反映 x_k 与 y 线性相关的密切程度,而简单相关系数则不能。实践表明,简单相关系数与偏相关系数的数值可能相差很大,且简单相关系数可正可负,而由式(2-3-80)表明,偏相

关系数只为正值。

（2）减少自变量时的回归系数及偏回归平方和的另一公式

设 $b_{j,p}(j=1,2,\cdots,p)$，$b_{j,p-1}(j=1,2,\cdots,k-1,k+1,\cdots,p)$ 分别是包含 x_k 的 p 个自变量和不包含 x_k 的 $p-1$ 个自变量的回归方程的回归系数，一般 $b_{j,p}\neq b_{j,p-1}(j\neq k)$，因此，若从一个回归方程中剔除（或增加）一个自变量后，必须重新计算全部回归系数。此外，也可由 $b_{j,p}(j=1,2,\cdots,p)$ 与 $b_{j,p-1}(j=1,2,\cdots,k-1,k+1,\cdots,p)$ 的关系式计算 $p-1$ 个自变量的回归系数，可以证明[12]

$$b_{j,p-1}=b_{j,p}-\frac{c_{kj}}{c_{kk}}b_{k,p} \quad (j=1,2,\cdots,k-1,k+1,\cdots,p) \qquad (2\text{-}3\text{-}81)$$

而自变量 x_k 的偏回归平方和的计算，也可用计算式[12]

$$V_{k,p}=\frac{b_{k,p}^2}{c_{kk}} \quad (k=1,2,\cdots,p) \qquad (2\text{-}3\text{-}82)$$

式(2-3-81)、式(2-3-82)中，c_{kj}，c_{kk} 为式(2-3-45)$\boldsymbol{A}^{-1}=\boldsymbol{C}=(c_{ij})$ 或式(2-3-58)$(\boldsymbol{A}_1)^{-1}=\boldsymbol{C}_1=(c_{1,ij})$ 中的元素。显然由式(2-3-82)计算 $V_{k,p}$ 比采用式(2-3-78)节省计算量。

当建立标准化形式的回归方程式(2-3-66)时，可得

$$b_{j,p-1}=b_{j,p}-\frac{c_{2,kj}\sqrt{L_{kk}}}{c_{2,kk}\sqrt{L_{jj}}}b_{k,p} \quad (j=1,2,\cdots,k-1,k+1,\cdots,p) \qquad (2\text{-}3\text{-}83)$$

$$V_{k,p}=\frac{b_{k,p}^2}{c_{2,kk}}L_{kk} \quad (k=1,2,\cdots,p) \qquad (2\text{-}3\text{-}84)$$

式中，$c_{2,kj}$，$c_{2,kk}$ 为相关系数矩阵的逆阵 $\boldsymbol{R}^{-1}=\boldsymbol{C}_2=(c_{2,ij})$ 中的元素。

（3）各自变量的显著性检验

首先，计算各个自变量 $x_1,x_2,\cdots,x_p$ 的偏回归平方和 $V_{j,p}(j=1,2,\cdots,p)$，然后，找出其中最小的一个设为 $V_{k,p}$，相应的自变量为 x_k。于是，x_k 是 p 个自变量中对 y 线性影响最小的一个。因此，应首先进行 x_k 的显著性检验。

可以证明，在 $H_0:\beta_k=0$ 的假设下，统计量

$$F_k=\frac{V_{k,p}/1}{Q_p/(n-p-1)} \qquad (2\text{-}3\text{-}85)$$

服从自由度为 1 与 $n-p-1$ 的 F 分布。

于是，对于给定的显著性水平 α，确定 F 分布的上侧 α 分位点 $F_\alpha(1,n-p-1)$；由样本观察值，根据式(2-3-85)计算 F_k；若 $F_k\geqslant F_\alpha(1,n-p-1)$ 时，则拒绝 $H_0:\beta_k=0$，表明 x_k 的作用是显著的，在回归方程中应该保留。由于 x_k 的偏回归平方和 $V_{k,p}$ 是 p 个自变量中最小的，所以对其他自变量不必再进行显著性检验。

若 $F_k<F_\alpha(1,n-p-1)$，则接受 $H_0:\beta_k=0$，表明 x_k 的作用不显著，应从回归方程中剔除 x_k，然后应重新计算 $p-1$ 个自变量的回归系数，建立新的包含 $p-1$ 个自变量的回归方程，再计算新的回归方程中 $p-1$ 个自变量的偏回归平方和 $V_{j,p-1}$，$j\neq k$。需注意，若采用式(2-3-82)计算，此时式(2-3-82)右端的各项为 $p-1$ 个自变量时相应的各值。从 $p-1$ 个自变量的各个偏回归平方和中找出最小的，并对其相应的自变量进行显著性检验。如此反复进行，直到所剩自变量的作用均显著为止。

【例 2-3-1】 混凝土 28 d 的强度 y 与水泥活性 x_1、灰水比 x_2、含气量 x_3 及坍落高度

x_4 有关,某水电工程实验室得出 26 组数据[13]列于表 2-3-1,试建立 y 与 x_1、x_2、x_3、x_4 的线性回归方程、进行回归方程和各自变量的显著性检验,并确定所含自变量对 y 线性影响均显著的回归方程。

表 2-3-1　　　　　　　　　　　某工程混凝土试验资料

序号	x_1	x_2	$x_3/\%$	x_4/cm	y/MPa	序号	x_1	x_2	$x_3/\%$	x_4/cm	y/MPa
1	70.9	2.50	3.0	3.0	41.1	14	52.4	2.22	3.9	2.0	29.2
2	70.9	1.82	3.4	5.0	29.9	15	52.4	1.82	5.0	4.0	22.7
3	70.9	2.00	3.5	4.6	31.3	16	66.8	1.88	3.8	5.4	29.1
4	70.9	1.54	5.5	6.3	20.2	17	66.8	1.88	3.6	3.6	28.2
5	50.0	1.92	5.0	7.2	22.9	18	66.8	1.88	3.9	5.5	28.4
6	50.0	1.89	5.0	6.1	21.8	19	66.8	2.21	4.7	6.4	33.9
7	49.1	1.96	5.8	6.4	24.8	20	66.8	1.25	4.5	6.4	17.0
8	49.1	1.96	5.0	5.8	25.4	21	38.3	2.22	4.1	3.0	32.6
9	54.7	2.25	4.3	3.5	28.1	22	38.3	2.22	3.5	4.3	33.8
10	52.4	2.50	1.7	4.0	38.2	23	52.4	2.50	3.9	2.2	38.9
11	52.4	2.50	4.0	6.0	32.4	24	52.4	2.50	4.3	4.3	34.1
12	52.4	2.50	3.4	3.0	36.6	25	52.4	2.00	3.0	5.6	30.8
13	52.4	1.67	4.5	3.0	21.3	26	52.4	2.00	4.5	3.5	28.7

解　(1)建立 4 个自变量的回归方程,并进行显著性检验

① 采用式(2-3-67)和式(2-3-68)确定回归系数。根据表 2-3-1 中的数据,计算样本均值、各自变量之间及各自变量与因变量的简单相关系数[由式(2-3-12)计算]、分别依据式(2-3-18)、式(2-3-52)、式(2-3-53)计算 L_{yy},L_{jy},L_{jj},并将其列入表 2-3-2。

表 2-3-2　　　　　　　　　由表 2-3-1 样本资料计算基础数据汇总表

项目		变量				
		x_1	x_2	x_3	x_4	y
均值		56.580 8	2.061 2	4.107 7	4.619 2	29.284 6
相关系数 r_{jk},r_{jy} ($j,k=1,2,3,4$)	x_1	1	−0.339 7	−0.108 4	0.203 7	−0.063 3
	x_2	−0.339 7	1	−0.477 2	−0.464 7	0.885 8
	x_3	−0.108 4	−0.477 2	1	0.435 3	−0.699 7
	x_4	0.203 7	−0.464 7	0.435 3	1	−0.494 7
$L_{jj}(j=1,2,3,4)$,L_{yy}		2 387.560 4	2.667 3	19.358 5	54.700 4	933.653 8
$L_{jy}(j=1,2,3,4)$	y	−94.509 1	44.204 3	−94.067 7	111.797 0	

由表 2-3-2 中的数据,建立自变量之间的相关系数矩阵 $\boldsymbol{R}$,并计算 $\boldsymbol{R}^{-1}$,即 $\boldsymbol{C}_2$。

$$\boldsymbol{R} = \begin{bmatrix} 1 & -0.339\ 7 & -0.108\ 4 & 0.203\ 7 \\ -0.339\ 7 & 1 & -0.477\ 2 & -0.464\ 7 \\ -0.108\ 4 & -0.477\ 2 & 1 & 0.435\ 3 \\ 0.203\ 7 & -0.464\ 7 & 0.435\ 3 & 1 \end{bmatrix}$$

$$\boldsymbol{R}^{-1} = \boldsymbol{C}_2 = \begin{bmatrix} 1.299\ 1 & 0.586\ 5 & 0.514\ 8 & -0.216\ 2 \\ 0.586\ 5 & 1.712\ 4 & 0.723\ 4 & 0.361\ 4 \\ 0.514\ 8 & 0.723\ 4 & 1.604\ 3 & -0.467\ 1 \\ -0.216\ 2 & 0.361\ 4 & -0.467\ 1 & 1.415\ 3 \end{bmatrix}$$

由表 2-3-2 中的数据,得自变量与因变量的相关系数矩阵

$$\boldsymbol{Y}_2 = (r_{1y}, r_{2y}, \cdots, r_{py})' = (-0.063\ 3, 0.885\ 8, -0.699\ 7, -0.494\ 7)'$$

由式(2-3-67)和式(2-3-68)分别确定标准化变量和原变量的回归系数矩阵分别为

$$\boldsymbol{B}_2 = \begin{bmatrix} b_1' \\ b_2' \\ b_3' \\ b_4' \end{bmatrix} = \boldsymbol{R}^{-1}\boldsymbol{Y}_2 = \begin{bmatrix} 0.184\ 0 \\ 0.794\ 8 \\ -0.283\ 3 \\ -0.039\ 6 \end{bmatrix}, \boldsymbol{B} = \begin{bmatrix} b_1 \\ b_2 \\ b_3 \\ b_4 \end{bmatrix} = \begin{bmatrix} 0.115\ 1 \\ 14.870\ 1 \\ -1.967\ 4 \\ -0.163\ 6 \end{bmatrix}$$

由式(2-3-46),计算 b_0

$$b_0 = 29.284\ 6 - (0.115\ 1 \times 56.580\ 8 + 14.870\ 1 \times 2.061\ 2 - 1.967\ 4 \times$$
$$4.107\ 7 - 0.163\ 6 \times 4.619\ 2) = 0.959\ 1$$

因此,得 4 个自变量的回归方程为

$$\hat{y} = 0.959\ 1 + 0.115\ 1x_1 + 14.870\ 1x_2 - 1.967\ 4x_3 - 0.163\ 6x_4 \qquad (2\text{-}3\text{-}86)$$

② 回归方程显著性检验。根据 $b_j (j=1,2,3,4)$ 及表 2-3-2 中的 L_{jy},由式(2-3-73)计算回归平方和

$$U = \sum_j b_j L_{jy} = 849.803\ 2$$

计算残差平方和

$$Q = S_{\text{总}} - U = L_{yy} - U = 933.653\ 8 - 849.803\ 2 = 83.850\ 6$$

于是

$$F = \frac{U/p}{Q/(n-p-1)} = \frac{849.803\ 2/4}{83.850\ 6/(26-4-1)} = 53.207\ 3$$

采用显著性水平 $\alpha = 0.05$,确定 $F_\alpha(4, 21) = 2.84$,故 $F > F_\alpha$,则式(2-3-86)回归效果显著。

③ 各个自变量的显著性检验。式(2-3-84)计算自变量 x_1 的偏回归平方和

$$V_{1,p} = \frac{b_{1,p}^2}{c_{2,11}} L_{11} = \frac{0.115\ 1^2}{1.299\ 1} \times 2\ 387.560\ 4 = 24.348\ 0$$

同理得

$$V_{2,p} = 344.424\ 8, \quad V_{3,p} = 46.705\ 9, \quad V_{4,p} = 1.034\ 4$$

需要说明,若采用式(2-3-78)计算 $V_{k,p}(k=1,2,3,4)$,因计算过程中数据舍入影响,所得结果与上述 $V_{k,p}(k=1,2,3,4)$ 结果略有差异。

由 $V_{k,p}(k=1,2,3,4)$ 计算结果可见,x_4 的方差贡献最小,对其进行显著性检验,计算

$$F_4 = \frac{V_{4,p}/1}{Q_p/(n-p-1)} = \frac{1.034\ 4}{83.850\ 6/21} = 0.26$$

采用显著性水平 $\alpha = 0.05$，确定 $F_\alpha(1,21) = 4.32$，故 $F < F_\alpha$，因此，x_4 对回归方程的贡献不显著，应予以剔除。

（2）建立 3 个自变量的回归方程，并进行显著性检验

剔除 x_4 后，需重新建立自变量为 x_1, x_2, x_3 的回归方程，并检验。

① 确定回归系数。途径一：由式（2-3-67）和式（2-3-68）分别确定 3 个自变量 x_1, x_2，x_3 的标准化变量和原变量的回归系数。途径二：由式（2-3-83）计算 3 个自变量 x_1, x_2, x_3 的回归系数。本例采用途径一。

将相关系数矩阵 $\boldsymbol{R}$ 中元素去掉第 4 行和第 4 列后即为 $\boldsymbol{R}_{p-1}$；而自变量 x_1, x_2, x_3 与因变量 y 的相关系数矩阵为

$$\boldsymbol{Y}_{2,p-1} = (r_{1y}, r_{2y}, r_{3y})' = (-0.063\ 3, 0.885\ 8, -0.699\ 7)'$$

经计算

$$\boldsymbol{R}_{p-1}^{-1} = \boldsymbol{C}_{2,p-1} = \begin{bmatrix} 1.266\ 1 & 0.641\ 7 & 0.443\ 5 \\ 0.641\ 7 & 1.620\ 1 & 0.842\ 7 \\ 0.443\ 5 & 0.842\ 7 & 1.450\ 2 \end{bmatrix}$$

由式（2-3-67）计算 $\boldsymbol{B}_{2,p-1} = \boldsymbol{R}_{p-1}^{-1}\boldsymbol{Y}_{2,p-1} = (0.178\ 0, 0.804\ 9, -0.296\ 3)'$，由式（2-3-68）计算原变量的回归系数矩阵为 $\boldsymbol{B} = (b_{1,p-1}, b_{2,p-1}, b_{3,p-1})' = (0.111\ 3, 15.059\ 1, -2.057\ 7)'$。

由式（2-3-46），计算 b_0

$$b_0 = 29.284\ 6 - 0.111\ 3 \times 56.580\ 8 - 15.059\ 1 \times 2.061\ 2 + 2.057\ 7 \times 4.107\ 7 = 0.399\ 8$$

因此，得 3 个自变量的回归方程为

$$\hat{y} = 0.399\ 8 + 0.111\ 3x_1 + 15.059\ 1x_2 - 2.057\ 7x_3 \tag{2-3-87}$$

② 对回归方程式（2-3-87）进行显著性检验。计算回归平方和 $U = \sum_j b_{j,p-1}L_{jy} = 848.721\ 2$，残差平方和 $Q = S_总 - U = 84.932\ 6$。因此，得

$$F = \frac{U/(p-1)}{Q/[n-(p-1)-1]} = \frac{848.721\ 2/3}{84.932\ 6/(26-3-1)} = 73.281\ 1$$

采用显著性水平 $\alpha = 0.05$，确定 $F_\alpha(3,22) = 3.05$，故 $F > F_\alpha$，则式（2-3-87）回归效果显著。

③ 各自变量的显著性检验。根据式（2-3-84），计算偏回归平方和

$$V_{1,p-1} = \frac{b_{1,p-1}^2}{c_{2,p-1,11}}L_{11} = \frac{0.111\ 3^2}{1.266\ 1} \times 2\ 387.560\ 4 = 23.360\ 2$$

同理得

$$V_{2,p-1} = 373.360\ 2, \quad V_{3,p-1} = 56.520\ 8$$

可见，x_1 的方差贡献最小，对其进行显著性检验，计算

$$F_1 = \frac{V_{1,p-1}/1}{Q_p/[n-(p-1)-1]} = \frac{23.360\ 2}{84.932\ 6/22} = 6.05$$

采用显著性水平 $\alpha = 0.05$，确定 $F_\alpha(1,22) = 4.30$，故 $F_1 > F_\alpha$，x_1 对回归方程贡献显著。由于在 x_1, x_2, x_3 中 x_1 的回归平方和 $V_{k,p}$ 是最小的，所以对 x_2, x_3 不必再进行显著性检验，即式（2-3-87）中 3 个自变量都是显著的，该式即为最后采用的回归方程。

由本例计算结果表明,进行多元回归时,不能通过各自变量与因变量的简单相关系数的检验来判断该自变量对因变量的影响,而应计算各自变量的偏回归平方和,并计算相应的统计量来检验该自变量对因变量的线性影响。有时尽管某个自变量与因变量并非线性不相关,但其对因变量的回归效果却不显著,这是因为在多元回归中引入的多个自变量,有时互相并不完全独立,即某一个自变量与因变量的线性联系常常可以部分或全部通过另一些自变量与因变量的线性联系得到反映。例如,例 2-3-1 中 x_4 就属于这种情况。

2.3.4.6 回归方程的均方误与 y 的区间估计

可以证明[2],对于多元线性回归

$$\hat{\sigma}^2 = \frac{Q}{n-p-1} \tag{2-3-88}$$

是 σ^2 的无偏估计,故多元线性回归方程的均方误为

$$S_e = \hat{\sigma} = \sqrt{\frac{\sum_i (y_i - \hat{y}_i)^2}{n-p-1}} \tag{2-3-89}$$

当通过了回归方程和各个自变量的显著性检验后,则可利用其在已知 $x_{01}, x_{02}, \cdots, x_{0p}$ 时,由 $\hat{y} = b_0 + b_1 x_{01} + \cdots + b_p x_{0p}$ 去估计相应 y 的真值 $y_0 = \beta_0 + \beta_1 x_{01} + \cdots + \beta_1 x_{0p} + \varepsilon_0$,其误差记为 $y_0 - \hat{y}_0$。可以证明[2],$y_0 - \hat{y}_0$ 服从正态分布,即

$$(y_0 - \hat{y}_0) \sim N\left(0, \sigma^2\left[1 + \frac{1}{n} + \sum_{i=1}^p \sum_{j=1}^p c_{ij}(x_{0i} - \overline{x}_i)(x_{0j} - \overline{x}_j)\right]\right) \tag{2-3-90}$$

式(2-3-90)中 c_{ij} 是矩阵 $\mathbf{A}$ 的逆阵 $\mathbf{C}$ 中的元素,见式(2-3-45)。

当 n 较大且 x_{0j} 接近 $\overline{x}_j (j=1,2,\cdots,p)$ 时,式(2-3-90)中的方差 $D(y_0 - \hat{y}_0)$ 近似等于 σ^2,故 $y_0 - \hat{y}_0$ 近似服从 $N(0, \sigma^2)$,则给定置信度 $1-\alpha$ 时,有

$$P(\hat{y}_0 - u_{\frac{\alpha}{2}}\sigma < y_0 < \hat{y}_0 + u_{\frac{\alpha}{2}}\sigma) = 1-\alpha \tag{2-3-91}$$

故 y_0 的置信度 $1-\alpha$ 的预测区间为

$$(\hat{y}_0 - u_{\frac{\alpha}{2}}\sigma, \hat{y}_0 + u_{\frac{\alpha}{2}}\sigma) \tag{2-3-92}$$

但 σ 是未知的,常用 S_e 估计 σ,并且当用 S_e 估计 σ 时,式(2-3-91)、式(2-3-92)中的标准正态分布的分位点 $u_{\frac{\alpha}{2}}$ 应改为自由度为 $n-p-1$ 的 t 分布的分位点 $t_{\frac{\alpha}{2}}(n-p-1)$,并简记为 $t_{\frac{\alpha}{2}}$,于是 y_0 的置信度 $1-\alpha$ 的预测区间为

$$(\hat{y}_0 - t_{\frac{\alpha}{2}}S_e, \hat{y}_0 + t_{\frac{\alpha}{2}}S_e) \tag{2-3-93}$$

需要指出,式(2-3-93)是在 n 较大且 x_{0j} 接近 $\overline{x}_j (j=1,2,\cdots,p)$ 的条件下得出的,若不符合此条件,则由式(2-3-90)可知,$D(y_0 - \hat{y}_0)$ 将大于 σ^2,这将使 y_0 的置信度 $1-\alpha$ 的预测区间长度变长,预测精度降低。因此,建立回归方程时应具备较大的样本容量,且使用回归方程不应外延太多。此外,由式(2-3-89)可知,若 $n-p-1$ 较小,则 S_e 较大,这将使预测区间精度降低。因此,为减小 S_e,通常要求样本容量 n 至少为自变量个数 p 的 5~10 倍。

2.3.5 对回归方程误差的分析研究

回归分析广泛用于经验公式的选配、样本系列的插补延长、变量的预测等。使用此方法,目前存在一种有害倾向,许多使用者只进行回归方程显著性检验,很少甚至不分析回归

方程的误差。这种倾向的根源在于使用者缺乏对回归显著性检验的实质和回归方程误差的影响因素的认识,其直接危害是在回归方程存在较大误差(工程上难以接受的程度)时,盲目得出有关结论。

事实上,尽管相关系数或复相关系数较大,使用回归方程仍可能导致较大的估计误差,以下实例则说明了这一点。

【例 2-3-2】　某流域年径流深 y 与年降水量 x 具有 13 年的同期实测数据,见表 2-3-3。散点图为直线趋势(图略),用回归直线 $\hat{y}=b_0+b_1x$ 进行拟合。

解　根据 2.2 节式(2-2-9),计算得:

均值:$\bar{x}=661.1$ mm,$\bar{y}=75.6$ mm;均方差:$S_x=192.0$ mm,$S_y=58.7$ mm;变差系数:$C_{vX}=0.29,C_{vy}=0.78$。

表 2-3-3　　　　　　　　　　　某流域年径流深与年降水量资料

年份序号	年降水量 x/mm	年径流深 y/mm
1	600.8	100.4
2	565.6	74.7
3	637.2	46.6
4	555.7	38.3
5	819.0	95.0
6	937.4	126.4
7	880.2	157.5
8	550.8	42.6
9	336.0	11.5
10	499.6	11.2
11	1 000.5	204.0
12	564.7	35.0
13	646.7	39.7

进行一元线性回归计算得 y 倚 x 的回归方程为:$\hat{y}=-105.45+0.274x$,相关系数 $r=0.90$。

由式(2-3-28)计算回归线的均方误:$S_e=\hat{\sigma}=27.1$ mm。

给定显著性水平 $\alpha=0.01$,可得相关系数的临界值 $r_a=0.684$,可见 $r>r_a$,回归方程是显著的。然而,使用回归方程时,由 x 估计 y 误差多大?尽管无法回答其确切误差,但由式(2-3-33)可知,即使在 $x=\bar{x}$ 附近使用回归方程估计 y 时,均方误差和最大可能误差(置信概率为 99.7%),分别为 $S_e=27.1$ mm 和 $3S_e=81.3$ mm,相对均方误差 $S_e/\bar{y}=27.1/75.6=35.8\%$,相对最大可能均方误差可达 $81.3/75.6=107.5\%$。而当 x 偏离 $\bar{x}$ 越远,误差越大,特别是在回归线实测值变幅以外使用时误差更大。

关于相关系数,文献[14]认为,相关系数 r 太不敏感,不宜用作判定水文系列间线性相关密切程度的准则。文献[15]指出,相关系数对水文系列间的关系过分"美化",远远不是一个适当的密切程度的指标。

笔者认为,回归分析中,过分依赖和否定相关系数的作用均是片面的。客观认识相关系数的作用,揭示回归方程误差的影响因素,从而避免盲目性是非常必要的。

对回归方程的显著性检验方法进行分析不难发现,根据复相关系数 R(或相关系数 r)进行回归显著性检验,给定显著性水平 α,确定复相关系数临界值 R_α(或 r_α),当 $R \geqslant R_\alpha$(或 $|r| \geqslant r_\alpha$),只是否定了原假设 H_0:变量之间无线性关系,而认为回归显著,但并没有回答回归方程的误差。本实例虽然具有较大的相关系数($r = 0.90$),而回归线的均方误仍较大,这说明在相关系数之外,必定存在影响回归方程误差的其他因素,分析如下:

将多元线性回归方程的均方误式(2-3-89)改写为

$$Q = S_e^2(n - p - 1) \tag{2-3-94}$$

由 2.2 节式(2-2-9)中样本均方差 s 的计算式,可得倚变量 y 的样本均方差计算式为

$$s_y = \sqrt{\sum_{i=1}^{n}(y_i - \overline{y})^2/(n-1)} \tag{2-3-95}$$

易知,$L_{yy} = (n-1)s_y^2$,将其和式(2-3-94)代入复相关系数 R 的定义式(2-3-76),并整理得

$$S_e = \sqrt{\frac{n-1}{n-p-1}} s_y \sqrt{1 - R^2} \tag{2-3-96}$$

当一元时,有

$$S_e = \sqrt{\frac{n-1}{n-2}} s_y \sqrt{1 - r^2} \tag{2-3-97}$$

由式(2-3-96)、式(2-3-97)可知,当样本容量 n 一定时,影响回归方程均方误的因素有复相关系数 R(或相关系数 r)、倚变量 y 系列的均方差 s_y。因此不难看出,即使 n,R(或 r)相同,而 s_y 不同时,回归效果是不同的。可见,仅由相关系数反映回归效果具有一定的局限性。

若相对均方误记为 Δ,则

$$\Delta = \frac{S_e}{\overline{y}} \tag{2-3-98}$$

将式(2-3-96)、式(2-3-97)分别代入式(2-3-98),得

$$\Delta = \sqrt{\frac{n-1}{n-p-1}} C_{vy} \sqrt{1 - R^2} \tag{2-3-99}$$

对于一元,有

$$\Delta = \sqrt{\frac{n-1}{n-2}} C_{vy} \sqrt{1 - r^2} \tag{2-3-100}$$

式中,C_{vy} 为倚变量 y 的样本变差系数。

当 n,C_{vy},R(或 r)一定时,由式(2-3-99)、式(2-3-100)可对回归方程的误差作出估计;另一方面,在 n,C_{vy} 一定时,给定相对均方误 Δ 的值,由式(2-3-99)、式(2-3-100)也可求得满足 Δ 要求的相关系数。例如,对于一元线性回归,当 $n = 10$,给定显著性水平 $\alpha = 0.01$,$r_\alpha = 0.765$,若 $r = 0.80$,$r > r_\alpha$,回归效果显著,在此基础上进一步计算得:若 $C_{vy} = 0.9$,由式(2-3-100)得回归方程的相对均方误 $\Delta = 57\%$,若要求 $\Delta = 20\%$,可反求满足其要求的相关系数为 0.98;若 $C_{vy} = 0.4$,计算相对均方误 $\Delta = 25\%$,若要求 $\Delta = 20\%$,可反求满足其要求

的相关系数为 0.88。又如,对例 2-3-2,若相对均方误 $\Delta=25\%$,则需相关系数 $r=0.97$。

综上所述,尽管复相关系数 R(或相关系数 r)较大,使用回归方程仍可能导致较大误差,因 R(或 r)和倚变量的离散程度均影响回归方程的精度。当 R(或 r)一定时,倚变量的变差系数越大,回归方程的均方误就越大。因此,使用回归方程除应有较大的 R(或 r)外,必须考虑倚变量离散程度对回归误差的影响,对回归方程的误差作出合理估计是非常必要的,特别是倚变量离散程度较大时,尤为重要。

此外,有些文献[16-18],不管样本容量的大小,而认为只要相关系数 r 的绝对值 $|r| \geqslant 0.8$ 则回归效果显著。事实上,这一标准是源于一元线性回归时,由显著性水平 $\alpha=0.01$ 及 $n=10$,确定相关系数临界值 $r_a(n-2)=0.765 \approx 0.8$,实际工作中从避免有较大误差提高精度的角度,将 $n \geqslant 10$ 时,$|r| \geqslant 0.8$ 作为相关密切的简易判别标准,但其不具有普遍意义[19]。若忽略了 $n \geqslant 10$ 的这一条件,则可能会导致错误的结论。

第3章　水科学领域中的频率计算方法与应用

水科学领域中的年径流量、年最大洪峰流量等水文特征值（或水文变量）均为随机变量，工程实际中需推求这些水文特征值的统计规律，以便得出工程所需要的设计水文数据，以满足工程规划、设计、施工以及管理运行的需要。

一般地，设某一水文特征值为 X，在水科学领域中通常研究 X 超过或等于某一取值 x 的概率或频率 $P(X \geqslant x)$，相应函数为

$$G(x) = P(X \geqslant x)$$

式中，$G(x)$ 称为 X 的超过制累积概率或频率分布函数，也简称分布函数；将累积概率或频率 $P(X \geqslant x)$ 简称为概率或频率。

本书主要讨论连续型水文特征值，对于此种类型，因 $F(x) = P(X \leqslant x) = P(X < x)$，则有

$$G(x) = P(X \geqslant x) = 1 - F(x)$$

为便于读者阅读，说明一下符号。本章中主要研究 $P(X \geqslant x)$，在不至于混淆的前提下，为表述方便以及与工程实际中常用的符号一致，也记为 $P = P(X \geqslant x)$，在没有特别说明的情况下，本章中符号 P 均指超过制累积概率（或累积频率），望读者注意区分超过概率和不及概率。

前已叙及，随机变量的数字特征或统计参数可以从侧面揭示随机现象的统计特征，而概率分布规律则完整地刻画了随机变量的统计规律。因此，对某一水文特征值 X，一旦确定了其统计参数和概率分布 $G(x)$，则完全把握了它的统计特性。在工程技术中，常将分布函数 $G(x) = P(X \geqslant x)$ 用曲线表示，称为概率分布曲线；而利用样本资料推求概率分布的估计曲线，则称为频率曲线，并且习惯上将随机变量的取值 x 作为纵坐标，将概率或频率 P 作为横坐标来绘制频率曲线。将由样本资料推求水文特征值的统计参数及频率曲线的工作，统称为频率计算。

在介绍频率计算内容之前，首先介绍重现期与设计标准等基本概念。

3.1　重现期与设计标准

3.1.1　重现期及其与频率的关系

反映事件发生的可能性大小除采用概率、频率外，还常采用重现期这一术语。例如掷一枚硬币，试验 10 000 次，正面出现了 4 990 次，频率 $W(A) \approx 1/2$。在多次重复试验中，正面向上这一事件出现一次的平均间隔次数为 2 次，此值即是正面向上这一事件的重现期。可见频率与重现期互为倒数关系。

　　工程实际中,年最大洪峰流量、年径流量、年降水量等均每年统计一个值(称为年最大值法选样),因此重现期是指在很长时间内,某一随机事件出现一次的平均间隔年数,即多少年一遇,记为符号 T,其单位为年(a)。

　　需要指出,对于水文特征值样本系列的选取,有年最大值法选样和非年最大值法选样。在我国水文水资源及水利行业普遍使用年最大值法选样,即对所研究的水文特征值每年选取一个年最大值组成样本系列,由此计算的频率称为年频率;在给排水领域目前除采用年最大值法选样外,也使用非年最大值法选样,由此计算的频率称为次频率。由于从发展趋势上是采用年最大值法选样,因此本章涉及的样本系列均采用年最大值法选样,并介绍该选样法下重现期与频率的关系。

　　设水文变量 X,为突出事件$\{X \geqslant x\}$中 x 与频率 P 对应,记为 $P = P(X \geqslant x_P)$。根据频率确定重现期,分以下两种情况:

　　(1) 当研究洪水、暴雨、排水与丰水问题时,一般设计频率 $P < 50\%$,关心事件 $X \geqslant x_P$ 的重现期,则

$$T = \frac{1}{P} \tag{3-1-1}$$

　　例如,当洪水的频率采用 $P = 1\%$ 时,重现期 $T = 100$ 年,则称此洪水为百年一遇的洪水。

　　(2) 当研究枯水问题时,设计频率 $P \geqslant 50\%$,关心事件 $X < x_P$ 的重现期,则

$$T = \frac{1}{1 - P} \tag{3-1-2}$$

　　例如,对于 $P = 90\%$ 的年降水量,由式(3-1-2)计算其重现期 $T = 10$ 年,则称它为十年一遇的枯水年年降水量。而对于 $P = 10\%$ 的年降水量,由式(3-1-1)计算其重现期 $T = 10$ 年,则称它为十年一遇的丰水年年降水量。

　　需要指出,重现期绝非指固定的周期。所谓"百年一遇"的洪水,是指大于或等于这样的洪水在很长时间内平均 100 年发生一次,而不能理解为恰好每个 100 年遇上一次。对于某个具体的 100 年来说,大于或等于这样大的洪水可能出现几次,也可能一次都不出现。

3.1.2　设计标准

　　由于水文现象的随机性,在工程设计中所依据的设计水文数据必须基于其统计规律来推求。若已求得了某一水文特征值 X 的频率曲线 $x\text{-}P$,在设计条件下给定频率 P,则可由其确定相应的设计水文特征值 x_P(也称 x_P 为设计值),并将 x_P 作为工程设计的依据。显然 P, x_P 满足关系式

$$P = G(x_P) = P(X \geqslant x_P) \tag{3-1-3}$$

　　然而,设计条件下如何确定设计频率 P? 这就是设计标准问题。设计标准,包括防洪设计标准、兴利用水设计标准、城镇雨水排除设计标准、治涝设计标准等。

　　防洪设计标准,指根据防洪保护对象的重要性和经济合理性,由国家制定的防御不同等级洪水的标准,通常也简称防洪标准。水库、水泵站、铁路公路桥、取水构筑物等,其防洪设计标准反映了工程抵御洪水的能力。通常以洪水相应的设计重现期来表示防洪设计标准。各类工程的防洪设计标准,应依据规范《防洪标准》(GB 50201—2014)、《水利水电工程等级

划分及洪水标准》(SL 252—2017)确定。

兴利用水设计标准,指在多年期间,供水工程能够满足用户用水要求的程度,也称为设计保证率。给水工程、灌溉工程的设计保证率,应分别依据规范《室外给水设计规范》(GB 50013—2018)、《灌溉与排水工程设计规范》(GB 50288—2018)确定。

雨水管渠的雨水排除设计标准,指排水工程能够及时排除雨水的能力,用降雨的设计重现期来表示。城镇雨水排除设计标准,应依据规范《室外排水设计规范(2016 年版)》(GB 50014—2006)确定。

治涝设计标准,指保证涝区不发生涝灾的设计暴雨的重现期(或频率)、暴雨历时及涝水排除时间、排除程度。治涝工程的治涝设计标准,应根据规范《室外排水设计规范(2016 年版)》(GB 50014—2006)和《治涝标准》(SL 723—2016)确定。

上述各类工程的设计标准相应的频率,统称为设计频率。需要强调指出的是,设计频率均采用超过制累积频率 $P(X \geqslant x)$,这也是水科学领域中用式 $G(x) = P(X \geqslant x)$ 定义分布函数的原因。

3.2 频率计算中的基本问题

由于水文特征值的影响因素极其复杂,目前尚无法从理论上导出水文特征值总体的分布函数,而是由样本估计总体。基于数理统计理论,可采用两个途径对总体分布规律进行估计。途经一是由样本观察值确定经验频率曲线作为总体分布的估计曲线。途经二是首先拟定水文特征值的概率分布类型,也即确定概率分布曲线的类型,称为线型选择;然后,利用样本资料估计总体的分布参数,即参数估计,进而可得到总体分布的估计曲线。而在水科学技术中,由样本估计总体的分布函数,采用适线法,该法将上述两种途径相结合推求总体分布的估计曲线和统计参数的估计值。本小节将对上述两个途径及其有关问题进行讨论。关于适线法将在 3.3 节介绍。

3.2.1 经验频率公式

经验频率曲线也称为样本分布曲线,是指由样本观察值绘制的随机变量取值 x 与 $P(X \geqslant x)$ 之间的关系线。欲绘制经验频率曲线,需先由样本观察值确定频率 $P(X \geqslant x)$。

设来自水文变量总体 X 的容量为 n 的样本观察值为 $x_1, x_2, \cdots, x_n$,将其由大到小降序排列为

$$x_1^* \geqslant x_2^* \geqslant \cdots \geqslant x_m^* \geqslant \cdots \geqslant x_n^*$$

计算各项 $x_m^* (m = 1, 2, \cdots, n)$ 相应的频率 $P(X \geqslant x_m^*)$,称为经验频率,并简记为 P_m。

根据频率的定义可得

$$P_m = \frac{m}{n} \tag{3-2-1}$$

式中,m 为 n 次观测中出现大于或等于 x_m^* 的次数,也即样本系列降序排列的序号。

如果 n 项实测资料本身就是总体,用式(3-2-1)计算经验频率并无不合理之处。但对于样本而言,当 $m = n$ 时,最末项 x_n^* 的频率为 $P = 100\%$,这就意味着,样本之外不会出现比 x_n^* 更小的值,显然这不符合实际情况。因此,为克服这一缺点,许多学者从不同角度提

出了计算 $P(X \geqslant x_m^*)$ 的不同的公式。例如,数学期望公式、海森公式、切哥达耶夫公式等。

数学期望公式:

$$P_m = \frac{m}{n+1} \tag{3-2-2}$$

切哥达耶夫公式:

$$P_m = \frac{m-0.3}{n+0.4} \tag{3-2-3}$$

海森公式:

$$P_m = \frac{m-0.5}{n} \tag{3-2-4}$$

利用上述三种公式计算经验频率对比表明,在样本序号中间的部分,三种公式的计算结果相差甚小,但在两端相差甚大。然而样本序号在两端相应的经验频率是至关重要的,因其将影响到防洪和兴利的设计值的大小。进一步比较发现,当样本序号较小也即随机变量取值 x 较大的部分,数学期望公式(3-2-2)计算经验频率值均大于另外两个公式相应的计算值,而当样本序号较大也即随机变量取值 x 较小的部分,数学期望公式(3-2-2)计算经验频率值均小于另外两个公式相应的计算值,这样确定的频率曲线用于确定防洪和兴利的设计值是偏于安全的。此外,对三种公式计算的频率推求重现期进行比较,如 $n=100$,$m=1$ 时,由式(3-2-2)、式(3-2-3)、式(3-2-4)分别计算频率,再由式(3-1-1)得重现期分别为 101 年(约为 100 年)、143 年、200 年。显然,由式(3-3-2)计算频率所得的重现期比较合理。因此,从偏于安全考虑、由频率计算重现期的合理性以及公式的数理统计基础,数学期望公式(3-2-2)被各国普遍采用,也是我国相关规范中规定采用的公式。

数学期望公式(3-2-2)的由来详见文献[2]与[12],该公式的实质是:从一般样本出发,将样本 $X_1, X_2, \cdots, X_n$ 降序排列的第 m 项 X_m^*,在总体中相应概率 $P_m^* = P(X \geqslant X_m^*)$ 的平均值,作为一个具体样本降序排列的第 m 项数值 x_m^* 的经验频率。

在了解了数学期望公式的实质后,关于符号特别说明如下:在不至于混淆的情况下,以后在引用将样本观察值降序排列的序列时,符号不再用"$x_m^*, m=1,2,\cdots,n$",为简便起见采用"$x_m, m=1,2,\cdots,n$"。

3.2.2　经验频率曲线的绘制与应用的局限性

设某一水文变量 X,将其容量为 n 的样本观察值降序排列,记为 $x_1, x_2, \cdots, x_m, \cdots, x_n$,并用式(3-2-2)计算降序排列的各项 $x_m(m=1,2,\cdots,n)$ 的经验频率 P_m;然后以随机变量的取值为纵坐标,以频率为横坐标,点绘经验频率点 (P_m, x_m),$m=1,2,\cdots,n$,并通过点群中心连成一条光滑曲线,即为该水文变量的经验频率曲线。

为避免频率曲线绘在普通格纸上两端特别陡峭,应用起来极不方便,通常频率曲线是绘在频率格纸(也称为海森频率格纸)上的。频率格纸的横坐标两端分格较稀而中间较密,纵坐标仍为普通均匀分格。对于正态分布的随机变量,其频率曲线绘在频率格纸上为一条直线。

如图 3-2-1 所示,是根据某站实测的年降水量样本系列所绘成的年降水量的经验频率曲线。

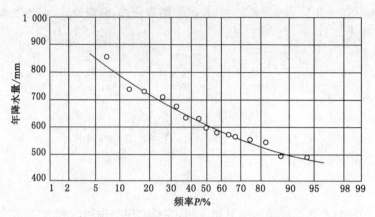

图 3-2-1 某站年降水量经验频率曲线

可以证明,当样本容量 n 很大时,经验分布趋于总体分布。因此,经验频率曲线可作为总体分布的估计曲线。根据设计要求,可在经验频率曲线上查得工程设计所需的指定设计频率 P 的设计水文数据 x_P。但是,应用经验频率曲线时具有局限性。其一,当需要推求如 $P=0.01\%$ 的设计值时,由于实测水文样本系列不太长,经验频率曲线的范围往往不能满足设计需要,而且估外延缺乏准则,任意性太大,直接影响设计成果的正确性。其二,将经验频率曲线作为总体分布的估计曲线,但由于统计参数未知,不便于对不同水文变量的统计特征进行比较及成果的地区综合。因此,为了解决经验频率曲线的外延问题以及估计总体分布的统计参数,则需借助具有数学方程式的某种概率分布曲线,即工程技术中所称的理论频率曲线,来拟合经验频率点。要完成这项工作,需解决理论频率曲线的线型选择、总体分布的参数估计方法等问题。

3.2.3 理论频率曲线的线型选择

由于水文特征值的影响因素极其复杂,目前尚未从理论上导出水文特征值服从何种分布,实际工作中选择理论频率曲线的线型具有经验性,通常遵循以下几个原则选择线型。其一,概率密度曲线的形状应符合水文现象的物理规律,如年降水量、年最大洪峰流量等不可能出现负值,因此概率密度曲线的左端应是有限的,且不出现负值;其二,概率密度函数所含参数使密度曲线具有一定的弹性,以便具有广泛的适用性,但又不宜包含过多的参数;其三,通过假设检验或实际应用,与经验频率点据(或经验频率曲线)拟合良好。

我国水文水资源与水利等领域,水文研究所陈志恺等专家在 20 世纪 50 年代曾利用我国南北方若干河流的洪水及暴雨资料,分别检验了皮-Ⅲ型、克里茨基-曼开里型(K-M 型)等分布的适用性。他们的结论是:皮-Ⅲ型和 K-M 型适应性都很强,只要参数 C_v,C_s 选用适当,都能与我国洪水资料相适应,没有多大差别。为了统一,他们建议采用皮-Ⅲ型。经多年实践证明,选用该分布是合理的,与我国各地的各种水文变量的经验分布拟合良好。我国规范《水利水电工程设计洪水计算规范》[20]、《水利水电工程水文计算规范》[10] 中均明确指出:"频率曲线的线型应采用皮尔逊Ⅲ型,对特殊情况,经分析论证后也可采用其他线型。"

我国给排水领域,在选配城市暴雨强度公式时,需推求不同短历时的降雨强度的理论频率曲线。《室外排水设计规范》[21-22] 指出:"理论频率曲线,可采用皮尔逊Ⅲ型分布、耿贝尔分布、指数分布。"在上述三种分布中何种理论频率分布较好，尚无定论。笔者分别采用上述三种理论频率分布线型，编制城市暴雨强度公式，并进行比较研究，结果表明：不同比较准则、不同站点，三种理论频率曲线线型的优劣各异，详见本书第 6 章。

3.2.4　矩法估计总体参数的抽样误差

在 2.2.1.3 节介绍了参数估计的矩法公式，能否将其计算的样本统计参数作为总体统计参数的估计值，将取决于估计的抽样误差。所谓抽样误差，是指由随机抽样引起的，样本统计参数与总体统计参数的离差。

由于总体参数未知，对某一具体样本，采用矩法计算样本均值、样本均方差、样本变差系数、样本偏态系数的观察值 $\overline{x}, s_n, C_{vn}, C_{sn}$，分别作为其总体相应参数 $E(X)$ 或 $\mu, \sigma, C_{vX}, C_{sX}$ 的估计值，其误差是未知的。因此，衡量一种估计方法的抽样误差的大小，无法由某一具体样本来衡量，而是分别采用统计量 $\overline{X}, S_n, C_{vn}', C_{vs}'$ 的均方差来衡量，由于衡量的是抽样误差，故称其为均方误，分别记为 $\sigma_{\overline{X}}, \sigma_S, \sigma_{C_v}, \sigma_{C_s}$。下面以样本均值的均方误 $\sigma_{\overline{X}}$ 为例，说明如下。

由例 2-2-1 知，对于任一总体 X，其样本均值 $\overline{X}$ 是总体均值 μ 的无偏估计量，即 $E(\overline{X}) = \mu$。因此，$\overline{X}$ 的离散特征参数均方差 $\sigma_{\overline{X}}$ 反映了随机变量 $\overline{X}$ 取值相对于总体均值 μ 的平均离差，故可以用样本均值的均方差 $\sigma_{\overline{X}}$ 从平均意义上来衡量样本均值估计总体均值的抽样误差。也可理解为许多同容量样本参数与总体参数离差的平均情况。$\sigma_{\overline{X}}$ 越小，表明 $\overline{X}$ 的取值 $\overline{x}$ 在总体均值 μ 两侧徘徊的幅度越小，因而由 $\overline{x}$ 估计 μ 越有效，从平均意义上抽样误差越小。

当样本容量 n 很大时，S_n, C_{vn}', C_{vs}' 的期望近似等于总体相应的参数，因此，可用 σ_S, σ_{C_v}，σ_{C_s} 分别表示样本均方差、样本变差系数、样本偏态系数估计总体相应参数的均方误。

除样本均值的均方误外，其他样本参数的均方误与总体分布有关。当总体为皮-Ⅲ型分布时，可导出采用矩法估计总体参数时，样本参数估计总体相应参数的均方误公式[12]

$$
\begin{cases}
\sigma_{\overline{X}} = \dfrac{\sigma}{\sqrt{n}} \\[3mm]
\sigma_S = \dfrac{\sigma}{\sqrt{2n}} \sqrt{1 + \dfrac{3}{4} C_{sX}^2} \\[3mm]
\sigma_{C_v} = \dfrac{C_{vX}}{\sqrt{2n}} \sqrt{1 + 2C_{vX}^2 + \dfrac{3}{4} C_{sX}^2 - 2C_{vX} C_{sX}} \\[3mm]
\sigma_{C_s} = \sqrt{\dfrac{6}{n}\left(1 + \dfrac{3}{2} C_{sX}^2 + \dfrac{5}{16} C_{sX}^4\right)}
\end{cases}
\tag{3-2-5}
$$

进一步指出，式(3-2-5)是从许多同容量样本的平均意义上来衡量矩法估计总体参数的抽样误差，对于一个具体样本的抽样误差则可能小于这些误差，也可能大于这些误差，不是公式所能计算的，但由式(3-2-5)可以得到以下两点结论。

（1）样本参数估计总体相应参数的均方误随样本容量 n 的增大而减小，即一般情况下，样本系列越长，抽样误差越小，样本对总体的代表性越好。因此，设法加大样本容量是减小抽样误差的有效途径，如插补延长水文特征值系列。

（2）在给定的总体参数、样本容量的情况下，利用式（3-2-5）计算各个总体参数的抽样误差得知，矩法估计总体参数，一般均值、均方差和变差系数的抽样误差较小，而偏态系数的抽样误差太大。例如，即使样本容量 $n=100$，当 $C_{vX}=0.1$，$C_{sX}=2C_{vX}=0.2$ 时，由式（3-2-5）计算偏态系数的抽样误差 $\sigma_{C_s}=0.252$，用相对误差表示为 126%。

综上所述，考虑矩法估计总体参数的抽样误差，以及即使纠偏后变差系数 C'_v 公式（2-2-8）、偏态系数 C'_s 公式（2-2-10）仍存在系统偏差，故对于采用皮-Ⅲ型曲线的频率计算，除样本均值外，通常不直接将矩法计算的样本参数作为总体相应参数的估计值，特别是偏态系数，一般不采用式（2-2-10）计算其估计值，而需配合其他途径求得总体参数的估计值，当前我国广泛使用适线法进行频率计算。

3.3 皮尔逊Ⅲ型分布的频率计算适线法

频率计算适线法（或称配线法）是指用具有数学方程式的理论频率曲线来拟合水文变量的经验频率点据，以确定总体参数的估计值和总体分布的估计曲线的方法。适线法的实质是以经验分布为基础，去估计总体的分布及统计参数。

目前实际工作中一般采用专业软件完成适线，但对于工程技术人员、研究者以及初学者，应搞清楚适线法及其实质。

适线法主要有两大类：目估适线法和优化适线法，本书介绍其原理与方法。

3.3.1 目估适线法

目估适线法的要点是：拟定理论频率曲线的线型，以样本经验点为依据，调试理论频率曲线的参数，用目估的方法使理论频率曲线与经验点配合良好。具体步骤如图 3-3-1 所示。

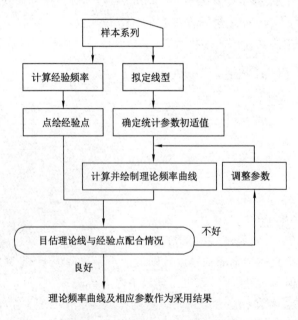

图 3-3-1 频率计算适线法框图

进一步说明以下几点:

(1) 对于年降水量、年径流量、年最大洪峰流量及不同时段的年最大洪量、不同时段的年最大暴雨量等水文特征值的频率计算,频率曲线线型一般选用皮-Ⅲ型。

(2) 统计参数初适值的确定,可采用矩法公式(2-2-9),计算样本均值 $\bar{x}$ 和变差系数 C_v,即

$$\bar{x} = \sum_{i=1}^{n} x_i / n \tag{3-3-1}$$

$$C_v = \frac{s}{\bar{x}} = \sqrt{\frac{1}{n-1}\sum_{i=1}^{n}(x_i - \bar{x})^2} / \bar{x} \tag{3-3-2}$$

并假定 C_s/C_v 比值。对于年径流量,一般 $C_s/C_v = 2 \sim 3$;对于年最大洪峰流量和不同时段洪量,当 $C_v \leqslant 0.5$,一般 $C_s/C_v = 3 \sim 4$;$C_v > 1.0$,一般 $C_s/C_v = 2 \sim 3$;对于不同时段的年最大暴雨量,一般地区,比值 C_s/C_v 在 3.5 左右;在 $C_v > 0.6$ 的地区,C_s/C_v 约为 3.0;在 $C_v < 0.45$ 的地区,C_s/C_v 约为 4.0。上述 C_s/C_v 数值可供适线时参考。

需要指出,式(3-3-1)、式(3-3-2)适用于降序排列序号连序的样本,当样本存在特大值、序号不连序时,应采用不连序系列的矩法公式或三点法确定统计参数初适值;也可采用概率权重矩法和双权函数法等确定统计参数的初适值。这些方法可参阅有关书籍。

(3) 调整参数。由于采用矩法计算样本均值 $\bar{x}$ 的抽样误差较小且为总体均值的无偏估计值,故一般可不作修改,主要调整 C_v 与 C_s。在频率格纸上绘图,C_v 与 C_s 对理论频率曲线的影响为:当 $\bar{x}$ 与 C_s 一定,C_v 越大,理论频率曲线越陡;当 $\bar{x}$ 与 C_v 一定,$C_s > 0$ 时,C_s 越大,理论频率曲线凹势越显著,即曲线的上端变陡而下端变平,曲线越弯曲。掌握上述参数变化对理论频率曲线影响的规律,有助于调整参数。

由以上可见,适线法层次清楚、图像明显、方法灵活、易于操作,是一种能较好地满足水文频率计算要求的估计方法,在水文计算中广泛采用,一些频率计算专业软件也是基于上述思想开发的,特别是调整参数的界面在人机交互下完成,图像直观。

【例 3-3-1】　某站年最大 60 min 暴雨强度(简称雨强)样本资料见表 3-3-1 中的第(1)、(2)与(6)、(7)栏。理论频率曲线线型采用皮-Ⅲ型。试用目估适线法推求该站年最大 60 min 雨强的频率曲线。

表 3-3-1　　　　　　　　　某站年最大 60 min 雨强经验频率计算表

| 资料 | | 序号 | 降序排列雨强 $x_m/(\mathrm{mm/min})$ | $P = \dfrac{m}{n+1}$ /% | 资料 | | 序号 | 降序排列雨强 $x_m/(\mathrm{mm/min})$ | $P = \dfrac{m}{n+1}$ /% |
年份	雨强 /(mm/min)				年份	雨强 /(mm/min)			
(1)	(2)	(3)	(4)	(5)	(6)	(7)	(8)	(9)	(10)
1980	0.465	1	1.410	2.8	1985	0.457	6	0.998	16.7
1981	0.647	2	1.125	5.6	1986	0.743	7	0.918	19.4
1982	0.538	3	1.093	8.3	1987	1.093	8	0.905	22.2
1983	0.613	4	1.090	11.1	1988	0.635	9	0.878	25.0
1984	0.918	5	1.063	13.9	1989	1.125	10	0.842	27.8

资料		序号	降序排列雨强	$P = \dfrac{m}{n+1}$	资料		序号	降序排列雨强	$P = \dfrac{m}{n+1}$
年份	雨强 /(mm/min)		x_m/(mm/min)	/%	年份	雨强 /(mm/min)		x_m/(mm/min)	/%
(1)	(2)	(3)	(4)	(5)	(6)	(7)	(8)	(9)	(10)
1990	0.783	11	0.805	30.6	2003	0.420	24	0.613	66.7
1991	0.785	12	0.785	33.3	2004	0.742	25	0.605	69.4
1992	0.705	13	0.783	36.1	2005	0.768	26	0.602	72.2
1993	1.410	14	0.768	38.9	2006	0.602	27	0.593	75.0
1994	0.805	15	0.758	41.7	2007	0.998	28	0.583	77.8
1995	0.583	16	0.755	44.4	2008	1.063	29	0.558	80.6
1996	0.755	17	0.748	47.2	2009	0.748	30	0.538	83.3
1997	0.615	18	0.743	50.0	2010	0.605	31	0.488	86.1
1998	1.090	19	0.742	52.8	2011	0.905	32	0.472	88.9
1999	0.472	20	0.705	55.6	2012	0.593	33	0.465	91.7
2000	0.842	21	0.647	58.3	2013	0.878	34	0.457	94.4
2001	0.488	22	0.635	61.1	2014	0.758	35	0.420	97.2
2002	0.558	23	0.615	63.9	总计	26.205			

解 计算步骤如下：

(1) 计算经验频率并点绘经验点

将年最大 60 min 雨强样本系列由大到小递减排列，记为 $x_1, x_2, \cdots, x_m, \cdots, x_n$，并标注序号 m，然后用式(3-2-2)计算各项的经验频率 P_m，并用％表示，其结果见表 3-3-1 第(5)、(10)栏；在频率格纸上以雨强为纵坐标，以频率 P 为横坐标，点绘经验频率点 (P_m, x_m)，$m = 1, 2, \cdots, n$，如图 3-3-2 所示。

(2) 确定统计参数初适值

用矩法公式(3-3-1)及式(3-3-2)计算该雨强系列的均值 $\overline{x} = 0.749$ mm/min，变差系数 $C_v = 0.30$。

一般由式(3-3-2)计算的 C_v 值偏小，取 $C_v = 0.32$，并假定 $C_s = 2C_v = 0.64$ 作为初适值。

(3) 选配皮-Ⅲ型频率曲线

① 将上述 $\overline{x}, C_v, C_s$ 作为总体相应参数估计值的初适值，利用 1.8.7.2 节介绍的方法计算理论频率曲线关系值 (P, x_P)。利用 Excel 软件计算 Φ_P，并由 Φ_P 计算 x_P，即

$$\Phi_P = \frac{C_s}{2}\text{GAMMA.INV}\left(1-P, \frac{4}{C_s^2}, 1\right) - \frac{2}{C_s}$$

$$x_P = \overline{x}(\Phi_P C_v + 1)$$

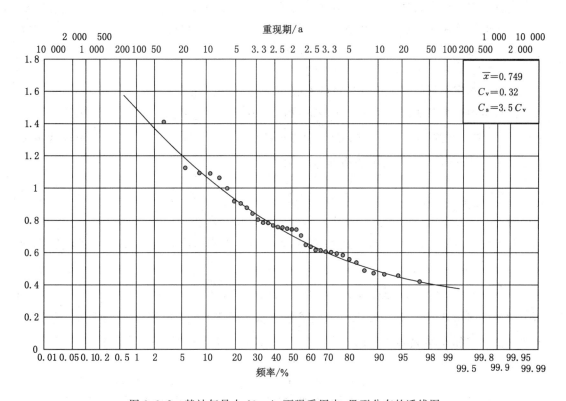

图 3-3-2　某站年最大 60 min 雨强采用皮-Ⅲ型分布的适线图

计算结果见表 3-3-2 中第(1)～(3)栏。根据关系值 (P, x_P)，在图 3-3-2 中点绘理论频率曲线，与经验点比较发现，理论频率曲线在上部和下部均偏于经验点的下方，而中间部分略偏于经验点的上方，说明 C_s 偏小(注：未绘出与经验点配合不佳的理论频率曲线)。

表 3-3-2　　　　　　　　　　　　理论频率曲线选配计算表

频率	$P/\%$	(1)	1	2	5	10	20	50	75	90	95	99
第一次适线 $\overline{x}=0.749$	Φ_P	(2)	2.783	2.378	1.806	1.330	0.796	-0.106	-0.720	-1.194	-1.444	-1.851
$C_v=0.32, C_s=2C_v$	x_P	(3)	1.416	1.319	1.182	1.068	0.940	0.724	0.577	0.463	0.403	0.305
第二次适线 $\overline{x}=0.749$	Φ_P	(4)	3.099	2.593	1.897	1.341	0.743	-0.183	-0.734	-1.103	-1.273	-1.504
$C_v=0.32, C_s=3.5C_v$(采用)	x_P	(5)	1.492	1.371	1.204	1.070	0.927	0.705	0.573	0.485	0.444	0.388

② 调整参数，重新配线。增大 C_s，取 $C_s=3.5C_v=1.12$，再次计算理论频率曲线关系值 (P, x_P)，见表 3-3-2 第(1)、(5)栏，并在图 3-3-2 中点绘理论频率曲线，如图 3-3-2 所示，该线与经验点配合较好，将其作为该站采用的年最大 60 min 雨强的频率曲线，相应参数作为总体参数的估计值。

3.3.2　优化适线法

优化适线法是在一定的适线准则(即目标函数)下，求解与经验点据拟合最优的理论频率曲线及相应统计参数的方法。随着计算机的推广普及,采用一定准则的优化适线法已被许多设计单位所使用。优化适线法的适线准则有:离差平方和准则(也称为最小二乘估计法)、离差绝对值和准则、相对离差平方和准则等。

3.3.2.1 离差平方和准则(最小二乘估计法)

设根据降序排列的样本系列计算的经验频率点为(P_m,x_m)($m=1,2,\cdots,n$,以下不一一标注),由理论频率曲线确定P_m相应的纵坐标值为$x_{Pm}=f(P_m;\bar{x},C_v,C_s)$。采用最小二乘法,所求统计参数$\bar{x},C_v,C_s$,应满足经验点据的纵坐标值$x_m$与同频率的理论频率曲线纵坐标值$x_{Pm}=f(P_m;\bar{x},C_v,C_s)$之差的平方和,即残差平方和

$$Q=\sum_{m=1}^{n}(x_m-x_{Pm})^2=\sum_{m=1}^{n}[x_m-f(P_m;\bar{x},C_v,C_s)]^2 \qquad (3\text{-}3\text{-}3)$$

达到最小。

对于皮-Ⅲ型分布,通常利用离均系数$\Phi_P=\Phi(P;C_s)$计算理论频率曲线的纵坐标值$f(P_m;\bar{x},C_v,C_s)$,根据式(1-8-21),有

$$f(P_m;\bar{x},C_v,C_s)=\bar{x}[C_v\Phi(P_m;C_s)+1] \qquad (3\text{-}3\text{-}4)$$

设参数向量$\boldsymbol{\theta}=(\bar{x},C_v,C_s)'$,利用高等数学多元函数求极值的原理,采用最小二乘法推求使残差平方和Q取得最小值的$\boldsymbol{\theta}=(\bar{x},C_v,C_s)'$,即是求方程组(3-3-5)的解。

$$\frac{\partial Q}{\partial \boldsymbol{\theta}}=0 \qquad (3\text{-}3\text{-}5)$$

由于式(3-3-4)对于待求参数是非线性的,则可用高斯-牛顿法(详见第5章)求方程组(3-3-5)的解。为方便起见,将理论频率曲线的纵坐标值$f(P_m,\bar{x},C_v,C_s)$简记为$f_m(\boldsymbol{\theta})$,$m=1,2,\cdots,n$,则高斯-牛顿法求解满足式(3-3-3) Q为最小的参数递推公式为

$$\boldsymbol{\theta}_{(k+1)}=\boldsymbol{\theta}_{(k)}+[\boldsymbol{J}'(\boldsymbol{\theta}_{(k)})\boldsymbol{J}(\boldsymbol{\theta}_{(k)})]^{-1}\boldsymbol{J}'(\boldsymbol{\theta}_{(k)})[\boldsymbol{X}-\boldsymbol{f}(\boldsymbol{\theta}_{(k)})] \quad (k=0,1,2,\cdots)$$

$$(3\text{-}3\text{-}6)$$

式中,k为递推次数;矩阵$\boldsymbol{X},\boldsymbol{f}(\boldsymbol{\theta}_{(k)})$分别为

$$\boldsymbol{X}=(x_1,x_2,\cdots,x_m,\cdots,x_n)';\boldsymbol{f}(\boldsymbol{\theta}_{(k)})=[f_1(\boldsymbol{\theta}_{(k)}),f_2(\boldsymbol{\theta}_{(k)}),\cdots,f_m(\boldsymbol{\theta}_{(k)}),\cdots,f_n(\boldsymbol{\theta}_{(k)})]'$$

其中,$f_m(\boldsymbol{\theta}_{(k)})$为由参数的非线性方程式(3-3-4)及第$k$次迭代参数$\boldsymbol{\theta}_{(k)}$计算的理论频率曲线的第$m$个纵坐标值,$m=1,2,\cdots,n$;$\boldsymbol{J}(\boldsymbol{\theta}_{(k)})$为式(3-3-4)关于参数$\boldsymbol{\theta}$的偏导数矩阵,其计算式为

$$\boldsymbol{J}(\boldsymbol{\theta}_{(k)})=\begin{bmatrix} \dfrac{\partial f_1(\boldsymbol{\theta})}{\partial \bar{x}} & \dfrac{\partial f_1(\boldsymbol{\theta})}{\partial C_v} & \dfrac{\partial f_1(\boldsymbol{\theta})}{\partial C_s} \\ \dfrac{\partial f_2(\boldsymbol{\theta})}{\partial \bar{x}} & \dfrac{\partial f_2(\boldsymbol{\theta})}{\partial C_v} & \dfrac{\partial f_2(\boldsymbol{\theta})}{\partial C_s} \\ \cdots & \cdots & \cdots \\ \dfrac{\partial f_n(\boldsymbol{\theta})}{\partial \bar{x}} & \dfrac{\partial f_n(\boldsymbol{\theta})}{\partial C_v} & \dfrac{\partial f_n(\boldsymbol{\theta})}{\partial C_s} \end{bmatrix}_{\boldsymbol{\theta}=\boldsymbol{\theta}_{(k)}} \qquad (3\text{-}3\text{-}7)$$

利用式(3-3-6),从参数初值$\boldsymbol{\theta}_{(0)}$(例如用矩法或其他方法确定参数初值)开始,一步步递推下去,直到$\boldsymbol{\theta}_{(k)}$收敛稳定,即$|\boldsymbol{\theta}_{(k+1)}-\boldsymbol{\theta}_{(k)}|$小于或等于预先指定的小正数$\delta$(如$\delta=0.000\ 1$),从而得到参数向量$\boldsymbol{\theta}$的估计值。

在实际工作中,频率计算专业软件的开发一般是基于离差平方和准则,并且对于均值通常是采用矩法计算的结果,对于 C_s/C_v 通常取 0.5 的整数倍数来优选待估参数。将矩法计算的样本均值作为采用的总体均值的估计值,是基于样本均值是总体均值的无偏估计且抽样误差较小;而取 C_s/C_v 为 0.5 的整数倍数,是便于对不同水文特征值频率计算成果进行比较与综合。

【例 3-3-2】 样本资料与例 3-3-1 相同,采用皮-Ⅲ型分布,且将矩法计算的样本均值作为采用的总体均值的估计值,试采用离差平方和准则(最小二乘法)优选理论频率曲线的拟合参数 C_v,C_s(C_s/C_v 取 0.5 的整数倍数)。

解　按题设要求,求得与经验点据配合最佳的皮-Ⅲ型分布各统计参数的最小二乘估计值分别为:$\overline{x}=0.749,C_v=0.33,C_s=3.5C_v$,相应理论频率曲线拟合经验点据的误差平方和为 $Q=0.029\,36$。

3.3.2.2　离差绝对值和准则

采用离差绝对值和准则,所求统计参数 $\overline{x},C_v,C_s$,应满足经验点据的纵标值 x_m 与同频率的理论频率曲线纵标值 $x_{Pm}=f(P_m;\overline{x},C_v,C_s)$ 之差的绝对值和

$$Q_1 = \sum_{m=1}^{n} |x_m - x_{Pm}| = \sum_{m=1}^{n} |x_m - f(P_m;\overline{x},C_v,C_s)| \tag{3-3-8}$$

达到最小。

对于式(3-3-8),可采用搜索法求得参数 $\overline{x},C_v,C_s$ 的数值解。

3.3.2.3　相对离差平方和准则

采用相对离差平方和准则,所求统计参数 $\overline{x},C_v,C_s$,应满足

$$Q_2 = \sum_{m=1}^{n} \left[\frac{x_m - f(P_m;\overline{x},C_v,C_s)}{f(P_m;\overline{x},C_v,C_s)} \right]^2$$

$$\approx \sum_{m=1}^{n} \left[\frac{x_m - f(P_m;\overline{x},C_v,C_s)}{x_m} \right]^2 \tag{3-3-9}$$

达到最小。

用高斯-牛顿法求解满足式(3-3-9) Q 为最小的参数递推公式为

$$\boldsymbol{\theta}_{(k+1)} = \boldsymbol{\theta}_{(k)} + [\boldsymbol{J}'(\boldsymbol{\theta}_{(k)})\boldsymbol{G}^{-1}\boldsymbol{J}(\boldsymbol{\theta}_{(k)})]^{-1}\boldsymbol{J}'(\boldsymbol{\theta}_{(k)})\boldsymbol{G}^{-1}[\boldsymbol{X} - \boldsymbol{f}(\boldsymbol{\theta}_{(k)})] \quad (k=0,1,2,\cdots) \tag{3-3-10}$$

$$\boldsymbol{G} = \begin{bmatrix} f_1^2(\boldsymbol{\theta}) & & 0 \\ & \ddots & \\ 0 & & f_n^2(\boldsymbol{\theta}) \end{bmatrix}_{\boldsymbol{\theta}=\boldsymbol{\theta}_{(k)}} \approx \begin{bmatrix} x_1^2 & & 0 \\ & \ddots & \\ 0 & & x_n^2 \end{bmatrix} \tag{3-3-11}$$

上述三种适线准则主要差别在于对误差规律的不同考虑。离差平方和准则也即最小二乘估计法,基本假定是随机误差项的方差是相同的,即假定随机误差的方差不随观测值而变化。但是,实测水文数据的大、中、小数值的原始资料的误差是不同的,在水文资料的观测和整编中,对大洪水的控制误差要求相对大一些,故大洪水原始资料误差较大,特别是历史调查洪水的精度比实测洪水的精度要低。因此,在频率计算中,若大洪水、历史调查洪水的点据与频率曲线偏离较大,再经平方,这些点据的离差平方在整个离差平方和中起的作用也较大,这就必然在适线中迁就了这些点据,尽管理论频率曲线与经验点据拟合很好,但由于这

些点据的原始资料误差较大,从而可能影响设计值的精度。离差绝对值和准则也迁就了大洪水,但由于只取离差绝对值,因此频率计算中大洪水的影响就不及采用离差平方和准则时大。相对离差平方和准则,考虑洪水误差与它的大小有关,而它们的相对误差却比较稳定,因此,相对离差平方和最小比较符合最小二乘估计的假定。

需要指出,由适线法得到的统计参数仍具有抽样误差。为减少抽样误差,必须结合水文现象的物理成因及地区分布规律进行综合分析,确定最终采用的频率曲线及相应的统计参数。此外,由频率计算成果确定水文特征值的设计值也存在抽样误差,对于大型工程或重要的中型工程,对校核洪水标准的设计值,经综合分析,如有偏小可能,应加安全修正值,详见规范《水利水电工程设计洪水计算规范》(SL 44—2006)。

3.4 耿贝尔分布和指数分布的频率计算

我国给排水技术领域,在选配城市暴雨强度公式时,不同历时降雨强度的理论频率分布可采用皮-Ⅲ型分布、耿贝尔分布、指数分布。以下介绍采用耿贝尔分布、指数分布的频率计算。

3.4.1 耿贝尔分布的频率计算

在 1.8.9 节已对耿贝尔分布作了介绍。此处设随机变量 X 服从耿贝尔分布,由式(1-8-41)得 X 的超过制累积分布函数

$$G(x) = P(X \geqslant x) = 1 - \exp[-e^{-(x+a)/c}] \tag{3-4-1}$$

式中,a 为位置参数;$c > 0$ 为离散特征参数。

由式(1-8-47)、式(1-8-48)得,a,c 与数学期望 $E(X)$ 或 μ、均方差 σ 的关系为

$$a = rc - E(X) = rc - \mu \tag{3-4-2}$$

$$c = \sqrt{6}\,\sigma/\pi \tag{3-4-3}$$

式中,r 为欧拉常数,$r = 0.577\ 21$。

将与累积频率 P 对应的理论频率曲线纵标记 x_P,则由式(3-4-1)得

$$x_P = -a - c\ln[-\ln(1-P)] \tag{3-4-4}$$

式(3-4-4)也即是采用耿贝尔分布进行频率计算的回归函数。可基于该式采用优化适线法(最小二乘法)推求理论频率曲线及总体参数的估计值 $\hat{a}$,$\hat{c}$,具体方法此处不详述。

我国在给排水技术领域,对耿贝尔分布进行频率计算时,通常是研究 x_P 与重现期 T 的关系,以下介绍这种形式的公式与优化适线法。

《室外排水设计规范》[21-22]指出,对于年最大值法选样时,重现期取 2 年、3 年、5 年、10 年、20 年、30 年、50 年、100 年。故由式(3-1-1),得 $P = 1/T$,并代入式(3-4-4),整理得

$$x_P = -a - c\ln[\ln T - \ln(T-1)] \tag{3-4-5}$$

将式(3-4-2)、式(3-4-3)代入式(3-4-5),并整理得

$$x_P = \mu - \frac{\sqrt{6}}{\pi}\sigma\{0.577\ 21 + \ln[\ln T - \ln(T-1)]\} \tag{3-4-6}$$

式(3-4-6)即是当采用耿贝尔分布时,建立 x_P 与重现期 T 关系的回归函数。确定该式中回归系数 μ,σ 的最小二乘估计 $\hat{\mu}$,$\hat{\sigma}$,方法如下:

（1）将式（3-4-6）线性化。引入频度系数 K

$$K = -\frac{\sqrt{6}}{\pi}\{0.577\,21 + \ln[\ln T - \ln(T-1)]\} \tag{3-4-7}$$

则

$$x_P = \mu + \sigma K \tag{3-4-8}$$

可见，x_P 与频度系数 K（含有重现期 T 的参数）为线性回归关系。

（2）根据降序排列的样本系列计算经验点据 (T_m, x_m)，其中 $T_m = 1/P_m$，$m = 1, 2, \cdots, n$，并计算

$$K_m = -\frac{\sqrt{6}}{\pi}\{0.577\,21 + \ln[\ln T_m - \ln(T_m - 1)]\}$$

进而得关系点 (K_m, x_m)，$m = 1, 2, \cdots, n$。

（3）由一元线性回归式（2-3-9）、式（2-3-10），可得式（3-4-8）中参数 σ, μ 的最小二乘估计 $\hat\sigma, \hat\mu$ 分别为

$$\hat\sigma = \frac{\sum\limits_{m=1}^{n} K_m x_m - n\overline{K}\,\overline{x}}{\sum\limits_{m=1}^{n} K_m^2 - n\overline{K}^2} \tag{3-4-9}$$

$$\hat\mu = \overline{x} - \hat\sigma \overline{K} \tag{3-4-10}$$

需要说明，由于对式（3-4-6）变量代换线性化时，未对倚变量 x_P 进行变换，因此求得的 $\hat\mu, \hat\sigma$ 能满足经验点据 (T_m, x_m) 的纵坐标 x_m 与 T_m 相应理论频率曲线的纵坐标 $x_{Pm} = \hat\mu + \hat\sigma K_m$ 的残差平方和

$$Q = \sum_{m=1}^{n} (x_m - x_{Pm})^2$$

为最小，故 $\hat\mu, \hat\sigma$ 即为采用优化适线法（最小二乘法）求得的总体参数 μ, σ 的估计值。

3.4.2　指数分布的频率计算

在给排水技术领域选配城市暴雨强度公式时，采用两参数的指数分布，该分布已在 1.8.8 节作了介绍。设随机变量 X 服从两参数指数分布，由式（1-8-34）得 X 的超过制累积分布函数

$$G(x) = P(X \geqslant x) = e^{-\lambda(x-b)} \quad (x \geqslant b) \tag{3-4-11}$$

式中，λ 为离散特征（形状特征）参数；$b > 0$ 为分布曲线的下限。

由式（3-4-11）可得，频率 $P = P(X \geqslant x)$ 相应的理论频率曲线的纵标 x_P 为

$$x_P = -\frac{1}{\lambda}\ln P + b \tag{3-4-12}$$

式（3-4-12）也即是采用指数分布进行频率计算的回归函数。可基于该式采用优化适线法（最小二乘法）推求理论频率曲线及总体参数的估计值 $\hat\lambda, \hat b$，具体方法此处不详述。

我国在给排水技术领域，对指数分布进行频率计算时，通常是研究 x_P 与重现期 T 的关

系,以下介绍这种形式的公式与优化适线法。

将 $P = 1/T$ 代入式(3-4-12),并整理得

$$x_P = \frac{1}{\lambda} \ln T + b = a \ln T + b \tag{3-4-13}$$

式中,$a = 1/\lambda$。

式(3-4-13)即是当采用指数分布时,建立 x_P 与重现期 T 关系的回归函数,确定该式中回归系数 a,b 的最小二乘估计 $\hat{a},\hat{b}$,方法如下:

(1) 根据降序排列的样本系列计算经验点据 (T_m, x_m),其中 $T_m = 1/P_m$,并计算 $\ln T_m$,进而得关系点 $(\ln T_m, x_m)$,$m = 1, 2, \cdots, n$。

(2) 由一元线性回归式(2-3-9)、式(2-3-10),可得式(3-4-13)中参数 a,b 的最小二乘估计 $\hat{a},\hat{b}$ 分别为

$$\hat{a} = \frac{\sum_{m=1}^{n} (\ln T_m) x_m - n \overline{\ln T}\, \overline{x}}{\sum_{m=1}^{n} (\ln T_m)^2 - n (\overline{\ln T})^2} \tag{3-4-14}$$

$$\hat{b} = \overline{x} - \hat{a}\, \overline{\ln T} \tag{3-4-15}$$

需要说明,对式(3-4-13)线性化时,由于未对倚变量 x 进行变换,因此求得的 $\hat{a},\hat{b}$ 能满足经验点据 (T_m, x_m),$m = 1, 2, \cdots, n$ 的纵坐标 x_m 与 T_m 相应理论频率曲线的纵坐标 $x_{Pm} = \hat{a} \ln T_m + \hat{b}$ 的残差平方和

$$Q = \sum_{m=1}^{n} (x_m - x_{Pm})^2$$

为最小,故 $\hat{a},\hat{b}$ 即为采用优化适线法(最小二乘法)求得的总体参数 a,b 的估计值。

【例 3-4-1】 样本资料与例 3-3-1 相同。采用离差平方和准则(最小二乘法),试推求理论频率曲线的线型分别采用耿贝尔分布、指数分布时,该站年最大 60 min 暴雨强度理论频率曲线的拟合参数及拟合误差平方和,并与采用皮-Ⅲ型分布时(例 3-3-2)的拟合情况进行比较。

解 采用耿贝尔分布时,依据式(3-4-9)、式(3-4-10),分别计算 $\hat{\sigma},\hat{\mu}$ 及拟合误差平方和;采用指数分布时,依据式(3-4-14)、式(3-4-15),分别计算 $\hat{a},\hat{b}$ 及拟合误差平方和。将上述计算结果及例 3-3-2 计算结果汇总于表 3-4-1 中,并绘制三种分布的拟合曲线如图 3-4-1 所示。可见就本例而言,线型采用耿贝尔分布与皮-Ⅲ型分布拟合效果相近,均优于采用指数分布的拟合效果。

表 3-4-1　　　　　　　　　采用三种分布线型的拟合参数与拟合误差平方和

分布线型	拟合参数	拟合误差平方和 Q
耿贝尔分布	$\hat{\sigma} = 0.249\,50, \hat{\mu} = 0.755\,89$	0.027 12
指数分布	$\hat{a} = 0.255\,25, \hat{b} = 0.505\,96$	0.063 70
皮-Ⅲ型分布	$\overline{x} = 0.749, C_v = 0.33, C_s = 3.5 C_v$	0.029 36

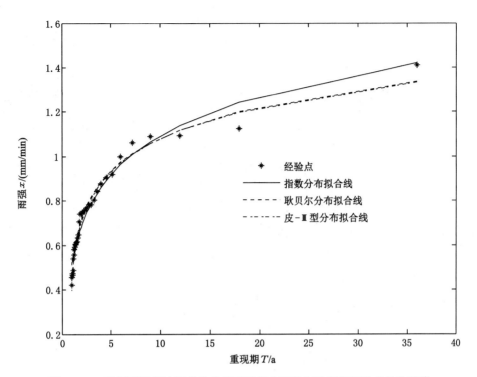

图 3-4-1　采用不同理论频率分布线型时拟合雨强与重现期经验点的关系线

第4章 概率论在水工程可靠性计算中的应用研究

可靠性理论是 20 世纪 40 年代由美国军用航天、电子等工业部门提出并发展起来的。20 世纪 50 年代,可靠性理论及其应用得到了蓬勃的发展,目前已应用于社会科学、自然科学,以及工程技术、质量管理等各个领域,已成为保障系统安全和产品质量等的有效途径,越来越受到人们的重视。为便于读者阅读,首先简介几个预备知识,然后重点介绍笔者在输水管道系统的可靠性、水泵机组运行的可靠性、雨水管道排水与溢洪道泄洪的可靠性等方面的研究成果[23-30]。

4.1 预备知识

4.1.1 可靠性的基本概念

《可靠性、维修性术语》(GB 3187—1994)中可靠性的定义为:产品在规定条件下和规定时间区间内,完成规定功能的能力;可靠度的定义为:产品在规定条件下和规定时间区间内,完成规定功能的概率。可见,可靠度是可靠性的概率度量。在可靠性定义中的产品,有些教科书中也称为单元,是指可以单独研究、分别试验的任何元件、组件、设备或系统;规定的条件,是指产品使用时的工作与环境条件以及储存条件;规定的时间,是指产品的工作时间;规定的功能,是指产品应具有的各项性能指标,如精度、功率、速度、稳定性等。在工作或试验中,产品达到了规定的性能指标,则称产品完成了规定的功能;否则,产品丧失规定功能称为故障或失效(一般将可修复产品失去功能称为故障,将不可修复产品失去功能称为失效)。

在可靠性分析中,常用以下四个基本函数。

设 T 为连续型随机变量,表示产品无故障工作的时间,设产品在时刻 t 正常工作的概率,即可靠度为 $R(t)$,则有

$$R(t) = P(T > t) \tag{4-1-1}$$

式中,$R(t)$ 为时刻 t 的函数,称为可靠性函数。

根据分布函数 $F(t)$ 的定义,有

$$F(t) = P(T \leqslant t) = 1 - R(t) \tag{4-1-2}$$

$F(t)$ 的物理意义是产品在时间间隔 $(0, t)$ 内故障或失效的概率,称其为故障或失效分布函数。在可靠性计算中,故障分布函数常采用指数分布、正态分布等。

由概率密度函数的性质,得随机变量 T 的密度函数 $f(t)$ 为

$$f(t) = \frac{\mathrm{d}F(t)}{\mathrm{d}t} = -\frac{\mathrm{d}R(t)}{\mathrm{d}t} \tag{4-1-3}$$

$f(t)$ 的物理意义是产品在时间间隔 $(t, t+\mathrm{d}t)$ 内的单位时间内故障或失效的概率。

$f(t)$ 是非条件概率密度。

当一个产品在时刻 t 工作的条件下，即 $T>t$，该产品在时间间隔 $(t,t+\mathrm{d}t)$ 内的单位时间内故障或失效的概率称为该产品在时刻 t 的故障率，记为 $\lambda(t)$，可得

$$\lambda(t)=\frac{P(t<T\leqslant t+\mathrm{d}t\,|\,T>t)}{\mathrm{d}t}=\frac{f(t)}{R(t)} \tag{4-1-4}$$

称 $\lambda(t)$ 为故障率（或风险率）函数，是条件概率密度。

4.1.2　可靠性框图（可靠性逻辑图）

系统是完成特定功能的综合体，是若干协调工作单元的有机组合。因而系统是由许多按一定的生产目的连接起来的元件所组成，系统的可靠性取决于元件的可靠性和系统的结构。研究系统可靠性的目标是在元件故障数据和系统结构已知的情况下，预测此系统的可靠性，并用组成单元的可靠度来描述系统的可靠度。

在可靠性计算中，常用网络法[31-33]，该法是首先根据系统的工程结构图（实物图），建立可靠性框图，也称之为可靠性逻辑图，然后根据可靠性框图计算系统的可靠度。

系统的工程结构图表示组成系统的单元之间的物理关系和工作关系，而可靠性框图则表示系统的功能与组成系统的单元之间的可靠性功能关系，因此可靠性框图与工程结构图并不完全等价。在建立可靠性框图时，要充分掌握系统结构性能特征与可靠性框图的关系。例如，汽车的结构图是非常复杂的，研究其正常工作的可靠性，可概括为五大子系统：发动机、变速箱、制动、转向及轮胎，保证一辆汽车正常工作，五大子系统缺一不可，可绘出汽车系统的可靠性框图如图 4-1-1 所示。

图 4-1-1　汽车系统的可靠性框图

在可靠性框图中，每一方框代表一个基本元件或部件，也可能是一个子系统，所有连接方框的线认为是可靠的。例如图 4-1-1 中每一方框代表一个子系统，根据研究目的，对每个子系统可进一步绘出其可靠性框图。

在利用可靠性框图计算可靠度时，把元件或系统工作看成一个事件。通常认为，元件与系统只可能有两种状态：正常和故障。各元件工作与否相互独立，即一个元件工作与否，对其他元件正常或故障的概率没有影响。

4.1.3　串联与并联及混联系统的可靠性计算

采用网络法进行系统可靠性计算的基本步骤是：首先对实际问题进行分析，并绘制可靠性框图；然后根据可靠性框图计算系统的可靠性。以下介绍可靠性框图已知的情况下，计算系统的可靠性的方法。

（1）串联系统的可靠性计算

串联系统，指组成系统的所有元件或部件必须全部工作，系统才会正常工作的系统，其可靠性框图如图 4-1-2 所示。

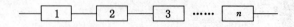

图 4-1-2　串联系统可靠性框图

为简便起见,将第 i 个元件的可靠度 $R_i(t)$ 略去时间 t 符号,并简记为 p_i,则图 4-1-2 串联系统的可靠度 R_S 等于所有元件同时正常工作的概率,即

$$R_S = \prod_{i=1}^{n} p_i \qquad (4-1-5)$$

式(4-1-5)表明,串联系统中元件越多,系统的可靠性越低。

（2）并联系统的可靠性计算

并联系统,指当构成系统的所有元件都发生故障时,系统才发生故障的系统,其可靠性框图如图 4-1-3 所示。在并联系统中,只要有任何一个元件正常工作,系统就正常工作。因此,并联系统可以提高系统的可靠性。

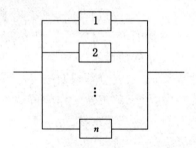

图 4-1-3　并联系统可靠性框图

图 4-1-3 所示的并联系统,系统故障的概率为 $\prod_{i=1}^{n}(1-p_i)$,则系统的可靠度 R_S 为

$$R_S = 1 - \prod_{i=1}^{n}(1-p_i) \qquad (4-1-6)$$

（3）混联系统的可靠性计算

以下介绍串并联系统、并串联系统、串并联混合系统及其可靠度计算。

串并联系统,指由 m 个子系统串联而成,而每一个子系统则是由 n 个元件并联而成的系统,其可靠性框图如图 4-1-4 所示。

设图 4-1-4 中第 j 个并联子系统中第 i 个元件的可靠度均为 $p_{ij}(i=1,2,\cdots,n;j=1,2,\cdots,m)$,则第 j 个并联子系统的可靠度为 $1-\prod_{i=1}^{n}(1-p_{ij})$,进而得该系统的可靠度 R_S 为

$$R_S = \prod_{j=1}^{m}\left[1-\prod_{i=1}^{n}(1-p_{ij})\right] \qquad (4-1-7)$$

特别地,当各元件的可靠度均为 p 时,该系统的可靠度 R_S 为

$$R_S = [1-(1-p)^n]^m \qquad (4-1-8)$$

并串联系统,指由 m 个子系统并联而成,而每一个子系统则是由 n 个元件串联而成的系统,其可靠性框图如图 4-1-5 所示。

设图 4-1-5 中第 j 个串联子系统中第 i 个元件的可靠度均为 $p_{ij}(i=1,2,\cdots,n;j=1,$

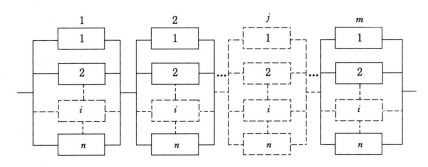

图 4-1-4　串并联系统的可靠性框图

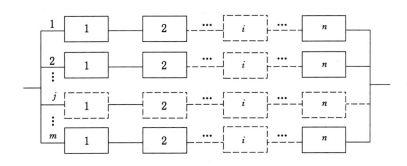

图 4-1-5　并串联系统的可靠性框图

$2,\cdots,m$),则第 j 个串联子系统的可靠度为 $\prod\limits_{i=1}^{n} p_{ij}$,进而得该系统的可靠度 R_S 为

$$R_S = 1 - \prod_{j=1}^{m}\left(1 - \prod_{i=1}^{n} p_{ij}\right) \qquad (4\text{-}1\text{-}9)$$

特别地,当各元件的可靠度均为 p 时,该系统的可靠度 R_S 为

$$R_S = 1 - (1 - p^n)^m \qquad (4\text{-}1\text{-}10)$$

串并联混合系统,指系统中各个元件之间的关系既有串联也有并联的系统,如图 4-1-6 所示。

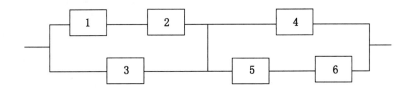

图 4-1-6　串并联混合系统的可靠性框图

在图 4-1-6 中,元件 1 和 2 串联且与元件 3 并联构成子系统 1;元件 5 和 6 串联且与元件 4 并联构成子系统 2。而系统由子系统 1 和 2 串联而成串并联混合系统。设图 4-1-6 中各元件的可靠度为 p_i,$i=1,2,\cdots,6$,可得系统的可靠度 R_S 为

$$R_S = [1 - (1 - p_1 p_2)(1 - p_3)][1 - (1 - p_4)(1 - p_5 p_6)] \qquad (4\text{-}1\text{-}11)$$

4.1.4　复杂系统可靠性计算的全概率分解法

对于复杂系统,不能直接用 4.1.3 节介绍的可靠性逻辑图来描述时,其可靠度计算方法有全概率分解法、不交最小路法、最小割集法、状态枚举法等,限于篇幅,本书仅介绍全概率分解法和不交最小路法。

全概率分解法,首先是选择系统中的可分解元件(或单元),然后按这个元件(或单元)处于正常和故障(或失效)这两种状态,用全概率公式计算系统的可靠度。设系统正常和故障(或失效)的两种状态,分别为 S、$\overline{S}$,在系统中所选的可分解单元正常和故障(或失效)的两种状态分别为 x、$\overline{x}$,利用全概率公式(1-2-12),得系统的可靠度 R_S 为

$$R_S = P(S) = P(S|x)P(x) + P(S|\overline{x})P(\overline{x}) \tag{4-1-12}$$

以桥式系统可靠性框图 4-1-7 为例,介绍全概率分解法。对于图 4-1-7,选元件 3 分解。当元件 3 正常工作时,系统简化成如图 4-1-8(a)所示;当元件 3 故障时,系统简化成如图 4-1-8(b)所示。

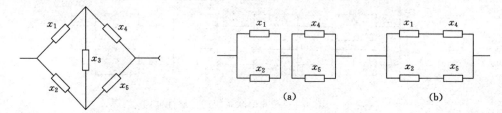

图 4-1-7　桥式系统可靠性框图　　　　图 4-1-8　从图 4-1-7 导出的框图
　　　　　　　　　　　　　　　　　(a) 元件 x_3 正常时;(b) 元件 x_3 故障时

图 4-1-8(a)是一个串并联系统,由式(4-1-7)可得其可靠度 $P(S|x_3)$ 为

$$P(S|x_3) = [1 - P(\overline{x_1})P(\overline{x_2})][1 - P(\overline{x_4})P(\overline{x_5})] \tag{4-1-13}$$

图 4-1-8(b)是一个并串联系统,由式(4-1-9)可得其可靠度 $P(S|\overline{x_3})$ 为

$$P(S|\overline{x_3}) = 1 - [1 - P(x_1)P(x_4)][1 - P(x_2)P(x_5)] \tag{4-1-14}$$

将式(4-1-13)、式(4-1-14)代入式(4-1-12),得桥式系统的可靠度 R_S 为

$$\begin{aligned}
R_S =& [1 - P(\overline{x_1})P(\overline{x_2})][1 - P(\overline{x_4})P(\overline{x_5})]P(x_3) + \\
& \{1 - [1 - P(x_1)P(x_4)][1 - P(x_2)P(x_5)]\}P(\overline{x_3}) \\
=& [P(x_1) + P(x_2) - P(x_1)P(x_2)][P(x_4) + P(x_5) - P(x_4)P(x_5)]P(x_3) + \\
& [P(x_1)P(x_4) + P(x_2)P(x_5) - P(x_1)P(x_4)P(x_2)P(x_5)][1 - P(x_3)]
\end{aligned}$$

$$\tag{4-1-15}$$

4.1.5　复杂系统可靠性计算的不交最小路法

4.1.5.1　最小路集的概念

一个工程系统都可以用图来描述。最小路集的概念是在图论中图的概念基础上建立的。图论中的图,是指节点和弧的集合。如图 4-1-9 所示,便是由节点 1,2,3,4 和弧 x_1,x_2,x_3,x_4,x_5 组成的一个图。若连接节点之间的弧是有方向的,称为有向弧,否则称为无

向弧。图 4-1-9 中的 x_1,x_2,x_4,x_5 是有向弧，x_3 是无向弧。只有流出弧而无流入弧的节点称为输入节点；只有流入弧而无流出弧的节点称为输出节点。图 4-1-9 中节点 1 和节点 4 分别是输入节点和输出节点。在图 4-1-9 中认为节点是完全可靠的，而弧可能失效。可把可靠性框图变成图论意义的点弧图。例如，桥式系统可靠性框图 4-1-7 可变成图 4-1-9，这时只需在可靠性框图中的交叉点上标上节点号 $1,2,3,4$，如图 4-1-10 所示，该图中的方块则相应于图 4-1-9 中的弧。

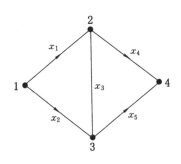

图 4-1-9　点弧图

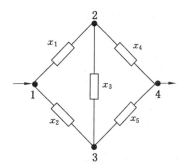

图 4-1-10　逻辑框图

路集：连接任意两节点间的弧，称为这两个节点间的一条路。由输入节点到输出节点的所有路的集合，称为路集。

最小路集：如果一条路中移去任意一条弧就不再构成路，则称这条路为最小路。由最小路构成的集合，称为最小路集。

设系统具备如下性质：① 系统中每个单元具有两种状态——正常工作（简称正常）和故障（或失效），设 x_i 为第 i 个单元的状态变量，$x_i=1$ 表示该单元工作，$x_i=0$ 表示该单元故障（或失效）；② 由各个单元构成的系统本身也只有两种状态——正常和故障（或失效）；③ 各个单元的状态是相互独立的。

因此，最小路集中每一个单元单独失效或故障，都会引起系统失效或故障。

采用枚举法，容易得出图 4-1-10 所示桥式系统的最小路集为：$x_1x_4,x_2x_5,x_1x_3x_5$，$x_2x_3x_4$。对于复杂系统，确定网络最小路集的方法详见文献[31]。

4.1.5.2　系统可靠性计算的不交最小路法

设 S 为系统处于工作状态，则每条最小路属于 S 的一个事件，至少一条最小路处于工作状态时系统则处于工作状态，因此 S 为各个最小路的并集。例如，图 4-1-10 所示桥式系统

$$S = x_1x_4 \bigcup x_2x_5 \bigcup x_1x_3x_5 \bigcup x_2x_3x_4 \qquad (4\text{-}1\text{-}16)$$

然而，一般情况下各条最小路是相容的，或者说是相交的。通过相容的最小路计算系统工作的概率很复杂，合理的做法是将相容的最小路首先化为互不相容（互不相交）的最小路，也称为不交最小路，然后再按互斥事件的加法公式计算系统的工作概率，这种方法称为不交最小路法。将相容的最小路化为不交最小路，这一过程称为不交化处理。此处介绍不交化处理的"删去留下"法。

设 L_i 表示相容的最小路，$i=1,2,\cdots,n$；$L_{j\text{dis}}$ 表示不交最小路，$j=1,2,\cdots,m$；则

(1) $L_{j\text{dis}} \bigcap L_{k\text{dis}} = \varnothing,j \neq k$。

(2) $\overset{n}{\underset{i=1}{\cup}} L_i = \overset{m}{\underset{j=1}{\cup}} L_{j\text{dis}}$，即不交化之前的相容的所有最小路之和等于不交化之后的所有不交最小路之和，但项数可以不等。

现结合实例介绍不交化处理的"删去留下"法。

【例 4-1-1】 试采用"删去留下"法，将式(4-1-16)即图 4-1-10 的最小路集化为不交最小路集。

解 采用"删去留下"法的方法与步骤如下。

(1) 写出最小路集的矩阵表示式(4-1-17)。对每一最小路定义一个 M 维向量 $E_i, i = 1, 2, \cdots, n, n$ 为最小路个数，M 为元件(或单元)个数，向量 E_i 中数组由 0,1 构成，最小路 L_i 中包含的元件对应的数字为 1，不包含的元件对应的数字为 0。对于本例，则有

$$S = \begin{array}{c} \begin{array}{ccccc} x_1 & x_2 & x_3 & x_4 & x_5 \end{array} \\ \begin{bmatrix} 1 & 0 & 0 & 1 & 0 \\ 0 & 1 & 0 & 0 & 1 \\ 1 & 0 & 1 & 0 & 1 \\ 0 & 1 & 1 & 1 & 0 \end{bmatrix} \begin{array}{c} E_1 \\ E_2 \\ E_3 \\ E_4 \end{array} \end{array} \qquad (4\text{-}1\text{-}17)$$

(2) 计算向量 $T_j, j = 1, 2, \cdots, n$，定义

$$T_j = \sum_{i=1}^{j} E_i \quad (i, j = 1, 2, \cdots, n) \qquad (4\text{-}1\text{-}18)$$

对于本例，则有

$$\begin{cases} \begin{array}{ccccc} \quad x_1 & x_2 & x_3 & x_4 & x_5 \end{array} \\ E_1 = (1 \quad 0 \quad 0 \quad 1 \quad 0) \\ E_2 = (0 \quad 1 \quad 0 \quad 0 \quad 1) \\ E_3 = (1 \quad 0 \quad 1 \quad 0 \quad 1) \\ E_4 = (0 \quad 1 \quad 1 \quad 1 \quad 0) \\ T_1 = (1 \quad 0 \quad 0 \quad 1 \quad 0) \\ T_2 = (1 \quad 1 \quad 0 \quad 1 \quad 1) \\ T_3 = (2 \quad 1 \quad 1 \quad 1 \quad 2) \\ T_4 = (2 \quad 2 \quad 2 \quad 2 \quad 2) \end{cases} \qquad (4\text{-}1\text{-}19)$$

(3) 确定不交(互不相容)最小路集 $L_{j\text{dis}}, j = 1, 2, \cdots, m$。运算过程中各最小路或不交最小路均用其相应的向量表示。

① 令 $j = 1$ 时，$L_{1\text{dis}}$ 相应向量 E_1。

② 对 $j = 2, \cdots, n$，逐一比较 T_j 与 E_j，并进行如下操作：

a. 若 E_j 中元素为零的位置，而 T_j 相应位置的元素不为零，则将这些位置的号码由大到小(或由小到大)排列，记下它们的位置号码，即令这些位置号码为 $K_1, K_2, \cdots, K_p (p < M)$，一般地，记为 $K_r, r = 1, 2, \cdots, p$。

b. 把 E_j 对 K_r 分解为两个分量 $E_j(K_r)$ 和 $E_j(\overline{K_r})$，即分别用 1 和 -1 代替 E_j 向量第 K_r 位置上的零。然后检查 $E_j(K_r)$ 和 $E_j(\overline{K_r})$，若 $E_j(K_r)$ 中有 1 的位置包含了任一 $E_i (i < j)$ 全部有 1 的位置，那么就删去 $E_j(K_r)$；若每个 $E_i (i < j)$ 中有 1(-1)的位置至少有一个与 $E_j(K_r)$ 中同位置的 -1(1)相对应，说明 E_i 与 $E_j(K_r)$ 不相交，则留下 $E_j(K_r)$，它便是

不交化了的子集。对 $E_j(\overline{K_r})$ 也作相似处理。

c. 如果 $E_j(K_r)$ 不删去,也不留下,则继续分解。

上述求得的不交化子集相应的各向量中,数"1"表示对应位置的元件正常,数"-1"表示对应位置的元件故障,数"0"表示不含对应位置的元件。

对于本例,首先确定第一条不交最小路 L_{1dis},相应向量 $E_1 = (1\ 0\ 0\ 1\ 0)$,与元件对应即为 $L_{1dis} = x_1 x_4$。

比较 T_2 与 E_2,$\begin{cases} E_2 = (01001) \\ T_2 = (11011) \end{cases}$,得 $K_1 = 4, K_2 = 1$。

$E_2(4) = (01011)$(与 E_1 比较),继续;

$E_2(\overline{4}) = (010-11)$(与 E_1 比较),留下。

$E_2(4)(1) = (11011)$(与 E_1 比较),删去;

$E_2(4)(\overline{1}) = (-11011)$(与 E_1 比较),留下。

比较 T_3 与 E_3,$\begin{cases} E_3 = (10101) \\ T_3 = (21112) \end{cases}$,得 $K_1 = 4, K_2 = 2$。

$E_3(4) = (10111)$(与 E_1、E_2 比较),删去;

$E_3(\overline{4}) = (101-11)$(与 E_1、E_2 比较),继续。

$E_3(\overline{4})(2) = (111-11)$(与 E_1、E_2 比较),删去;

$E_3(\overline{4})(\overline{2}) = (1-11-11)$(与 E_1、E_2 比较),留下。

比较 T_4 与 E_4,$\begin{cases} E_4 = (01110) \\ T_4 = (22222) \end{cases}$,得 $K_1 = 5, K_2 = 1$。类似上述方法,逐步比较,可得留下的向量为 $E_4(\overline{5})(\overline{1}) = (-1111-1)$。

将上述留下的向量汇总,即得构成系统工作的不交最小路集的矩阵表示式为

$$S = \begin{matrix} & x_1 & x_2 & x_3 & x_4 & x_5 \\ & \begin{bmatrix} 1 & 0 & 0 & 1 & 0 \\ 0 & 1 & 0 & -1 & 1 \\ -1 & 1 & 0 & 1 & 1 \\ 1 & -1 & 1 & -1 & 1 \\ -1 & 1 & 1 & 1 & -1 \end{bmatrix} \end{matrix} \qquad (4-1-20)$$

因事件 S:"系统正常工作",等于该系统不交最小路之和,因此,将式(4-1-20)各行中数字用对应的元件表示,则有

$$S = \sum L_{jdis} = x_1 x_4 + x_2 \overline{x_4} x_5 + \overline{x_1} x_2 x_4 x_5 + x_1 \overline{x_2} x_3 \overline{x_4} x_5 + \overline{x_1} x_2 x_3 x_4 \overline{x_5}$$

$$(4-1-21)$$

应用互斥事件的加法公式,系统正常工作 S 的概率等于各个不交最小路的概率和,即
$R_s = P(S)$

$= P(x_1 x_4) + P(x_2 \overline{x_4} x_5) + P(\overline{x_1} x_2 x_4 x_5) + P(x_1 \overline{x_2} x_3 \overline{x_4} x_5) + P(\overline{x_1} x_2 x_3 x_4 \overline{x_5})$

$= P(x_1)P(x_4) + P(x_2)P(\overline{x_4})P(x_5) + P(\overline{x_1})P(x_2)P(x_4)P(x_5) +$

$$P(x_1)P(\overline{x_2})P(x_3)P(\overline{x_4})P(x_5) + P(\overline{x_1})P(x_2)P(x_3)P(x_4)P(\overline{x_5}) \qquad (4\text{-}1\text{-}22)$$

【**例 4-1-2**】 如图 4-1-10 所示系统,若元件 x_1, x_2, x_3, x_4, x_5 正常的概率分别为 0.8,0.8,0.9,0.7,0.7,试分别用全概率分解法和不交最小路法,计算系统的可靠度。

解 (1)采用全概率分解法。利用式(4-1-15),得

$$R_S = [1 - P(\overline{x_1})P(\overline{x_2})][1 - P(\overline{x_4})P(\overline{x_5})]P(x_3) + \{1 - [1 - P(x_1)P(x_4)] \times$$
$$\qquad [1 - P(x_2)P(x_5)]\}P(\overline{x_3})$$
$$= (1 - 0.2 \times 0.2)(1 - 0.3 \times 0.3) \times 0.9 + [1 - (1 - 0.8 \times 0.7)(1 - 0.8 \times 0.7)] \times 0.1$$
$$= 0.866\,88$$

(2)采用不交最小路法。利用式(4-1-22),得

$$R_S = P(S)$$
$$= P(x_1)P(x_4) + P(x_2)P(\overline{x_4})P(x_5) + P(\overline{x_1})P(x_2)P(x_4)P(x_5) +$$
$$\quad P(x_1)P(\overline{x_2})P(x_3)P(\overline{x_4})P(x_5) + P(\overline{x_1})P(x_2)P(x_3)P(x_4)P(\overline{x_5})$$
$$= 0.8 \times 0.7 + 0.8 \times 0.3 \times 0.7 + 0.2 \times 0.8 \times 0.7 \times 0.7 + 0.8 \times 0.2 \times 0.9 \times 0.3 \times 0.7 +$$
$$\quad 0.2 \times 0.8 \times 0.9 \times 0.7 \times 0.3$$
$$= 0.866\,88$$

两种方法的结果必定相同,本例验证了此结论。

对于复杂的系统,节点数和元件数都较大时,采用"删去留下"法,可编写程序利用计算机完成计算,这是此法突出的优点。

4.2 输水管道系统的可靠性研究

4.2.1 输水管道系统的功能与可靠性的度量

输水管道一般指给水系统中沿线不配水,而只担负输送水任务的输水干管,例如将水从一级泵站输送到水厂的输水管,或从水厂输水到配水管网的输水管。输水管道在整个给水系统中是咽喉要道,其正常的可靠性直接影响给水系统的可靠性。因此,提高输水管道系统的可靠性,对整个给水系统具有十分重要的作用。

输水管道设计中,输水干管一般不少于两条,并且在两条输水管道之间适当位置设置连通管。

笔者针对输水管道系统,分别采用全概率分解法和不交最小路集法建立可靠性计算模型;计算不同连通管条数时,输水管道系统的可靠性;分析连通管条数对系统可靠性的影响;研究组件(输水干管的管段、连通管、三通)的可靠性变化对系统可靠性的影响,寻求提高输水管道系统可靠性的途径,为输水管道系统的设计、施工、维护管理提供依据。

在 4.1 节已叙及,可靠性是指产品在规定条件下和规定时间区间内,完成规定功能的能力。通常用概率度量这一"能力"时,称为可靠度。

给水系统对输水管道系统规定的功能应该是:① 能输送要求的水量,包括设计水量和规定的事故水量;②能保证输水所需的水压;③ 能不间断地供水。实现水量、水压的要求体现水力可靠性;不间断地供水体现机械可靠性。设输水管道系统如图 4-2-1 所示,输水干

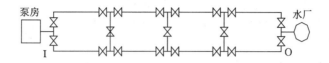

图 4-2-1　输水管道系统示意图

管之间设置三条连通管。该系统的可靠性应为:在输水管道运行期间,任意时刻水流由输入节点Ⅰ,沿程按规定的流量、规定的水压达到输出节点 O 的能力。用概率度量这一"能力",则是该系统的可靠度。以下叙述中对可靠性、可靠度这两个术语不严格区分。

根据研究目的,本节在输水管道系统的水量、水压满足要求的前提下,从组件的可靠性的角度研究输水管道系统的可靠性。

4.2.2　应用全概率分解法研究输水管道系统的可靠性

4.2.2.1　输水管道系统的逻辑图

输水管道系统的组件有:组成输水干管的管段(以下简称管段)、连通管、三通和阀门。阀门仅在事故或检修时投入使用,平时处于待机状态,为研究方便,认为其是可靠的。因此,将管段、连通管、三通作为系统的组件。

设输水管道系统具备如下性质:① 系统中每个组件具有两种状态——按规定的功能正常工作(简称正常)或故障;② 由组件构成的系统本身也只有两种状态——正常或故障;③ 各个组件的状态是相互独立的。

采用建立在逻辑网络基础上的网络法[31],分析输水管道系统的可靠性。网络法计算系统可靠性,首先要把系统的实物图转化成系统的逻辑图。系统的实物图表明组件之间的实际连接关系;而逻辑图体现了由组件组成的系统的结构。当设置 1~3 条连通管时,输水管道系统的逻辑图如图 4-2-2～图 4-2-4 所示。图 4-2-2～图 4-2-4 中长矩形代表管段,并分别记为 A_1,A_2,…,B_1,B_2,…;圆代表三通,并记为 C_1,C_2,…;短矩形代表连通管,并分别记为 E_1,E_2,…;实线用来连接各个组件。根据系统逻辑图中组件的状态,可分析系统的状态,进而分析、计算系统的可靠性。

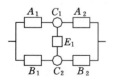

图 4-2-2　一条连通管时
系统逻辑图

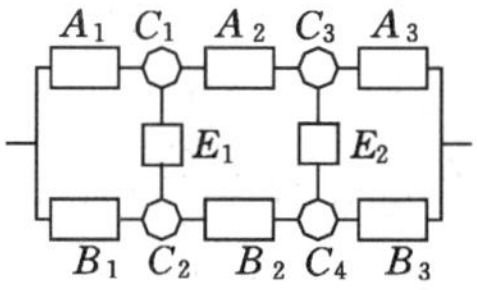

图 4-2-3　两条连通管时
系统逻辑图

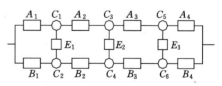

图 4-2-4　三条连通时
系统逻辑图

4.2.2.2　输水管道系统可靠性模型的建立

(1) 分析与计算的依据

将系统逻辑图中各个"组件正常"及"系统正常"用事件表示。为叙述方便,各"组件正常"相应的事件仍用代表各组件的符号表示,即 A_1,A_2,…,B_1,B_2,…分别表示事件"输水干管中各管段正常";C_1,C_2,…分别表示事件"各三通正常";E_1,E_2,…表示事件"各连通管正常"。设事件 S 表示"输水管道系统正常工作"。

由图 4-2-2～图 4-2-4 逻辑图容易看出,输水管道系统不是简单的并串联或串并联系统,不能直接进行可靠性计算。本项研究采用基于 4.1.4 节原理和方法的全概率分解法[31,34],将复杂系统的逻辑图,利用全概率公式逐步分解为并串联或串并联系统,然后进行可靠性计算。

对于图 4-2-2～图 4-2-4 所示系统,设事件 H_i 是系统中由多个组件的不同状态组合所构成的一组事件,$i=1,2,\cdots,n$。若 $H_1,H_2,\cdots,H_n$,满足两两互斥,且 $\bigcup\limits_{i=1}^{n} H_i = \Omega$,则由全概率公式得系统的可靠性 P_S

$$P_S = P(S) = \sum_{i=1}^{n} P(H_i)P(S\,|\,H_i) \tag{4-2-1}$$

式(4-2-1)即是分解法对复杂系统进行可靠性分析与计算的依据。

(2)输水管道系统的可靠性模型的建立

设各管段、各三通、各条连通管的可靠性分别为 P,P_T,P_L。

① 一条连通管。对于图 4-2-2,选定组件 C_1,E_1,C_2 为分解对象,按组件 C_1,E_1,C_2 的不同状态组合写出样本空间为

$\Omega = \{C_1E_1C_2, C_1E_1\overline{C_2}, C_1\overline{E_1}C_2, \overline{C_1}E_1C_2, C_1\overline{E_1}\,\overline{C_2}, \overline{C_1}\,\overline{E_1}C_2, \overline{C_1}E_1\overline{C_2}, \overline{C_1}\,\overline{E_1}\,\overline{C_2}\}$

根据全概率公式得系统的可靠度 P_{S1}:

$$\begin{aligned}
P_{S1} = P(S) = &P(C_1E_1C_2)P(S\,|\,C_1E_1C_2) + P(C_1E_1\overline{C_2})P(S\,|\,C_1E_1\overline{C_2}) + \\
&P(C_1\overline{E_1}C_2)P(S\,|\,C_1\overline{E_1}C_2) + P(\overline{C_1}E_1C_2)P(S\,|\,\overline{C_1}E_1C_2) + \\
&P(C_1\overline{E_1}\,\overline{C_2})P(S\,|\,C_1\overline{E_1}\,\overline{C_2}) + P(\overline{C_1}\,\overline{E_1}C_2)P(S\,|\,\overline{C_1}\,\overline{E_1}C_2) + \\
&P(\overline{C_1}E_1\overline{C_2})P(S\,|\,\overline{C_1}E_1\overline{C_2}) + P(\overline{C_1}\,\overline{E_1}\,\overline{C_2})P(S\,|\,\overline{C_1}\,\overline{E_1}\,\overline{C_2})
\end{aligned} \tag{4-2-2}$$

针对 C_1,E_1,C_2 的不同状态组合,将图 4-2-2 系统逻辑图分解。当已知某一组件故障时,将其从系统中移去;当已知某一组件正常时,系统在该组件处为通路。分解后的系统逻辑图如图 4-2-5 所示。

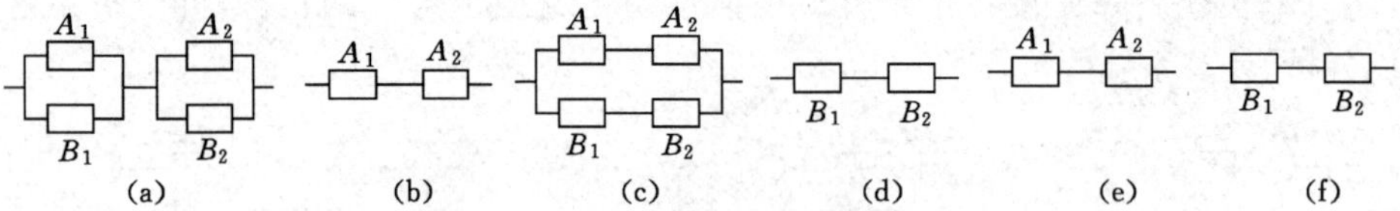

图 4-2-5　从图 4-2-2 导出的逻辑图

(a) $S\,|\,C_1E_1C_2$;(b) $S\,|\,C_1E_1\overline{C_2}$;(c) $S\,|\,C_1\overline{E_1}C_2$;(d) $S\,|\,\overline{C_1}E_1C_2$;(e) $S\,|\,C_1\overline{E_1}\,\overline{C_2}$;(f) $S\,|\,\overline{C_1}\,\overline{E_1}C_2$

分解后的逻辑图 4-2-5 为串联、串并联或并串联系统,可由其计算式(4-2-2)中各项的条件概率。

由式(4-2-2)及图 4-2-5 经分析、计算、整理可以导出:

$$P_{S1} = P(S) = P_T^2 P_L (2P - P^2)^2 + P_T^2(1-P_L)(2P^2 - P^4) + 2P_T(1-P_T)P^2 \tag{4-2-3}$$

式(4-2-3)即为设置一条连通管时,应用全概率分解法研究输水管道系统可靠性的计算模型。

② 两条连通管。对于图 4-2-3,选定组件 E_1,E_2 为分解对象,由组件 E_1,E_2 的不同状态组合,根据全概率公式得系统的可靠度 P_{S2}:

$$P_{S2} = P(S)$$
$$= P(E_1E_2)P(S|E_1E_2) + P(E_1\overline{E_2})P(S|E_1\overline{E_2}) + P(\overline{E_1}E_2)P(S|\overline{E_1}E_2) + P(\overline{E_1}\,\overline{E_2})P(S|\overline{E_1}\,\overline{E_2})$$

$$(4\text{-}2\text{-}4)$$

针对 E_1,E_2 的不同状态组合,将图 4-2-3 分解后的逻辑图如图 4-2-6 所示。

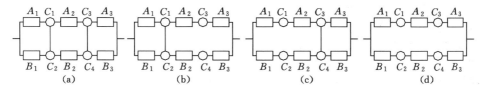

图 4-2-6　从图 4-2-3 导出的逻辑图

(a)$S|E_1E_2$;(b)$S|E_1\overline{E_2}$;(c)$S|\overline{E_1}E_2$;(d)$S|\overline{E_1}\,\overline{E_2}$

由图 4-2-6 可见,分解后的逻辑图(a)、(b)、(c)不属于串并联或并串联系统,尚不能直接计算条件概率,须选定某个或多个组件继续分解,直至转化为串并联或并串联系统为止,然后确定式(4-2-4)中的各项条件概率。例如图 4-2-6(b),选组件 C_1 分解后的逻辑图如图 4-2-7 所示。图 4-2-7(b)需继续分解,选组件 C_2 分解,如图 4-2-8 所示。计算条件概率为

$$P(S|E_1\overline{E_2}) = P(\overline{C_1})P(S|E_1\overline{E_2}\overline{C_1}) + P(C_1)P(S|E_1\overline{E_2}C_1)$$
$$= (1-P_T)P^3P_T^2 + P(C_1)[P(\overline{C_2})P(S|E_1\overline{E_2}C_1\overline{C_2}) + P(C_2)P(S|E_1\overline{E_2}C_1C_2)]$$
$$= (1-P_T)P^3P_T^2 + P_T(1-P_T)P^3P_T + P_T^2(2P-P^2)(2P^2P_T - P^4P_T^2)$$
$$= P^3P_T^2[2(1-P_T) + P_T(2-P)(2-P^2P_T)]$$

$$(4\text{-}2\text{-}5)$$

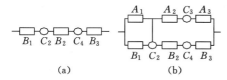

图 4-2-7　从图 4-2-6(b)导出的逻辑图

(a) $S|E_1\overline{E_2}\overline{C_1}$;(b) $S|E_1\overline{E_2}C_1$

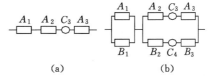

图 4-2-8　从图 4-2-7(b)导出的逻辑图

(a)$S|E_1\overline{E_2}C_1\overline{C_2}$;(b) $S|E_1\overline{E_2}C_1C_2$

同理,对图 4-2-6(a)、(c)逐步分解后可得相应的条件概率。现将式(4-2-4)中各项概率列于表 4-2-1。限于篇幅,图 4-2-6(a)、(c)的分解过程及条件概率的推导从略。

表 4-2-1　　　　　　　　两条连通管时,与系统可靠性有关的各项概率

系统状态	条件概率	E_1,E_2 不同状态组合后的概率
(1)	(2)	(3)
$S|E_1E_2$	$P(S|E_1E_2) = 2(1-P_T)P^3P_T^2(1+3P_T-2PP_T) + P_T^4(2P-P^2)^3$	$P(E_1E_2) = P_L{}^2$
$S|E_1\overline{E_2}$	$P(S|E_1\overline{E_2}) = P^3P_T^2[2(1-P_T) + P_T(2-P)(2-P^2P_T)]$	$P(E_1\overline{E_2}) = P_L(1-P_L)$
$S|\overline{E_1}E_2$	$P(S|\overline{E_1}E_2) = P^3P_T^2[2(1-P_T) + P_T(2-P)(2-P^2P_T)]$	$P(\overline{E_1}E_2) = P_L(1-P_L)$
$S|\overline{E_1}\,\overline{E_2}$	$P(S|\overline{E_1}\,\overline{E_2}) = P^3P_T^2(2-P^3P_T^2)$	$P(\overline{E_1}\,\overline{E_2}) = (1-P_L)^2$

将表 4-2-1 第(2)、第(3)列代入式(4-2-4),即得设置两条连通管时,应用全概率分解法研究输水管道系统可靠性的计算模型。

③ 三条连通管。对于图 4-2-4,选定组件 C_3,E_2,C_4 为分解对象,由组件 C_3,E_2,C_4 的不同状态组合,根据全概率公式得系统的可靠度 P_{S3} 为

$$P_{S3} = P(S) = P(C_3 E_2 C_4)P(S \mid C_3 E_2 C_4) + P(C_3 E_2 \overline{C}_4)P(S \mid C_3 E_2 \overline{C}_4) +$$
$$P(C_3 \overline{E}_2 C_4)P(S \mid C_3 \overline{E}_2 C_4) + P(\overline{C}_3 E_2 C_4)P(S \mid \overline{C}_3 E_2 C_4) +$$
$$P(C_3 \overline{E}_2 \overline{C}_4)P(S \mid C_3 \overline{E}_2 \overline{C}_4) + P(\overline{C}_3 \overline{E}_2 C_4)P(S \mid \overline{C}_3 \overline{E}_2 C_4) +$$
$$P(\overline{C}_3 E_2 \overline{C}_4)P(S \mid \overline{C}_3 E_2 \overline{C}_4) + P(\overline{C}_3 \overline{E}_2 \overline{C}_4)P(S \mid \overline{C}_3 \overline{E}_2 \overline{C}_4) \tag{4-2-6}$$

针对 C_3,E_2,C_4 的不同状态组合,将图 4-2-4 依据全概率公式逐步分解为并串联或串并联逻辑图后,可以导出式(4-2-6)中的各项条件概率。限于篇幅,逻辑图的分解过程及条件概率的推导从略。现将求得的式(4-2-6)中各项概率列于表 4-2-2。

表 4-2-2　　　　　　　三条连通管时,与系统可靠性有关的各项概率

系统状态	条件概率	C_3,E_2,C_4 不同状态组合后概率
(1)	(2)	(3)
$S \mid C_3 E_2 C_4$	$P(S \mid C_3 E_2 C_4) = P_{S1}{}^2$ $= [P_T^2 P_L(2P - P^2)^2 + P_T^2(1 - P_L)(2P^2 - P^4) + 2P_T(1 - P_T)P^2]^2$	$P(C_3 E_2 C_4) = P_T^2 P_L$
$S \mid C_3 E_2 \overline{C}_4$	$P(S \mid C_3 E_2 \overline{C}_4)$ $= P_T^2 P^4 [P_L^2(1 + P_T - PP_T)^2 + 2(1 - P_L)P_L(1 + P_T - PP_T) + (1 - P_L)^2]$	$P(C_3 E_2 \overline{C}_4) = P_T P_L(1 - P_T)$
$S \mid C_3 \overline{E}_2 C_4$	$P(S \mid C_3 \overline{E}_2 C_4) = P_L^2 P_T^2 P^4 [2(1 - P_T)(1 + 3P_T - 2PP_T) + P_T^2(2 - P)^2(2 - P^2)] + 2(1 - P_L)P_L P_T^2 P^4 [P_T(2 - P) \times (2 - P^3 P_T) + 2(1 - P_T)] + P_T^2 P^4(2 - P^4 P_T^2)(1 - P_L)^2$	$P(C_3 \overline{E}_2 C_4) = P_T^2(1 - P_L)$
$S \mid \overline{C}_3 E_2 C_4$	$P(S \mid \overline{C}_3 E_2 C_4) = P(S \mid C_3 E_2 \overline{C}_4)$	$P(\overline{C}_3 E_2 C_4) = (1 - P_T)P_L P_T$
$S \mid C_3 \overline{E}_2 \overline{C}_4$	$P(S \mid C_3 \overline{E}_2 \overline{C}_4) = P(S \mid C_3 E_2 \overline{C}_4)$	$P(C_3 \overline{E}_2 \overline{C}_4) = P_T(1 - P_L)(1 - P_T)$
$S \mid \overline{C}_3 \overline{E}_2 C_4$	$P(S \mid \overline{C}_3 \overline{E}_2 C_4) = P(S \mid \overline{C}_3 E_2 C_4)$	$P(\overline{C}_3 \overline{E}_2 C_4) = P_T(1 - P_L)(1 - P_T)$
$S \mid \overline{C}_3 E_2 \overline{C}_4$	$P(S \mid \overline{C}_3 E_2 \overline{C}_4) = 0$	$P(\overline{C}_3 E_2 \overline{C}_4) = (1 - P_T)(1 - P_L)P_T$
$S \mid \overline{C}_3 \overline{E}_2 \overline{C}_4$	$P(S \mid \overline{C}_3 \overline{E}_2 \overline{C}_4) = 0$	$P(\overline{C}_3 \overline{E}_2 \overline{C}_4) = (1 - P_L)(1 - P_T)^2$

将表 4-2-2 中第(2)、第(3)列代入式(4-2-6),即得设置三条连通管时,应用全概率分解法研究输水管道系统可靠性的计算模型。

4.2.3　应用不交最小路法研究输水管道系统的可靠性

(1) 一条连通管时基于不交最小路法的可靠性模型

对于图 4-2-2 一条连通管时的输水管道系统,采用枚举法确定最小路集为

$$A_1C_1A_2, B_1C_2B_2, A_1C_1E_1C_2B_2, B_1C_2E_1C_1A_2$$

系统正常工作 $S = A_1C_1A_2 + B_1C_2B_2 + A_1C_1E_1C_2B_2 + B_1C_2E_1C_1A_2$

然而,上述各条最小路并非互不相容,应用相容事件的加法公式不便于计算 $P(S)$。现采用"删去留下"法(详见 4.1 节),确定不交最小路集,进而应用互斥事件的加法公式,建立基于不交最小路法的一条连通管的输水管道系统的可靠性 $P(S)$ 的计算模型。具体步骤如下。

① 写出最小路集的矩阵 S 的表示式。即

$$
\begin{array}{cccccccc}
& A_1 & C_1 & A_2 & E_1 & B_1 & C_2 & B_2 \\
S = & \begin{bmatrix} 1 & 1 & 1 & 0 & 0 & 0 & 0 \\ 0 & 0 & 0 & 0 & 1 & 1 & 1 \\ 1 & 1 & 0 & 1 & 0 & 1 & 1 \\ 0 & 1 & 1 & 1 & 1 & 1 & 0 \end{bmatrix} & & & & & & \begin{matrix} E_1 \\ E_2 \\ E_3 \\ E_4 \end{matrix}
\end{array}
\qquad (4\text{-}2\text{-}7)
$$

② 计算向量 $T_j (j=1,2,3,4)$,且便于分析,将最小路集相应的向量一并列出。

$$
\begin{cases}
& A_1 \quad C_1 \quad A_2 \quad E_1 \quad B_1 \quad C_2 \quad B_2 \\
E_1 = (1 & 1 & 1 & 0 & 0 & 0 & 0) \\
E_2 = (0 & 0 & 0 & 0 & 1 & 1 & 1) \\
E_3 = (1 & 1 & 0 & 1 & 0 & 1 & 1) \\
E_4 = (0 & 1 & 1 & 1 & 1 & 1 & 0) \\
T_1 = (1 & 1 & 1 & 0 & 0 & 0 & 0) \\
T_2 = (1 & 1 & 1 & 0 & 1 & 1 & 1) \\
T_3 = (2 & 2 & 1 & 1 & 1 & 2 & 2) \\
T_4 = (2 & 3 & 2 & 2 & 2 & 3 & 2)
\end{cases}
\qquad (4\text{-}2\text{-}8)
$$

③ 确定不交最小路集 $L_{j\mathrm{dis}}, j=1,2,\cdots,m$。运算过程中各最小路或不交最小路均用其相应的向量表示。确定第一条不交最小路 $L_{1\mathrm{dis}} = A_1C_1A_2$,相应向量为 $E_1 = (1110000)$。

比较 T_2 与 E_2,$\begin{cases} E_2 = (0000111) \\ T_2 = (1110111) \end{cases}$,可见,$E_2$ 中元素为零的位置,而 T_2 相应位置的元素不为零的位置号码(由大到小排列)为:$K_1=3, K_2=2, K_3=1$。

把 E_2 对其位置 3 分解为两个分量 $E_2(3)$ 和 $E_2(\bar{3})$,即分别用 1 和 -1 代替 E_2 向量位置 3 上的零。$E_2(3) = (0010111)$,与 E_1 比较,由于 $E_2(3)$ 中有 1 的位置不包含 E_1 全部有 1 的位置,故不符合删去的条件,且 $E_2(3)$ 中各个位置上不存在 -1,故 E_1 与 $E_2(3)$ 也不符合不相交的条件,则对 $E_2(3)$ 应继续分解。

$E_2(\bar{3}) = (00-10111)$,与 E_1 比较,由于 $E_1 = (1110000)$ 中有 1 的位置有一个与 $E_2(\bar{3})$ 中同位置的 -1 相对应,故留下 $E_2(\bar{3})$,则向量 $E_2(\bar{3}) = (00-10111)$ 对应于一条不交最小路。

以下按删去、留下、继续分解的条件进行判断后,为简洁起见仅写出结论。

$E_2(3)(2) = (0110111)$(与 E_1 比较),继续分解;

$E_2(3)(\bar{2}) = (0-110111)$(与 E_1 比较),留下。

$E_2(3)(2)(1)=(1110111)$（与 E_1 比较），删去；

$E_2(3)(2)(\bar{1})=(-1110111)$（与 E_1 比较），留下。

比较 T_3 与 E_3，$\begin{cases} E_3=(1101011) \\ T_3=(2211122) \end{cases}$，得 $K_1=5,K_2=3$。

$E_3(5)=(1101111)$（注意要与 E_1、E_2 比较），删去；

$E_3(\bar{5})=(1101-111)$（与 E_1、E_2 比较），继续。

$E_3(\bar{5})(3)=(1111-111)$（与 E_1、E_2 比较），删去；

$E_3(\bar{5})(\bar{3})=(11-11-111)$（与 E_1、E_2 比较），留下。

比较 T_4 与 E_4，$\begin{cases} E_4=(0111110) \\ T_4=(2322232) \end{cases}$，得 $K_1=7,K_2=1$。类似上述方法，逐步比较，可得留下的向量为 $E_4(\bar{7})(\bar{1})=(-111111-1)$。

将上述留下的向量汇总，即得构成该系统工作的不交最小路集的矩阵表示式为

$$S=\begin{array}{c}\begin{array}{ccccccc} A_1 & C_1 & A_2 & E_1 & B_1 & C_2 & B_2 \end{array} \\ \begin{bmatrix} 1 & 1 & 1 & 0 & 0 & 0 & 0 \\ 0 & 0 & -1 & 0 & 1 & 1 & 1 \\ 0 & -1 & 1 & 0 & 1 & 1 & 1 \\ -1 & 1 & 1 & 0 & 1 & 1 & 1 \\ 1 & 1 & -1 & 1 & -1 & 1 & 1 \\ -1 & 1 & 1 & 1 & 1 & 1 & -1 \end{bmatrix}\end{array} \qquad (4\text{-}2\text{-}9)$$

在式(4-2-9)中，数"1"表示对应位置的组件正常，数"-1"表示对应位置的组件故障，数"0"表示不含对应位置的组件，据此可写出由组件表示的不交最小路，例如该矩阵第 6 行相应的不交最小路为 $\overline{A_1}C_1A_2E_1B_1C_2\overline{B_2}$。

④ 建立一条连通管的输水管道系统基于不交最小路法的可靠度计算模型。由于系统正常工作 S 这一事件等于各不交最小路之和，故应用互斥事件概率的加法公式，图 4-2-2 所示一条连通管的输水管道系统的可靠度为

$$P_{S1}=P(S)=P(A_1C_1A_2)+P(\overline{A_2}B_1C_2B_2)+P(\overline{C_1}A_2B_1C_2B_2)+P(\overline{A_1}C_1A_2B_1C_2B_2)+$$

$$P(A_1C_1\overline{A_2}E_1\overline{B_1}C_2B_2)+P(\overline{A_1}C_1A_2E_1B_1C_2\overline{B_2})$$

$$=P^2P_T+(1-P)P^2P_T+(1-P_T)P^3P_T+(1-P)P^3P_T^2+P^2(1-P)^2P_T^2P_L+$$

$$(1-P)^2P_T^2P^2P_L \qquad (4\text{-}2\text{-}10)$$

对于同一系统，利用全概率分解法与不交最小路法所得模型计算系统的可靠度，其结果必定是相同的。例如，若管段、三通、连通管的可靠性分别为 $P=0.9,P_T=0.8,P_L=0.95$ 时，由式(4-2-10)、式(4-2-3)，计算一条连通管时输水管道系统的可靠度均为 0.885 9。

(2) 两条连通管时基于不交最小路法的可靠性模型

对于图 4-2-3 所示两条连通管时的输水管道系统，采用枚举法确定最小路集为

$A_1C_1A_2C_3A_3,A_1C_1E_1C_2B_2C_4B_3,A_1C_1E_1C_2B_2C_4E_2C_3A_3,A_1C_1A_2C_3E_2C_4B_3,$

$B_1C_2B_2C_4B_3,B_1C_2E_1C_1A_2C_3A_3,B_1C_2B_2C_4E_2C_3A_3,B_1C_2E_1C_1A_2C_3E_2C_4B_3$

应用不交最小路法，建立该系统可靠性计算模型的步骤如下。

① 写出最小路集的矩阵 S 的表示式，即

$$S=\begin{array}{c} \begin{array}{cccccccccccc} A_1 & C_1 & A_2 & C_3 & A_3 & E_1 & E_2 & B_1 & C_2 & B_2 & C_4 & B_3 \end{array} \\ \begin{bmatrix} 1 & 1 & 1 & 1 & 1 & 0 & 0 & 0 & 0 & 0 & 0 & 0 \\ 1 & 1 & 0 & 0 & 0 & 1 & 0 & 0 & 1 & 1 & 1 & 1 \\ 1 & 1 & 0 & 1 & 1 & 1 & 1 & 0 & 1 & 1 & 1 & 0 \\ 1 & 1 & 1 & 1 & 0 & 0 & 1 & 0 & 0 & 0 & 1 & 1 \\ 0 & 0 & 0 & 0 & 0 & 0 & 0 & 1 & 1 & 1 & 1 & 1 \\ 0 & 1 & 1 & 1 & 1 & 1 & 0 & 1 & 1 & 0 & 0 & 0 \\ 0 & 0 & 0 & 1 & 1 & 0 & 1 & 1 & 1 & 1 & 1 & 0 \\ 0 & 1 & 1 & 1 & 0 & 1 & 1 & 1 & 1 & 0 & 1 & 1 \end{bmatrix} \begin{array}{l} E_1 \\ E_2 \\ E_3 \\ E_4 \\ E_5 \\ E_6 \\ E_7 \\ E_8 \end{array} \end{array} \qquad (4\text{-}2\text{-}11)$$

② 计算向量 $T_j(j=1,2,\cdots,8)$。利用式(4-1-18)，得

$$\begin{array}{c} \begin{array}{cccccccccccc} A_1 & C_1 & A_2 & C_3 & A_3 & E_1 & E_2 & B_1 & C_2 & B_2 & C_4 & B_3 \end{array} \\ \left\{ \begin{array}{l} T_1=(1 \quad 1 \quad 1 \quad 1 \quad 1 \quad 0 \quad 0 \quad 0 \quad 0 \quad 0 \quad 0 \quad 0) \\ T_2=(2 \quad 2 \quad 1 \quad 1 \quad 1 \quad 1 \quad 0 \quad 0 \quad 1 \quad 1 \quad 1 \quad 1) \\ T_3=(3 \quad 3 \quad 1 \quad 2 \quad 2 \quad 2 \quad 1 \quad 0 \quad 2 \quad 2 \quad 2 \quad 1) \\ T_4=(4 \quad 4 \quad 2 \quad 3 \quad 2 \quad 2 \quad 2 \quad 0 \quad 2 \quad 2 \quad 3 \quad 2) \\ T_5=(4 \quad 4 \quad 2 \quad 3 \quad 2 \quad 2 \quad 2 \quad 1 \quad 3 \quad 3 \quad 4 \quad 3) \\ T_6=(4 \quad 5 \quad 3 \quad 4 \quad 3 \quad 2 \quad 2 \quad 2 \quad 4 \quad 3 \quad 4 \quad 3) \\ T_7=(4 \quad 5 \quad 3 \quad 5 \quad 4 \quad 3 \quad 3 \quad 3 \quad 5 \quad 4 \quad 5 \quad 3) \\ T_8=(4 \quad 6 \quad 4 \quad 6 \quad 4 \quad 4 \quad 4 \quad 4 \quad 6 \quad 4 \quad 6 \quad 4) \end{array} \right. \end{array} \qquad (4\text{-}2\text{-}12)$$

③ 确定不交最小路集 $L_{j\mathrm{dis}},j=1,2,\cdots,m$。运算过程中各最小路或不交最小路均用其相应的向量表示。当 $j=1$ 时，确定第一条不交最小路 $L_{1\mathrm{dis}}$ 为 $A_1C_1A_2C_3A_3$，相应的向量为 $E_1=(111110000000)$。

对 $j=2,\cdots,8$，逐一比较 T_j 与 E_j，确定 E_j 中元素为零的位置，而 T_j 相应位置的元素不为零的位置号码为 $K_1,K_2,\cdots,K_p(p<M)$，一般地，记为 $K_r,r=1,2,\cdots,p$。

把 E_j 对 K_r 分解为两个分量 $E_j(K_r)$ 和 $E_j(\overline{K_r})$，即分别用 1 和 -1 代替 E_j 向量第 K_r 位置上的零。然后，分别将 $E_j(K_r)$ 和 $E_j(\overline{K_r})$ 与 $E_i(i<j)$ 比较，检查 $E_j(K_r)$ 和 $E_j(\overline{K_r})$ 是否留下、删去，还是继续分解。留下的向量，即是不交最小路集的子集。

例如，比较 T_2 与 E_2，得 $K_1=5,K_2=4,K_2=3$。

$E_2(5)=(1110011001111)$，与 E_1 比较，继续分解；

$E_2(\overline{5})=(1100-11001111)$，与 E_1 比较，留下。

$E_2(5)(4)=(110111001111)$，与 E_1 比较，继续分解；

$E_2(5)(\overline{4})=(110-111001111)$，与 E_1 比较，留下。

$E_2(5)(4)(3)=(111111001111)$，与 E_1 比较，删去；

$E_2(5)(4)(\overline{3})=(11-1111001111)$，与 E_1 比较，留下。

以此类推，进一步对 $j=3,\cdots,8$，逐一比较 T_j 与 E_j，确定 $K_r,r=1,2,\cdots,p$，然后把 E_j 对 K_r 分解为两个分量 $E_j(K_r)$ 和 $E_j(\overline{K_r})$，并分别与 $E_i(i<j)$ 比较，作出是否留下、删除、继

续分解的判断。需要注意的是，$E_j(K_r)$ 和 $E_j(\overline{K_r})$ 在与 $E_i(i<j)$ 比较时，删除的条件是 "$E_j(K_r)$ 中有 1 的位置包含了任一 $E_i(i<j)$ 全部有 1 的位置"；而留下的条件是"每个 $E_i(i<j)$ 中有 1(−1) 的位置至少有一个与 $E_j(K_r)$ 中同位置的 −1(1) 相对应"。

对于两条连通管时的 8 条相容最小路相应的向量，除 E_1 直接留下外，对其他各条经逐一比较、分析，判断是否删去、留下或继续分解，进而求得 $L_{1dis}=A_1C_1A_2C_3A_3$，$L_{2dis}=A_1C_1\overline{A_3}E_1C_2B_2C_4B_3$，$L_{3dis}=A_1C_1\overline{C_3}A_3E_1C_2B_2C_4B_3$，…，等等，共 78 条不交最小路，限于篇幅，不一一列出。

④ 建立基于不交最小路法的可靠性计算模型。根据所求不交最小路集，则可得两条连通管的输水管道系统的可靠性 P_{S2} 的计算模型为

$$P_{S2}=\sum_{j=1}^{78}P(L_{jdis}) \tag{4-2-13}$$

若假设管段、三通、连通管的可靠度分别 $P=0.9$，$P_T=0.8$，$P_L=0.7$，经验证，对于两条连通管的输水管道系统，采用基于不交最小路法的系统可靠度计算式(4-2-13)、基于全概率分解法的系统可靠度计算式(4-2-4)，分别计算该系统的可靠度，其计算结果是相同的，均为 0.749 9。验证了所得模型的正确性。

采用不交最小路法推求系统的可靠度，便于编写计算程序，利用计算机求解，这是此法的突出优点。因此，该法适用于组件数目较大且较复杂的系统。

同上方法，可建立基于不交最小路法的三条连通管时输水管道系统的可靠性计算模型，限于篇幅，不再赘述。

4.2.4 输水管道系统的可靠性计算与敏感性分析

4.2.4.1 输水管道系统的可靠性计算

当输水管道的管材、管径、施工安装、运行、维护管理等情况相同时，其故障率是相同的，而管段长度减小，其可靠性应增大。因此，长度一定的输水管道，当连通管条数不同时，管段长度不同，可靠性也不同，按指数分布计算[35]：

$$P=R(t)=e^{-\lambda Lt} \tag{4-2-14}$$

式中，P，$R(t)$ 为管段的可靠性；λ 为故障率，次/($a\cdot km$)；L 为管段长，km；t 为计算时段，a。

由式(4-2-14)可见，计算时段一定时，管段的可靠性取决于管段的长度和故障率。输水管道长度、故障率一定时，管段长度将随连通管个数增多而减小，其可靠性 P 将随连通管个数增多而增大。

以长度 4 km，6 km，8 km，10 km，管径 500~1 000 mm 的输水管道为例进行计算。计算中，计算时段 $t=1$ a，故障率 λ 根据文献[35]中管径 500~1 000 mm 的实测数据，采用 0.05，0.08，0.11 三种情况，由式(4-2-14)可计算不同连通管条数时管段的可靠性。在管段的可靠性一定时，针对三通、连通管不同可靠性 P_T、P_L 的大量数据，利用本节所得的不同连通管条数的计算模型对系统的可靠性进行计算。限于篇幅，表 4-2-3 列出了部分计算结果，以示一斑。

表 4-2-3 不同连通管条数的输水管道系统的可靠性

输水干管长 /km	故障率 /[次/(a·km)]	连通管条数	管段长度 /km	管段 可靠性 P	系统可靠性 P_S		
					$P_T=0.96$ $P_L=0.95$	$P_T=0.90$ $P_L=0.98$	$P_T=0.90$ $P_L=0.90$
6	0.05	1	3	0.860 7	0.941 7	0.911 7	0.909 9
		2	2	0.904 8	0.941 7	0.886 2	0.882 9
		3	1.5	0.927 7	0.939 6	0.862 4	0.857 9
	0.08	1	3	0.786 6	0.884 5	0.848 4	0.844 7
		2	2	0.852 1	0.893 9	0.829 7	0.824 2
		3	1.5	0.886 9	0.897 1	0.809 9	0.803 1
8	0.05	1	4	0.818 7	0.911 5	0.877 6	0.874 7
		2	2.667	0.875 2	0.916 4	0.855 5	0.851 0
		3	2	0.904 8	0.916 9	0.833 7	0.827 9
	0.08	1	4	0.726 6	0.825 4	0.786 6	0.781 5
		2	2.667	0.807 9	0.844 6	0.776 1	0.768 8
		3	2	0.852 1	0.853 6	0.761 0	0.752 2

由表 4-2-3 数据可知,随连通管条数增加,输水系统的可靠性可能降低也可能提高,主要取决于管段可靠性 P 与三通可靠性 P_T 的大小关系。一般地,当三通的可靠性 P_T 明显高于管段的可靠性 P 时,随连通管条数增加,系统可靠性有所提高;反之,系统的可靠性有所降低。

文献[35]认为,对于两条输水管道,连通管条数为 $n-1$,输水管道每个管段的可靠度为 r 时,两条输水管的可靠度为

$$R(t) = (2r - r^2)^n \qquad (4\text{-}2\text{-}15)$$

在此基础上,文献[35]得出了"多设连通管,输水干管系统的可靠性有所降低"的结论,故从可靠性理论讲,连通管不宜多设的结论。

依据笔者的研究成果,对不同连通管条数时的计算模型进行分析,不难得出,式(4-2-15)仅仅是 $P_T=1$ 和 $P_L=1$ 时的特例,不具有普遍意义。

笔者认为,文献[35]的研究有两点欠妥:其一,没有考虑连通管以及输水干管与连通管连接处的三通的可靠性;其二,文献[35]计算系统的可靠度时,输水干管中管段的长度不同,其可靠性却采用了相同的值。实际上,长度一定的输水管道,连通管条数不同时,将输水干管分成的管段的长度是不同的,其可靠性也不相同(见表 4-2-3)。此外,文献[35]所得"多设连通管,输水干管系统的可靠性有所降低"的结论具有局限性。

4.2.4.2　输水管道系统可靠性的敏感性分析

当连通管条数一定时,为进一步分析输水管道系统中组件可靠性变化对系统可靠性的影响,在管段、三通、连通管三者中任意两个的可靠性一定时,其三变化 10%,计算系统可靠性的变化,限于篇幅,表 4-2-4 列出了部分计算结果,以示一斑。

表 4-2-4　　　　　　　管段、三通、连通管的可靠性变化对系统可靠性的影响

连通管条数	输水干管长/km	故障率/[次/(a·km)]	基本数据		P 降低 10%		P_T 降低 10%		P_L 降低 10%	
			管段可靠性 P	系统可靠性 P_S $\begin{pmatrix} P_T=0.96 \\ P_L=0.95 \end{pmatrix}$	系统可靠性 P_S	变幅/%	系统可靠性 P_S	变幅/%	系统可靠性 P_S	变幅/%
1	6	0.05	0.860 7	0.941 7	0.873 6	−7.2	0.890 8	−5.4	0.939 2	−0.3
		0.08	0.786 6	0.884 5	0.805 6	−8.9	0.823 4	−6.9	0.879 6	−0.6
	8	0.05	0.818 7	0.911 5	0.836 6	−8.2	0.854 1	−6.3	0.907 6	−0.4
		0.08	0.726 1	0.825 4	0.741 6	−10.2	0.759 6	−8.0	0.818 4	−0.8
2	6	0.05	0.904 8	0.941 7	0.852 2	−9.5	0.845 3	−10.2	0.938 2	−0.4
		0.08	0.852 1	0.893 9	0.792 4	−11.4	0.784 4	−12.2	0.887 3	−0.7
	8	0.05	0.875 2	0.916 4	0.819 6	−10.6	0.811 9	−11.4	0.911 2	−0.6
		0.08	0.807 9	0.844 6	0.736 8	−12.8	0.728 5	−13.7	0.835 4	−1.1
3	6	0.05	0.927 7	0.939 6	0.829 9	−11.7	0.804 6	−14.4	0.935 6	−0.4
		0.08	0.886 9	0.897 1	0.775 2	−13.6	0.747 9	−16.6	0.889 8	−0.8
	8	0.05	0.904 8	0.916 9	0.799 9	−12.8	0.773 2	−15.7	0.911 1	−0.6
		0.08	0.852 1	0.853 6	0.724 7	−15.1	0.696 8	−18.4	0.843 4	−1.2

计算表明,管段和三通的可靠性变化,是影响系统可靠性的敏感性因素,且影响程度随管段故障率的增大、连通管条数的增加越加明显。

4.2.5　研究结论

(1)本项研究采用全概率分解法和不交最小路法,对设置连通管的输水管道复杂系统的可靠性进行了分析,建立的输水管道系统的可靠性计算模型,为输水管道系统可靠性计算奠定了理论基础。

(2)当输水管道的故障率一定时,管段长度越大,可靠性越低。

(3)计算表明,随连通管条数的增加,输水系统的可靠性可能降低也可能提高。一般地,当三通的可靠性 P_T 明显高于管段的可靠性 P 时,随连通管条数增加,系统可靠性有所提高;反之,系统的可靠性有所降低。

(4)输水管道系统中,管段和三通的可靠性变化是影响系统可靠性的敏感性因素。

本项研究成果对于输水管道系统的设计、组件的选择、施工安装与维护管理以及寻求系统最大可靠性途径,具有重要的指导作用。

4.3　水泵机组运行的可靠性研究

4.3.1　前言

在泵站设计中,确定水泵的配套电动机功率时,目前的做法是根据水泵运行中高效区内

的可能最大轴功率除以传动装置的效率并乘以功率备用(安全)系数。功率备用系数大于
1,其实质是人们对影响轴功率的众多不确定因素的估计,以期实现水泵和配套的电动机运
行可靠。然而,《泵站设计规范》(GB 50265—2010)[36]中未区分泵型,笼统地给出功率备用
系数的取值范围为 1.05～1.10,这使功率备用系数的确定具有一定的任意性;有些文献中按
轴功率的大小规定功率备用系数的取值范围,这种方法缺乏理论依据。并且,现行方法不能
定量地度量机组运行的可靠性。实际工作中,常常出现两种不合理现象。一种情况是,功率
备用系数选的偏小,使电动机运行时出现超载现象,水泵机组不能正常运行,甚至电动机有
烧毁的危险。例如,某供水泵站,选用上海水泵厂生产的 20Sh-13 型双吸卧式离心泵,为其
配套的电动机型号为 YR400-6 型,水泵高效区可能最大流量对应的轴功率为 246.5 kW,配
套电动机的功率为 280 kW,功率备用系数为 1.14,但由于运行中出现了需要扬程变小、出水
流量加大的情况,使得水泵工况点超出水泵高效区最大流量的 25%,而导致运行中轴功率
大于 246.5 kW。因此,尽管功率备用系数达 1.14,已超出目前规范要求的 1.05～1.10,但仍
偏小,运行中出现电动机的功率长期超过额定功率的现象,使水泵机组不能正常运行。另一
种情况是,功率备用系数取的偏大,电动机负荷不足,不能充分发挥电动机的效能,使电动机
的效率和功率因数降低,将增加电能消耗,造成不应有的浪费。例如,某泵站选用 20ZLB-70
型轴流泵,高效区最大轴功率 65.6 kW,所选配的电动机型号为 JRL12-10 型,配套电动机的
功率为 80 kW,其功率备用系数为 1.22,使得电动机功率超配,电动机长期不能满载运行,电
动机效率和功率因数降低,造成大量能源的浪费及运行费用增加。

　　鉴于上述问题,笔者从水泵与电动机配套运行的角度,对水泵机组运行的可靠性进行研
究[25-26],给出了水泵机组运行的可靠度的表达式,将功率备用系数与机组运行的可靠性联
系起来;应用概率统计方法建立了水泵机组运行的可靠度的计算模型,并研究了切实可行的
计算方法,为水泵与电动机的合理配套提供了科学的依据;对多种泵型、不同功率备用系数
时水泵机组运行的可靠度进行了计算,并对计算结果进行了分析,得出了有价值的结论。

4.3.2　水泵机组运行可靠性的度量

　　在 4.1 节可靠性与可靠度定义中,论述的对象泛指产品,本节中可靠性问题的对象是指
水泵机组。影响水泵机组运行可靠性的因素主要有:一是各设备本身的技术状况,包括水
泵、电动机、传动装置等;二是水泵与电动机是否合理配套。根据本节内容的研究目的,这里
在各设备本身正常的情况下(指正常使用时具有良好的工作性能),仅从水泵和电动机配套
的角度,研究水泵机组运行的可靠性。于是,水泵机组运行的可靠度可表达为:

$$P_S = P(N \leqslant N_{配} \cdot \eta_{传})$$
$$= P(N \leqslant K \cdot N^*) \tag{4-3-1a}$$

式中,P_S 为水泵机组运行可靠度;N 为水泵轴功率,kW;N^* 为水泵运行中高效区内可能最
大轴功率,kW;$\eta_{传}$ 为传动装置效率;K 为功率备用系数;$N_{配}$ 为水泵配套的电动机功率,
kW,$N_{配} = K \cdot N^* / \eta_{传}$。

　　为研究方便,认为电动机一旦选定,其输出功率 $N_{配}$ 是确定的,运行中 $\eta_{传}$ 也按确定的值
考虑。因此,电动机和传动装置一定时,考虑传动装置损失的功率后,电动机作用在水泵轴
上的功率 $N_{配} \cdot \eta_{传}$(即 $K \cdot N^*$)为确定的值;而由于水泵运行中受众多因素的影响,水泵的
轴功率 N 为连续型随机变量。

式(4-3-1a)表明,在各设备本身正常的情况下,水泵运行过程中,$N \leqslant K \cdot N^*$时,水泵机组运行处于可靠状态;反之,机组运行处于故障状态。

4.3.3 水泵机组运行可靠性的计算模型

设轴功率N的概率密度函数为$f_N(n)$,n_{min}为轴功率N可能取的最小值,根据概率理论,由式(4-3-1a)计算水泵机组运行可靠度可进一步表达为

$$P_S = P(N \leqslant K \cdot N^*)$$
$$= \int_{n_{min}}^{K \cdot N^*} f_N(n)\mathrm{d}n \qquad (4\text{-}3\text{-}1b)$$

目前,因$f_N(n)$的分布形式和统计参数未知,故由式(4-3-1b)直接计算水泵机组运行可靠度是困难的,但可以从轴功率的主要影响因素的不确定性入手,分析确定$f_N(n)$。

4.3.3.1 轴功率的影响因素分析

笔者曾研究了仅考虑出水流量Q的不确定性对轴功率N的影响时,水泵机组运行的可靠度的计算方法[26]。而实际上在水泵运行过程中,下述情况均可使轴功率发生变化:① 出水流量的变化;② 水泵需要扬程$H_需$的变化,将引起工作点移动,使出水流量变化;③ 电压波动将使电动机转速变化,从而导致水泵转速变化;④ 水泵制造和性能试验中的允许误差;⑤ 水泵陈旧后,摩阻增加;⑥ 其他工作条件的变化,如水中含沙量过大、水泵填料过紧或过松等。上述使轴功率发生变化的因素,可以归纳为四个方面:出水流量Q、运行条件、设备质量、技术状况。

在水泵运行过程中,由于出水流量Q受众多因素的影响,是一随机变量,其取值q具有较大的变化幅度,它的变化将会引起轴功率N的取值n发生明显的改变,甚至会超出高效区,导致水泵运行时的轴功率大于高效区可能最大轴功率N^*。现以离心泵为例,结合图4-3-1进行分析。根据水泵性能试验数据建立轴功率N的取值n与出水流量Q的取值q的关系、扬程H与q的关系以及水泵的净扬程H_{ST1}一定时,需要扬程$H_需$与q的关系,分别如图4-3-1中的n-q线、H-q线、$H_{需1}$-q线。对于离心泵,当用户用水量增大时,水泵出水流量取值q增大,轴功率的取值n也随之加大。对于城镇供水泵站(均为离心泵),当用户用水量大于设计条件下的用水量时,管网压力将下降,水泵的净扬程H_{ST}随之下降,例如由H_{ST1}减小为H_{ST2},如图4-3-1所示,这使水泵的工作点由点A'移动到点A'',使之超出高效区,水泵出水流量取值由点q'移动到点q'',q''大于高效区可能最大流量q^*,从而水泵的轴功率取值由点n'变为n'',超过q^*相应的高效区可能最大轴功率N^*。而对于轴流泵,如农田灌排泵站有些采用轴流泵,运行中若当河水位变化导致净扬程H_{ST}加大时,需要扬程$H_需$增大,出水流量q减小,也可能使轴功率超出高效区可能最大轴功率N^*。

对于符合运行要求的运行条件、设备质量和技术状况对轴功率的影响表现在:当出水流量一定时,水泵运行的轴功率并不唯一确定,而是在一个较小的范围内随机波动,前述n-q线则是平均情况。

综上所述,出水流量是影响轴功率变化的主要因素,但不是唯一因素。以下建立将出水流量作为主要影响因素,也考虑其他影响因素的计算模型。

4.3.3.2 水泵机组运行可靠性的计算模型

设轴功率N和出水流量Q的联合密度函数为$f(n,q)$,出水流量$Q=q$条件下轴功率N

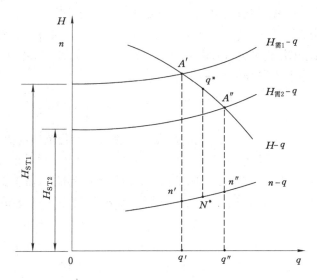

图 4-3-1　离心泵轴功率变化示意图

的条件概率密度函数为 $f(n|q)$，出水流量 Q 的边缘密度函数为 $f_Q(q)$，由式(1-4-13)，得

$$f(n,q) = f(n|q) f_Q(q) \tag{4-3-2}$$

而由式(1-4-10)，得轴功率 N 的边缘密度函数 $f_N(n)$ 为

$$f_N(n) = \int_{-\infty}^{+\infty} f(n,q)\mathrm{d}q$$

$$= \int_{-\infty}^{+\infty} f(n|q) f_Q(q)\mathrm{d}q \tag{4-3-3a}$$

在水泵运行过程中，设出水流量 Q 可能取的最小值为 $q_{\min}$，最大值为 $q_{\max}$，则式(4-3-3a)变为

$$f_N(n) = \int_{q_{\min}}^{q_{\max}} f(n|q) f_Q(q)\mathrm{d}q \tag{4-3-3b}$$

将式(4-3-3b)代入式(4-3-1b)，得

$$P_S = \int_{n_{\min}}^{K \cdot N^*} \int_{q_{\min}}^{q_{\max}} f(n|q) f_Q(q)\mathrm{d}q\,\mathrm{d}n \tag{4-3-4}$$

由条件概率密度函数 $f(n|q)$ 表明，出水流量 Q 取值 q 一定时，由于受出水流量以外的其他因素的影响，轴功率 N 不是对应一个确定的值，而是有一个分布与之对应。因此，式(4-3-4)所表达的计算模型除考虑了出水流量的不确定性外，也考虑了其他不确定性因素对轴功率的影响。

显然，利用式(4-3-4)计算给定功率备用系数 K 相应的可靠度 P_S，首先要确定式中的 $f(n|q)$ 和 $f_Q(q)$。

4.3.4　不确定性因素的概率分布和参数的确定

4.3.4.1　$f(n|q)$ 的分布类型及参数的确定

在 Q 取值 q 条件下，随机变量 N 受运行条件、设备质量和技术状况等方面的影响，这些方面包含了许多不确定因素，且无法肯定哪一因素占主导地位，这些因素可以看作是相互

独立的,根据 1.7.2 节中心极限定理,可以认为 $f(n\,|\,q)$ 为正态分布。

$f(n\,|\,q)$ 分布的均值 $E(N\,|\,q)$ 为条件期望值,即某一出水流量 q 相应轴功率 N 的期望值,简记为 $\overline{n}(q)$,此值取决于轴功率的取值 n 与出水流量的取值 q 的转换关系,在水泵性能曲线中二者的关系可用下式拟合

$$\overline{n}(q) = A + Bq + Cq^2 \tag{4-3-5}$$

式中,A,B,C 为待定系数。

按式(4-3-5)拟合时,对于离心泵,应满足在出水流量的变化范围内 $n-q$ 是单调增的;对于轴流泵,应满足在出水流量的变化范围内 $n-q$ 是单调减的;而对于混流泵,在出水流量的变化范围内 $n-q$ 可能单调减,也可能单调减,还可能保持不变,需根据具体情况确定。

$f(n\,|\,q)$ 分布的均方差 $\sigma_{N\,|\,q}(q)$,简记为 $\sigma(q)$,反映的是在具体 q 情况下,N 在均值 $\overline{n}(q)$ 附近的离散状况,该值是 q 的函数,但由于缺乏同一出水流量时,轴功率 N 不同取值的资料,无法由实测资料求得。该值可由出水流量 q 一定时轴功率波动的可能范围来确定。参考国标《回转动力泵 水力性能验收试验 1 级、2 级和 3 级》(GB/T 3216—2016)[37] 中的有关规定,并考虑其他因素的影响,经分析研究,出水流量取值 q 一定时,轴功率 N 的随机波动范围取轴功率均值 $\overline{n}(q)$ 的 $\pm10\%$ 是合理的。由正态分布理论可知,q 一定时,N 取值落在 $[\overline{n}(q)-4\sigma(q),\overline{n}(q)+4\sigma(q)]$ 范围内几乎是必然的,据此可得 $4\sigma(q)=10\%\overline{n}(q)$,即

$$\sigma(q) = 0.025\overline{n}(q) \tag{4-3-6}$$

因此,密度函数 $f(n\,|\,q)$ 为

$$f(n\,|\,q) = \frac{1}{\sigma(q)\sqrt{2\pi}} \exp\{-[n-\overline{n}(q)]^2/2\sigma^2(q)\} \tag{4-3-7}$$

4.3.4.2　$f_Q(q)$ 的分布类型及参数的确定

(1) $f_Q(q)$ 的分布类型的确定

出水流量 Q 的随机变化,受资料限制,目前尚无法给出确切的概率分布。在可靠性设计中,对某一随机变量常常是在合理和可行的前提下假定概率分布的类型[38-41],研究表明,当可靠度 $P_S\leqslant0.999$ 时,概率分布类型(当然是合理的假定)对 P_S 的影响不敏感[39-40]。在已知某一随机变量的最大、最小、最可能取值的情况下,可以假设其近似服从三角形分布或梯形分布[38-41]。设出水流量 Q 可能取的最小、最大、最可能值分别为 $q_{\min}$,$q_{\max}$,q_0,水泵高效区左、右端点的流量分别为 q_1,q_3,则出水流量 Q 分别采用三角形分布和梯形分布时,密度函数图形如图 4-3-2、图 4-3-3 所示。

按三角形分布,则认为出水流量 Q 的最可能值为水泵的额定流量;按梯形分布,则认为出水流量 Q 的最可能值可取高效区内流量的任一值。由于水泵选型时一般要求工况点在高效区范围内,最好在水泵的额定流量下或其附近,因而实际运行时,高效区范围的流量以及等于或接近水泵额定流量的情况出现的机会最多,因此出水流量 Q 采用三角形分布和梯形分布均是合理和可行的。笔者在研究过程中,通过对常用的 60 种泵型分别采用三角形和梯形分布时,对不同功率备用系数相应的机组运行可靠度进行计算与比较,发现这两种分布类型对水泵机组运行可靠度的计算结果影响不明显,梯形分布时的结果比三角形分布的略小。基于对这两种分布类型计算结果的比较,以及可靠度计算模型中没能考虑的一些不确定性因素,从安全角度出发,最终确定出水流量 Q 的分布采用梯形分布。

利用密度函数的归一性性质,确定图 4-3-3 所示的梯形分布密度函数为

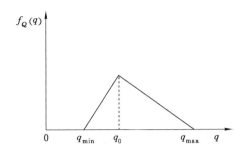

图 4-3-2　三角形分布密度函数图　　　　图 4-3-3　梯形分布密度函数图

$$f_Q(q) = \begin{cases} \dfrac{2(q - q_{min})}{(q_1 - q_{min})(q_3 - q_1 + q_{max} - q_{min})}, & (q_{min} \leqslant q < q_1) \\[3mm] \dfrac{2}{q_3 - q_1 + q_{max} - q_{min}}, & (q_1 \leqslant q < q_3) \\[3mm] \dfrac{2(q - q_{max})}{(q_3 - q_{max})(q_3 - q_1 + q_{max} - q_{min})}, & (q_3 \leqslant q \leqslant q_{max}) \\[3mm] 0, & (其他) \end{cases} \quad (4\text{-}3\text{-}8)$$

（2）分布参数的确定

① q_1，q_3 的确定。q_1，q_3 的值根据具体泵型可由《泵产品样本》[42]中查得。

② q_{min} 和 q_{max} 的确定。水泵实际运行时，由于各种不确定因素的影响，不会总是在高效区或其附近运行。对于离心泵，由于闭阀启动，最小流量 $q_{min} = 0$；运行中可能出现的最大流量，通过对已建泵站的实际运行情况调查分析，可能出现的最大流量 q_{max} 可达高效区最大流量的 1.3 倍，超出此值的情况出现机会较少，可以忽略不计。对于轴流泵，当实际运行的出水流量为水泵额定流量的 $40\%\sim60\%$ 时，性能曲线出现拐点，水泵在此区域运行性能不稳定，选型时总是避免此种情况发生，并且由于轴流泵可通过变角调节流量，因此，一定叶片安装角情况下，轴流泵的工作范围比较小，再加上轴流泵性能曲线较陡，根据目前选配电动机的情况，经分析研究出水流量可能取的最小值 q_{min} 取水泵额定流量的 80%；而 q_{max} 取高效区最大流量的 1.2 倍。

上述各参数确定后，式(4-3-8)就唯一确定了。

4.3.5　水泵机组运行可靠性的计算方法

将式(4-3-7)、式(4-3-8)代入式(4-3-4)，就可对具体型号的水泵给定功率备用系数 K，计算相应的水泵机组运行可靠性 P_S，由于积分式复杂，难以得到解析解。实际计算时，可采用离散化叠加的方法进行计算，具体方法如下：

由式(4-3-4)可得

$$P_S = \int_{q_{min}}^{q_{max}} \left[\int_{n_{min}}^{K \cdot N^*} f(n \mid q) \mathrm{d}n \right] f_Q(q) \mathrm{d}q$$

$$= \int_{q_{min}}^{q_{max}} F_n(q) f_Q(q) \mathrm{d}q \qquad (4\text{-}3\text{-}9)$$

式中，$F_n(q) = \int_{n_{min}}^{K \cdot N^*} f(n \mid q) \mathrm{d}n$。

将式(4-3-9)积分区间$[q_{min},q_{max}]$分成L个小区间,并设$\overline{q_i}$为第i个小区间的平均流量,$i=1,2,\cdots,L$;$F_n(\overline{q_i})$为出水流量取值$\overline{q_i}$条件下,轴功率N取值在$[n_{min},K\cdot N^*]$范围的概率,即

$$F_n(\overline{q_i})=\Phi\left(\frac{KN^*-\overline{n}(\overline{q_i})}{\sigma(\overline{q_i})}\right)-\Phi\left(\frac{n_{min}-\overline{n}(\overline{q_i})}{\sigma(\overline{q_i})}\right) \qquad (4\text{-}3\text{-}10)$$

式中,$\overline{n}(\overline{q_i})$,$\sigma(\overline{q_i})$分别为出水流量取值$\overline{q_i}$条件下轴功率$N$的均值和均方差。

设Δq_i为第i个小区间的长度,$\Delta F_Q(\overline{q_i})$为出水流量在该小区间取值的概率,$i=1,2,\cdots,L$,则

$$\Delta F_Q(\overline{q_i})=f_Q(\overline{q_i})\Delta q_i \qquad (4\text{-}3\text{-}11)$$

因此,式(4-3-9)写成离散化求和的形式为

$$P_S=\sum_{i=1}^{L}F_n(\overline{q_i})\cdot\Delta F_Q(\overline{q_i}) \qquad (4\text{-}3\text{-}12)$$

对于具体泵型,利用式(4-3-12)可计算给定功率备用系数K时,相应的可靠度P_S。为保证计算精度,划分出水流量区间时,其长度不大于$1\ L/s$,全部计算编程上机计算,限于篇幅,计算程序略。

4.3.6　计算结果及成果分析

对离心泵、轴流泵各30种常用泵型,由式(4-3-12)计算了不同功率备用系数K时,相应的机组运行可靠度P_S。限于篇幅,仅列举20种泵型的计算结果,具体见表4-3-1、表4-3-2和图4-3-4、图4-3-5。

表 4-3-1　　　　　　　　常用离心泵 n-q 特性曲线参数的计算结果

序号	泵型	拟合参数		
		A	B	C
1	300S90	148.264 1	0.028 432 2	0.001 824 6
2	IS125-100-315,1 450 r/min	7.475 747	0.049 144 9	0.003 956 9
3	12Sh-6	128.803 6	0.403 571 4	0.000 669 6
4	350S125A	276.160 4	0.263 018 0	0.000 693 0
5	14Sh-6	245.486 7	0.932 636 5	0.000 007 4
6	150S78	19.302 63	0.617 669 2	−0.000 751 9
7	250S39	28.713 46	0.298 349 9	−0.000 374 8
8	IS200-150-315,1 450 r/min	16.403 72	0.329 770 0	−0.000 854 0
9	6Sh-9	8.576 623	0.579 688 0	−0.003 584 4
10	10Sh-9	20.295 93	0.454 081 6	−0.001 020 4

表 4-3-2　　　　　　　　　常用轴流泵 *n-q* 特性曲线拟合参数计算结果

序号	泵型	拟合参数		
		A	B	C
1	20ZLB-100,+4°,730 r/min	70.464 39	−0.089 091 2	0.000 015 9
2	20ZLB-100,+4°,980 r/min	147.367 9	−0.116 666 7	0
3	500ZLB-2,+4°,730 r/ min	89.191 18	−0.206 306 0	0.000 132 4
4	700ZLB-125,+4°,730 r/min	372.256 8	−0.275 000 0	0.000 053 6
5	1000ZLB-4,−4°,490 r/min	523.342 5	−0.268 762 9	0.000 037 9
6	ZLQ-70,+4°,730 r/min	−44.222 79	0.334 612 6	−0.000 155 0
7	20ZLB-100,0°,980 r/min	95.374 70	−0.028 087 7	−0.000 062 3
8	32ZLB-100,0°,580 r/min	80.741 17	−0.017 295 4	−0.000 020 7
9	20ZLB-100,−4°,980 r/min	57.297 38	0.038 125 3	−0.000 119 5
10	28ZLB-125,+2°,730 r/min	215.891 60	0.004 870 9	−0.000 028 8

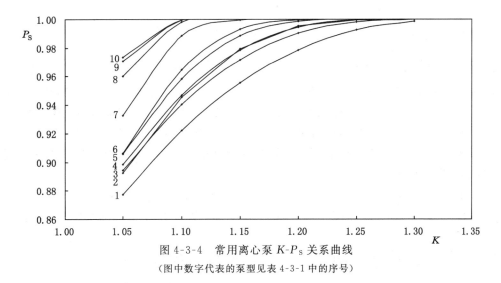

图 4-3-4　常用离心泵 K-P_S 关系曲线

(图中数字代表的泵型见表 4-3-1 中的序号)

对计算结果综合分析,可以得出如下结论:

(1) 由于各种泵型的轴功率与出水流量的曲线 *n-q* 的特性不同,故当水泵机组运行的可靠度 P_S 一定时,不同性能曲线的泵型,要求的功率备用系数 K 不同。

(2) 当 *n-q* 曲线向上凹($C>0$)时,离心泵出水流量较大时,轴功率随出水流量的增加而增大的较快,轴流泵出水流量较小时,轴功率随出水流量减小而增大的较快,因而轴功率 $N>KN^*$ 出现的机会大,相同 K 值时,这种特性曲线的泵型,一般 P_S 小些;当 *n-q* 曲线向下凹($C<0$)时,情况则与上述相反,相同 K 值时,这种特性曲线的泵型,一般 P_S 大些。

(3) 计算表明,对于 *n-q* 曲线下凹($C<0$)的情况,$K=1.05$ 时,几乎所有泵型机组运行可靠度 P_S 均在 0.9 以上;$K=1.10$ 时,$P_S=0.964\ 9\sim1.0$。而当 *n-q* 曲线上凹($C>0$)的情况,$K=1.05$ 时,绝大多数泵型机组运行可靠度 P_S 低于 0.9,有的泵型仅为 0.756 7;$K=1.10$ 时,$P_S=0.826\ 1\sim0.999\ 9$;$K=1.15$ 时,$P_S=0.883\ 3\sim1.0$;$K=1.20$ 时,$P_S=0.928\ 8\sim1.0$。

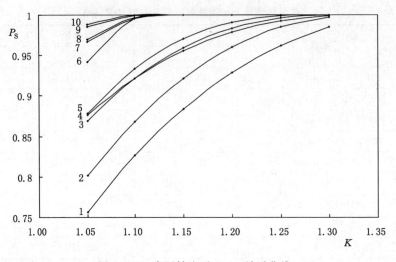

图 4-3-5　常用轴流泵 K-P_s 关系曲线

(图中数字代表的泵型见表 4-3-2 中的序号)

4.3.7　研究结论

（1）应用概率与统计方法，建立了水泵机组运行可靠度的计算模型，将功率备用系数与水泵机组运行的可靠度联系起来，并研究了切实可行的计算方法，使功率备用系数的确定科学合理、可靠，避免出现选配的电动机容量不足或过大的现象，实现水泵和电动机的合理配套。

（2）研究表明，当水泵机组运行可靠度一定时，不同泵型，功率备用系数不同的主要原因是水泵性能曲线 n-q 特点不同，而不是轴功率的大小。有些文献中按轴功率的大小规定功率备用系数的取值是欠科学的。

（3）计算表明，对于 n-q 曲线下凹（$C<0$）的情况，功率备用系数 K 取值在 $1.05 \sim 1.10$ 是可以的，对于 n-q 曲线上凹（$C>0$）的情况，功率备用系数 K 取值范围应为 $1.10 \sim 1.20$。

4.4　应用概率论方法确定给水泵站备用泵台数

4.4.1　合理确定备用泵台数的重要性

城镇供水系统与工矿企业的生产及人民生活息息相关。用户要求供水是连续的，并要求供水系统具有较高的可靠性。而给水泵站作为城镇供水系统的重要组成部分，其工作可靠性的高低，直接影响城镇供水系统的可靠性。用概率 P 作为供水可靠性的度量指标，即是供水工程在工作期间为满足用户用水量要求，保证正常供水的概率。

为提高给水泵站运行的可靠性，各类泵站均需设置一定数量的备用机组（通常简称备用泵），以便在正常工作的水泵机组出现故障或检修情况下，仍能满足供水要求。对于一个给水泵站，投入正常运行的水泵机组台数 n 一定时，备用泵（机组）台数 m 越多，供水的可靠性 P 越高，而设备投资、泵房建筑面积及工程的投资也就越大；反之，则相反。设置多少台备用泵适宜呢？《室外给水设计标准》（GB 50013—2006）规定："泵房一般宜设 $1 \sim 2$ 台备用水泵。备用水泵型号宜与工作水泵中的大泵一致。"这样规定没有与供水要求的可靠性联系起来,缺乏定量的依据;同时在给水泵站工艺设计中,使确定备用泵台数带来一定的任意性,甚至造成达不到供水可靠性的要求或造成工程投资无谓的增加。因此,在确定备用泵台数时,必须与供水的可靠性结合起来,在满足供水可靠性要求的前提下,使备用泵的台数最少,以达到经济合理、供水安全可靠的目的。以下介绍从供水可靠性要求出发,应用概率论中二项分布的理论确定备用泵台数的方法。

4.4.2　应用概率论方法确定备用泵台数

在给水工程中,为满足供水对象水量、水压的要求,一般均采用多台水泵并联工作的运行方式,但必须是全部工作泵均正常运行时,才能达到供水要求的正常供水量。因此,每台工作泵运行的可靠性直接影响到整个给水泵站运行的可靠性。为满足供水系统对供水泵站的可靠性要求,显然设置备用泵台数 m 与供水泵站投入运行的水泵(机组)台数 n、每台水泵(机组)的故障(包括故障和检修)率 p、供水泵站供水可靠性 P 以及同一时刻发生故障的水泵(机组)台数 X 有关。其中 n,p,P 对特定的供水泵站及特定的供水对象来说均为确定的值,可根据供水对象所要求的水量、水压、所选水泵类型、机组的维修养护、管理水平以及供水系统对供水泵站要求达到的供水可靠性等因素确定。而 X 是一个随机变量,设各台水泵(机组)之间的工作状况是相互独立的,发生故障的概率都是 p,则 X 服从参数为 n,p 的二项分布,即 $X \sim B(n,p)$。

设发生故障的水泵修复及时、备用水泵经常处于待运行状态,即一旦工作泵发生故障,备用泵则投入运行,替代故障泵工作。因此,确定最少的备用水泵台数 m 的问题,即为求 m 值,使得等式(4-4-1)成立。

$$P(X \leqslant m) = P \quad (m = 0,1,2,\cdots,n) \tag{4-4-1}$$

由二项分布的分布律,可得

$$P(X \leqslant m) = \sum_{k=0}^{m} P(X=k) = \sum_{k=0}^{m} C_n^k p^k (1-p)^{n-k} = P \tag{4-4-2}$$

式(4-4-2)表明,若设置了 m 台备用泵,则对于运行的 n 台水泵供水的可靠性,等于出现下述各工作状态的概率之和。第一种状态:$X=0$,即同时发生故障的泵台数为 0;第二种状态:$X=1$,即同时发生故障的泵台数为 1;$\cdots$;第 m 种状态 $X=m$,即同时发生故障的泵台数为 m。因此,当 n,p,P 已知时,由式(4-4-2)即可确定 m 值。

【例 4-4-1】 某给水泵站并联运行,正常工作泵 6 台,每台泵(机组)发生故障的概率 $p=0.05$,供水系统要求供水泵站的供水可靠性为 0.99,试确定备用泵台数 m。

解 利用式(4-4-2),得

$$P(X \leqslant m) = \sum_{k=0}^{m} C_6^k \times 0.05^k \times 0.95^{6-k} = 0.99 \tag{4-4-3}$$

假设 $m=1$,则

$$P(X \leqslant 1) = \sum_{k=0}^{1} C_6^k \times 0.05^k \times 0.95^{6-k} = 0.967\ 2$$

假设 $m=2$,则

$$P(X \leqslant 2) = \sum_{k=0}^{2} C_6^k \times 0.05^k \times 0.95^{6-k} = 0.997\ 8$$

故 $m=2$ 为所求。即该供水泵站要设两台备用泵，才能满足供水可靠性为 0.99 的要求。

若利用 Matlab 软件，计算式（4-4-3）中的 m 值，则属于逆累计概率计算问题。由逆累计概率计算指令 $\text{binoinv}(P,n,p)$ 确定 m 值，其含义是：在 m 处计算的分布函数值 $F(m)$ 等于或超过 P。本例 $m=\text{binoinv}(0.99,6,0.05)=2$。

4.4.3　确定备用泵台数的查算表

为方便起见，经计算给出工作泵台数 n 与故障率 p 及泵站可靠性 P 一定时，确定备用泵台数 m 的查算表 4-4-1。例如，当 $n=12$，$p=0.05$，供水泵站供水的可靠性为 0.99 时，由表 4-4-1 确定备用泵台数 $m=3$，此时 $P(X\leqslant 3)=0.9978$。

表 4-4-1　　　　　　　　　确定备用泵台数 m 的查算表

$X\sim B(n,0.01)$

k 或 m	$n=4$		$n=6$		$n=8$		$n=10$		$n=12$		$n=14$	
	$P(X=k)$	P	$P(X=k)$	P	$P(X=k)$	P	$P(X=k)$	P	$P(X=k)$	P	$P(X=k)$	P
0	0.9606	0.9606	0.9415	0.9415	0.9227	0.9227	0.9044	0.9044	0.8864	0.8864	0.8687	0.8687
1	0.0388	0.9994	0.0571	0.9986	0.0746	0.9973	0.0914	0.9958	0.1074	0.9938	0.1229	0.9916
2	0.0006	1.0000	0.0014	1.0000	0.0026	0.9999	0.0041	0.9999	0.0060	0.9998	0.0081	0.9997
3					0.0001	1.0000	0.0001	1.0000	0.0002	1.0000	0.0003	1.0000

$X\sim B(n,0.05)$

k 或 m	$n=4$		$n=6$		$n=8$		$n=10$		$n=12$		$n=14$	
	$P(X=k)$	P	$P(X=k)$	P	$P(X=k)$	P	$P(X=k)$	P	$P(X=k)$	P	$P(X=k)$	P
0	0.8145	0.8145	0.7351	0.7351	0.6634	0.6634	0.5987	0.5987	0.5404	0.5404	0.4877	0.4877
1	0.1715	0.9860	0.2321	0.9672	0.2793	0.9427	0.3151	0.9138	0.3413	0.8817	0.3593	0.8470
2	0.0135	0.9995	0.0306	0.9978	0.0515	0.9942	0.0746	0.9884	0.0988	0.9805	0.1229	0.9699
3	0.0005	1.0000	0.0021	0.9999	0.0054	0.9996	0.0105	0.9989	0.0173	0.9978	0.0259	0.9958
4			0.0001	1.0000	0.0004	1.0000	0.0010	0.9999	0.0021	0.9998	0.0038	0.9996
5							0.0001	1.0000	0.0002	1.0000	0.0004	1.0000

$X\sim B(n,0.10)$

k 或 m	$n=4$		$n=6$		$n=8$		$n=10$		$n=12$		$n=14$	
	$P(X=k)$	P	$P(X=k)$	P	$P(X=k)$	P	$P(X=k)$	P	$P(X=k)$	P	$P(X=k)$	P
0	0.6561	0.6561	0.5314	0.5314	0.4305	0.4305	0.3487	0.3487	0.2824	0.2824	0.2288	0.2288
1	0.2916	0.9477	0.3543	0.8857	0.3826	0.8131	0.3874	0.7361	0.3766	0.6590	0.3559	0.5847
2	0.0486	0.9963	0.0984	0.9841	0.1488	0.9619	0.1937	0.9298	0.2301	0.8891	0.2570	0.8417
3	0.0036	0.9999	0.0146	0.9987	0.0331	0.9950	0.0574	0.9872	0.0852	0.9743	0.1142	0.9559
4	0.0001	1.0000	0.0012	0.9999	0.0046	0.9996	0.0112	0.9984	0.0213	0.9956	0.0349	0.9908
5			0.0001	1.0000	0.0004	1.0000	0.0015	0.9999	0.0038	0.9994	0.0077	0.9985
6							0.0001	1.0000	0.0006	1.0000	0.0013	0.9998
7											0.0002	1.0000

综上所述，依据本节方法确定备用泵台数，将其与泵站运行的可靠性联系在一起，且避免了任意性。

4.5　雨水管道水力设计的可靠性计算与基于可靠性的水力设计

城镇雨水管道设计中,现行的做法一般只考虑水文因素造成的不确定性,即考虑雨水流量的不确定性,首先拟定雨水排除设计标准,确定符合设计标准的雨水设计流量,然后按此进行雨水管道的水力计算,认为雨水管道一经确定,其排水能力是确定的。事实上,由于各种不确定性因素的影响,管道的过水能力不是与设计流量一致的确定量,而是随机变量,这就是水力不确定性。由于这种不确定性的存在,管道能够通过设计流量的可靠程度应能在工程设计中给予足够的重视,以便使工程设计合理可靠。本节介绍雨水管道水力设计的可靠性度量与计算方法;对雨水管道现行水力设计的可靠性进行计算,并提出基于可靠性的水力设计方法[28-29]。

4.5.1　雨水管道水力设计的可靠性度量

《室外排水设计规范》[22]规定,雨水管道应按满流计算。故设计条件下雨水管道的水力计算,常按满流无压均匀流计算,计算公式为

$$V = \frac{1}{n} R^{2/3} I^{1/2} \tag{4-5-1}$$

$$Q = A \frac{1}{n} R^{2/3} I^{1/2} \tag{4-5-2}$$

式中,V 为管道流速,m/s;Q 为管道的过水流量,对于雨水管道的水力计算即是管道的过水能力,m³/s;A 为过水断面面积,m²;n 为管壁粗糙率;R 为水力半径(过水断面面积与湿周之比),m;I 为水力坡度,对于无压均匀流即为管道的底坡。

雨水管道中常用的断面形式大多为圆形,以下以此种情况为例进行研究。式(4-5-2)中 A,R 均可由管径反映,此时式(4-5-2)变为

$$Q = 0.311\,685 D^{\frac{8}{3}} \frac{1}{n} I^{\frac{1}{2}} = Q(D, n, I) \tag{4-5-3}$$

式中,D 为圆管直径,m。

水力计算时,设计流量为已知,记为 Q_0,通常在选定管材之后粗糙率为已知数值,记为 n_0,现行水力设计方法是利用式(4-5-1)、式(4-5-3)计算出既符合水力计算基本技术规定,又满足 Q_0 要求的流速 V_0、管径 D_0 和水力坡度 I_0。然而事实上,由于管材制造方面的误差、施工、测量误差以及运行过程中的不确定性等,都会使式(4-5-3)流量函数中各水力因子 D,n,I 具有一定的不确定性,其均为随机变量,因而过水能力 Q 为多元随机变量的函数,也是随机变量,当 $Q \geqslant Q_0$ 时,雨水管道能够排泄设计流量;否则将发生漫溢。因此,根据4.1 节中可靠性与可靠度定义,雨水管道水力设计的可靠度 P_s 为

$$P_s = P(Q \geqslant Q_0) = P\left(0.311\,685 D^{\frac{8}{3}} \frac{1}{n} I^{\frac{1}{2}} \geqslant Q_0\right) \tag{4-5-4}$$

4.5.2　雨水管道水力设计的可靠性计算方法

由式(4-5-4)可见,要计算雨水管道水力设计的可靠度 P_s,必须确定过水能力 Q 的概

率分布。以下从影响 Q 的各水力因子的不确定性入手，分析确定过水能力 Q 的概率分布，进而得出雨水管道水力设计可靠度 P_S 的计算式。

4.5.2.1　水力因子的概率分布和统计参数确定

从理论上导出各水力因子的概率分布是十分困难的。研究表明，当可靠度 $P_S \leqslant 0.999$ 时，概率分布类型（当然是合理的假定）对 P_S 的影响不敏感[39]。在目前水力因子的不确定性分析中，各水力因子的概率分布常采用三角形分布[43,45]。为叙述方便，设 $X = (D, n, I)$，即由 X 代表任一水力因子，假设其服从一般三角形分布，如图 4-5-1 所示，其密度函数为

$$f(x) = \begin{cases} \dfrac{2(x-a)}{(b-a)(c-a)}, & (a \leqslant x < b) \\[2mm] \dfrac{2(c-x)}{(c-a)(c-b)}, & (b \leqslant x < c) \\[2mm] 0, & \text{（其他）} \end{cases} \quad (4\text{-}5\text{-}5)$$

由式(4-5-5)可求得随机变量 X 的均值 $E(X)$，为便于后续引用简记为 $\bar{x}$，以及求得方差 $D(X)$ 和 C_{vX} 变差系数分别为

$$\bar{x} = \frac{1}{3}(a + b + c) \quad (4\text{-}5\text{-}6)$$

$$D(X) = \frac{1}{6}(a^2 + b^2 + c^2 + ab + bc + ac) - \bar{x}^2 \quad (4\text{-}5\text{-}7)$$

$$C_{vX} = \left[\frac{1}{6\bar{x}^2}(a^2 + b^2 + c^2 + ab + bc + ac) - 1\right]^{1/2} \quad (4\text{-}5\text{-}8)$$

当上三角形分布（图 4-5-2）时，可求得均值和变差系数分别为[45]

$$\bar{x} = \frac{1}{3}(a + 2c) \quad (4\text{-}5\text{-}9)$$

$$C_{vX} = \frac{1}{\sqrt{2}}\left(\frac{c-a}{2c+a}\right) \quad (4\text{-}5\text{-}10)$$

当下三角形分布（图 4-5-3）时，可求得均值和变差系数分别为[45]

$$\bar{x} = \frac{1}{3}(2a + c) \quad (4\text{-}5\text{-}11)$$

$$C_{vX} = \frac{1}{\sqrt{2}}\left(\frac{c-a}{2a+c}\right) \quad (4\text{-}5\text{-}12)$$

由上述可见，只要确定了各水力因子可能取值的范围 $[a, b]$ 及最可能值 b，即可在式(4-5-6)～式(4-5-12)中选用相应公式计算各水力因子的均值、变差系数。

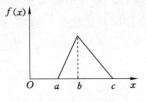

图 4-5-1　一般三角形
分布密度图

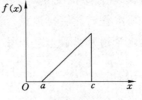

图 4-5-2　上三角形
分布密度图

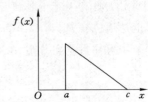

图 4-5-3　下三角形
分布密度图

（1）管径 D 的不确定性

对于雨水管道管径 D 的不确定性，一方面是管材制造误差引起的，文献[46]中规定了混凝土和钢筋混凝土排水管道不同接头、不同尺寸管子内径的允许公差；另一方面，水力设计时为避免管道淤积，虽然规定了设计流速的最小值，但运行过程中仍可能出现管道淤积而使管径 D 存在一定的不确定性。可根据这些影响，确定 D 的可能取值范围，并将水力设计中选定的管径 D_0 作为最可能值。

（2）粗糙率 n 的不确定性

粗糙率 n 的不确定性主要产生于管材质量、运行中的冲淤影响等。对于具体管材，可确定粗糙率的可能取值范围，并将水力设计中选定的粗糙率 n_0 作为最可能值。

（3）水力坡度 I 的不确定性

水力坡度的不确定性主要来源于施工质量验收允许误差、测量允许误差等方面。可根据施工验收质量要求的允许误差和测量允许误差等因素确定 I 的可能取值范围，并将其设计值 I_0 作为最可能值。

4.5.2.2　过水能力的概率分布和统计参数确定

由于式（4-5-3）所表达的流量函数是非线性的，所以由各水力因子的概率分布导出函数 Q 的概率分布的解析解是困难的。文献[43]采用蒙特卡罗模拟方法研究过水能力 Q 的概率分布类型，结果表明正态分布是 Q 的最佳概率模型。

为确定 Q 的均值和方差，本项研究采用结构可靠性研究中的方法，一次二阶矩法[39,44-45]，具体方法如下：

将式（4-5-3）流量函数 $Q(D,n,I)$ 在各水力因子的均值 $\overline{x}$ 附近展开成泰勒级数，并取一阶近似值

$$Q \approx Q(\overline{x}) + \sum_i \left(\frac{\partial Q}{\partial X_i}\right)_{\overline{x}} (X_i - \overline{x}_i) \tag{4-5-13}$$

式中，$\overline{x}=(\overline{D},\overline{n},\overline{I})$；$X_i$ 为随机变量，表示水力因子 D,n,I 中的任一个，$i=1,2,3$；$\overline{x}_i$ 表示 $\overline{D},\overline{n},\overline{I}$ 中的任一个，$i=1,2,3$；$\left(\dfrac{\partial Q}{\partial X_i}\right)_{\overline{x}}$ 表示 $\dfrac{\partial Q}{\partial X_i}$ 在 $\overline{x}$ 处的值。

由式（4-5-13），分别计算过水能力的均值 $\overline{Q}$ 和方差 $D(Q)$，得

$$\overline{Q} \approx Q(\overline{x}) = 0.311\,685\overline{D}^{\frac{8}{3}}\frac{1}{\overline{n}}\overline{I}^{\frac{1}{2}} \tag{4-5-14}$$

$$D(Q) \approx \sum_i \left(\frac{\partial Q}{\partial X_i}\right)_{\overline{x}}^2 D(X_i) + 2\sum_{i \neq j}\left(\frac{\partial Q}{\partial X_i}\right)_{\overline{x}}\left(\frac{\partial Q}{\partial X_j}\right)_{\overline{x}}\mathrm{Cov}(X_i,X_j) \tag{4-5-15}$$

式中，$D(X_i)$ 为 X_i 的方差；$\mathrm{Cov}(X_i,X_j)$ 为 X_i 与 X_j 的协方差，$i \neq j$。

设流量函数中各水力因子 D,n,I 均为相互独立的随机变量，则 $\mathrm{Cov}(X_i,X_j)=0,i \neq j$。于是，式（4-5-15）变为

$$D(Q) \approx \sum_i \left(\frac{\partial Q}{\partial X_i}\right)_{\overline{x}}^2 D(X_i) \tag{4-5-16}$$

进而得过水能力的变差系数的平方为

$$C_{vQ}^2 \approx \frac{1}{\overline{Q}^2}\sum_i \left(\frac{\partial Q}{\partial X_i}\right)_{\overline{x}}^2 \overline{x}_i^{\,2} C_{vX_i}^2 \tag{4-5-17}$$

根据式(4-5-3)可求得如下偏导数

$$\frac{\partial Q}{\partial D}=\frac{\partial Q}{\partial X_1}=0.311\,685\cdot\frac{8}{3}D^{5/3}\frac{1}{n}I^{1/2} \tag{4-5-18}$$

$$\frac{\partial Q}{\partial n}=\frac{\partial Q}{\partial X_2}=0.311\,685\cdot D^{8/3}I^{1/2}(-\frac{1}{n^2}) \tag{4-5-19}$$

$$\frac{\partial Q}{\partial I}=\frac{\partial Q}{\partial X_3}=0.311\,685\cdot D^{8/3}\frac{1}{n}\cdot\frac{1}{2}I^{-1/2} \tag{4-5-20}$$

进一步求上述偏导数在$\overline{x}=(\overline{D},\overline{n},\overline{I})$处的导数值,然后代入式(4-5-17),并整理得

$$C_{vQ}^2\approx\frac{64}{9}C_{vD}^2+C_{vn}^2+\frac{1}{4}C_{vI}^2 \tag{4-5-21}$$

由此可见,根据各水力因子的均值和变差系数,由式(4-5-14)、式(4-5-21)即可分别求得过水能力Q的统计参数$\overline{Q}$、C_{vQ}^2,而Q的均方差$\sigma_Q=\overline{Q}C_{vQ}$。

4.5.2.3　雨水管道水力设计的可靠性计算方法

根据上述研究成果及式(4-5-4)可得,雨水管道水力设计的可靠度计算式为

$$P_S=P(Q\geqslant Q_0)$$
$$=1-P(0\leqslant Q<Q_0)$$
$$=1-\Phi\left(\frac{Q_0-\overline{Q}}{\sigma_Q}\right)+\Phi\left(\frac{-\overline{Q}}{\sigma_Q}\right) \tag{4-5-22}$$

式中,Φ为标准正态分布函数,其值可查标准正态分布函数表得到或由Excel软件、Matlab软件计算。

式(4-5-22)中第三项$\Phi(-\overline{Q}/\sigma_Q)$数值很小,可以忽略,故雨水管道水力设计可靠度可由下式计算

$$P_S=1-\Phi\left(\frac{Q_0-\overline{Q}}{\sigma_Q}\right) \tag{4-5-23}$$

由式(4-5-23)计算P_S的步骤如下:

(1)将各水力因子的设计值(管径D_0、糙率n_0、水力比降I_0)作为各自的最可能值,并确定各水力因子D,n,I的可能取值范围。

(2)根据各水力因子的概率分布情况,在式(4-5-6)~式(4-5-12)中选用相应的公式,计算各水力因子的均值和变差系数。

(3)利用式(4-5-14)和式(4-5-21),分别计算过水能力的均值$\overline{Q}$、变差系数C_{vQ},进而计算其均方差σ_Q。

(4)根据式(4-5-23),计算雨水管道水力设计的可靠度P_S。

4.5.3　雨水管道现行水力设计的可靠性计算案例

某雨水管道设计流量$Q_0=200$ L/s,选用钢筋混凝土圆管,糙率取$n_0=0.013$,按满流计算,现行方法水力计算结果为管径$D_0=500$ mm,水力坡度$I_0=0.002\,8$。试分析其水力设计的可靠度。

(1)确定各水力因子最可能值及可能的变化范围。将各水力因子现行方法水力设计的设计值分别作为各自的最可能值,各水力因子的可能变化范围确定如下:

① 管径 D。若仅考虑管径制造的允许误差,《混凝土和钢筋混凝土排水管》[46]规定,无论采用何种接头,管径 500 mm 时,允许偏差为 $+4$ mm、-8 mm,由此确定管径可能变化范围为 492～504 mm。

② 糙率 n。若仅考虑管材糙率范围,钢筋混凝土圆管糙率变化范围为 0.013～0.014。

③ 水力坡度 I。无压均匀流水力坡度 I 等于管底坡度。《给水排水管道工程施工及验收规范》[47]规定,管径≤1 000 mm 时,无压管道铺设每节管管底高程允许偏差为 ±10 mm。经分析,此允许偏差对管底坡度的影响宜在雨水管道两个检查井范围考虑。此例管径 500 mm,依据《室外排水设计规范》[22],雨水管道检查井在直线段间距按 60 m 计。因此,若仅考虑管道铺设的允许偏差,底坡 I 的变化范围取 $I_0\pm10/60\,000$。

(2) 对管径、水力坡度采用式(4-5-6)、式(4-5-8)分别计算它们的均值和变差系数,对糙率采用式(4-5-11)、式(4-5-12)分别计算其均值和变差系数,其结果见表 4-5-1。

表 4-5-1　　　　　　　　各水力因子的均值和变差系数

水力因子名称	设计值	变化范围	均值 $\bar{x}$	变差系数 C_{vX}
管径 D/mm	500	492～504	498.667	0.004 9
糙率 n	0.013	0.013～0.014	0.013 3	0.017 7
水力坡度 I	0.002 8	0.002 6～0.003 0	0.002 8	0.029 2

(3) 计算过水能力 Q 的均值、变差系数、均方差分别为: $\bar{Q}=0.193\,9$ m³/s, $C_{vQ}=0.026\,4$, $\sigma_Q=0.005\,1$ m³/s。

(4) 计算该雨水管道水力设计可靠度 $P_s=1-\Phi((0.2-0.193\,9)/0.005\,1)=0.115\,8$。

4.5.4　研究结论

(1) 以上介绍的雨水管道圆管水力设计的可靠度计算公式与方法,其基本思想和方法也适用于其他断面形式的雨水管道和雨水渠道等水力设计的可靠性研究。

(2) 由案例表明,即使仅考虑管材制造、工程验收时一些允许偏差的情况,而不考虑其他不利因素的影响,现行计算方法水力设计的可靠性仍较低。这一客观事实的存在,则意味着当发生设计重现期的暴雨时,管道不能及时排泄设计流量的概率是较大的,也就是说,从水力设计的环节,设计时所希望的雨水排除标准并没有付诸实现。

需要指出,现行规范《混凝土和钢筋混凝土排水管》(GB/T 11836—2009)[46],对各种管径规定的允许误差,均是允许的负偏差的绝对值大于正偏差,这必定导致管径的均值小于管径的设计值(见表 4-5-1 第二行),这对排水是不利的。建议将排水管的生产与雨水管道的运行统筹考虑,来确定各种管径的允许误差。

(3) 由式(4-5-14)表明,过水能力的均值近似等于流量函数中各水力因子均值相应的函数值。可以作一分析:若各水力因子随机波动均为对称三角形分布或正态分布,各水力因子的均值也是最可能值,因此设计时所取的各水力因子的值即为各水力因子的均值,则设计流量等于过水能力的均值。因而过水能力大于等于设计流量的概率,即是过水能力大于等于其均值的概率,不难得出仅为 50%。目前水力设计方法情况下,这种现象是很常见的。这充分说明考虑各水力因子的随机变化进行水力设计,以便提高水力设计成果的可靠性,是非常必要和合理的,具体方法将在 4.5.5 节介绍。

4.5.5 基于可靠性的雨水管道的水力设计方法

工程设计的主要目的之一就是在经济允许的条件下,实现系统的功能。但实际上,工程设计中,由于系统涉及的因素常常是不确定性的,百分之百地完成系统的功能一般是不现实和不经济的,雨水管道的水力设计也不例外,存在一定的风险是不可避免的,关键是风险有多大。前已叙及,由于过水能力中涉及的各水力因子具有不确定性,使得雨水管道的过水能力 Q 为随机变量,当设计雨水流量为 Q_0 时,雨水管道系统完成其特定功能 $Q \geqslant Q_0$ 是随机事件。计算表明,雨水管道按现行水力设计方法,其可靠度 $P_S = P(Q \geqslant Q_0)$ 较低。这表明当发生设计重现期的暴雨时,不能及时排泄设计雨水流量的概率较大,即承受漫溢或淹没损失的风险较大,因而不能实现设计者意图的概率较大,显然,这样的设计是欠妥的。究其原因,是现行水力设计方法没有考虑与过水能力有关的各水力因子的不确定性影响。笔者提出基于可靠性的雨水管道水力设计方法,以便使水力设计成果合理可靠。

4.5.5.1 基于可靠性的雨水管道的水力设计方法

根据式(4-5-23)及标准正态分布的性质 $\Phi(-x) = 1 - \Phi(x)$,容易得出雨水管道水力设计可靠度 P_S 的计算式

$$P_S = \Phi\left(\frac{\overline{Q} - Q_0}{\sigma_Q}\right) \tag{4-5-24}$$

式中,各符号含义同前。

基于可靠性的水力设计问题为:已知管道设计雨水流量 Q_0 及给定可靠度 P_S,求过水能力的均值 $\overline{Q}$,以及 $\overline{Q}$ 相应的各水力因子的最可能值 D_0, n_0, I_0,并将 D_0, n_0, I_0 作为设计值。

当已知 P_S,利用式(4-5-24)求 $\overline{Q}$ 时,由于 σ_Q 未知,且 $\sigma_Q = \overline{Q}C_{vQ}$,而 C_{vQ} 与各水力因子的变差系数有关,故需试算求解,其要点如下:

(1) 给定 P_S,利用标准正态分布可得 $(\overline{Q} - Q_0)/\sigma_Q$ 值,并记为 β,即

$$\beta = (\overline{Q} - Q_0)/\sigma_Q \tag{4-5-25}$$

(2) 试算满足式(4-5-25)的过水能力的均值 $\overline{Q}$,而所求 $\overline{Q}$ 相应的各水力因子的最可能值 D_0, n_0, I_0(D_0 须满足管径规格要求,相应 V_0 符合水力计算的技术规定),即为基于可靠性 P_S 的设计值。详细步骤见案例。

为便于使用,对于常用的刚性接头平口管,根据现行规范《混凝土和钢筋混凝土排水管》(GB/T 11836—2009)[46]中规定的不同管径的允许偏差,计算部分管径的统计参数,见表 4-5-2。

表 4-5-2   不同管径的统计参数

管径(设计值)/mm	允许偏差*/mm	均值/mm	变差系数	管径(设计值)/mm	允许偏差*/mm	均值/mm	变差系数
200	$-8, +4$	198.667	0.012 4	900	$-10, +6$	898.667	0.003 6
300	$-8, +4$	298.667	0.008 2	1 000	$-10, +6$	998.667	0.003 2

管径(设计值)/mm	允许偏差*/mm	均值/mm	变差系数	管径(设计值)/mm	允许偏差*/mm	均值/mm	变差系数
400	−8,+4	398.667	0.006 1	1 100	−10,+6	1 098.667	0.002 9
500	−8,+4	498.667	0.004 9	1 200	−10,+6	1 198.667	0.002 6
600	−8,+4	598.667	0.004 0	1 350	−10,+6	1 348.667	0.002 3
700	−8,+4	698.667	0.003 4	1 400	−10,+6	1 398.667	0.002 3
800	−8,+4	798.667	0.003 0	1 500	−10,+6	1 498.667	0.002 1

注:* 允许偏差为刚性接头平口管,其他形式见文献[46]。

4.5.5.2　基于可靠性的雨水管道水力设计案例

某雨水管道设计雨水流量 $Q_0 = 200$ L/s,该管段处地面坡度为 0.004,选用钢筋混凝土管。试对雨水管道进行可靠度 $P_s = 90\%$ 的水力设计。

(1) 由 $P_s = 90\%$,利用标准正态分布,由式(4-5-25)确定 β。得

$$\beta = (\overline{Q} - Q_0)/\sigma_Q = 1.282$$

(2) 选管材,并确定糙率的波动范围与最可能值 n_0,进而计算其均值 $\overline{n}$。选钢筋混凝土管,确定糙率值 0.013~0.014,一般取糙率设计值 $n_0 = 0.013$。故糙率服从下三角形分布,由式(4-5-11)得 $\overline{n} = 0.013\ 3$。

(3) 拟定管径设计值,即最可能值,并确定其波动范围,计算 $\overline{D}$。设管径的设计值采用 $D_0 = 0.5$ m,其波动范围为 0.492~0.504[46],由表 4-5-2 可知 $\overline{D} = 0.498\ 667$ m。

(4) 假设 $\overline{Q}$,根据式(4-5-14),即

$$\overline{Q} = 0.311\ 685\overline{D}^{\frac{8}{3}}\frac{1}{\overline{n}}\overline{I}^{\frac{1}{2}}$$

确定水力坡度的均值 $\overline{I}$,以及计算相应的流速,若流速不符合设计规定(按规范要求[22] 应不小于 0.75 m/s),则应调整管径,回到步骤(3)。确定 $\overline{I}$ 后,进一步确定水力坡度的波动范围及最可能值 I_0。

本例假设 $\overline{Q} = 207$ L/s $= 0.207$ m³/s,得 $\overline{I} = 0.003\ 2$,计算相应流速为 1.06 m/s,故符合水力设计要求。

管径 500 mm 时两检查井间距按 60 m 计[22],仅考虑管道铺设的允许偏差 ±10 mm[47],故水力坡度为对称三角形分布,其波动范围为 $I_0 \pm 10/60\ 000$,最可能值 $I_0 = \overline{I} = 0.003\ 2$。

(5) 确定各水力因子的变差系数。由表 4-5-2 可知,管径的变差系数为 0.004 9;糙率和水力坡度的变差系数分别利用式(4-5-12)、式(4-5-8)计算,分别为 0.017 7、0.025 5。

(6) 由各水力因子的变差系数,根据式(4-5-21)计算过水能力的变差系数 $C_{vQ} = 0.025\ 4$,进而得均方差 $\sigma_Q = \overline{Q}C_{vQ} = 0.005\ 3$。

(7) 由式(4-5-25)计算 $\overline{Q}_{计}$,若等于第(4)步假设 $\overline{Q}$,则 $\overline{Q}$ 为所求。否则,重复步骤(4)~(7)。本例计算 $\overline{Q}_{计} = 0.207$ m³/s,与假设 $\overline{Q}$ 相等,则 $\overline{Q} = 0.207$ m³/s 为所求。

(8) 确定 $\overline{Q}$ 相应的管径、糙率、水力坡度的最可能值分别为 0.5 m、0.013、0.003 2,流速最可能值为 1.09 m/s,可见各水力因子值均符合设计要求,则作为基于可靠性 P_s 的各水力

因子的设计值。

　　需要指出，本例基于可靠性的水力设计方法，设计雨水流量 $Q_0 = 200$ L/s、管径 $D_0 = 0.5$ m、糙率 $n_0 = 0.013$，与 4.5.5 节案例采用现行设计方法相应的计算结果相同；本例水力坡度设计值 $I_0 = 0.0032$，大于 4.5.5 节案例中的设计值 $I_0 = 0.0028$。而该管段处地面坡度为 0.004，故基于可靠性的水力设计结果不仅提高了可靠性，而且本例的水力设计可节省工程量。

　　综上所述，基于可靠性的雨水管道的水力设计方法，考虑了影响过水能力的各水力因子的不确定性，可弥补以往确定性设计方法的不足，使雨水管道水力设计成果合理、可靠，且计算方法容易实现。本节以圆管为例进行了研究，其原理和方法可推广到其他断面形式的雨水管道的水力设计中。

4.5.6　雨水管道过水能力的敏感性分析

　　4.5.1 节～4.5.5 节从可靠性的角度对雨水管道水力设计进行了研究。本节将对各水力因子的随机波动对过水能力影响的敏感程度进行分析，这是此领域中首次提出的概念与方法。

　　若某一影响因素发生较小的变化，就能导致过水能力较大的变化，则称该因素为敏感因素。雨水管道过水能力的敏感性分析，就是指分析管径、糙率、水力坡度发生变化后，对过水能力的影响，进而找出敏感性因素，以便在雨水管道的设计和运行中，对敏感性因素给予重视，采取控制最敏感因素的措施。

　　敏感性分析分为单因子敏感性分析和多因子敏感性分析。单因子敏感性分析，每次只改变一个水力因子的数值，考察过水能力的变化；多因子敏感性分析，则是同时改变两个或两个以上水力因子的数值，考察过水能力的变化。

　　前已叙及，随机变量 $X = (D, n, I)$，即 X 代表任一水力因子。对于单因子的敏感性分析，为定量分析过水能力受各水力因子影响的敏感程度，引入水力因子 X 对过水能力 Q 影响的敏感度系数 S_{QX}，定义为过水能力的变化率与水力因子 X 的变化率之比，即

$$S_{QX} = \frac{\Delta Q/Q}{\Delta X/X} \tag{4-5-26}$$

式中，$\Delta X/X$ 为水力因子 X 的变化率；$\Delta Q/Q$ 为当水力因子 X 变化 ΔX 时，过水能力的变化率。

　　显然 $|S_{QX}|$ 越大，过水能力 Q 受水力因素 X 的影响越敏感。

　　为便于分析，用 $\partial Q/\partial X$ 代替 $\Delta Q/\Delta X$，根据式（4-5-18）～式（4-5-20）偏导数 $\partial Q/\partial D$、$\partial Q/\partial n$、$\partial Q/\partial I$，并进行整理，可得过水能力受各水力因子影响的敏感度系数

$$S_{QD} = \frac{\partial Q/Q}{\partial D/D} = 0.311\,685 \cdot \frac{8}{3} D^{8/3} \frac{1}{n} I^{1/2}/Q = 2.67 \tag{4-5-27}$$

$$S_{Qn} = \frac{\partial Q/Q}{\partial n/n} = 0.311\,685 \cdot D^{8/3} I^{1/2}(-\frac{1}{n})/Q = -1 \tag{4-5-28}$$

$$S_{QI} = \frac{\partial Q/Q}{\partial I/I} = 0.311\,685 \cdot D^{8/3} \frac{1}{n} \cdot \frac{1}{2} I^{1/2}/Q = 0.5 \tag{4-5-29}$$

　　因此，可得

$$|S_{QD}| > |S_{Qn}| > |S_{QI}| \tag{4-5-30}$$

即各水力因子对过水能力影响的敏感性，由大到小排序为管径、糙率、水力坡度。可见管径的变化是引起过水能力变化的最敏感因素。进一步分析可得 $dA/A = 2 \cdot dD/D$，由此与式(4-5-27)表明，断面面积的变化率是管径变化率的 2 倍，过水能力的变化率则是管径变化率的 8/3 倍。例如，若管径减小 3%，则断面面积将减小 6%，将导致过水能力降低 8%。

上述为单因素敏感性分析，以下结合例题进一步分析管径变化与糙率变化的不利组合对过水能力的影响。

【例 4-5-1】　对于采用钢筋混凝土圆管的雨水管道，采用现行水力设计方法已求得三种设计流量的水力设计结果：

(1) $Q_0 = 200$ L/s，$D_0 = 500$ mm，$n_0 = 0.013$，$I_0 = 0.002\,8$；

(2) $Q_0 = 760$ L/s，$D_0 = 800$ mm，$n_0 = 0.013$，$I_0 = 0.003\,3$；

(3) $Q_0 = 1\,071$ L/s，$D_0 = 1\,100$ mm，$n_0 = 0.013$，$I_0 = 0.001\,2$。

试对上述三种设计结果，分析管径减小 3% 和糙率增大 3% 的不利组合对过水能力的影响。

解　在现行方法的设计工况基础上，对管径减小 3%、糙率增大 3% 的不利组合，根据式(4-5-3)分别计算题中三种情况的过水能力分别为 0.179 m³/s、0.680 m³/s、0.959 m³/s，计算相应过水能力的变化率分别为 -10.57%、-10.53%、-10.50%。可见，对于题中的三种情况若出现管径减小 3%、糙率增大 3% 的不利组合，将导致过水能力降低约 11%。由于本例为大、中、小三种常见管径相应不同设计流量的情况，由此例可示一斑。

上述通过单因素和双因素水力因子对过水能力影响的敏感性分析，从不同角度佐证了 4.5.4 节的研究结论，进一步表明采用现行水力设计方法，当发生设计重现期的暴雨时，不能及时排泄设计雨水流量的概率较大。因此，在雨水管道水力设计中采用基于可靠性的水力设计方法是非常必要和合理的。

此外，运行中由于管道淤积，容易出现管径减小与糙率增大的不利组合，故加强和重视对雨水管道的维护和管理也是提高管道过水能力的有效措施。

4.6　溢洪道泄洪的可靠性计算与基于可靠性的水力设计

水库的泄洪设施，根据设计要求，在发生设计洪水位时，应能宣泄设计洪水位相应的调洪计算对应的最大泄洪流量 q_m（以下称其为设计流量），这是设计者的意图之一。然而事实上，影响泄洪能力的各水力因子设计值的选取不可避免地存在误差（允许误差）；施工测量过程中，泄洪建筑物的形状、尺寸不可避免地存在误差（允许误差）。这就使得各水力因子具有不确定性，从而导致泄洪能力不是与设计流量一致的确定量，而是随机变量。因此，在设计洪水位条件下，泄洪设施能否宣泄设计流量为随机事件，这就是水力不确定性。本节以溢洪道为例，介绍溢洪道泄洪的可靠性度量方法与计算方法；对现行水力设计方法溢洪道泄洪的可靠性计算与分析，并提出基于可靠性的溢洪道水力设计方法[30]。

4.6.1　溢洪道泄洪的可靠性度量

工程设计中，溢洪道形式多采用实用堰或宽顶堰，其出流公式均为：

$$Q = \sigma_S \varepsilon m B \sqrt{2g}\, h^{3/2} = Q(\sigma_S, \varepsilon, m, B, h) \qquad (4\text{-}6\text{-}1)$$

式中,Q 为某一堰上水头情况下,溢洪道的泄洪能力,$\mathrm{m^3/s}$;σ_S,ε,m 分别为堰流的淹没系数、侧收缩系数、流量系数;B 为堰顶过水断面净宽,m;h 为考虑行近流速的堰上水头,m。

实际上,式(4-6-1)中各水力因子 σ_S,ε,m,B,h,具有不确定性。例如,流量系数 m 的不确定性至少由两方面造成:① 流量系数经验公式选配(各试验点不可能完全落在回归曲线上,存在一定的随机误差)或者模型试验与原型之间缩尺影响而产生的误差;② 施工、测量时,堰的形状、尺寸与理论上不完全相符,从而影响流量系数。由于各水力因子的不确定性,则会导致某一水头下的泄洪能力是随机变量,且为多元随机变量的函数。

以下介绍在水库设计洪水位条件下,溢洪道宣泄设计流量 q_m 的可靠性计算。在该条件下,式(4-6-1)中的 Q,h 分别为溢洪道在设计洪水位时的泄洪能力和堰上水头。利用 4.1 节中可靠性与可靠度定义,显然,泄洪能力 $Q \geqslant q_m$ 时,溢洪道泄洪可靠;反之,则会由于泄洪能力不足而导致水力风险。因此,在设计洪水位条件下,溢洪道泄洪的可靠度 P_S 的定义式为

$$P_S = P(Q \geqslant q_m) = P(\sigma_S \varepsilon m B \sqrt{2g}\, h^{3/2} \geqslant q_m) \qquad (4\text{-}6\text{-}2)$$

由此可见,要计算设计洪水位时溢洪道泄洪的可靠度 P_S,必须确定泄洪能力 Q 的概率分布。以下从影响 Q 的各水力因子的不确定性入手,分析确定泄洪能力 Q 的概率分布与统计参数,并得出溢洪道泄洪的可靠性的计算式。

4.6.2 溢洪道泄洪的可靠性计算方法

4.6.2.1 各水力因子的概率分布和统计参数的确定

为叙述方便,设随机变量 X 代表任一水力因子,并记 $X = (\sigma_S, \varepsilon, m, B, h)$。关于各水力因子 X 的概率分布,研究表明,当可靠度 $P_S \leqslant 0.999$ 时,概率分布类型(当然是合理的假定)对 P_S 的影响不敏感[39]。目前,在水力因子不确定性分析中,常采用三角形分布[43,48-49]。关于三角形分布及其统计参数均值、变差系数的确定,已在 4.5 节作了介绍,此处不再赘述。

当确定了各水力因子的设计值后,将其作为其最可能值 b,并根据各水力因子的影响因素确定各自的可能取值的最小值 a 和最大值 c,则可计算各水力因子 X 的均值和变差系数。

4.6.2.2 泄洪能力的概率分布和统计参数的确定

式(4-6-1)所表达的流量函数是非线性的,所以由各水力因子的分布导出函数 Q 的分布是困难的。Q 的随机性是由众多水力因子的随机波动引起的,且每个水力因子的随机波动对泄流能力的随机性影响都较小,根据 1.7.2 节中心极限定理,可以认为其服从正态分布。另一方面,文献[43]采用蒙特卡罗模拟方法研究过水能力 Q 的概率分布模型,结果也表明正态分布是 Q 的最佳概率模型。

对于 Q 的均值和方差,采用结构可靠性研究方法[39,44]中的一次二阶矩法,将式(4-6-1)流量函数 $Q(\sigma_S, \varepsilon, m, B, h)$ 在各水力因子的均值 $\bar{x}$ 附近展开成泰勒级数,并取一阶近似值,则

$$Q \approx Q(\bar{x}) + \sum_i \left(\frac{\partial Q}{\partial X_i}\right)_{\bar{x}} (X_i - \bar{x}_i) \qquad (4\text{-}6\text{-}3)$$

式中,$\bar{x} = (\bar{\sigma_S}, \bar{\varepsilon}, \bar{m}, \bar{B}, \bar{h})$;$X_i$ 为随机变量,表示水力因子中的任一个,$i = 1, 2, \cdots, 5$;$\bar{x}_i$ 表示

$\overline{\sigma}_S$、$\overline{\varepsilon}$、$\overline{m}$、$\overline{B}$、$\overline{h}$ 中的任一个，$i=1,2,\cdots,5$；$(\dfrac{\partial Q}{\partial X_i})_{\overline{x}}$ 表示 $\dfrac{\partial Q}{\partial X_i}$ 在 $\overline{x}$ 处的值。

基于式(4-6-3)分别计算泄洪能力的均值 $\overline{Q}$ 和方差 $D(Q)$，并假设泄洪能力函数中各水力因子相互独立，则得

$$\overline{Q} \approx Q(\overline{x}) = \overline{\sigma}_S\ \overline{\varepsilon}\ \overline{m}\ \overline{B}\sqrt{2g\overline{h}}^{3/2} \qquad (4\text{-}6\text{-}4)$$

$$D(Q) \approx \sum_i \left(\frac{\partial Q}{\partial X_i}\right)^2_{\overline{x}} D(X_i) \qquad (4\text{-}6\text{-}5)$$

式中，$D(X_i)$ 为 X_i 的方差。

由变差系数的定义式，得泄洪能力的变差系数的平方为

$$C^2_{vQ} \approx \frac{1}{\overline{Q}^2}\sum_i\left(\frac{\partial Q}{\partial X_i}\right)^2_{\overline{x}}\overline{x}_i^2 C^2_{vX_i} \qquad (4\text{-}6\text{-}6)$$

根据式(4-6-1)求各水力因子在 $\overline{x}=(\overline{\sigma}_S,\overline{\varepsilon},\overline{m},\overline{B},\overline{h})$ 处的偏导数值，代入式(4-6-6)并整理得

$$C^2_{vQ} \approx C^2_{v\sigma_S} + C^2_{v\varepsilon} + C^2_{vm} + C^2_{vB} + \frac{9}{4}C^2_{vh} \qquad (4\text{-}6\text{-}7)$$

可见，只要求得了各水力因子的均值和变差系数，由式(4-6-4)和式(4-6-7)即可求得泄洪能力 Q 的均值和变差系数，而 Q 的均方差

$$\sigma_Q = \overline{Q}C_{vQ} \qquad (4\text{-}6\text{-}8)$$

4.6.2.3　溢洪道泄洪的可靠性计算方法

根据上述研究成果及式(4-6-2)，有

$$P_S = P(Q \geqslant q_m) = 1 - P(0 \leqslant Q < q_m)$$
$$= 1 - \Phi(\frac{q_m - \overline{Q}}{\sigma_Q}) + \Phi(\frac{-\overline{Q}}{\sigma_Q}) \qquad (4\text{-}6\text{-}9)$$

式中，Φ 为标准正态分布函数，其值可查标准正态分布函数表得到或由 Excel 软件、Matlab 软件计算；$\Phi(-\overline{Q}/\sigma_Q)$ 数值很小，可以忽略不计，则

$$P_S = 1 - \Phi(\frac{q_m - \overline{Q}}{\sigma_Q}) = \Phi(\frac{\overline{Q} - q_m}{\sigma_Q}) \qquad (4\text{-}6\text{-}10)$$

综上所述，确定溢洪道泄洪的可靠性的主要环节为：将各水力因子的设计值作为最可能值，并确定各水力因子的可能变化范围，进而根据各水力因子的概率分布情况，计算各水力因子的均值、变差系数；由式(4-6-4)、式(4-6-7)、式(4-6-8)分别确定泄洪能力 Q 的均值、变差系数、均方差；应用式(4-6-10)计算溢洪道泄洪的可靠性。

4.6.3　对现行水力设计方法溢洪道泄洪的可靠性计算

实例 4-6-1　某水库溢洪道采用宽顶堰，考虑地形、地质及兴利要求确定堰顶高程 125 m，由堰的形式确定该宽顶堰属自由出流 $\sigma_S = 1.0$，侧收缩系数 $\varepsilon = 0.9$，流量系数 $m = 0.34$。通过对溢洪道尺寸方案调洪计算、经济计算，确定溢洪道尺寸 $B = 180$ m，相应设计洪水位为 128 m，溢洪道设计最大下泄流量 $q_m = 1\ 267$ m³/s。试计算设计洪水位条件下，溢洪道泄洪的可靠性。

计算步骤如下。

（1）确定各水力因子的最可能值和可能的变化范围。该宽顶堰属自由出流，除 σ_S 外，将其他各水力因子的设计值作为各自的最可能值，对于 ε, m 考虑经验公式的选配误差和堰的形状、尺寸等施工造成的误差，经分析研究其波动范围为 $\pm5\%$（分析研究表明，仅经验公式选配一项，回归线的均方误很容易达回归值的 1.5%）。堰顶过水净宽 B 的施工测量误差相对于其本身数值来讲很小，故其变化率 $\Delta B/B$ 很小。若用 $\partial Q/\partial B$ 代替 $\Delta Q/\Delta B$，并基于式（4-6-1）求泄洪能力 Q 关于堰顶过水净宽 B 的偏导数，进而可求得 $\dfrac{\partial Q/Q}{\partial B/B}=1$，即 $\partial Q/Q=\partial B/B$，由于 $\partial B/B\approx\Delta B/B$ 很小，故 B 的不确定性对泄洪能力的影响可忽略不计，可将 B 作为确定性量来看待，这与文献[50]研究结论相同。对于设计洪水位时的堰上水头 h，若仅考虑施工过程中模板安装采用外模板时，结构物边线与设计边线允许的偏差而引起的堰顶高程的偏差为 $0\sim10$ mm[51]，由于设计条件下的堰上水头＝设计洪水位－堰顶高程，则堰上水头 h 的偏差为 $-10\sim0$ mm。

根据上述数据，侧收缩系数 ε 和流量系数 m 的均值、变差系数分别按式（4-5-6）、式（4-5-8）计算，即

$$\bar{x}=\frac{1}{3}(a+b+c)$$

$$C_{vX}=\left[\frac{1}{6\bar{x}^2}(a^2+b^2+c^2+ab+bc+ac)-1\right]^{1/2}$$

堰上水头 h 服从上三角形分布，其均值 $\bar{x}$ 和变差系数 C_{vX} 分别按式（4-5-9）、式（4-5-10）计算，即

$$\bar{x}=\frac{1}{3}(a+2c)$$

$$C_{vX}=\frac{1}{\sqrt{2}}\left(\frac{c-a}{2c+a}\right)$$

式中，a,b,c 分别为 X 可能取值的最小值、最可能值和最大值。

计算各水力因子的均值及变差系数，见表 4-6-1。

表 4-6-1 各水力因子均值和变差系数

水力因子	设计值	变化范围	均值 $\bar{x}$	变差系数 C_{vX}
ε	0.90	$0.855\sim0.945$	0.90	0.020 4
m	0.34	$0.323\sim0.357$	0.34	0.020 4
h/m	3	$2.99\sim3$	2.996 7	0.000 8

（2）计算泄洪能力的均值 $\overline{Q}$、变差系数 C_{vQ}、均方差 σ_Q。利用式（4-6-4）、式（4-6-7）、式（4-6-8）计算得：$\overline{Q}=1\,264.99$ m³/s，$C_{vQ}=0.028\,9$，$\sigma_Q=36.53$ m³/s。

（3）利用式（4-6-10），计算设计洪水位条件下溢洪道泄洪的可靠性为

$$P_S=\Phi\left(\frac{\overline{Q}-q_m}{\sigma_Q}\right)=\Phi\left(\frac{1\,264.99-1\,267}{36.53}\right)=47.8\%$$

由上述计算结果可知，现行水力设计方法，在设计洪水位条件下，溢洪道宣泄设计流量的可靠性不高。进一步分析可知，若各水力因子随机波动均为对称的三角形分布或正态分

布,各水力因子的均值也是最可能值,因此设计时所取的各水力因子的值即为各水力因子的均值,则设计泄洪流量等于泄洪能力的均值。因而泄洪能力大于或等于设计流量的概率即是泄洪能力大于或等于其均值的概率,当泄洪能力采用正态分布,此概率必定为 50%,这说明设计者的意图不能实现的概率也为 50%。现行水力设计方法存在的这种现象,应引起足够的重视。设计中考虑各水力因子的随机变化,以提高设计成果的可靠性,是非常必要和合理的。

4.6.4 基于可靠性的溢洪道水力设计方法

基于可靠性的溢洪道水力设计问题为:已知溢洪道设计流量 q_m,给定可靠度 P_S,利用式(4-6-10)求泄洪能力的均值 $\overline{Q}$,并据此进行水力设计,确定各水力因子的均值,进而确定各水力因子相应的最可能值,作为设计值。

例如对于 4.6.3 节实例,欲使 $P_S=0.90$,由式(4-6-10)得 $0.9=\Phi((\overline{Q}-q_m)/\sigma_Q)$,则

$$\frac{\overline{Q}-q_m}{\overline{Q}C_{vQ}}=1.282 \tag{4-6-11}$$

采取调整溢洪道尺寸 B 来增大可靠度 P_S 的方法。由于 B 按确定性量来看待,对其调整不影响 C_{vQ},故由式(4-6-11)计算得 $\overline{Q}=1\,316$ m³/s。由式(4-6-4),其他水力因子均值不变仅调整 B,可得 $\overline{B}=187$ m,即溢洪道宽度的设计值为 187 m。

综上所述,由于各水力因子的不确定性,溢洪道的泄洪能力为随机变量。计算表明,采用现行水力设计方法,当发生设计洪水位时,溢洪道宣泄设计流量的可靠性不高。这就意味着由于水力不确定性的存在,溢洪道的泄洪能力不能达到设计者意图的概率很大,这一事实应能在工程设计中给予足够的重视,以便使工程设计合理可靠。本节介绍的基于可靠性的溢洪道水力设计方法简便易行,关于设计中可靠度的选取等问题有待深入研究。

第5章　回归分析方法的应用研究与改进

回归分析在自然科学和工程技术等领域具有广泛的应用。本章对于可线性化的非线性回归的传统方法,进行剖析并指出其局限性[52-55];对于需要将因变量作变换时的可线性化的非线性回归,提出化非线性为线性的加权回归方法[56],或采用非线性回归方法求解,实例应用表明,加权回归方法或非线性回归方法均显著优于传统方法。对于仅有一个参数以非线性形式出现的非线性回归模型,介绍一种新解法[57-59],该法拟合精度与非线性回归方法相当,而计算方法相对简单,易于实现。本章最后一节介绍回归分析方法在地下水动态规律研究中的应用[60-62]。

5.1　可线性化的非线性回归的有关问题与误区

对于可线性化的非线性回归模型(有些文献也称其为非纯非线性模型),目前常用的方法是首先通过变量代换化为线性模型,其次利用线性回归方法推求线性回归系数,然后再根据变量代换的具体情况,由线性回归系数反求非线性回归系数。这是数理统计教科书以及生产实际中的经典方法(详见 2.3.3 节),本书称其为传统方法或线性化回归方法(有些书也将其称为拟线性回归方法)。上述方法看起来是合理的,其实不然。笔者将对此进行分析,进而得出有关结论,并结合实例指出线性化回归方法有时存在拟合失真的现象。此外,指出有关文献与有关做法的误区。

5.1.1　可线性化的非线性回归的常见类型

对常用的可线性化的非线性模型,进行变量代换以及将线性回归系数转化为非线性回归系数的传统方法见表 5-1-1。

表 5-1-1　　　　　　常用的可线性化的非线性函数及变量代换形式

类型	非线性函数	变量代换与线性化函数	线性回归方程	非线性回归系数的估计值
(1)	(2)	(3)	(4)	(5)
双曲线函数	$\dfrac{1}{y}=\beta_0+\dfrac{\beta}{x}$	$v=1/y,u=1/x$ $v=\beta_0+\beta u$	$\hat{v}=b_0+bu$	$\hat{\beta}_0=b_0$ $\hat{\beta}=b$
指数函数	$y=\beta_0 e^{\beta x}$	$v=\ln y,\alpha_0=\ln\beta_0$ $v=\alpha_0+\beta x$	$\hat{v}=b_0+bx$	$\hat{\beta}_0=e^{b_0}$ $\hat{\beta}=b$
幂函数	$y=\beta_0 x^{\beta}$	$v=\ln y,u=\ln x,\alpha_0=\ln\beta_0$ $v=\alpha_0+\beta u$	$\hat{v}=b_0+bu$	$\hat{\beta}_0=e^{b_0}$ $\hat{\beta}=b$

类型	非线性函数	变量代换与线性化函数	线性回归方程	非线性回归系数的估计值
(1)	(2)	(3)	(4)	(5)
对数函数	$y = \beta_0 + \beta \lg x$	$v = y, u = \lg x$ $v = \beta_0 + \beta u$	$\hat{v} = b_0 + bu$	$\hat{\beta}_0 = b_0$ $\hat{\beta} = b$
S 型函数	$y = \dfrac{1}{\beta_0 + \beta \mathrm{e}^{-x}}$	$v = 1/y, u = \mathrm{e}^{-x}$ $v = \beta_0 + \beta u$	$\hat{v} = b_0 + bu$	$\hat{\beta}_0 = b_0$ $\hat{\beta} = b$

5.1.2　可线性化的非线性回归的有关问题与误区

5.1.2.1　因变量的估计值与其数学期望的估计值的关系

在 2.3 节已叙及,采用回归分析方法,对因变量 y 的值进行估计,实质上是对 y 的数学期望 $E(y)$ 进行估计。因此,因变量的估计值应等于其数学期望的估计值,这是回归方法应具备的统计特性。为分析将非线性回归线性化的统计特性,必须引入随机误差项 ε。

若采用乘积随机误差,以幂函数为例进行分析

$$y = \beta_0 x^{\beta} \mathrm{e}^{\varepsilon} \tag{5-1-1}$$

对式(5-1-1)进行自然对数变换后,得线性回归模型

$$v = \alpha_0 + \beta u + \varepsilon \tag{5-1-2}$$

式(5-1-2)中 $v = \ln y, u = \ln x, \alpha_0 = \ln \beta_0$。

传统的做法是假设 $\varepsilon \sim N(0, \sigma^2)$,利用线性最小二乘法求解式(5-1-2)的线性回归系数,进而得式(5-1-1)的非线性回归系数,则将 $\hat{y} = \hat{\beta}_0 x^{\hat{\beta}}$ 作为 y 的估计值。然而,$\hat{y} = \hat{\beta}_0 x^{\hat{\beta}}$ 并非是 y 的数学期望的估计值,证明如下:

由式(5-1-1)可得

$$E(y) = E(\beta_0 x^{\beta} \mathrm{e}^{\varepsilon}) = \beta_0 x^{\beta} E(\mathrm{e}^{\varepsilon})$$

若记 ε 的密度函数为 $f_{\varepsilon}(t)$,则

$$f_{\varepsilon}(t) = \frac{1}{\sqrt{2\pi}\sigma} \mathrm{e}^{-\frac{t^2}{2\sigma^2}} \quad (-\infty < t < +\infty)$$

$$E(\mathrm{e}^{\varepsilon}) = \int_{-\infty}^{+\infty} \mathrm{e}^t f_{\varepsilon}(t) \mathrm{d}t = \int_{-\infty}^{+\infty} \mathrm{e}^t \frac{1}{\sqrt{2\pi}\sigma} \mathrm{e}^{-\frac{t^2}{2\sigma^2}} \mathrm{d}t$$

$$\approx \int_{-\infty}^{+\infty} \left(1 + t + \frac{t^2}{2} + \frac{t^3}{6} + \frac{t^4}{24} + \frac{t^5}{125}\right) \frac{1}{\sqrt{2\pi}\sigma} \mathrm{e}^{-\frac{t^2}{2\sigma^2}} \mathrm{d}t$$

$$= 1 + \frac{\sigma^2}{2} + \frac{\sigma^4}{8}$$

故

$$E(y) = \beta_0 x^{\beta} \left(1 + \frac{\sigma^2}{2} + \frac{\sigma^4}{8}\right)$$

$$= \beta_0 x^{\beta} + \beta_0 x^{\beta} \left(\frac{\sigma^2}{2} + \frac{\sigma^4}{8}\right) \tag{5-1-3}$$

证毕。

需要指出，文献[63]中 $E(y)=E(\beta_0 x^\beta e^\varepsilon)=\beta_0 x^\beta e^{1/2}$ 是不正确的。

由式(5-1-3)可知，对数变换后 y 的数学期望不为 $\beta_0 x^\beta$，而估计值 $\hat{y}=\hat{\beta}_0 x^\beta$ 不等于 y 的数学期望的估值，显然不是好的估计。

若采用加性随机误差，表 5-1-1 中除双曲函数、对数函数外，其他函数实质上是无法线性化的。例如，幂函数

$$y=\beta_0 x^\beta+\varepsilon \tag{5-1-4}$$

无法线性化。表 5-1-1 中的做法实际上仅是进行曲线拟合的处理方法。

当采用加性随机误差时，对于式(5-1-4)，设 $\varepsilon \sim N(0,\sigma^2)$，则 $E(y)=\beta_0 x^\beta$。故因变量的估计值 $\hat{y}=\hat{\beta}_0 x^\beta$ 等于其数学期望的估计值。

对于指数函数具有类似的结论，限于篇幅，不再赘述，读者可参阅文献[54]。

笔者认为，可线性化的非线性模型应表述为加性随机误差，并采用非线性方法求解。

5.1.2.2 非线性回归与其线性化后二者的残差平方和的关系

一般地，设可线性化的非线性回归函数为 $y=g(x)$，因变量 y 的残差平方和为 $\sum_{i=1}^{n}(y_i-\hat{y}_i)^2$，线性化后的因变量 v 的残差平方和为 $\sum_{i=1}^{n}(v_i-\hat{v}_i)^2$，推导二者的关系如下：

设可导的变换函数 $v=f(y)$，对于实测点 (x_i,y_i)，非线性回归的估计值为 $\hat{y}_i$，变量代换后的估计值为 $\hat{v}_i$，当 y 产生偏差 $(y_i-\hat{y}_i)$ 时，则对应偏差 $(v_i-\hat{v}_i)$。将变换函数 $v=f(y)$ 在 y_i 处按泰勒公式展开，并取前两项，则在点 $\hat{y}_i$ 处的函数值有

$$f(\hat{y}_i) \approx f(y_i)+\left(\frac{\mathrm{d}v}{\mathrm{d}y}\right)_i(\hat{y}_i-y_i)$$

即

$$\hat{v}_i \approx v_i+\left(\frac{\mathrm{d}v}{\mathrm{d}y}\right)_i(\hat{y}_i-y_i)$$

故

$$\sum_{i=1}^{n}(y_i-\hat{y}_i)^2 \approx \sum_{i=1}^{n}(v_i-\hat{v}_i)^2\left(\frac{\mathrm{d}y}{\mathrm{d}v}\right)_i^2 \tag{5-1-5}$$

而表 5-1-1 中第(3)列变量代换后，是推求满足 $\sum_{i=1}^{n}(v_i-\hat{v}_i)^2$ 为最小的线性回归系数 b_0,b。因此，若对非线性待估变量 y 作了变换时，所求非线性回归系数不满足 $\sum_{i=1}^{n}(y_i-\hat{y}_i)^2$ 为最小。

5.1.2.3 采用线性化回归方法(传统方法)的失真现象与分析

实例 5-1-1 丹土一级公路 03A 标伍家岭隧道右线 K2＋546 断面测点 E 累计沉降量随时间变化的实测数据见表 5-1-2[64]，通过回归计算，用于预测隧道在该测点的沉降趋势。

表 5-1-2　　　　　实例 5-1-1 累计沉降量随时间变化的实测数据

时间 t/d	1	2	3	4	5	7	9	12	14	17	20	22
累计沉降量 y/mm	0.81	1.37	2.74	3.26	4.03	4.31	4.15	4.29	4.17	4.21	4.26	4.28

对实例 5-1-1,根据散点图,采用双曲线函数拟合表 5-1-2 的数据,即回归方程为

$$\hat{y} = \frac{t}{A + Bt} \tag{5-1-6}$$

式中,A,B 为待估参数。

设 $v = 1/y, u = 1/t$,将式(5-1-6)线性化为

$$\hat{v} = Au + B \tag{5-1-7}$$

并将表 5-1-2 的样本观察值 (t_i, y_i) 转化为 (u_i, v_i), $i = 1 \sim 12$,可求得式(5-1-7)的线性回归系数为: $A = 1.074\ 94, B = 0.123\ 04$,拟合直线如图 5-1-1 所示,线性回归的相关系数 $r = 0.975\ 8$,本例样本点 $n = 12$,确定相关系数检验临界值 $r_{0.01} = 0.707\ 9$,可见相关系数 $r > r_{0.01} = 0.707\ 9$,线性相关显著。

根据上述线性回归结果,求得非线性回归系数 $A = 1.074\ 94, B = 0.123\ 04$。由相关指数的计算式

$$R^2 = 1 - \frac{\sum_{i=1}^{n}(y_i - \hat{y}_i)^2}{\sum_{i=1}^{n}(y_i - \overline{y})^2}$$

计算双曲线回归的相关指数 $R^2 = 0.448\ 5$。绘出双曲线回归函数的拟合曲线如图 5-1-2 所示。

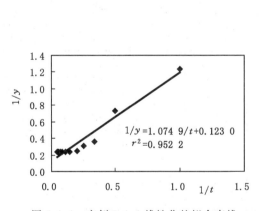

图 5-1-1　实例 5-1-1 线性化的拟合直线

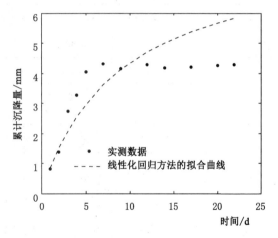

图 5-1-2　实例 5-1-1 采用线性化回归方法
所得的拟合曲线

上述计算结果表明,采用线性化回归方法,尽管变量代换后线性回归拟合效果较好,但由其求得的双曲线回归方程拟合实测数据的效果并不好,拟合曲线未能反映实测点的分布情况;尽管对双曲线线性化后的线性相关系数的平方 $r^2 = 0.952\ 2$,接近 1,回归效果高度显著,但曲线回归的相关指数 R^2 却较小,出现了拟合失真现象。

现利用式(5-1-5)对失真现象进行分析。对于双曲线回归函数, $v = 1/y, \dfrac{\mathrm{d}y}{\mathrm{d}v} = -\dfrac{1}{v^2}$,则有

$$\sum_{i=1}^{n} (y_i - \hat{y}_i)^2 \approx \sum_{i=1}^{n} (v_i - \hat{v}_i)^2 \frac{1}{v_i^4} = \sum_{i=1}^{n} (v_i - \hat{v}_i)^2 y_i^4 \qquad (5\text{-}1\text{-}8)$$

线性化回归方法是推求满足式(5-1-7)的残差平方和 $\sum_{i=1}^{n} (v_i - \hat{v}_i)^2$ 为最小的线性回归系数 A，B，据此所求得的双曲线回归式(5-1-6)的回归系数 A，B 不满足曲线回归的残差平方和 $\sum_{i=1}^{n} (y_i - \hat{y}_i)^2$ 为最小。当累计沉降值 y_i 大于 1 时，式(5-1-8)中 y_i^4 值很大，而当相应的线性拟合环节的残差 $v_i - \hat{v}_i$ 不接近于 0 时，乘以很大的 y_i^4 值，则会导致 $(v_i - \hat{v}_i)^2 y_i^4$ 较大，因此，尽管 $\sum_{i=1}^{n} (v_i - \hat{v}_i)^2$ 不大，也即线性化回归显著，但 $\sum_{i=1}^{n} (y_i - \hat{y}_i)^2$ 却较大，这就是双曲线回归采用线性化回归方法可能出现拟合失真的原因。表 5-1-3 为实例 5-1-1 的计算结果，$\sum_{i=1}^{n} (v_i - \hat{v}_i)^2 = 0.048\,8$，$\sum_{i=1}^{n} (y_i - \hat{y}_i)^2 = 9.115\,4$，则进一步验证了上述分析结论。

表 5-1-3   实例 5-1-1 线性化因变量的残差与双曲线因变量的残差计算表

时间 t/d	累计沉降值 y_i/mm	$v_i = 1/y_i$	y_i^4	$\hat{v}_i = Ax + B$	$(v_i - \hat{v}_i)^2$	$(v_i - \hat{v}_i)^2 y_i^4$	$\hat{y}_i = \dfrac{t_i}{A + Bt_i}$	$(y_i - \hat{y}_i)^2$
1	0.81	1.234 6	0.430 5	1.198 0	0.001 3	0.000 6	0.834 7	0.000 6
2	1.37	0.729 9	3.522 8	0.660 0	0.004 8	0.017 0	1.514 0	0.020 7
3	2.74	0.365 0	56.364 1	0.481 4	0.013 5	0.763 5	2.077 5	0.438 9
4	3.26	0.306 7	112.945 9	0.391 6	0.007 2	0.816 5	2.552 5	0.500 6
5	4.03	0.248 1	263.766 8	0.338 0	0.008 1	2.131 2	2.958 3	1.148 5
7	4.31	0.232 0	345.071 5	0.276 6	0.002 0	0.685 9	3.615 3	0.482 6
9	4.15	0.241 0	296.614 5	0.242 5	0.000 0	0.000 7	4.124 1	0.000 7
12	4.29	0.233 1	338.710 9	0.212 6	0.000 4	0.142 1	4.703 3	0.170 8
14	4.17	0.239 8	302.373 8	0.199 8	0.001 6	0.483 5	5.004 5	0.696 3
17	4.21	0.237 5	314.143 7	0.186 2	0.002 6	0.825 4	5.368 5	1.342 1
20	4.26	0.234 7	329.335 4	0.176 8	0.003 4	1.106 2	5.656 5	1.950 0
22	4.28	0.233 3	335.563 8	0.171 9	0.003 8	1.279 3	5.817 3	2.363 3
合计					0.048 8	8.251 9		9.115 4

当回归函数采用幂函数、指数函数等类型时，采用线性化回归方法拟合效果不理想的实例，详见 5.4 节。

5.1.2.4 有关文献的误区

(1) 文献[63]认为，"不含回归系数变化的可线性化非线性回归预测模型，对应的线性化回归模型的最小二乘估计就是原非线性回归模型的最小二乘估计。因此，对于不含回归系数变化的可线性化非线性回归预测模型的建立,可以直接通过求线性化回归模型的最小二乘估计进行。"文献[65]与文献[63]有类似的结论。基于 5.1.2.2 节的研究结论可知,文献[63]与[65]所作结论具有局限性,实例 5-1-1 双曲线函数尽管未对非线性回归系数进行变换,但由式(5-1-5)、式(5-1-8)可知,其线性化回归模型的最小二乘估计不是原非线性回归模型的最小二乘估计。

因此,用回归系数是否变换来判断非线性回归线性化计算的效果是有局限性的,而应是:当对非线性回归的因变量作了变换时,线性化回归方法所求非线性回归系数不满足该因变量的残差平方和为最小。

(2) 一些文献以及 Excel 软件中(用添加趋势线的方法确定曲线回归方程时,在"选项"标签中的"显示 R 平方值",其结果是线性相关系数的平方 r^2),将非线性回归线性化后的线性相关系数的平方(r^2)作为非线性回归的相关指数 R^2 是不正确的。可以证明:化非线性为线性后,变量 v 与 u 之间的线性相关系数的平方

$$r^2 = 1 - \frac{\sum (v_i - \hat{v}_i)^2}{\sum (v_i - \overline{v})^2}$$

而对于可线性化的非线性回归模型,应由 2.3 节式(2-3-37)计算相关指数 R^2,即

$$R^2 = 1 - \frac{\sum (y_i - \hat{y}_i)^2}{\sum (y_i - \overline{y})^2}$$

显然,当对非线性待估变量 y 作了变换时,$r^2 \neq R^2$。

综上所述,通过本节分析研究得出如下结论:

(1) 当采用乘积随机误差时,幂函数、指数函数等类型的回归才能够线性化,然而,采用乘积随机误差时这些回归类型的非线性待估因变量的估计值并非是其数学期望的估值,显然不是好的估计。

(2) 由非线性回归与其线性化后的回归二者的残差平方和之间的关系式(5-1-5)表明,当对非线性回归的因变量作了变换时,传统方法所求非线性回归系数不满足该因变量的残差平方和为最小。

(3) 由实例 5-1-1 表明,采用传统的化非线性为线性的回归方法,可能出现非线性拟合失真现象。

基于上述结论与事实,笔者认为,对于当需要对因变量作变换时的可线性化的非线性回归,应改进传统的线性化回归方法。笔者提出了的化非线性为线性的加权回归方法以及指数函数与幂函数等回归的新解法,或采用非线性方法求解。这些方法将在 5.2 节~5.5 节介绍。

5.2　化非线性为线性的加权回归方法

5.1 节中的式(5-1-5),表达了非线性回归因变量 y 的误差平方和与变量代换线性化后的新因变量 v 的误差平方和之间的关系,基于此式,笔者提出化非线性为线性的加权回归方法。

一般地,设可线性化的非线性回归函数为 $y = f(x; \beta_0, \beta)$,通过变量代换后得线性化回归函数为 $v = \alpha_0 + \alpha u$,且 $y \neq v$,相应的线性回归方程记为 $\hat{v} = b_0 + bu$(b_0, b 分别为 α_0, α 的估计值)。根据变量代换情况,将样本观察值 (x_i, y_i) 转化为 (u_i, v_i),$i = 1, 2, \cdots, n$,基于

式(5-1-5),确定回归系数 b_0,b,欲使原因变量 y 的误差平方和最小,等价于对新因变量 v 求回归系数 b_0,b,使

$$Q = \sum_{i=1} (v_i - \hat{v}_i)^2 \left(\frac{\mathrm{d}y}{\mathrm{d}v}\right)_i^2 = \sum_{i=1} (v_i - b_0 - bu_i)^2 \left(\frac{\mathrm{d}y}{\mathrm{d}v}\right)_i^2 \tag{5-2-1}$$

为最小。将式(5-2-1)中 $(\mathrm{d}y/\mathrm{d}v)_i^2$ 视为权重因子,加权求新因变量 v 的误差平方和,这就是化非线性为线性的加权回归方法的基本思想。下面来推导满足原因变量 y 的误差平方和为最小的回归系数 b_0,b。

对式(5-2-1),利用多元函数求极值的方法,欲使 Q 为最小,则有

$$\begin{cases} \dfrac{\partial Q}{\partial b_0} = -2 \sum_i (v_i - b_0 - bu_i) A_i = 0 \\ \dfrac{\partial Q}{\partial b} = -2 \sum_i (v_i - b_0 - bu_i) u_i A_i = 0 \end{cases} \tag{5-2-2}$$

式中,$A_i = (\mathrm{d}y/\mathrm{d}v)_i^2, i = 1, 2, \cdots, n$。

由式(5-2-2),解得

$$b_0 = \frac{\sum_i A_i v_i - b \sum_i A_i u_i}{\sum_i A_i} \tag{5-2-3}$$

$$b = \frac{\sum_i A_i u_i v_i - \dfrac{\sum_i A_i u_i \sum_i A_i v_i}{\sum_i A_i}}{\sum_i A_i u_i^2 - \dfrac{(\sum_i A_i u_i)^2}{\sum_i A_i}} \tag{5-2-4}$$

根据加权回归法所得的线性回归系数 b_0,b 及变量代换的具体情况,则可确定非线性回归系数的估计值 $\hat{\beta}_0, \hat{\beta}$。

对于多元情形,设可线性化的非线性回归函数为 $y = f(x_1, x_2, \cdots, x_p; \beta_0, \beta_1, \cdots, \beta_p)$,$p$ 为自变量的个数。通过变量代换后得线性化回归函数为 $v = \alpha_0 + \alpha_1 u_1 + \cdots + \alpha_p u_p$,且 $y \neq v$,相应的线性回归方程记为

$$\hat{v} = b_0 + b_1 u_1 + \cdots + b_p u_p$$

基于式(5-1-5),根据样本观察值确定回归系数 $b_0, b_1, \cdots, b_p$,欲使原因变量 y 的误差平方和最小,等价于对新因变量 v 求回归系数 $b_0, b_1, \cdots, b_p$,使

$$Q = \sum_{i=1} (v_i - \hat{v}_i)^2 \left(\frac{\mathrm{d}y}{\mathrm{d}v}\right)_i^2 = \sum_{i=1} (v_i - b_0 - b_1 u_{1i} - \cdots - b_p u_{pi})^2 \left(\frac{\mathrm{d}y}{\mathrm{d}v}\right)_i^2 \tag{5-2-5}$$

为最小。

利用多元函数求极值的方法,由 $\partial Q/\partial b_0 = 0, \partial Q/\partial b_1 = 0, \cdots, \partial Q/\partial b_p = 0$,则可求解 b_0, $b_1, \cdots, b_p$,写成矩阵形式为

$$\begin{pmatrix} \sum_i A_i & \sum_i A_i u_{1i} & \sum_i A_i u_{2i} & \cdots & \sum_i A_i u_{pi} \\ \sum_i A_i u_{1i} & \sum_i A_i u_{1i}^2 & \sum_i A_i u_{1i} u_{2i} & \cdots & \sum_i A_i u_{1i} u_{pi} \\ \sum_i A_i u_{2i} & \sum_i A_i u_{1i} u_{2i} & \sum_i A_i u_{2i}^2 & \cdots & \sum_i A_i u_{2i} u_{pi} \\ \cdots & \cdots & \cdots & \ddots & \cdots \\ \sum_i A_i u_{pi} & \sum_i A_i u_{1i} u_{pi} & \sum_i A_i u_{2i} u_{pi} & \cdots & \sum_i A_i u_{pi}^2 \end{pmatrix} \begin{pmatrix} b_0 \\ b_1 \\ b_2 \\ \vdots \\ b_p \end{pmatrix} = \begin{pmatrix} \sum_i A_i v_i \\ \sum_i A_i u_{1i} v_i \\ \sum_i A_i u_{2i} v_i \\ \vdots \\ \sum_i A_i u_{pi} v_i \end{pmatrix} \quad (5\text{-}2\text{-}6)$$

式中，$A_i = (\mathrm{d}y/\mathrm{d}v)_i^2$，$i = 1, 2, \cdots, n$。

由加权回归法求得线性回归系数 $b_0, b_1, \cdots, b_p$ 后，根据变量代换的具体情况，则可确定非线性回归系数的估计值 $\hat{\beta}_0, \hat{\beta}_1, \cdots, \hat{\beta}_p$。

5.3　非线性回归的高斯-牛顿法和麦夸尔特法

一些非线性回归模型不能用变量代换法转化为线性回归模型，例如

$$y = \mathrm{e}^{\beta_1 x} + \mathrm{e}^{\beta_2 x} + \varepsilon$$
$$y = \beta_0 + \beta_1^x + \varepsilon$$

这类回归模型也称之为纯非线性回归模型，常用高斯-牛顿法（Gauss-Newton 法）和麦夸尔特法（Marquardt 法）[66-67] 等方法求解。笔者认为，尽管这些方法是针对纯非线性回归模型的求解提出的，但对于可线性化的非线性回归模型，当采用线性化回归方法拟合效果不佳时，则应采用非线性回归方法求解，且随着 Matlab 等软件的出现，计算手段和效率大大提高，使之易于实现。在 5.4 节中将介绍基于 Matlab 软件的高斯-牛顿法的程序代码。

5.3.1　高斯-牛顿法

一般地，设非线性回归模型

$$y = f(x, \boldsymbol{\theta}) + \varepsilon \quad (5\text{-}3\text{-}1)$$

式中，$\boldsymbol{\theta}$ 为 p 维待定参数向量，$\boldsymbol{\theta} = (\theta_1, \theta_2, \cdots, \theta_p)'$；$x$ 为自变量，可以是单个自变量或向量；f 为一般的非线性函数；ε 为随机误差，且 $\varepsilon \sim N(0, \sigma^2)$。对于 n 组观察值 (x_i, y_i)，$i = 1, 2, \cdots, n$（一般样本容量 n 至少为自变量个数 p 的 $5 \sim 10$ 倍），求 $\boldsymbol{\theta}$ 的最小二乘估计，即是使残差平方和

$$Q = \sum_i [y_i - f(x_i, \boldsymbol{\theta})]^2 \quad (5\text{-}3\text{-}2)$$

为最小。

对于非线性回归模型，无法直接求 $\boldsymbol{\theta}$ 的最小二乘解，以下介绍高斯-牛顿法。

对待定参数 $\boldsymbol{\theta} = (\theta_1, \theta_2, \cdots, \theta_p)'$，若给定其初值 $\boldsymbol{\theta}_{(0)} = (\theta_{1(0)}, \theta_{2(0)}, \cdots, \theta_{p(0)})'$，并将 $y = f(x, \boldsymbol{\theta})$ 在 $\boldsymbol{\theta}_{(0)}$ 处展开成只包含一次项的泰勒级数，从而可使非线性模型线性化。即

$$f(x_i, \boldsymbol{\theta}) \approx f(x_i, \boldsymbol{\theta}_{(0)}) + \frac{\partial f(x_i, \boldsymbol{\theta}_{(0)})}{\partial \theta_1}(\theta_1 - \theta_{1(0)}) + \cdots + \frac{\partial f(x_i, \boldsymbol{\theta}_{(0)})}{\partial \theta_p}(\theta_p - \theta_{p(0)})$$

简记 $f(x_i, \boldsymbol{\theta}_{(0)})$ 为 $f_i(\boldsymbol{\theta}_{(0)})$，于是

$$f(x_i, \boldsymbol{\theta}) \approx f_i(\boldsymbol{\theta}_{(0)}) + \frac{\partial f_i(\boldsymbol{\theta}_{(0)})}{\partial \theta_1}(\theta_1 - \theta_{1(0)}) + \cdots + \frac{\partial f_i(\boldsymbol{\theta}_{(0)})}{\partial \theta_p}(\theta_p - \theta_{p(0)}) \quad (5\text{-}3\text{-}3)$$

显然，当已知 n 组观察值 (x_i, y_i)，$i=1,2,\cdots,n$ 及给定的 $\boldsymbol{\theta}_{(0)}$，式(5-3-3)右端就是 $\theta_j - \theta_{j(0)}$ $(j=1,2,\cdots,p)$ 的线性表达式，这样就可应用最小二乘原理确定 θ_j，使残差平方和 Q 最小。

$$Q = \sum_i [y_i - f(x_i, \boldsymbol{\theta})]^2$$
$$= \sum_i \{y_i - [f_i(\boldsymbol{\theta}_{(0)}) + \frac{\partial f_i(\boldsymbol{\theta}_{(0)})}{\partial \theta_1}(\theta_1 - \theta_{1(0)}) + \cdots + \frac{\partial f_i(\boldsymbol{\theta}_{(0)})}{\partial \theta_p}(\theta_p - \theta_{p(0)})]\}^2$$

欲使残差平方和 Q 取得最小值，可分别对 $\theta_1, \theta_2, \cdots, \theta_p$ 求一阶偏导数并使其等于零，即得由 p 个方程构成的方程组

$$\frac{\partial Q}{\partial \theta_j} = 2\sum_i \{y_i - [f_i(\boldsymbol{\theta}_{(0)}) + \frac{\partial f_i(\boldsymbol{\theta}_{(0)})}{\partial \theta_1}(\theta_1 - \theta_{1(0)}) + \cdots + $$
$$\frac{\partial f_i(\boldsymbol{\theta}_{(0)})}{\partial \theta_p}(\theta_p - \theta_{p(0)})]\}[-\frac{\partial f_i(\boldsymbol{\theta}_{(0)})}{\partial \theta_j}] = 0 \quad (5\text{-}3\text{-}4)$$

式中，$j=1,2,\cdots,p$。整理式(5-3-4)，得到关于 $\theta_1, \theta_2, \cdots, \theta_p$ 的 p 个方程

$$\begin{cases} \sum_i \frac{\partial f_i(\boldsymbol{\theta}_{(0)})}{\partial \theta_1}\frac{\partial f_i(\boldsymbol{\theta}_{(0)})}{\partial \theta_1}(\theta_1 - \theta_{1(0)}) + \cdots + \\ \sum_i \frac{\partial f_i(\boldsymbol{\theta}_{(0)})}{\partial \theta_1}\frac{\partial f_i(\boldsymbol{\theta}_{(0)})}{\partial \theta_p}(\theta_p - \theta_{p(0)}) = \sum_i \frac{\partial f_i(\boldsymbol{\theta}_{(0)})}{\partial \theta_1}[y_i - f_i(\boldsymbol{\theta}_{(0)})] \\ \cdots\cdots \\ \sum_i \frac{\partial f_i(\boldsymbol{\theta}_{(0)})}{\partial \theta_p}\frac{\partial f_i(\boldsymbol{\theta}_{(0)})}{\partial \theta_1}(\theta_1 - \theta_{1(0)}) + \cdots + \\ \sum_i \frac{\partial f_i(\boldsymbol{\theta}_{(0)})}{\partial \theta_p}\frac{\partial f_i(\boldsymbol{\theta}_{(0)})}{\partial \theta_p}(\theta_p - \theta_{p(0)}) = \sum_i \frac{\partial f_i(\boldsymbol{\theta}_{(0)})}{\partial \theta_p}[y_i - f_i(\boldsymbol{\theta}_{(0)})] \end{cases} \quad (5\text{-}3\text{-}5)$$

为便于求解，将式(5-3-5)写成矩阵形式。引入如下矩阵

$$\boldsymbol{J}(\boldsymbol{\theta}_{(0)}) = \begin{bmatrix} \frac{\partial f_1(\boldsymbol{\theta})}{\partial \theta_1} & \frac{\partial f_1(\boldsymbol{\theta})}{\partial \theta_2} & \cdots & \frac{\partial f_1(\boldsymbol{\theta})}{\partial \theta_p} \\ \frac{\partial f_2(\boldsymbol{\theta})}{\partial \theta_1} & \frac{\partial f_2(\boldsymbol{\theta})}{\partial \theta_2} & \cdots & \frac{\partial f_2(\boldsymbol{\theta})}{\partial \theta_p} \\ \cdots & \cdots & \ddots & \cdots \\ \frac{\partial f_n(\boldsymbol{\theta})}{\partial \theta_1} & \frac{\partial f_n(\boldsymbol{\theta})}{\partial \theta_2} & \cdots & \frac{\partial f_n(\boldsymbol{\theta})}{\partial \theta_p} \end{bmatrix}_{\boldsymbol{\theta}=\boldsymbol{\theta}_{(0)}} \quad (5\text{-}3\text{-}6)$$

$$\boldsymbol{\theta} - \boldsymbol{\theta}_{(0)} = \begin{bmatrix} \theta_1 - \theta_{1(0)} \\ \theta_2 - \theta_{2(0)} \\ \vdots \\ \theta_p - \theta_{p(0)} \end{bmatrix}, \boldsymbol{Y} = \begin{bmatrix} y_1 \\ y_2 \\ \vdots \\ y_n \end{bmatrix}, \boldsymbol{f}(\boldsymbol{\theta}_{(0)}) = \begin{bmatrix} f_1(\boldsymbol{\theta}_{(0)}) \\ f_2(\boldsymbol{\theta}_{(0)}) \\ \vdots \\ f_n(\boldsymbol{\theta}_{(0)}) \end{bmatrix}$$

式(5-3-6)中 $\boldsymbol{J}(\boldsymbol{\theta}_{(0)})$ 为 $y=f(x,\boldsymbol{\theta})$ 关于待估参数 $\theta_1, \theta_2, \cdots, \theta_p$ 的偏导数在 $\boldsymbol{\theta}_{(0)}$ 处的值所构成的矩阵。

于是,式(5-3-5)写成矩阵形式为

$$J'(\boldsymbol{\theta}_{(0)})J(\boldsymbol{\theta}_{(0)})(\boldsymbol{\theta}-\boldsymbol{\theta}_{(0)})=J'(\boldsymbol{\theta}_{(0)})[\boldsymbol{Y}-\boldsymbol{f}(\boldsymbol{\theta}_{(0)})] \tag{5-3-7}$$

进而得

$$\boldsymbol{\theta}=\boldsymbol{\theta}_{(0)}+[J'(\boldsymbol{\theta}_{(0)})J(\boldsymbol{\theta}_{(0)})]^{-1}J'(\boldsymbol{\theta}_{(0)})[\boldsymbol{Y}-\boldsymbol{f}(\boldsymbol{\theta}_{(0)})] \tag{5-3-8}$$

这样便得到待定参数向量 $\boldsymbol{\theta}$ 的递推公式

$$\boldsymbol{\theta}_{(k+1)}=\boldsymbol{\theta}_{(k)}+[J'(\boldsymbol{\theta}_{(k)})J(\boldsymbol{\theta}_{(k)})]^{-1}J'(\boldsymbol{\theta}_{(k)})[\boldsymbol{Y}-\boldsymbol{f}(\boldsymbol{\theta}_{(k)})] \tag{5-3-9}$$

利用式(5-3-9),从参数初值 $\boldsymbol{\theta}_{(0)}$ 开始,一步步递推下去,直到 $\boldsymbol{\theta}_{(k+1)}$ 收敛稳定,即 $|\boldsymbol{\theta}_{(k+1)}-\boldsymbol{\theta}_{(k)}|$ 小于或等于预先指定的小正数 δ(如 $\delta=0.0001$),从而得到 $\boldsymbol{\theta}$ 的估计值。

需要指出,参数初值选取的合适与否,将决定迭代计算的工作量,甚至迭代成功与否。初值可以借鉴已有研究数据确定,也可以是理论上的推测值,或者在 n 组观察值 $(x_i,y_i)(i=1,2,\cdots,n)$ 中,选择 p 组有代表性的观察值,令 $y_j=f(x_j,\boldsymbol{\theta}),j=1,2,\cdots,p$(即略去随机误差),解 p 个参数的 p 个方程,将其解作为参数的初值,一般情况下可收到较好的迭代效果。

5.3.2　麦夸尔特法

麦夸尔特法较高斯-牛顿法放宽了对参数初值的要求,更易于使参数的迭代过程收敛。

麦夸尔特法求解参数向量 $\boldsymbol{\theta}$ 的递推公式为

$$\boldsymbol{\theta}_{(k+1)}=\boldsymbol{\theta}_{(k)}+[J'(\boldsymbol{\theta}_{(k)})J(\boldsymbol{\theta}_{(k)})+\lambda I]^{-1}J'(\boldsymbol{\theta}_{(k)})[\boldsymbol{Y}-\boldsymbol{f}(\boldsymbol{\theta}_{(k)})] \tag{5-3-10}$$

式中,λ 为阻尼因子;I 为 p 阶单位阵;其他符号含义同前。

阻尼因子 $\lambda\geqslant0$,当 $\lambda=0$ 时,式(5-3-10)即是式(5-3-9)。阻尼因子 λ 也称为约束探索参数。可以证明,沿着 λ 增大的方向,只要步长不太大,残差平方和可以逐渐减小。因此,只要 λ 充分大,则一定能保证迭代过程中当前一步的残差平方和 $Q_{(k)}$ 小于上一步的 $Q_{(k-1)}$,直至 Q 达到最小。为此,计算过程中 λ 是随迭代过程变化的。具体步骤如下:

(1) 给出待估参数初值 $\boldsymbol{\theta}_{(0)}$,并计算残差平方和 $Q_{(0)}$;给出阻尼因子 λ 和缩放常数 $c(c>1)$,用缩放常数 c 来调整 λ 的大小。例如可先取 $\lambda_{(0)}=0.01,c=10$。

(2) 进行下一次迭代时,可取 $\lambda=c^{\alpha}\lambda_{(0)}$,一般取 $\alpha=-1,0,1,2,\cdots$。先取 $\alpha=-1$,即 $\lambda=10^{-1}\lambda_{(0)}$,由式(5-3-10)解出待估参数 $\boldsymbol{\theta}_{(1)}$,计算相应的残差平方和 $Q_{(1)}$,如果 $Q_{(1)}<Q_{(0)}$,则本次迭代完成,否则,取 $\lambda=10^{0}\lambda_{(0)}$,以此类推。只要 λ 充分大,必有 $Q_{(1)}<Q_{(0)}$ 成立,从而结束本次迭代。

(3) 以 $\lambda,\boldsymbol{\theta},Q$ 的当前值代替 $\lambda_{(0)},\boldsymbol{\theta}_{(0)},Q_{(0)}$,再重复进行下一次迭代,如此继续迭代计算,直到 $|\boldsymbol{\theta}_{(k+1)}-\boldsymbol{\theta}_{(k)}|$ 小于或等于预先指定的小正数 δ(如 $\delta=0.0001$),从而得到 $\boldsymbol{\theta}$ 的估计值。

麦夸尔特法的特点是,通过调整阻尼因子 λ,使每次迭代计算相应的残差平方和小于上一次的残差平方和,即收敛效果较好。

在非线性回归中,评价拟合效果常用相关指数 R^2,其计算式见 2.3 节式(2-3-37),$R^2\leqslant1$,R^2 越接近 1,非线性相关关系越密切。

5.4 可线性化的非线性模型应用实例与几种回归方法的比较

5.4.1 双曲线函数回归实例

实例 5-4-1(实例 5-1-1 续) 实测数据见实例 5-1-1(表 5-1-2),根据散点图,可选配双曲线回归函数估计累计沉降量,即

$$\hat{y} = \frac{t}{A + Bt}$$

以下分别采用线性化回归方法(传统方法)、化非线性为线性的加权回归方法(简称加权回归方法)、高斯-牛顿法、麦夸尔特法,推求回归系数 A,B,残差平方和 $Q = \sum_{i=1}^{n} (y_i - \hat{y}_i)^2$ 及相关指数 R^2,并对各方法进行比较。

(1) 线性化回归方法。计算结果详见实例 5-1-1。

(2) 加权回归方法。采用变量代换:$v = 1/y, u = 1/t$,则将双曲线回归函数线性化为 $\hat{v} = Au + B$。由 $v = 1/y$,得 $dy/dv = -1/v^2$,则 $A_i = (dy/dv)_i^2 = 1/v_i^4, i = 1,2,\cdots,n$。根据式(5-2-3)、式(5-2-4),计算线性回归系数 $B = 0.208\ 2, A = 0.335\ 4$。由于将双曲线回归函数线性化时,未对回归系数进行变量代换,因此所求线性回归系数即为双曲线回归方程中的回归系数,由此计算双曲线回归的残差平方和 $Q = 3.355\ 9$,相关指数 $R^2 = 0.797\ 0$,限于篇幅,未列出计算过程。

(3) 高斯-牛顿法。步骤如下:

① 对双曲线回归函数,分别求 $\hat{y}$ 关于参数 A,B 的偏导数,得

$$\partial \hat{y} / \partial A = -t(A + Bt)^{-2} \tag{5-4-1}$$

$$\partial \hat{y} / \partial B = -t^2(A + Bt)^{-2} \tag{5-4-2}$$

② 利用实测值中任两组关系值求待估参数 A,B 的初值 $\boldsymbol{\theta}_{(0)}$。例如,采用$(4,3.26)$、$(14,4.17)$,得 $\boldsymbol{\theta}_{(0)} = (0.39, 0.21)'$。

③ 利用 $\boldsymbol{\theta}_{(0)}$、式(5-4-1)、式(5-4-2)及 n 组实测值$(t_i, y_i), i = 1 \sim n$,计算偏导数矩阵 $\boldsymbol{J}(\boldsymbol{\theta}_{(0)})$ 及 $f(\boldsymbol{\theta}_{(0)})$,进而根据式(5-3-9)进行迭代计算,直到 $\boldsymbol{\theta}_{(k)}$ 收敛稳定,即 $|\boldsymbol{\theta}_{(k+1)} - \boldsymbol{\theta}_{(k)}|$ 小于或等于预先指定的小正数 δ(本例 $\delta = 0.000\ 5$),从而得到双曲线回归系数 A,B 的估计值。所得参数的递推结果见表 5-4-1。计算相关指数 $R^2 = 0.869\ 5$。

表 5-4-1 实例 5-4-1 高斯-牛顿法参数的递推结果

迭代次数	0	1	2	3	4	5	6
A	0.39	0.558 7	0.530 8	0.538 9	0.536 8	0.537 3	0.537 2
B	0.21	0.190 6	0.194 5	0.193 7	0.193 9	0.193 9	0.193 9
残差平方和 Q	2.691	2.170 3	2.157 4	2.156 7	2.156 6	2.156 6	2.156 6

采用高斯-牛顿法,也可调用 Matlab 软件中 nlinfit 函数进行非线性回归计算,方法

如下[8-9]:

a. 对要拟合的非线性回归模型 $\hat{y} = \dfrac{t}{A + Bt}$,将参数 A,B 分别记 beta(1)、beta(2),建立 m 文件 lisq.m:

function yhat＝lisq(beta,t)

yhat＝t./(beta(1)＋ beta(2) * t)

b. 在命令窗口输入

t＝[1,2,3,4,5,7,9,12,14,17,20,22]

y＝[0.81,1.37,2.74,3.26,4.03,4.31,4.15,4.29,4.17, 4.21,4.26,4.28]

beta0＝[0.39, 0.21]′

[beta]＝ nlinfit(t′,y′,′lisq′,beta0)

beta

得结果:beta＝[0.5372, 0.1939]′。

(4) 麦夸尔特法。麦夸尔特法的计算步骤与高斯-牛顿法类似,不同之处是根据式(5-3-10)进行迭代计算,所得结果与高斯-牛顿法相同。

为便于比较,将 $1/y$ 与 $1/t$ 的线性回归计算结果(来自实例 5-1-1)、各种方法所得的双曲线回归计算结果,一并汇总于表 5-4-2。

表 5-4-2　　　　　　　　　实例 5-4-1 采用不同回归方法的计算结果

回归类型	方法	回归系数		残差平方和	相关指数	$v = 1/y$ 与 $u = 1/t$ 线性回归有关结果
		A	B	Q	R^2	
$\hat{y} = \dfrac{t}{A+Bt}$	线性化回归方法（传统方法）	1.074 9	0.123 0	9.115 4	0.448 5	线性相关系数 $r = 0.975\ 8$ $(r^2 = 0.952\ 2)$; 残差平方和 0.048 8
	加权回归方法	0.335 4	0.208 2	3.355 9	0.797 0	
	高斯-牛顿法	0.537 2	0.193 9	2.156 6	0.869 5	
	麦夸尔特法	0.537 2	0.193 9	2.156 6	0.869 5	

由本例各方法所得结果,绘制拟合曲线如图 5-4-1 所示。由图 5-4-1 和表 5-4-2 可见,本例采用非线性回归方法、加权回归方法拟合效果良好,均显著优于传统的线性化回归方法,特别是非线性回归方法可使双曲线函数回归的残差平方和为最小。

5.4.2　幂函数回归实例

实例 5-4-2　在水科学技术领域,常采用幂函数来拟合流量与水位的关系值

$$\hat{y} = A (Z - Z_0)^B = Ax^B \tag{5-4-3}$$

式中,$\hat{y}$ 为流量的估计值,m³/s;Z 为水位,m;Z_0 为断流水位,即流量 $y = 0$ 时的水位,m;x 为有效水位,m;A,B 为待估参数。

甘肃河西地区杂木河杂木寺水文站实测流量 y 与有效水位 x 关系值见表 5-4-3[52]。

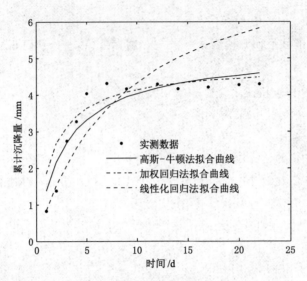

图 5-4-1 实例 5-4-1 不同方法所得拟合曲线比较

表 5-4-3　　　　　　　　实例 5-4-2 某水文站实测流量 y 与有效水位 x 关系值

水位 x/m	流量 $y/(\mathrm{m}^3/\mathrm{s})$	水位 x/m	流量 $y/(\mathrm{m}^3/\mathrm{s})$
0.320	1.27	1.05	28.2
0.355	1.59	1.14	39.5
0.420	2.54	1.24	49.7
0.553	5.34	1.35	64.5
0.653	7.94	1.43	80.1
0.752	11.6	1.50	93.5
0.836	15.4	1.57	110
0.946	20.9		

以下分别采用线性化回归方法、加权回归方法、高斯-牛顿法、麦夸尔特法，推求式 (5-4-3) 中回归系数 A, B 以及残差平方和 $Q = \sum\limits_{i=1}^{n} (y_i - \hat{y}_i)^2$ 及相关指数 R^2，并对各方法进行比较。

(1) 线性化回归方法。对式 (5-4-3) 两边取以 10 为底的对数，并令 $\hat{v} = \lg \hat{y}, u = \lg x, b_0 = \lg A, b = B$，则将其转化为线性回归模型

$$\hat{v} = b_0 + bu \qquad (5\text{-}4\text{-}4)$$

将表 5-4-3 中样本观察值 (x_i, y_i) 转化为 (u_i, v_i)，$i = 1 \sim 15$，对式 (5-4-4) 线性回归计算得：$b_0 = 1.440\,8, b = 2.787\,7$，线性回归的相关系数 $r = 0.998\,6(r^2 = 0.997\,3)$，本例样本点 $n = 15$，确定相关系数检验临界值 $r_{0.01} = 0.641$，可见 $r > r_{0.01}$，故线性相关显著。计算线性回归的残差平方和 $\sum\limits_{i=1}^{n} (v_i - \hat{v}_i)^2 = 0.015\,9$。

由线性回归系数，确定幂函数的回归系数 $A = 10^{1.440\,8} = 27.593\,1, B = 2.787\,7$，进而计算

残差平方和 $Q = \sum_{i=1}^{n} (y_i - \hat{y}_i)^2 = 284.267\ 0$，相关指数 $R^2 = 0.984\ 5$。

（2）加权回归方法。由变量代换 $v = \lg y$，得 $\mathrm{d}y/\mathrm{d}v = 10^v \ln 10$，则

$$A_i = (\mathrm{d}y/\mathrm{d}v)_i^2 = (10^{v_i} \ln 10)^2 \quad (i = 1, 2, \cdots, 15)$$

根据式（5-2-3）、式（5-2-4），计算式（5-4-4）中线性回归系数 $b_0 = 1.406\ 9$，$b = 3.204\ 0$，由此得式（5-4-3）幂函数回归系数 $A = 25.521\ 1$，$B = 3.204\ 0$，并计算幂函数回归的残差平方和 $Q = 21.669\ 9$，相关指数 $R^2 = 0.998\ 8$。

（3）高斯-牛顿法。步骤如下：

① 由式（5-4-3）分别求 $\hat{y}$ 关于参数 A，B 的偏导数，得

$$\partial \hat{y}/\partial A = x^B \tag{5-4-5}$$

$$\partial \hat{y}/\partial b = Ax^B \ln x \tag{5-4-6}$$

② 在实测值中任选两组关系值：$(0.553, 5.34)$、$(1.24, 49.7)$，确定参数 A，B 的初值 $\boldsymbol{\theta}_{(0)} = (27.43, 2.76)'$。

③ 利用 $\boldsymbol{\theta}_{(0)}$、式（5-4-5）、式（5-4-6）及实测值 (x_i, y_i)，$i = 1 \sim 15$，计算偏导数矩阵 $\boldsymbol{J}(\boldsymbol{\theta}_{(0)})$ 及 $\boldsymbol{f}(\boldsymbol{\theta}_{(0)})$，进而根据式（5-3-9）进行迭代计算，直到 $\boldsymbol{\theta}_{(k)}$ 收敛稳定，即 $|\boldsymbol{\theta}_{(k+1)} - \boldsymbol{\theta}_{(k)}|$ 小于或等于预先指定的小正数 δ（本例取 $\delta = 0.000\ 5$），从而得到幂函数回归系数 $A = 25.267\ 4$，$B = 3.230\ 0$，残差平方和 $Q = 21.276\ 3$，相关指数 $R^2 = 0.998\ 8$。参数的递推过程从略。

采用高斯-牛顿法，也可调用 Matlab 软件中 nlinfit 函数进行非线性回归计算，方法如下[8-9]：

a. 对要拟合的非线性模型 $\hat{y} = Ax^B$，将待估参数 A，B 分别记 beta(1)、beta(2)，建立 m 文件 limhs.m：

function yhat＝limhs (beta,x)

yhat＝beta(1) * x.^beta(2)　　　％x.^beta(2)表示矩阵 x 的每个元素 beta(2)次方后所得的矩阵

b. 在命令窗口输入

x＝[0.320,0.355,0.420,0.553,0.653,0.752,0.836,0.946,1.05,1.14,1.24,1.35,1.43,1.50,1.57]

y＝[1.27,1.59,2.54,5.34,7.94,11.6,15.4,20.9,28.2,39.5,49.7,64.5,80.1,93.5,110]

beta0＝[27.43,2.76]′

[beta]＝ nlinfit(x′,y′,'limhs′,beta0)

beta

得结果：beta＝[25.2674, 3.2300]′。

（4）麦夸尔特法。麦夸尔特法的计算步骤与高斯-牛顿法类似，不同之处是根据式（5-3-10）进行迭代计算，所得结果与高斯-牛顿法相同。

为便于比较，将本例各方法所得结果汇总于表 5-4-4，并绘制拟合曲线如图 5-4-2 所示。由图 5-4-2 和表 5-4-4 可见，本例采用非线性回归方法、加权回归方法拟合效果良好，均显著优于传统的线性化回归方法，特别是非线性回归方法可使幂函数回归的残差平方和为最小。

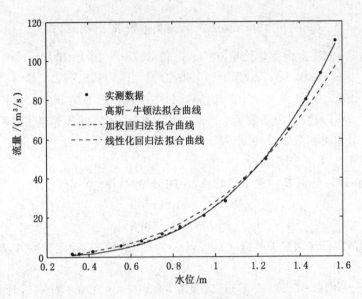

图 5-4-2　实例 5-4-2 不同方法所得拟合曲线比较

表 5-4-4　　　　　　　　　实例 5-4-2 不同回归方法的计算结果

回归类型	方法	非线性回归系数		残差平方和 Q	相关指数 R^2	$v=\lg y$ 与 $u=\lg x$ 线性回归有关结果
		A	B			
$\hat{y}=Ax^B$	线性化回归方法（传统方法）	27.593 1	2.787 7	284.267 0	0.984 5	线性相关系数 $r=0.998\ 6$ $(r^2=0.997\ 3)$; 残差平方和 0.015 9
	加权回归方法	25.521 1	3.204 0	21.669 9	0.998 8	
	高斯-牛顿法	25.267 4	3.230 0	21.276 3	0.998 8	
	麦夸尔特法	25.267 4	3.230 0	21.276 3	0.998 8	

5.4.3　指数函数回归实例

实例 5-4-3　柳山隧道左洞 K39+630 拱顶的累计沉降量 y 的观测数据见表5-4-5[68]。

表 5-4-5　　　　　　　　　实例 5-4-3 累计沉降量观测数据

累计时间 t/d	累计沉降量 y/mm	累计时间 t/d	累计沉降量 y/mm	累计时间 t/d	累计沉降量 y/mm
1.007	0.432	9.027	3.033	17.006	3.799
2.313	0.829	10.037	3.215	18.201	3.908
3.021	1.182	10.999	3.314	19.218	3.906
4.007	1.577	12.020	3.462	20.017	3.912
4.986	2.028	13.117	3.578	21.221	3.907
6.149	2.393	13.978	3.661	22.256	3.920
7.180	2.584	15.159	3.750		
7.975	2.833	15.996	3.799		

根据表 5-4-5 数据的散点图,采用指数回归函数估计累计沉降量,即

$$\hat{y} = A e^{B/t} \tag{5-4-7}$$

分别采用线性化回归方法、加权回归方法、高斯-牛顿法、麦夸尔特法,推求式(5-4-7)的回归系数 A, B,残差平方和及相关指数 R^2,各方法的要点如下:

(1) 线性化回归方法。对式(5-4-7),令 $u = 1/t, \hat{v} = \ln \hat{y}, b_0 = \ln A$,则将其转化为线性回归模型

$$\hat{v} = b_0 + Bu \tag{5-4-8}$$

将表 5-4-5 中样本观察值 (t_i, y_i) 转化为 $(u_i, v_i), i = 1 \sim 22$,推求式(5-4-8)线性回归系数 b_0, B 及线性回归的残差平方和;由线性回归系数确定式(5-4-7)指数函数回归系数 A, B,并计算指数函数回归的残差平方和、相关指数,其结果详见表 5-4-6。

(2) 加权回归方法。由变量代换 $v = \ln y$,得 $\mathrm{d}y/\mathrm{d}v = e^v$,则 $A_i = (\mathrm{d}y/\mathrm{d}v)_i^2 = e^{2v_i}, i = 1, 2, \cdots, n$。根据式(5-2-3)、式(5-2-4),计算式(5-4-8)线性回归系数 b_0, B;由线性回归系数确定式(5-4-7)指数函数回归系数 A, B,并计算指数函数回归的残差平方和、相关指数,其结果详见表 5-4-6。

(3) 高斯-牛顿法。由式(5-4-7)分别求 $\hat{y}$ 关于参数 A, B 的偏导数,得

$$\partial \hat{y}/\partial A = e^{B/t} \tag{5-4-9}$$

$$\partial \hat{y}/\partial B = A e^{B/t}/t \tag{5-4-10}$$

其余计算步骤与实例 5-4-1、实例 5-4-2 类似,限于篇幅,不再赘述。由此法求得指数函数回归系数 A, B 以及残差平方和、相关指数的结果,详见表 5-4-6。

(4) 麦夸尔特法。麦夸尔特法的计算步骤与高斯-牛顿法类似,不同之处是根据式(5-3-10)进行迭代计算,所得结果与高斯-牛顿法相同。

表 5-4-6　　　　　　　　　　　实例 5-4-3 不同回归方法的计算结果

回归类型	方法	非线性回归系数		残差平方和	相关指数	$v = \ln y$ 与 $u = 1/t$ 线性回归有关结果
		A	B	Q	R^2	
$\hat{y} = A e^{B/t}$	线性化回归方法(传统方法)	4.049 1	$-2.637 4$	2.259 4	0.910 4	线性相关系数 $r = 0.950 4$ $(r^2 = 0.903 3)$; 残差平方和 0.692 0
	加权回归方法	4.715 5	$-3.839 7$	0.309 8	0.987 7	
	高斯-牛顿法	4.887 8	$-4.303 7$	0.200 7	0.992 0	
	麦夸尔特法	4.887 8	$-4.303 7$	0.200 7	0.992 0	

对指数函数非线性回归计算也可直接调用 Matlab 软件中的 nlinfit 函数求解,方法与指数函数回归、幂函数回归调用 nlinfit 函数的方法类似,不再赘述。也可参考文献[54]。

根据本例各方法所得结果绘制拟合曲线如图 5-4-3 所示。由图 5-4-3 和表 5-4-6 可见,本例采用非线性回归方法、加权回归方法拟合效果良好,均显著优于传统的线性化回归方法,特别是非线性回归方法可使指数函数回归的残差平方和为最小。

综上所述,对于工程技术中常用的双曲线回归、幂函数回归、指数函数回归,结合实例采用不同回归方法进行计算,其结果进一步验证了 5.1 节的结论。此外,由上述实例进一步表明,对可线性化的非线性回归,变量代换后的线性回归计算环节的相关系数不能确切体现原

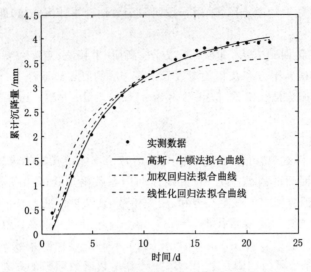

图 5-4-3　实例 5-4-3 不同方法所得拟合曲线比较

变量非线性相关的密切程度,在有些文献中,存在由变量代换后线性回归计算环节的相关系数来说明曲线相关密切程度的误区,这是欠妥的。

除双曲线回归、幂函数回归、指数函数回归以外的可线性化的非线性回归函数,采用传统方法时,只要对非线性回归的因变量作了变换时,所求非线性回归系数不满足该因变量的残差平方和为最小。例如,S 型函数回归(见表 5-1-1)等。

随着现代计算手段和计算效率的提高,对可线性化的非线性回归,建议采用非线性回归方法,或化非线性为线性的加权回归方法求解,借助 Matlab 软件,其计算是易于实现的。此外,笔者进一步提出了幂函数与指数函数回归计算的新解法(5.5 节),其计算精度与非线性回归方法相同。

5.5　一类非线性回归模型的新解法及其应用

5.5.1　一类非线性回归模型新解法的基本方法

对于指数函数与幂函数等类型的回归模型,在 5.1 节论述了为使非线性因变量的估计值等于其数学期望的估计值,应采用加法随机误差。而当采用加法随机误差时,这些回归类型则是无法线性化的。又如

$$\hat{y} = a + b\ln\left(1 - \frac{x}{c}\right) \tag{5-5-1}$$

$$\hat{y} = a\exp\left(\frac{c}{x}\right) + b \tag{5-5-2}$$

等,这类非线性模型属于无法线性化的纯非线性模型。对于上述非线性回归模型,其共同特点是仅有一个参数以非线性形式出现,而其余参数是以线性形式出现的,除可采用非线性回归方法求解外,本节针对这类非线性回归模型,提出一种回归计算新方法,实例表明,新方法的回归效果很好,其精度与高斯-牛顿法等非线性回归方法相同,但计算方法要比高斯-牛

顿法简便,易于使用。

以三个未知参数 a,b,c(当然可以多于 3 个)的非线性模型为例,一般地,设

$$\hat{y} = f(x,a,b,c) \tag{5-5-3}$$

设式(5-5-3)中仅参数 c 以非线性形式出现。利用 n 组观察值(x_i,y_i),$i=1\sim n$,根据最小二乘法求 a,b,c,使残差平方和 $Q(a,b,c)$ 为最小。

$$Q(a,b,c) = \sum_i^n \left[y_i - f(x_i,a,b,c)\right]^2 \tag{5-5-4}$$

为简单计,下述以“$\displaystyle\sum_i$”代替“$\displaystyle\sum_{i=1}^n$”。利用多元函数求极值的方法,欲使 Q 为最小,则有

$$\frac{\partial Q}{\partial a} = 2\sum_i \left[y_i - f(x_i,a,b,c)\right]\left(-\frac{\partial f}{\partial a}\right) = 0 \tag{5-5-5}$$

$$\frac{\partial Q}{\partial b} = 2\sum_i \left[y_i - f(x_i,a,b,c)\right]\left(-\frac{\partial f}{\partial b}\right) = 0 \tag{5-5-6}$$

$$\frac{\partial Q}{\partial c} = 2\sum_i \left[y_i - f(x_i,a,b,c)\right]\left(-\frac{\partial f}{\partial c}\right) = 0 \tag{5-5-7}$$

由于参数 a,b 以线性形式出现,联解式(5-5-5)、式(5-5-6),可求得 a,b,但它们均依赖于 c,记 $a=a(c),b=b(c)$,将其代入式(5-5-7),此时式(5-5-7)为仅含单个参数 c 的非线性方程。利用求解非线性方程根的数值解法,可求得 c,进而根据 c 可求得 a,b。

5.5.2　指数函数与幂函数回归的新解法及其应用

设指数函数与幂函数回归的数学模型分别为 $y=\beta_0 e^{\beta x}+\varepsilon$,$y=\beta_0 x^\beta+\varepsilon$。由样本观察值推求 β_0,β_1 的估计值分别记为 a,b,则指数函数、幂函数的回归方程分别为

$$\hat{y} = a\,e^{bx} \tag{5-5-8}$$

$$\hat{y} = ax^b \tag{5-5-9}$$

以指数函数式(5-5-8)为例,推求回归系数的最小二乘估计,即由 n 组观察值(x_i,y_i),$i=1,2,\cdots,n$,推求 a,b,使残差平方和 Q 为最小。

$$Q = \sum_i (y_i - a\,e^{bx_i})^2 \tag{5-5-10}$$

对式(5-5-10)分别求 Q 关于 a,b 的偏导数,并令它们等于零

$$\frac{\partial Q}{\partial a} = 2\sum_i (y_i - a\,e^{bx_i})(-e^{bx_i}) = 0 \tag{5-5-11}$$

$$\frac{\partial Q}{\partial b} = 2\sum_i (y_i - a\,e^{bx_i})(-a\,e^{bx_i})x_i = 0 \tag{5-5-12}$$

对式(5-5-11)整理得式(5-5-13),即得指数函数最小二乘估计的回归系数 a 的计算式。将式(5-5-13)代入式(5-5-12),整理可得式(5-5-14),由式(5-5-14)即可求得指数函数最小二乘估计的回归系数 b。

$$a = \sum_i y_i e^{bx_i} / \sum_i e^{2bx_i} \tag{5-5-13}$$

$$\left(\sum_i y_i e^{bx_i} / \sum_i e^{2bx_i}\right)^2 \sum_i e^{2bx_i} x_i - \left(\sum_i y_i e^{bx_i} / \sum_i e^{2bx_i}\right)\sum_i y_i x_i e^{bx_i} = 0 \tag{5-5-14}$$

而对于 $\hat{y} = a\mathrm{e}^{b/t}$ 形式的指数函数的回归计算,只需用 $1/t_i$ 替换式(5-5-13)、式(5-5-14)中 x_i 即可。

由于式(5-5-14)比较复杂,无法得到解析解。应用求非线性方程根的数值解法求解。即令

$$f(b) = \left(\sum_i y_i \mathrm{e}^{bx_i} \big/ \sum_i \mathrm{e}^{2bx_i}\right)^2 \sum_i \mathrm{e}^{2bx_i} x_i - \left(\sum_i y_i \mathrm{e}^{bx_i} \big/ \sum_i \mathrm{e}^{2bx_i}\right) \sum_i y_i x_i \mathrm{e}^{bx_i} \qquad (5\text{-}5\text{-}15)$$

求方程 $f(b)=0$ 的根,求得最小二乘估计的回归系数 b,进而由式(5-5-13)计算回归系数 a。

牛顿法和割线法是求非线性方程根常用的数值解法,但牛顿法需求式(5-5-15)函数的导数,不便使用。此处利用双点割线法(也称快速弦截法)求方程 $f(b)=0$ 的根。其迭代公式为[69-70]

$$b_{k+1} = b_k - \frac{f(b_k)}{f(b_k) - f(b_{k-1})} (b_k - b_{k-1}) \qquad (5\text{-}5\text{-}16)$$

式中,b_{k-1}, b_k, b_{k+1} 分别为第 $k-1, k, k+1$ 步迭代值;$f(b_{k-1}), f(b_k)$ 分别为迭代值 b_{k-1},b_k 相应的 $f(b)$ 函数值。

双点割线法在方程 $f(b)=0$ 的根附近收敛,是收敛速度较快的方法。利用式(5-5-15)、式(5-5-16)求参数 b 的迭代算法示意图,如图 5-5-1 所示。

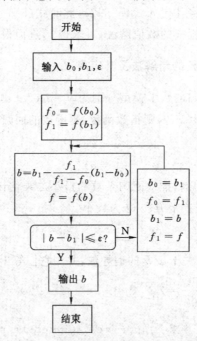

图 5-5-1　非线性回归系数算法示意图

同理,对于幂函数回归,推求回归系数 a, b,则是使残差平方和 $Q = \sum_i (y_i - ax_i^b)^2$ 为最小。因此,分别求 Q 关于 a, b 的偏导数,并令它们等于零,得

$$\frac{\partial Q}{\partial a} = 2\sum_i (y_i - ax_i^b)(-x_i^b) = 0 \qquad (5\text{-}5\text{-}17)$$

$$\frac{\partial Q}{\partial b} = 2\sum_i (y_i - ax_i^b)(-ax_i^b)\ln x_i = 0 \tag{5-5-18}$$

进一步整理得求解幂函数回归系数的计算式为

$$a = \sum_i y_i x_i^b \Big/ \sum_i x_i^{2b} \tag{5-5-19}$$

$$\Big(\sum_i y_i x_i^b \Big/ \sum_i x_i^{2b}\Big)^2 \sum_i x_i^{2b}\ln x_i - \Big(\sum_i y_i x_i^b \Big/ \sum_i x_i^{2b}\Big)\sum_i y_i x_i^b \ln x_i = 0 \tag{5-5-20}$$

令

$$f(b) = \Big(\sum_i y_i x_i^b \Big/ \sum_i x_i^{2b}\Big)^2 \sum_i x_i^{2b}\ln x_i - \Big(\sum_i y_i x_i^b \Big/ \sum_i x_i^{2b}\Big)\sum_i y_i x_i^b \ln x_i$$

$$\tag{5-5-21}$$

求方程 $f(b)=0$ 的根，求得最小二乘估计的回归系数 b，进而由式(5-5-19)计算回归系数 a。

可以证明，在通常假设随机误差项 $\varepsilon \sim N(0,\sigma^2)$ 的情况下，新方法求得的指数函数与幂函数回归系数的最小二乘估计，也等于其极大似然估计[57]，而极大似然估计具有许多优良性质，详见第 2 章。

实例 5-5-1　样本观察值与实例 5-4-3 相同。采用指数函数估计累计沉降量

$$\hat{y} = a\,e^{b/t}$$

令 $x=1/t$，采用本节新方法求解指数函数的最小二乘回归系数 a,b。参照图 5-5-1，步骤如下：

(1) 确定初始值 $b_0=-4.7$[可由实测值中的任两组关系值求得，本例由(7.975,2.833)、(15.996,3.799)求得]，取 $b_1=-4.0$。

(2) 确定迭代精度 $\varepsilon=0.000\,01$。

(3) 由样本观察值 (x_i,y_i)，$i=1,2,\cdots,22$，以及 b_0,b_1，利用式(5-5-15)分别计算 $f_0=f(b_0)$、$f_1=f(b_1)$。

(4) 由式(5-5-16)计算 b，并由式(5-5-15)计算 $f=f(b)$。

(5) 若 $|b-b_1|>\varepsilon$，则用 b,f 分别代替 b_1,f_1；用 b_1,f_1 分别代替 b_0,f_0，回到步骤(4)，继续迭代计算。

(6) 若 $|b-b_1|\leqslant\varepsilon$，则 b 为所求，迭代计算结束，并根据 b 及式(5-5-13)计算 a。

本例迭代计算结果见表 5-5-1。

表 5-5-1　　　　　　　　指数函数最小二乘回归系数 b 的迭代结果

迭代次数	0	1	2	3	4	5
b	-4.7	-4.0	$-4.329\,61$	$-4.305\,35$	$-4.303\,67$	$-4.303\,68$

因此，$b=-4.303\,68$，利用式(5-5-13)计算得 $a=4.887\,79$；计算残差平方和 $Q=0.200\,68$，相关指数 $R^2=0.992\,04$。可见，与实例 5-4-3 的非线性回归方法所得结果相同。

实例 5-5-2　样本观察值与实例 5-4-2 相同。根据散点图，可选配幂函数。采用本节新方法求解幂函数的最小二乘回归系数 a,b。确定初始值 $b_0=2.88$[可由实测值中的任两组关系值求得，本例由(0.653,7.74)、(1.14,39.5)求得]，取 $b_1=3.0$，$\varepsilon=0.000\,01$，迭代计算结果见表 5-5-2。

表 5-5-2　　　　　　　　幂函数最小二乘回归系数 b 的迭代结果

迭代次数	0	1	2	3	4	5	6
b	2.88	3.0	3.197 63	3.226 88	3.229 95	3.229 99	3.229 99

因此，$b = 3.229\ 99$，利用式（5-5-19）计算得 $a = 25.267\ 37$；计算残差平方和 $Q = 21.276\ 31$，相关指数 $R^2 = 0.998\ 84$。可见，与实例 5-4-2 的非线性回归方法所得结果相同。

实例表明，本节提出的新方法拟合精度与高斯-牛顿法相同，显著优于传统的线性化的回归方法，而本节新方法比高斯-牛顿法等非线性回归方法简单，易于实现。

针对仅有一个参数以非线性形式出现，而其余参数是以线性形式出现的非线性回归，本节仅列举了指数函数与幂函数回归的实例计算，读者可根据新方法的基本原理和方法，举一反三到相应类型的其他回归函数的回归计算中。

5.6　回归分析方法在地下水动态规律研究中的应用

5.6.1　用高斯-牛顿法确定给水度

给水度 μ 是进行地下水资源计算与评价的重要水文地质参数。确定该参数的方法之一是利用实测的地下水动态观测资料进行回归分析。回归分析应用最广泛的公式是阿维里扬诺夫的潜水蒸发经验公式（以下简称阿氏公式）[71-72]

$$E = E_0 \left(1 - \frac{\Delta}{\Delta_0}\right)^n \tag{5-6-1}$$

式中，E 为 Δt 时段内的日平均潜水蒸发量，mm/d；E_0 为 Δt 时段内的日平均水面蒸发量，mm/d；Δ 为 Δt 时段内潜水平均埋深，m；Δ_0 为临界埋深（极限埋深），即潜水停止蒸发时的潜水埋深，m；n 为与土质和气候有关的指数，一般为 1~3。式（5-6-1）适用于地表无作物的情况下。

对于仅由潜水蒸发引起的地下水位的下降，式（5-6-1）可表达为

$$\mu \Delta h = E_0 \left(1 - \frac{\Delta}{\Delta_0}\right)^n$$

或

$$\frac{\Delta h}{E_0} = \frac{1}{\mu} \left(1 - \frac{\Delta}{\Delta_0}\right)^n \tag{5-6-2}$$

式中，μ 为给水度；Δh 为 Δt 时段内潜水位的日平均降落值，mm/d。

式（5-6-2）即是利用地下水位动态资料 Δh，E_0，Δ，分析确定 μ 的常用公式。由于该式中 Δ_0，n 也为未知参数，故 $\Delta h / E_0$ 与 Δ 的关系为纯非线性的。传统方法[71]是采用经验方法确定 Δ_0 或采用 $n = 1$，然后将式（5-6-2）线性化，通过线性回归方法确定 μ。研究表明，采用经验方法确定 Δ_0，其精度对 μ 值和 n 值影响较大；而采用经验方法取 $n = 1$，实际资料表明，一般 $n = 1 \sim 3$，不同的 n 值会得出不同的 μ 和 Δ_0，因此，n 值是不能事先确定的。

由于传统方法对参数 Δ_0，n 的确定具有一定的任意性，从而影响 μ 值；求得的参数 Δ_0，n，μ 并不是实测数据的最佳拟合参数。实际上，对式（5-6-2）中参数的推求是一个三参数的

非线性寻优问题,采用高斯-牛顿法确定参数 μ,Δ_0,n,能同时求得与实测资料拟合最佳的最小二乘估计值,实例表明,该方法实用可行,拟合效果较优。

5.6.1.1　用高斯-牛顿法确定给水度的方法步骤

设 $y = \Delta h / E_0$,$a = 1/\mu$,则式(5-6-2)变为

$$y = a\left(1 - \frac{\Delta}{\Delta_0}\right)^n \tag{5-6-3}$$

用高斯-牛顿法(详见 5.3 节)求解非线性回归函数 $y = f(x,\boldsymbol{\theta})$ 中参数 $\boldsymbol{\theta} = (\theta_1,\theta_2,\cdots,\theta_p)'$ 的递推公式为

$$\boldsymbol{\theta}_{(k+1)} = \boldsymbol{\theta}_{(k)} + [\boldsymbol{J}'(\boldsymbol{\theta}_{(k)})\boldsymbol{J}(\boldsymbol{\theta}_{(k)})]^{-1}\boldsymbol{J}'(\boldsymbol{\theta}_{(k)})[\boldsymbol{y} - \boldsymbol{f}(\boldsymbol{\theta}_{(k)})] \tag{5-6-4}$$

$$\boldsymbol{J}(\boldsymbol{\theta}_{(k)}) = \begin{bmatrix} \dfrac{\partial f_1(\boldsymbol{\theta})}{\partial \theta_1} & \dfrac{\partial f_1(\boldsymbol{\theta})}{\partial \theta_2} & \cdots & \dfrac{\partial f_1(\boldsymbol{\theta})}{\partial \theta_p} \\[2mm] \dfrac{\partial f_2(\boldsymbol{\theta})}{\partial \theta_1} & \dfrac{\partial f_2(\boldsymbol{\theta})}{\partial \theta_2} & \cdots & \dfrac{\partial f_2(\boldsymbol{\theta})}{\partial \theta_p} \\[2mm] \cdots & \cdots & \ddots & \cdots \\[2mm] \dfrac{\partial f_m(\boldsymbol{\theta})}{\partial \theta_1} & \dfrac{\partial f_m(\boldsymbol{\theta})}{\partial \theta_2} & \cdots & \dfrac{\partial f_m(\boldsymbol{\theta})}{\partial \theta_p} \end{bmatrix}_{\boldsymbol{\theta}=\boldsymbol{\theta}_{(k)}} \tag{5-6-5}$$

式中,k 为递推次数;$\boldsymbol{y} = (y_1,y_2,\cdots,y_j,\cdots,y_m)'$,$y_j$ 为因变量的第 j 个观察值;$\boldsymbol{f}(\boldsymbol{\theta}_{(k)}) = [f_1(\boldsymbol{\theta}_{(k)}),f_2(\boldsymbol{\theta}_{(k)}),\cdots,f_j(\boldsymbol{\theta}_{(k)}),\cdots,f_m(\boldsymbol{\theta}_{(k)})]'$,$f_j(\boldsymbol{\theta}_{(k)})$ 为由非线性方程及第 k 次迭代参数计算的因变量 y 的第 j 个估计值,$j = 1 \sim m$;$\boldsymbol{J}(\boldsymbol{\theta}_{(k)})$ 为 $y = f(x,\boldsymbol{\theta})$ 关于待估参数 θ_1,$\theta_2,\cdots,\theta_p$ 的偏导数在 $\boldsymbol{\theta}_{(k)}$ 处的值所构成的矩阵。

根据实测资料 Δh,E_0,Δ,用高斯-牛顿法确定式(5-6-3)中参数 a,Δ_0,n 的方法如下:

(1) 对式(5-6-3),分别求 y 关于 a,Δ_0,n 的偏导数,即

$$\frac{\partial y}{\partial a} = \left(1 - \frac{\Delta}{\Delta_0}\right)^n \tag{5-6-6}$$

$$\frac{\partial y}{\partial \Delta_0} = an\left(1 - \frac{\Delta}{\Delta_0}\right)^{n-1}\frac{\Delta}{\Delta_0^2} \tag{5-6-7}$$

$$\frac{\partial y}{\partial n} = a\left(1 - \frac{\Delta}{\Delta_0}\right)^n \ln\left(1 - \frac{\Delta}{\Delta_0}\right) \tag{5-6-8}$$

(2) 确定参数的迭代初值 $\boldsymbol{\theta}_{(0)} = (a_{(0)},\Delta_{0(0)},n_{(0)})'$,详见算例。

(3) 由 $\boldsymbol{\theta}_{(0)}$ 以及 m 组观察值 (Δ_i,y_i),$i = 1,2,\cdots,m$,采用式(5-6-6)~式(5-6-8),计算偏导数矩阵 $\boldsymbol{J}(\boldsymbol{\theta}_{(0)})$;由 $\boldsymbol{\theta}_{(0)}$ 以及 m 组观察值计算 $\boldsymbol{f}(\boldsymbol{\theta}_{(0)})$,进而根据式(5-6-4)进行迭代计算,直到 $\boldsymbol{\theta}_{(k)}$ 收敛稳定,即 $|\boldsymbol{\theta}_{(k+1)} - \boldsymbol{\theta}_{(k)}| \leqslant \delta$(例如 $\delta = 0.000\ 1$),从而求得式(5-6-3)中的非线性回归参数 a,Δ_0,n。

5.6.1.2　应用实例

实例 5-6-1　某地下水观测站根据地下水动态观测资料,统计和计算出若干时段潜水平均埋深 Δ 及相应各时段内潜水位降落值 Δh 与水面蒸发 E_0 的比值 $\Delta h / E_0$,见**表** 5-6-1。现采用式(5-6-2)拟合表 5-6-1 数据,并采用高斯-牛顿法求解拟合参数以及确定给水度。

表 5-6-1　　　　　　　　某观测站由实测资料确定的 Δ-$\dfrac{\Delta h}{E_0}$ 关系值

序号	Δ/m	$\dfrac{\Delta h}{E_0}$	序号	Δ/m	$\dfrac{\Delta h}{E_0}$
1	1.23	8.79	9	1.52	7.14
2	1.36	7.66	10	1.65	5.19
3	1.38	8.33	11	1.68	4.30
4	1.41	7.18	12	1.70	2.13
5	1.43	4.40	13	1.73	2.41
6	1.43	4.97	14	1.76	1.30
7	1.49	6.45	15	1.77	1.99
8	1.50	6.69	16	1.77	2.06

资料来源:据施鑫源等,1994。

令 $y = \Delta h/E_0$,$a = 1/\mu$,则式(5-6-2)变为式(5-6-3),因此通过求式(5-6-3)的拟合参数,则可确定式(5-6-2)的拟合参数及给水度。求解步骤如下:

(1) 确定参数的迭代初值 $\boldsymbol{\theta}_{(0)} = (a_{(0)}, \Delta_{0(0)}, n_{(0)})'$。临界埋深的初值 $\Delta_{0(0)}$,可取比实测资料中埋深 Δ 的最大值略大的值作为迭代参数的初值,本例取 $\Delta_{0(0)} = 1.80$ m;对于参数初值 $a_{(0)}$,$n_{(0)}$ 的确定,首先对表 5-6-1 数据,分别计算序号 1~8 和序号 9~16 相应的 Δ,$\Delta h/E_0$ 的平均值,构成两组关系值(1.404,6.809)、(1.698,3.315),然后,将这两组平均值、$\Delta_{0(0)} = 1.80$ 代入式(5-6-3),确定参数初值 $a_{(0)} = 15.21$,$n_{(0)} = 0.53$。

(2) 给定迭代精度 $\delta = 0.000\ 1$,按 5.6.1.1 节介绍的方法,根据式(5-6-4)进行迭代计算,直到 $|\boldsymbol{\theta}_{(k+1)} - \boldsymbol{\theta}_{(k)}| \leqslant 0.000\ 1$,求得式(5-6-3)中的参数 $a = 15.493\ 9$,$\Delta_0 = 1.794\ 6$,$n = 0.519\ 8$。故式(5-6-2)的拟合结果为

$$\Delta h/E_0 = 15.493\ 9(1 - \frac{\Delta}{1.794\ 6})^{0.519\ 8} \qquad (5\text{-}6\text{-}9)$$

拟合残差平方和 $Q = 16.120\ 8$;相关指数 $R^2 = 0.828\ 5$。

由 $a = 1/\mu$,确定给水度 $\mu = 0.064\ 5$。

通常认为指数 $n = 1 \sim 3$,现对本例指数 $n = 0.519\ 8 < 1$ 的合理性进行分析。根据表 5-6-1 数据,将 Δ 作为横坐标,$\Delta h/E_0$ 作为纵坐标,点绘 Δ-$(\Delta h/E_0)$ 关系的散点图(图略),点群趋势是向下凹的,故式(5-6-2)的二阶导数必定小于 0,必有相应指数 $n < 1$。故计算结果指数 $n < 1$ 与 Δ-$(\Delta h/E_0)$ 关系的变化趋势是吻合的。因此,由实例表明,阿氏公式存在指数 $n < 1$ 的情况,通常认为指数 $n = 1 \sim 3$,具有一定的局限性。

采用传统方法若取指数 $n = 1$,用线性回归拟合结果为

$$\Delta h/E_0 = 25.267\ 0(1 - \frac{\Delta}{1.939\ 1}) \qquad (5\text{-}6\text{-}10)$$

拟合残差平方和 $Q = 18.343\ 8$,相关指数 $R^2 = 0.804\ 8$(线性相关系数 $r = -0.897\ 1$)。

可见,采用高斯-牛顿法优于线性回归方法。按传统的处理方法,取指数 $n = 1$,将降低拟合精度,从而影响含水层参数的精度。不仅如此,实质上认为 Δ-$(\Delta h/E_0)$ 为直线关系,未客观表征阿氏经验公式的非线性关系。

强调指出,使用高斯-牛顿法,其参数迭代初值的选取直接影响到迭代次数,甚至迭代是否收敛,故使用此法时要结合实测资料及参数的物理意义确定合适的初值,按本例方法确定参数初值,迭代计算通常是收敛的。

5.6.2　最小二乘估计的异常现象与地下水位预报的岭回归模型

按最小二乘原则确定回归系数具有良好的性质,例如当假设 $\varepsilon \sim N(0, \sigma^2)$ 时,可对回归方程进行显著性检验、经验回归系数是理论回归系数的无偏估计量等。但最小二乘估计有时会出现某些自变量的回归系数的符号与实际问题不符的异常现象。本节结合地下水位预报中最小二乘回归模型出现异常现象的实例进行分析,介绍改进异常现象的岭回归模型与求解方法[62]。

5.6.2.1　多元线性回归的中心化模型的解

多元线性回归模型已在 2.3.4 节作了详细介绍,为便于读者阅读和内容衔接,现简要叙述多元线性回归中心化模型的解,在 5.6.2.3 节介绍的岭回归模型是在此基础上引入的。

对于多元线性回归模型

$$y = \beta_0 + \beta_1 x_1 + \cdots + \beta_p x_p + \varepsilon \qquad (5\text{-}6\text{-}11)$$

式中,y 为倚变量;$\beta_0, \beta_1, \cdots, \beta_p$ 为未知参数;自变量 $x_1, x_2, \cdots, x_p$ 是可以测量并可控制的一般变量;ε 为随机误差,$\varepsilon \sim N(0, \sigma^2)$。

由 n 组观察值 $(x_{i1}, x_{i2}, \cdots, x_{ip}; y_i)$,$i = 1 \sim n (n > p)$,根据最小二乘原则,可求得回归系数 $\beta_0, \beta_1, \cdots, \beta_p$ 的估计值分别为 $b_0, b_1, \cdots, b_p$。若以中心化形式并由矩阵表示为

$$\boldsymbol{B} = (\boldsymbol{X}'\boldsymbol{X})^{-1}\boldsymbol{X}'\boldsymbol{Y} \qquad (5\text{-}6\text{-}12)$$

$$b_0 = \bar{y} - b_1 \bar{x}_1 - b_2 \bar{x}_2 - \cdots - b_p \bar{x}_p \qquad (5\text{-}6\text{-}13)$$

其中

$$\boldsymbol{X} = \begin{pmatrix} x_{11} - \bar{x}_1 & x_{12} - \bar{x}_2 & \cdots & x_{1p} - \bar{x}_p \\ x_{21} - \bar{x}_1 & x_{22} - \bar{x}_2 & \cdots & x_{2p} - \bar{x}_p \\ \cdots & & \ddots & \cdots \\ x_{n1} - \bar{x}_1 & x_{n2} - \bar{x}_2 & \cdots & x_{np} - \bar{x}_p \end{pmatrix}, \boldsymbol{Y} = \begin{pmatrix} y_1 - \bar{y} \\ y_2 - \bar{y} \\ \vdots \\ y_n - \bar{y} \end{pmatrix}, \boldsymbol{B} = \begin{pmatrix} b_1 \\ b_2 \\ \vdots \\ b_p \end{pmatrix}$$

需要说明,为简便起见,此处矩阵记为 $\boldsymbol{X}, \boldsymbol{Y}, \boldsymbol{B}$,分别相应于 2.3.4 节的矩阵 $\boldsymbol{X}_1, \boldsymbol{Y}_1, \boldsymbol{B}_1$(在 2.3.4 节中加角标 1 是为了区分不同形式的多元回归模型)。

5.6.2.2　多元线性回归最小二乘估计异常现象的实例分析

实例 5-6-2　某承压水漏斗区历年漏斗中心最低水位出现在每年 6 月底、7 月初,连续 23 年最低水位、年开采量资料见表 5-6-2[73]。利用水均衡方程分析表明[74],影响第 $t+1$ 年漏斗中心年最低水位的主要因素为第 t 年漏斗中心最低水位和第 t 年漏斗区开采量。于是,由 23 年资料则构成 22 组样本观察值,利用前 19 组样本观察值建立多元线性回归模型,利用后 3 组样本观察值进行模型检验。建立多元线性回归方程为

$$h(t+1) = 0.896\,3h(t) + 0.015\,0Q(t) - 9.394\,0 \qquad (5\text{-}6\text{-}14)$$

式中,$h(t)$、$h(t+1)$ 分别为第 t 年、第 $t+1$ 年漏斗中心年最低水位,m;$Q(t)$ 为第 t 年的年开采量,10^6 m^3。

从物理成因分析容易得出,开采量对漏斗中心最低水位的影响为负相关,即开采量越

大,漏斗中心水位越低,但回归方程式(5-6-14)中 $Q(t)$ 的系数却为正值,显然是不合理的。尽管式(5-6-14)回归方程的复相关系数 $R=0.969$,经过显著性检验,回归效果高度显著(查附表6得复相关系数临界值 $R_{0.01}=0.662$),但这样的模型是不符合实际的。

理论分析表明[66,75],式(5-6-12)中 X 的列向量接近线性相关(也称之为复共线关系),是最小二乘估计求出回归系数的符号与实际不符的主要原因。

对实例 5-6-2 分析可知,X 的列向量即中心化了的 $h(t),Q(t)$,相关系数达 -0.90,正是这种复共线关系的存在,使最小二乘估计的性能变坏,从而导致式(5-6-14)中 $Q(t)$ 的系数不符合实际。事实上,式(5-6-14)中自变量的引入是经过水均衡原理分析得出的,从成因上是符合实际的。因此,预报模型中 $h(t),Q(t)$ 对 $h(t+1)$ 的影响是不可替代的。

表 5-6-2 　　　　　　　　　某区域漏斗中心年最低水位及漏斗区开采量资料

年份序号	水位/m	开采量/10^6 m³	年份序号	水位/m	开采量/10^6 m³
0	-43.09	1.549 8	12	-68.84	32.312 3
1	-49.28	2.913 8	13	-70.71	36.705 5
2	-50.47	8.151 4	14	-74.36	40.628 8
3	-57.43	12.483 6	15	-77.04	23.615 4
4	-62.39	15.627 4	16	-79.46	36.484 4
5	-66.76	19.090 5	17	-83.81	51.835 1
6	-62.82	17.009 6	18	-85.03	60.290 0
7	-66.22	24.470 1	19	-82.47	57.208 0
8	-67.50	20.492 7	20	-82.69	59.233 0
9	-67.93	20.962 6	21	-84.72	60.675 0
10	-67.23	27.541 7	22	-84.75	60.814 5
11	-70.06	43.322 2			

岭回归法就是针对最小二乘估计的这一弱点提出来的,是改进最小二乘估计的一种估计方法,当自变量间相关性大时,它可以改善最小二乘法中对回归系数估计的不稳定性或回归系数符号不合理的现象。

5.6.2.3 岭回归模型及其求解方法

所谓岭回归,就是引入常数 $k(k>0)$,使回归系数 $\boldsymbol{\beta}$ 的估计值 $\boldsymbol{B}(k)$ 为

$$\boldsymbol{B}(k)=(\boldsymbol{X}'\boldsymbol{X}+k\boldsymbol{I})^{-1}\boldsymbol{X}'\boldsymbol{Y} \tag{5-6-15}$$

式中,X,Y 与式(5-6-12)中的相同;I 为 p 阶单位阵;k 称为岭控制值,$k>0$,当 $k=0$ 时,$\boldsymbol{B}(0)=\boldsymbol{B}$ 就是 $\boldsymbol{\beta}$ 的最小二乘估计。

建立岭回归模型的关键在于确定常数 k。研究表明,最优 k 值依赖于回归模型的未知参数 $\boldsymbol{\beta}$ 和 σ^2,而依赖关系的函数形式尚不清楚,因此如何确定 k 值,在理论上并未得到满意的回答,在实际应用中必须通过样本来确定。许多学者相继提出了确定 k 值的不同方法,如岭迹法、方差扩大因子法、公式法等。此处简介岭迹法和公式法。

(1)岭迹法。根据式(5-6-15),计算不同 k 相应的回归系数 $\boldsymbol{B}(k)=[b_1(k),b_2(k),\cdots,b_p(k)]'$,$b_j(k)$ 作为 k 的函数$(j=1,2,\cdots,p)$,描出的曲线称为岭迹。岭迹法则是基于岭迹

分析,选择 k,使各回归系数的估计值都能达到稳定,并且没有不合理符号,而残差平方和也不增大太多。此法能改善回归系数的不合理现象,但 k 值的确定带有一定程度的主观任意性。

（2）公式法。许多学者提出了确定 k 值的公式,这些求 k 的公式都是用所谓的典则参数 $\boldsymbol{\alpha}$ 的估计值 $\hat{\boldsymbol{\alpha}}$ 表示的,故首先介绍 $\hat{\boldsymbol{\alpha}}$ 及其最小二乘估计 $\hat{\boldsymbol{\alpha}}$ 和岭回归估计 $\hat{\boldsymbol{\alpha}}(k)$ 的计算式,然后介绍确定 k 值的公式。

引入正交方阵 $\boldsymbol{G}$,则有

$$\boldsymbol{G}'(\boldsymbol{X}'\boldsymbol{X})\boldsymbol{G}=\boldsymbol{\Lambda} \tag{5-6-16}$$

式中,$\boldsymbol{\Lambda}$ 为对角矩阵,其主对角元素为 $\boldsymbol{X}'\boldsymbol{X}$ 的特征根 $\lambda_1,\lambda_2,\cdots,\lambda_p$。

引入典则参数向量 $\boldsymbol{\alpha}=\boldsymbol{G}'\boldsymbol{\beta}=(\alpha_1,\alpha_2,\cdots,\alpha_p)'$,并记 $\boldsymbol{Z}=\boldsymbol{XG}$,则中心化的线性回归模型 $\boldsymbol{Y}=\boldsymbol{X\beta}+\boldsymbol{\varepsilon}$ 变形为

$$\boldsymbol{Y}=\boldsymbol{Z\alpha}+\boldsymbol{\varepsilon} \tag{5-6-17}$$

式中,$\boldsymbol{\varepsilon}=(\varepsilon_1,\varepsilon_2,\cdots,\varepsilon_n)'$,$\varepsilon_i\sim N(0,\sigma^2)$,$i=1,2,\cdots,n$,且 $\varepsilon_1,\varepsilon_2,\cdots,\varepsilon_n$ 相互独立。

式(5-6-17)称为线性回归的典则形式,这时 $\boldsymbol{\alpha}$ 的最小二乘估计和岭回归估计分别为[66,75]

$$\hat{\boldsymbol{\alpha}}=(\boldsymbol{Z}'\boldsymbol{Z})^{-1}\boldsymbol{Z}'\boldsymbol{Y}=\boldsymbol{\Lambda}^{-1}\boldsymbol{G}'\boldsymbol{X}'\boldsymbol{Y} \tag{5-6-18}$$

$$\hat{\boldsymbol{\alpha}}(k)=(\boldsymbol{\Lambda}+k\boldsymbol{I})^{-1}\boldsymbol{G}'\boldsymbol{X}'\boldsymbol{Y} \tag{5-6-19}$$

研究表明,在众多确定 k 值的公式中,Mcdonald 和 Galarned 提出的公式要相对好一些[75]。该公式为:选择 k,使 $\|\hat{\boldsymbol{\alpha}}(k)\|^2\approx Q_L$,且

$$Q_L=\|\hat{\boldsymbol{\alpha}}\|^2-\hat{\sigma}^2\sum_{j=1}^p\frac{1}{\lambda_j}>0 \tag{5-6-20}$$

否则 $k=0$。式中 p 为自变量个数;$\hat{\sigma}^2$ 为 σ^2 的估计值,即

$$\hat{\sigma}^2=\sum_{i}^{n}(y_i-\hat{y}_i)^2/(n-p-1) \tag{5-6-21}$$

5.6.2.4　地下水位预报的岭回归模型

对实例 5-6-2 建立岭回归模型。笔者采用 Mcdonald 和 Galarned 提出的公式,确定 k 值且遵循**两个原则**,即所有回归系数符号合理、残差平方和不增大太多。岭回归模型计算程序逻辑结构图如图 5-6-1 所示。

对实例进行计算,由原始数据求得中心化数据相应的 $\boldsymbol{X}'\boldsymbol{X}$ 与最小二乘回归系数 $\boldsymbol{B}$,以及 b_0 分别为

$$\boldsymbol{X}'\boldsymbol{X}=\begin{pmatrix} 2\ 235.116 & -2\ 870.684 \\ -2\ 870.684 & 4\ 555.896 \end{pmatrix},\boldsymbol{B}=\begin{pmatrix} 0.896\ 3 \\ 0.015\ 0 \end{pmatrix},b_0=-9.394\ 0$$

求得最小二乘回归的残差平方和 $Q=112.025\ 1$,$\boldsymbol{X}'\boldsymbol{X}$ 的特征根和相应的特征向量构成的正交方阵 $\boldsymbol{G}$ 分别为

$$\lambda_1=299.164\ 2,\lambda_2=6\ 491.848\ 0,\boldsymbol{G}=\begin{pmatrix} 0.829\ 080 & -0.559\ 124 \\ 0.559\ 124 & 0.829\ 080 \end{pmatrix}$$

计算得 $\hat{\boldsymbol{\alpha}}=\boldsymbol{\Lambda}^{-1}\boldsymbol{G}'\boldsymbol{X}'\boldsymbol{Y}=(0.751\ 5,-0.488\ 8)'$,$Q_L=0.78$。

取岭控制值 $k=1\sim40$,步长 1,进行计算。优选 $k=25$,此时 $\|\alpha(k)\|^2=0.72\approx Q_L$,相应的岭回归系数为

$$\boldsymbol{B}(k)=(0.847\ 2,-0.015\ 9)'$$

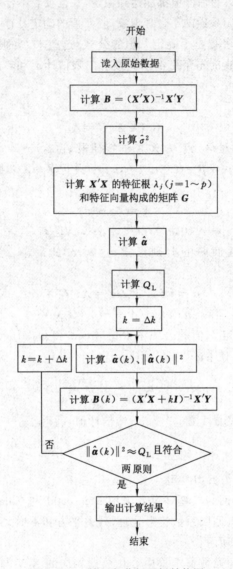

图 5-6-1　岭回归分析逻辑结构图

　　进而计算 $b_0 = -11.872\ 6$，岭回归的残差平方和为 $113.052\ 8$。可见，回归系数的符号符合实际，且岭回归的残差平方和比最小二乘回归的情况增大不足 1%。

　　至此，得到地下水位预报的岭回归模型为

$$h(t+1) = 0.847\ 2h(t) - 0.015\ 9Q(t) - 11.872\ 6 \qquad (5\text{-}6\text{-}22)$$

式（5-6-22）相应的复相关系数为 0.969，回归效果是显著的。

　　利用后三组样本观察值对所求岭回归模型进行预报检验。根据文献[76]有关中长期预报精度评定的规定：水位按多年变幅的 10% 作为许可误差，本例建模样本资料漏斗中心最低水位多年变幅为 $|-85.03 - (-43.09)| = 41.94$（m），故许可误差为 4.194 m。表 5-6-3 中预报误差均小于许可误差，可见模型预报效果较好。

表 5-6-3　　　　　　　　　　　　用岭回归模型预报水位

年份序号	实测水位/m	上年水位/m	上年开采量/10^6 m³	预报水位/m
20	−82.69	−82.47	57.208	−82.65
21	−84.72	−82.69	59.233	−82.87
22	−84.75	−84.72	60.675	−84.61

　　针对自变量存在复共线关系时,最小二乘估计出现异常现象的实例介绍了岭回归模型及其估计方法。所建立的地下水位预报的岭回归模型,各回归系数的符号合理,且该模型无论是拟合精度还是预报精度均较高,收到了较满意的效果。

　　通过实例 5-6-2 表明,使用最小二乘回归分析方法,除进行显著性检验外,对回归系数的合理性分析是必要的,当回归系数存在异常现象时,使用岭回归方法,能克服自变量中的复共线性,从而得出回归参数的合理估计。

第6章 城市暴雨强度公式的拟合方法与推求路径的研究

6.1 引言

近年来,城市暴雨内涝已成为影响城市健康发展、威胁城市安全的突出问题。强降雨是导致城市暴雨内涝的直接原因之一。因降雨造成城镇受淹现象经常发生,而且呈逐年上升态势。例如,根据国家防总提供的资料,2013 年我国有 234 个县级以上城镇因降暴雨造成城镇内涝,导致城市交通拥堵、工矿企事业单位和居民住宅及商铺进水,地下车库及地下建筑受淹,给城镇交通、工业生产、人们出行及商业活动等造成很大影响,直接经济损失达3 146亿元。城市内涝问题已引起了人们的高度重视。

暴雨强度公式是反映降雨规律、指导城市排水防涝工程设计和相关设施建设的重要基础,是确定城市排水工程雨水设计流量的基本依据,是城市排水设计标准能否付诸实现的关键技术环节,其合理性直接影响到城市排水工程的规模、效益、城市的生态环境与经济发展,关系到国计民生、社会的和谐与稳定。

我国大部分城市暴雨强度公式的编制始于 20 世纪 70 年代或 80 年代,限于当时资料的观测手段及资料年数限制及计算方法与手段的限制,近 40 年前编制的城市暴雨强度公式已不能满足当今城市排水工程规划、设计以及已建城市管网的改造与扩容的需要。气候变化、城市化效应对暴雨将产生影响,特别是城市化导致的"热岛现象",会对水汽蒸发、空气对流产生明显的影响,从而影响到暴雨特性;城市大规模建筑群对空气运动的阻碍作用,也会明显影响空气对流,使城市雷雨天气增加。这些影响必将体现在暴雨观测资料中。近年来,暴雨强度公式编制的理论和计算方法与手段已取得了较大的发展。因此,随着降雨观测资料系列的增长、暴雨强度公式编制理论与方法的进步,以及设计重现期标准的提高,编制并优化新一轮暴雨强度公式是理论与生产实际中亟待解决的问题,制订符合当地暴雨分布规律的暴雨强度公式势在必行。特别是 2014 年 5 月住房和城乡建设部、中国气象局联合下发了关于做好暴雨强度公式修订有关工作的通知,使城市暴雨强度公式修订成为热点问题。《室外排水设计规范》[21-22]中指出:"根据气候变化,宜对暴雨强度公式进行修订。"目前,我国各城市已经完成或正在开展新一轮的暴雨强度公式的编制与优化工作,且新一轮暴雨强度公式也不是一劳永逸的,随着时间的推移,观测资料年限的增长、计算方法与手段的提高、设计排涝标准的提高等,宜对暴雨强度公式及时进行修订。

6.2　研究背景与本章主要内容

6.2.1　城市暴雨强度公式的形式

目前我国城市暴雨强度公式的一般形式分为两种。

单一重现期的分公式为

$$i = \frac{A}{(t+b)^n} \tag{6-2-1}$$

各重现期的暴雨强度总公式(简称暴雨强度公式)为

$$i = \frac{A_1(1+C\lg T)}{(t+b)^n} = \frac{A_1 + C_1 \lg T}{(t+b)^n} \tag{6-2-2}$$

式中,i 为暴雨强度,简称雨强,mm/min;T 为重现期,其单位为年,记符号 a(关于重现期符号,《室外排水设计规范》中采用 P,而水利部门常用 T,本书采用水利部门的符号);t 为降雨历时,min;A,A_1,C,C_1,b,n 分别为与地方暴雨特性有关的参数。其中,A 为雨力,即 $t+b=1$ 时的雨强,mm/min;A_1 为重现期等于 1 a 时的设计降雨的雨力,mm/min;C 为雨力变动参数;b 为降雨历时修正参数,min;n 为暴雨衰减指数;$C_1 = A_1 C$。

单一重现期的分公式与重现期历时雨强(T,t,i)关系值的拟合精度较高,但只能应用于一个重现期的情况,故常用式(6-2-2)形式的成果,且其参数 n,b 采用固定值。通常称式(6-2-2)为四参数暴雨强度总公式。

文献[77]指出:当采用暴雨强度公式(6-2-2),拟合某些重现期相应雨强的均方差(即标准差)较大时,为更密切地吻合当地多年统计的降雨强度子样点的分布规律,提高精度,暴雨强度总公式的形式也可采用

$$i = \frac{A_1[1+C\lg(T+d)]}{(t+b)^{n(T)}} \tag{6-2-3}$$

式中,d 为重现期修正参数;$n(T)$ 为与重现期 T 有关的衰减指数。

例如上海市以往的暴雨强度公式引入了重现期修正参数 d,衰减指数 n 采用函数型;承德市以往的暴雨强度公式引入了重现期修正参数 d。

6.2.2　传统方法编制暴雨强度公式的关键环节与存在的问题

暴雨强度总公式,以下简称暴雨强度公式,确定该公式中参数的传统方法要经过两个拟合:① 理论频率曲线拟合。首先采用年最大值法或年多个样法选样,选取不同历时的雨强系列,其次选取理论频率分布模型,对各历时相应的雨强系列进行理论频率曲线拟合,然后由其确定不同重现期的雨强 i_p,进而得到重现期 T,历时 t,雨强 i_p 的关系值(T,t,i_p)。② 暴雨强度公式参数的拟合。选配暴雨强度公式的形式,并对(T,t,i_p)进行拟合,确定暴雨强度公式的参数。

因此,传统方法的关键环节有:暴雨强度选样方法、暴雨强度理论频率分布模型(也称为理论频率曲线线型)的选择、暴雨强度公式参数的推求方法等。

关于暴雨强度选样方法。选样方法对暴雨强度公式的精确度起基础性作用,直接影响

成果的代表性和可靠性。城市暴雨强度的选样方法,目前国内采用年最大值法和年多个样法。《室外排水设计规范》[21-22]指出:"具有 20 年以上自动雨量记录的地区,排水系统设计暴雨强度公式应采用年最大值法。"目前我国许多城市已积累了较长的自记雨量计的雨量观测资料,编制城市暴雨强度公式的选样方法的发展趋势是年最大值法,该法易于操作,且当样本系列中具有暴雨特大值时,计算特大值的经验频率具有成熟的方法。国外编制城市暴雨强度公式的选样方法的发展趋势也是采用年最大值法。

关于理论频率分布模型。《室外排水设计规范》[21-22]指出,可采用皮-Ⅲ型分布曲线、耿贝尔分布曲线和指数分布曲线。美国、加拿大等一些国家采用对数皮-Ⅲ型。关于采用何种理论频率分布较好,则说法不一。限于篇幅,仅列举几个有代表性的专家学者的观点与做法。邓培德指出,指数分布优于皮-Ⅲ型分布[78]。夏宗尧指出,从理论分析和大量实例计算说明,应用皮-Ⅲ型曲线优于指数分布曲线[79]。邵尧明在 2003 年提出,最大值选样配合指数分布曲线推求雨强公式[80],而其经多年研究后在 2012 年指出,对于年最大值选样法,采用耿贝尔分布推求的公式参数拟合精度较高[81]。周玉文在文献[82]中采用皮-Ⅲ型分布研究暴雨强度公式的有关问题。金光炎提出了用两端有限对数正态分布和广义指数分布作为频率曲线线型进行计算[83]。显然,采用不同的理论频率曲线的线型,得到的(T,t,i_p)关系值是不同的,且计算表明差异较大(详见 6.5 节的计算结果),因此根据不同的(T,t,i_p)关系值,确定的暴雨强度公式参数也就不同,这显然是不科学的;并且规范中[21-22]未明确理论频率曲线计算环节的拟合误差,这导致实际应用中,存在忽视理论频率曲线计算环节的拟合误差,而单纯强调暴雨强度公式参数拟合环节误差的现象,这显然是不客观、不合理的。实际上,第一个拟合环节将直接影响到暴雨强度公式对原始降雨数据的拟合精度。另一方面,在 6.4 节和 6.5 节将从理论和实践两方面论证,传统方法求得的暴雨强度公式拟合实测雨强样本的误差平方和不为最小。

关于暴雨强度公式参数的推求方法。早期传统方法确定四参数暴雨强度公式(6-2-2)中的参数 A_1,C,b,n,分成两步:① 首先确定单一重现期的参数,即 $i=A/(t+b)^n$ 中的参数 A,b,n;② 进一步确定综合反映各重现期的参数 b,n,以及 $A=A_1+C_1\lg T$ 中的参数 A_1,C_1。这种方法推求参数的全过程不但需要反复调整,工作量大,而且第①步采用图解试凑法推求参数,所求参数具有一定的任意性;将求参数的全过程分成两步,使最后求得的参数并不是最佳拟合参数。实际上,对式(6-2-2)参数的推求是二元、四参数非线性寻优问题,笔者于 1995 年首次提出了用高斯-牛顿法推求暴雨强度公式参数的方法[84],实现了参数推求的一举寻优,此法已被广泛采用,并已写入《室外排水设计规范》[21-22]中。而对于式(6-2-3)参数的确定,目前传统方法仍是采用图解与计算结合法,所求参数具有一定的任意性,不是最佳拟合参数,本章将介绍笔者提出的推求式(6-2-3)参数一举寻优的解析法。

6.2.3　本章主要内容

针对传统方法编制暴雨强度公式存在的问题,笔者经多年研究与实践,取得了处于该领域前沿的研究成果[85-90]。本章主要介绍以下内容:

(1) 城市暴雨强度公式形式与参数推求方法的研究。介绍笔者的研究成果,采用高斯-牛顿法和麦夸尔特法求解暴雨强度公式参数的方法;介绍引入重现期修正系数 d 的判别方法及其参数确定的解析法、衰减指数 n 为函数型的暴雨强度公式参数确定的解析法。

（2）城市暴雨强度公式推求路径的研究。介绍笔者提出的新路径,相应方法称为直接拟合法,并从理论和实践两方面系统地对直接拟合法与传统方法进行比较研究。

（3）介绍 A 城市暴雨强度公式编制与优化的方法与研究成果。

本章内容的理论基础是频率计算、非线性回归等。

6.3　城市暴雨强度公式形式与参数推求方法的研究

我国城市暴雨强度总公式(以下简称暴雨强度公式),一般采用式(6-2-2),且对于公式参数拟合环节的误差,《室外排水设计规范》[21-22]规定,当采用年最大值法取样时,计算重现期在 2～20 年时,在一般强度的地方,平均绝对均方差不宜大于 0.05 mm/min(注:原文为"平均绝对方差不宜大于 0.05 mm/min"。显然是错误的,均方差才与暴雨强度具有相同量纲)。在较大强度的地方,平均相对均方差不宜大于 5%。

而当采用四参数公式(6-2-2)拟合雨强效果不理想时,为提高拟合精度和更好地表征暴雨强度的变化规律,则应基于式(6-2-3),根据重现期、历时、雨强关系值的变化规律,引入重现期修正系数 d 或采用衰减指数 n 为函数型的五参数暴雨强度公式。

本节首先结合式(6-2-2)介绍参数推求的非线性回归方法:高斯-牛顿法和麦夸尔特法,然后分别介绍引入重现期修正系数 d 或衰减指数 n 为函数型的五参数暴雨强度公式形式的选择及参数推求的非线性回归方法。

6.3.1　暴雨强度公式参数推求的非线性回归方法及其应用

在推求暴雨强度公式时,无论是采用传统方法(路径),还是采用笔者提出的直接拟合法(详见 6.4 节),本小节所述的内容均是必需的。当采用传统方法(路径)时,本小节所述内容即是其第二个拟合环节,该环节所依据的样本为:重现期、降雨历时、理论频率计算所得雨强;当采用直接拟合法时,所依据的样本为:重现期、历时、实测雨强。简便起见,在本小节叙述中不详细区分这两种样本,而将其统称重现期 T、历时 t、雨强 i 关系点,记为 $(T_i, t_i; i_i)$,角标 $i=1 \sim M$,M 为样本容量。

以推求式(6-2-2)中的参数为例,介绍非线性回归方法。设式(6-2-2)中参数向量 $\boldsymbol{\theta} = (A_1, C_1, b, n)'$,则

$$i = \frac{A_1 + C_1 \lg T}{(t+b)^n} = f(T, t; \boldsymbol{\theta}) \qquad (6\text{-}3\text{-}1)$$

由式(6-3-1)计算第 i 组雨强,记 $i_{ig} = f(T_i, t_i; \boldsymbol{\theta})$,根据 M 组样本值推求暴雨强度公式参数 $\boldsymbol{\theta}$ 的目标函数为:求 $\boldsymbol{\theta}$ 的估计值,使所求暴雨强度公式拟合样本雨强 i_i(角标 $i=1 \sim M$)的误差平方和为最小,即式(6-3-2)中 $Q(\boldsymbol{\theta})$ 为最小。

$$Q(\boldsymbol{\theta}) = \sum_{i=1}^{M} (i_i - i_{ig})^2 = \sum_{i=1}^{M} [i_i - f(T_i, t_i; \boldsymbol{\theta})]^2 \qquad (6\text{-}3\text{-}2)$$

由于暴雨强度公式为纯非线性回归方程,对式(6-3-2)需采用非线性回归求解,如高斯-牛顿法、麦夸尔特法等。关于高斯-牛顿法和麦夸尔特法已在 5.3 节详细介绍,以下介绍其确定暴雨强度公式参数的方法。

6.3.1.1　暴雨强度公式参数推求的高斯-牛顿法

采用高斯-牛顿法确定暴雨强度公式参数,实现了参数推求的一举寻优[84]。

为方便起见,用记号 $f_i(\boldsymbol{\theta})$ 代替 $f(T_i,t_i;\boldsymbol{\theta})$,根据 5.3 节式(5-3-9),得高斯-牛顿法求解满足式(6-3-2)中 $Q(\boldsymbol{\theta})$ 为最小的参数 $\boldsymbol{\theta}$ 的递推公式为

$$\boldsymbol{\theta}_{(k+1)}=\boldsymbol{\theta}_{(k)}+[\boldsymbol{J}'(\boldsymbol{\theta}_{(k)})\boldsymbol{J}(\boldsymbol{\theta}_{(k)})]^{-1}\boldsymbol{J}'(\boldsymbol{\theta}_{(k)})[\boldsymbol{i}-\boldsymbol{f}(\boldsymbol{\theta}_{(k)})] \tag{6-3-3}$$

式中,k 为递推次数;$\boldsymbol{\theta}_{(k)}$,$\boldsymbol{\theta}_{(k+1)}$ 分别为参数 $\boldsymbol{\theta}$ 的第 k 次,$k+1$ 次迭代计算值;向量 $\boldsymbol{f}(\boldsymbol{\theta}_{(k)})=[f_1(\boldsymbol{\theta}_{(k)}),\cdots,f_i(\boldsymbol{\theta}_{(k)}),\cdots,f_M(\boldsymbol{\theta}_{(k)})]'$,其中 $f_i(\boldsymbol{\theta}_{(k)})$ 为由暴雨强度公式及参数 $\boldsymbol{\theta}_{(k)}$ 计算的第 i 组雨强,角标 $i=1\sim M$;$\boldsymbol{i}=(i_1,i_1,\cdots,i_M)'$ 为样本点雨强向量;$\boldsymbol{J}(\boldsymbol{\theta}_{(k)})$ 为暴雨强度公式 $i=f(T,t;\boldsymbol{\theta})$ 关于待估参数 A_1,C_1,b,n 的偏导数在 $\boldsymbol{\theta}_{(k)}$ 处的值所构成的矩阵,简称偏导数矩阵,其计算式为

$$\boldsymbol{J}(\boldsymbol{\theta}_{(k)})=\begin{bmatrix} \dfrac{\partial f_1(\boldsymbol{\theta})}{\partial A_1} & \dfrac{\partial f_1(\boldsymbol{\theta})}{\partial C_1} & \dfrac{\partial f_1(\boldsymbol{\theta})}{\partial b} & \dfrac{\partial f_1(\boldsymbol{\theta})}{\partial n} \\[2ex] \dfrac{\partial f_2(\boldsymbol{\theta})}{\partial A_1} & \dfrac{\partial f_2(\boldsymbol{\theta})}{\partial C_1} & \dfrac{\partial f_2(\boldsymbol{\theta})}{\partial b} & \dfrac{\partial f_2(\boldsymbol{\theta})}{\partial n} \\[2ex] \cdots & \cdots & \cdots & \cdots \\[2ex] \dfrac{\partial f_M(\boldsymbol{\theta})}{\partial A_1} & \dfrac{\partial f_M(\boldsymbol{\theta})}{\partial C_1} & \dfrac{\partial f_M(\boldsymbol{\theta})}{\partial b} & \dfrac{\partial f_M(\boldsymbol{\theta})}{\partial n} \end{bmatrix}_{\boldsymbol{\theta}=\boldsymbol{\theta}_{(k)}} \tag{6-3-4}$$

因此,利用高斯-牛顿法求解式(6-3-2)参数 $\boldsymbol{\theta}$ 的方法与步骤如下:

(1) 对式(6-3-1),分别求关于参数 A_1,C_1,b,n 的偏导数。得

$$\partial i/\partial A_1=1/(t+b)^n \tag{6-3-5}$$

$$\partial i/\partial C_1=\lg T/(t+b)^n \tag{6-3-6}$$

$$\partial i/\partial b=-(A_1+C_1\lg T)n/(t+b)^{(n+1)} \tag{6-3-7}$$

$$\partial i/\partial n=-(A_1+C_1\lg T)\ln(t+b)/(t+b)^n \tag{6-3-8}$$

(2) 确定参数初值 $\boldsymbol{\theta}_{(0)}=(A_{1(0)},C_{1(0)},b_{(0)},n_{(0)})'$,详见实例。

(3) 计算 $\boldsymbol{J}(\boldsymbol{\theta}_{(0)})$ 和 $f_i(\boldsymbol{\theta}_{(0)})$,角标 $i=1\sim M$。由式(6-3-5)~式(6-3-8)、$\boldsymbol{\theta}_{(0)}$ 及 M 组样本值 $(T_i,t_i;i_i)$,计算 $\boldsymbol{J}(\boldsymbol{\theta}_{(0)})$;由 $\boldsymbol{\theta}_{(0)}$、$M$ 组样本值及式(6-3-1)计算 $\boldsymbol{f}(\boldsymbol{\theta}_{(0)})=[f_1(\boldsymbol{\theta}_{(0)}),\cdots,f_i(\boldsymbol{\theta}_{(0)}),\cdots,f_M(\boldsymbol{\theta}_{(0)})]'$。

(4) 根据式(6-3-3)进行迭代计算,直到 $\boldsymbol{\theta}_{(k)}$ 收敛稳定,即 $|\boldsymbol{\theta}_{(k+1)}-\boldsymbol{\theta}_{(k)}|\leqslant\delta$(例如 $\delta=0.000\ 1$),从而求得式(6-3-2)中参数的估计值 $\boldsymbol{\theta}=(A_1,C_1,b,n)'$,也即是式(6-3-1)中的参数。

实例 6-3-1 某城市具有 1980~2014 年共 35 年的自记雨量资料,采用年最大值法选样得到不同降雨历时的逐年年最大雨量,并计算得到相应各历时的年最大平均雨强样本系列。采用耿贝尔分布,对各历时的年最大平均雨强样本系列进行频率计算,得重现期 T、历时 t、雨强 i 关系值,见表 6-3-1。试根据表 6-3-1 数据,采用高斯-牛顿法推求暴雨强度公式(6-3-1)中的参数。

采用高斯-牛顿法推求式(6-3-1)中参数的方法如下:

(1) 确定参数的初值。可参考文献[84]所述方法确定参数初值,也可在以往我国暴雨强度公式参数 A_1,b,n 的常见取值范围内确定其初值,并在样本点中选重现期、历时、雨强数据相对居中的一组关系值,代入式(6-3-1)求 C_1 作为初值 $C_{1(0)}$。按上述方法确定参数初值,迭代计算通常是收敛的。根据文献[77],统计以往我国各地暴雨强度公式参数的取值情况是,A_1 值在 2~160 之间,而常见于 10~40 之间;参数 b 出现在 0~50 之间,而较常见值是在 10 附近;衰减指数 n 出现在 0.3~1.1 之间,而较常见值是 0.6~0.9。

表 6-3-1 实例 6-3-1 重现期历时雨强关系值

重现期 T/a	历时 t/min									
	5	10	15	20	30	45	60	90	120	180
100	4.503	3.603	3.080	2.748	2.202	1.819	1.539	1.237	1.018	0.817
50	4.113	3.291	2.810	2.501	2.009	1.656	1.403	1.123	0.922	0.739
30	3.824	3.059	2.611	2.318	1.866	1.536	1.302	1.038	0.852	0.681
20	3.593	2.874	2.451	2.172	1.752	1.440	1.221	0.971	0.795	0.634
10	3.191	2.551	2.174	1.918	1.553	1.273	1.081	0.853	0.697	0.554
5	2.772	2.215	1.885	1.653	1.346	1.098	0.935	0.730	0.594	0.470
3	2.438	1.948	1.654	1.442	1.181	0.960	0.819	0.632	0.512	0.403
2	2.139	1.708	1.448	1.253	1.033	0.835	0.715	0.544	0.439	0.343

注:本章中雨强单位均为:mm/min,不一一标注。

本例取参数初值 $A_{1(0)}=10,b_{(0)}=10,n_{(0)}=0.6$,在样本点中选一组关系值 $T=20,t=30,i=1.752$ 代入式(6-3-1)求 $C_1=4.078$ 作为 $C_{1(0)}$。

(2) 计算 $J(\boldsymbol{\theta}_{(0)})$ 和 $f_i(\boldsymbol{\theta}_{(0)}),i=1\sim M$。

(3) 迭代计算,推求参数 $\boldsymbol{\theta}=(A_1,C_1,b,n)'$。给定 $\delta=0.000\ 1$,利用式(6-3-3)递推迭代计算,结果见表 6-3-2。因此,所求四参数暴雨强度公式为

$$i=\frac{8.521\ 4+6.831\ 2\lg T}{(t+7.165\ 8)^{0.634\ 2}} \tag{6-3-9}$$

上述计算编写基于 Matlab 软件的程序代码,可使计算易于实现。

表 6-3-2 实例 6-3-1 采用高斯-牛顿法推求参数的递推结果

参数与误差平方和	迭代次数 k					
	0	1	2	3	4	5
A_1	10	7.928 2	8.375 3	8.515 5	8.521 3	8.521 4
C_1	4.078	6.510 1	6.720 9	6.826 2	6.831 1	6.831 2
b	10	5.625 4	6.924 5	7.158 9	7.165 8	7.165 8
n	0.6	0.623 5	0.631 1	0.634 1	0.634 2	0.634 2
Q	4.8460	0.369 6	0.042 1	0.040 6	0.040 6	0.040 6

6.3.1.2 暴雨强度公式参数推求的麦夸尔特法

麦夸尔特法较高斯-牛顿法放宽了对参数初值的要求,更易于使参数迭代过程收敛,特别是非线性回归参数个数较多的情况。

根据 5.3 节式(5-3-10),得麦夸尔特法推求暴雨强度公式参数 $\boldsymbol{\theta}$ 的递推公式为

$$\boldsymbol{\theta}_{(k+1)}=\boldsymbol{\theta}_{(k)}+[\boldsymbol{J}'(\boldsymbol{\theta}_{(k)})\boldsymbol{J}(\boldsymbol{\theta}_{(k)})+\lambda\boldsymbol{I}]^{-1}\boldsymbol{J}'(\boldsymbol{\theta}_{(k)})[(i-\boldsymbol{f}(\boldsymbol{\theta}_{(k)})] \tag{6-3-10}$$

式中,λ 为阻尼因子;其他符号含义同前。

麦夸尔特法较高斯-牛顿法复杂,笔者于 2012 年首先提出了使用该法确定暴雨强度公式参数的计算程序框图,如图 6-3-1 所示,为该法的推广使用奠定了基础。

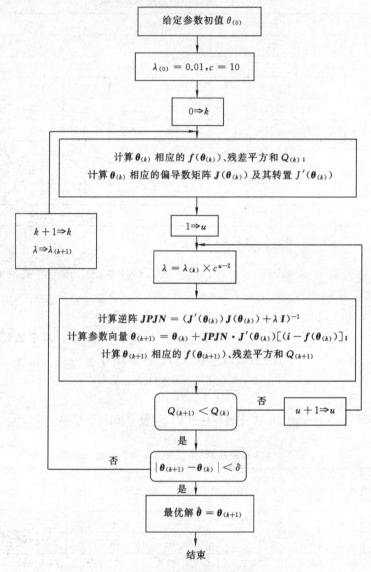

图 6-3-1　用麦夸尔特法参数迭代求解程序框图

实例 6-3-2　试根据表 6-3-1 数据采用麦夸尔特法(给定 $\delta=0.000\ 1$)推求式(6-3-1)中的参数。

本例分别拟定两组不同的参数初值,进行迭代计算。步骤如下。

(1) 取第一组参数初值,与实例 6-3-1 相同。依据图 6-3-1 所示计算环节及式(6-3-10)进行计算,也经 5 次迭代完成计算(限于篇幅,递推过程的数据从略),其最后一次迭代结果与高斯-牛顿法的最后一次迭代结果相同,这是必然的,因在收敛条件下暴雨强度公式参数的最小二乘估计有唯一一组解。

(2) 在参数的非常见范围内取第二组参数初值:$A_{1(0)}=5$,$C_{1(0)}=30$,$b_{(0)}=10$,$n_{(0)}=1.1$。采用此组参数初值时,若采用高斯-牛顿法推求参数,其递推计算是不收敛的,而采用麦夸尔特法则是收敛的,其递推结果见表 6-3-3。限于篇幅,仅列出部分计算结果。由表 6-3-3 可见,最后一次迭代参数与第一组参数初值时的所求结果相同,在收敛情况下这是必然的。

表 6-3-3　　　　　　　　实例 6-3-2 采用麦夸尔特法推求参数的递推结果

参数与残差平方和	迭代次数 k							
	0	1	2	⋯	15	16	17	18
A_1	5	7.080 9	16.558 0	⋯	8.836 4	8.524 2	8.521 5	8.521 4
C_1	30	29.057 0	24.296 0	⋯	7.080 9	6.833 2	6.831 2	6.831 2
b	10	12.925 0	15.947 0	⋯	7.539 1	7.174 2	7.165 9	7.165 8
n	1.1	0.783 6	0.851 7	⋯	0.643 5	0.634 5	0.634 2	0.634 2
Q	72.742 0	41.160 0	2.076 3	⋯	0.048 8	0.040 7	0.040 6	0.040 6

由上述两组不同参数初值的计算结果表明,迭代初值选取的合适与否,将决定迭代计算的工作量,甚至迭代成功与否,为保证迭代收敛以及减少迭代计算次数,应按文献[84]所述方法或在参数的常见范围确定其初值;由本例两组不同参数初值时迭代计算的收敛情况进一步表明,高斯-牛顿法对参数初值有较大的适应性,而麦夸尔特法对参数初值有很强的适应性。

6.3.2　含有重现期修正系数的暴雨强度公式参数的推求方法

一些地区的暴雨强度公式计算成果表明[77,85],雨力 A(即 $t+b=1$ 时的雨强)与 $\lg T$ 不是直线相关趋势时,则 $A \neq A_1 + C_1 \lg T$,此种情况,即使采用非线性最小二乘法或其他最优化方法求解式(6-3-1)的拟合参数,所得暴雨强度公式拟合某些重现期雨强的绝对均方差仍超过 0.05 mm/min[77,91-92]。有鉴于此,为了更密切地吻合当地多年统计的降雨强度子样点的分布规律,提高拟合精度,不应再拘泥于四参数暴雨强度公式,而应引入重现期修正系数 d,采用含有该系数的五参数暴雨强度公式

$$i = \frac{A_1 + C_1 \lg(T + d)}{(t + b)^n} \tag{6-3-11}$$

文献[77]给出了确定式(6-3-11)中参数的手工算法。为了克服手工算法效率低、所求参数具有一定的任意性、拟合精度不如解析法高的缺陷,笔者研究了考虑修正系数 d 的判断方法及含有该系数的公式(6-3-11)中参数的确定方法,实现了参数的一举寻优。

6.3.2.1　考虑重现期修正系数的判断方法

当采用四参数暴雨强度公式(6-3-1)拟合重现期、历时、雨强关系值的均方差较大时,特别是拟合较小重现期相应样本点的均方差较大时,暴雨强度公式中是否需要考虑修正系数 d 的判断方法如下。

(1) 确定各个重现期的雨力 A。根据已求得的四参数暴雨强度公式的参数 n,b 及各个重现期 T 的 s 组关系点 (t_j, i_j),$j=1 \sim s$(s 为各个重现期 T 相应的降雨历时个数),基于 6.2节式(6-2-1),采用最小二乘法计算各个重现期的雨力 A,即求满足式(6-3-12)中 $Q(A)$ 为最小的 A 值。

$$Q(A) = \sum_{j=1}^{s} \left[i_j - A(t_j + b)^{-n} \right]^2 \tag{6-3-12}$$

于是,对 A 求偏导数,并令其等于零

$$\frac{\partial Q}{\partial A} = -2 \sum_{j=1}^{s} \left[i_j - A(t_j + b)^{-n} \right] (t_j + b)^{-n} = 0 \qquad (6\text{-}3\text{-}13)$$

对式(6-3-13)整理,得

$$A = \frac{\sum_{j=1}^{s} i_j (t_j + b)^{-n}}{\sum_{j=1}^{s} (t_j + b)^{-2n}} \qquad (6\text{-}3\text{-}14)$$

(2) 点绘关系点$(\lg T, A)$,若点群趋势不为相关直线,即$A \neq A_1 + C_1 \lg T$,则要引入修正系数d,选配暴雨强度公式(6-3-11),否则,可通过采用暴雨衰减指数n为函数型的暴雨强度公式或其他方法,提高拟合精度。

6.3.2.2 含有重现期修正系数的暴雨强度公式参数的推求方法

(1) 对式(6-3-11),分别求关于参数A_1, C_1, d, b, n的偏导数。得

$$\partial i / \partial A_1 = 1/(t+b)^n \qquad (6\text{-}3\text{-}15)$$

$$\partial i / \partial C_1 = \lg(T+d)/(t+b)^n \qquad (6\text{-}3\text{-}16)$$

$$\partial i / \partial d = C_1 / \left[(T+d) \ln 10 (t+b)^n \right] \qquad (6\text{-}3\text{-}17)$$

$$\partial i / \partial b = -n \left[A_1 + C_1 \lg(T+d) \right] / (t+b)^{n+1} \qquad (6\text{-}3\text{-}18)$$

$$\partial i / \partial n = -\ln(t+b) \left[A_1 + C_1 \lg(T+d) \right] / (t+b)^n \qquad (6\text{-}3\text{-}19)$$

(2) 确定暴雨强度公式(6-3-11)中参数的初值$\boldsymbol{\theta}_{(0)} = (A_{1(0)}, C_{1(0)}, d_{(0)}, b_{(0)}, n_{(0)})'$。将求得的四参数暴雨强度公式的参数值作为相应参数的初值$A_{1(0)}, C_{1(0)}, b_{(0)}, n_{(0)}$;根据$A$与$\lg T$关系点趋势,在$d > -T_{\min}$($T_{\min}$为样本中的最小重现期)范围内初拟修正系数$d_{(0)}$,使$A$与$\lg(T+d_{(0)})$关系近似为直线相关趋势,并将$d_{(0)}$作为参数$d$的初值。

(3) 采用高斯-牛顿法或麦夸尔特法,推求式(6-3-11)中的待估参数$\boldsymbol{\theta} = (A_1, C_1, d, b, n)'$。推求方法与四参数公式参数的推求方法类似,不再赘述。

实例 6-3-3 昆明市松华坝雨量站具有 1964～2000 年的年最大 10 min、20 min、30 min、45 min、60 min、90 min、120 min、180 min 的暴雨系列,采用皮-Ⅲ型分布对各历时的雨强样本系列频率计算后,得到重现期T、降雨历时t、频率计算雨强i的关系值$(T_i, t_i; i_i)$,角标$i = 1 \sim 72$,见表 6-3-4[92],试根据表 6-3-4 数据选配暴雨强度公式。

表 6-3-4　　　　实例 6-3-3 重现期历时雨强关系值

重现期 T/a	历时 t/min							
	10	20	30	45	60	90	120	180
1	0.87	0.65	0.53	0.40	0.32	0.25	0.20	0.14
2	1.39	1.05	0.85	0.67	0.54	0.42	0.33	0.24
3	1.65	1.25	1.01	0.80	0.65	0.51	0.41	0.30
5	1.83	1.38	1.12	0.89	0.73	0.58	0.46	0.34
10	2.11	1.60	1.29	1.04	0.86	0.68	0.55	0.40
20	2.38	1.79	1.45	1.18	0.98	0.78	0.63	0.46
30	2.53	1.90	1.54	1.25	1.05	0.84	0.68	0.49
50	2.71	2.04	1.65	1.35	1.13	0.91	0.73	0.53
100	2.95	2.22	1.80	1.48	1.25	1.01	0.81	0.59

对该实例暴雨强度公式形式的选择与公式参数的推求,步骤如下。

(1) 根据表 6-3-4 数据推求四参数暴雨强度公式

采用麦夸尔特法,求得四参数暴雨强度公式为

$$i = \frac{9.885\ 7 + 9.512\ 9\lg T}{(t + 11.408\ 2)^{0.734\ 2}} \tag{6-3-20}$$

并计算由式(6-3-20)拟合表 6-3-4 数据的误差平方和 $Q = 0.207\ 8$。

进一步计算由式(6-3-20)拟合表 6-3-4 中各重现期相应的不同历时雨强的均方差,结果见表 6-3-5 中第二行。由此可见,四参数暴雨强度公式对于重现期较大或较小的情况,拟合雨强的效果不理想,重现期为 1 a、3 a、100 a 时的拟合均方差超过了规范要求的 0.05 mm/min,需判断暴雨强度公式中是否需要引入重现期修正系数 d。

(2) A 与 $\lg T$ 关系趋势的判别

由已求得的四参数暴雨强度公式(6-3-20)中参数 $n = 0.734\ 2, b = 11.408\ 2$,利用式(6-3-14),计算各重现期 T 相应的雨力 A,并点绘($\lg T, A$)关系点,如图 6-3-2 所示,可见 A 与 $\lg T$ 关系不为直线趋势,而是折线,则要引入重现期修正系数 d,采用式(6-3-11)。

(3) 含有重现期修正系数 d 的暴雨强度公式参数的推求

① 确定暴雨强度公式(6-3-11)中参数的初值 $\boldsymbol{\theta}_{(0)} = (A_{1(0)}, C_{1(0)}, d_{(0)}, b_{(0)}, n_{(0)})'$。将求得的四参数暴雨强度公式的参数值作为初值 $A_{1(0)}, C_{1(0)}, b_{(0)}, n_{(0)}$;根据 A 与 $\lg T$ 关系点趋势,初拟 $d_{(0)} = -0.6$,使 $A = A_1 + C_1(\lg T - 0.6)$ 近似为直线关系,如图 6-3-3 所示。故本例参数的初值为 $\boldsymbol{\theta}_{(0)} = (9.885\ 7, 9.512\ 9, -0.6, 11.408\ 2, 0.734\ 2)'$。

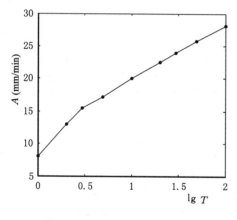
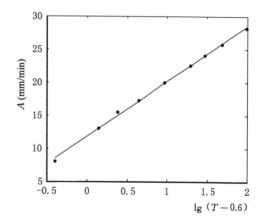

图 6-3-2　A 与 $\lg T$ 关系图　　　　　图 6-3-3　A 与 $\lg(T-0.6)$ 关系图

② 当五个参数初值确定后,计算偏导数矩阵 $\boldsymbol{J}(\boldsymbol{\theta}_{(0)})$、矩阵 $\boldsymbol{f}(\boldsymbol{\theta}_{(0)})$ 以及采用高斯-牛顿法式(6-3-3)或麦夸尔特法式(6-3-10)递推迭代计算,与四参数暴雨强度公式参数的推求方法类似,此处不再赘述。本例给定 $\delta = 0.000\ 1$,计算结果为:$\boldsymbol{\theta} = (A_1, C_1, d, b, n)' = (12.396\ 5, 7.918\ 1, -0.719\ 4, 11.430\ 0, 0.734\ 7)'$,则得五参数暴雨强度公式为

$$i = \frac{12.396\ 5 + 7.918\ 1\lg(T - 0.719\ 4)}{(t + 11.430\ 0)^{0.734\ 7}} \tag{6-3-21}$$

由五参数公式(6-3-21)拟合表 6-3-4 中雨强的误差平方和 $Q = 0.030\ 9$,显著小于四参数暴雨强度公式的拟合结果。进一步由五参数公式(6-3-21)计算拟合表 6-3-4 中各重现期

不同历时雨强的均方差,结果见表 6-3-5 中第三行。

表 6-3-5   **实例 6-3-3 不同公式拟合雨强的均方差**

重现期 T/a	1	2	3	5	10	20	30	50	100
四参数公式拟合雨强的均方差/(mm/min)	0.11	0.03	0.07	0.04	0.04	0.02	0.02	0.03	0.06
五参数公式拟合雨强的均方差/(mm/min)	0.02	0.03	0.03	0.02	0.01	0.01	0.02	0.02	0.03

比较实例 6-3-3 所求四参数与五参数暴雨强度公式的拟合误差平方和 Q 及表 6-3-5 中拟合各重现期不同历时雨强的均方差,可见引入修正系数 d 的五参数暴雨强度公式,显著提高了拟合精度。

6.3.3 暴雨衰减指数为函数型的暴雨强度公式参数的推求方法

一些地区的计算成果表明,暴雨衰减指数 n 随重现期显著变化,为了更好地挖掘暴雨强度 i 随重现期 T、历时 t 的变化规律,有效改进暴雨强度公式的拟合精度,应采用暴雨衰减指数 n 为函数型的暴雨强度公式[77]

$$i = (A_1 + C_1 \lg T)/(t + b)^{n(T)} \tag{6-3-22}$$

笔者提出了采用解析法确定衰减指数 n 为函数型的暴雨强度公式(6-3-22)中参数的方法。

设重现期 T、降雨历时 t、降雨强度 i 的 M 组关系值为 $(T_i, t_i; i_i)$,角标 $i = 1 \sim M$,设 s 为各重现期相应的降雨历时个数。

(1) 确定式(6-3-22)中衰减指数 n 与重现期 T 的关系式以及各参数的初值。

① 用高斯-牛顿法或麦夸尔特法确定各单一重现期分公式(6-2-1)的参数 A, b, n。

② 根据各单一重现期 A 与重现期 T 的关系值 (T_i, A_i),角标 $i = 1 \sim N$(N 为重现期个数),确定 $A = A_1 + C_1 \lg T$ 关系式中参数 A_1, C_1,并分别作为式(6-3-22)中参数 A_1, C_1 的初值。

③ 根据各单一重现期 n 与重现期 T 的关系值 (T_i, n_i),角标 $i = 1 \sim N$,通过回归计算选配 n 与 T 的相关式。研究表明,一般在 $n = n_1 + n_2 \lg T$ 或 $n = n_1 T^{n_2}$ 相关关系中,取其相关指数 R^2 较大者作为采用的 n 与 T 的相关式。将此环节求得的 n_1, n_2 作为式(6-3-22)相应参数的初值。

④ 将各单一重现期的参数 b,取平均值作为式(6-3-22)中参数 b 的初值。

至此,得衰减指数采用 $n = n_1 + n_2 \lg T$ 或 $n = n_1 T^{n_2}$ 时,式(6-3-22)参数的初值 $\boldsymbol{\theta}_{(0)} = (A_{1(0)}, C_{1(0)}, b_{(0)}, n_{1(0)}, n_{2(0)})'$。

(2) 用高斯-牛顿法或麦夸尔特法确定暴雨强度公式(6-3-22)的参数。

当 n-T 关系采用 $n = n_1 T^{n_2}$ 形式时,则暴雨强度公式(6-3-22)变为

$$i = \frac{A_1 + C_1 \lg T}{(t + b)^{n_1 T^{n_2}}} \tag{6-3-23}$$

① 对式(6-3-23),分别求关于参数 A_1, C_1, b, n_1, n_2 的偏导数,得

$$\partial i / \partial A_1 = 1/(t + b)^{n_1 T^{n_2}} \tag{6-3-24}$$

$$\partial i / \partial C_1 = \lg T/(t + b)^{n_1 T^{n_2}} \tag{6-3-25}$$

$$\partial i/\partial b = (A_1 + C_1 \lg T)(-n_1 T^{n_2})(t+b)^{-(n_1 T^{n_2})-1} \qquad (6\text{-}3\text{-}26)$$

$$\partial i/\partial n_1 = (A_1 + C_1 \lg T)(t+b)^{-n_1 T^{n_2}} \ln(t+b)(-T^{n_2}) \qquad (6\text{-}3\text{-}27)$$

$$\partial i/\partial n_2 = -(A_1 + C_1 \lg T)n_1 \ln(t+b)(t+b)^{-n_1 T^{n_2}} T^{n_2} \ln T \qquad (6\text{-}3\text{-}28)$$

② 由参数初值 $\boldsymbol{\theta}_{(0)} = (A_{1(0)}, C_{1(0)}, b_{(0)}, n_{1(0)}, n_{2(0)})'$、式(6-3-24)～式(6-3-28)以及全部重现期的 M 组观察值($T_i, t_i; i_i$),角标 $i=1 \sim M$,计算偏导数矩阵 $\boldsymbol{J}(\boldsymbol{\theta}_{(0)})$ 以及矩阵 $\boldsymbol{f}(\boldsymbol{\theta}_{(0)})$。

③ 根据式(6-3-3)或式(6-3-10)计算 $\boldsymbol{\theta}_{(1)}$。

④ 再以 $\boldsymbol{\theta}_{(1)}$ 作为参数的初始值 $\boldsymbol{\theta}_{(0)}$,重复步骤②、步骤③,以此类推。直到 $\boldsymbol{\theta}_{(k)}$ 收敛稳定,即 $|\boldsymbol{\theta}_{(k+1)} - \boldsymbol{\theta}_{(k)}| \leqslant \delta$(例如 $\delta = 0.000\ 5$),经若干次递推迭代,则可求得式(6-3-23)中参数的估计值 $\boldsymbol{\theta} = (A_1, C_1, b, n_1, n_2)'$。

当 $n\text{-}T$ 相关关系采用 $n = n_1 + n_2 \lg T$ 形式时,则暴雨强度公式(6-3-22)变为

$$i = \frac{A_1 + C_1 \lg T}{(t+b)^{n_1+n_2 \lg T}} \qquad (6\text{-}3\text{-}29)$$

推求公式(6-3-29)中参数的方法,与推求式(6-3-23)中参数的方法类似,不再赘述。

实例 6-3-4　北京站采用年多个样法取样,经理论频率计算确定各重现期 T、降雨历时 t、频率计算雨强 i 的关系值,见表 6-3-6,试优选暴雨强度公式形式并确定其拟合参数。

表 6-3-6　　　　　　　　　　实例 6-3-4 重现期历时雨强关系值

重现期 T/a	历时 $t/\min$								
	5	10	15	20	30	45	60	90	120
0.25	1.080	0.875	0.740	0.635	0.495	0.378	0.323	0.248	0.208
0.33	1.230	0.985	0.825	0.715	0.565	0.432	0.360	0.273	0.226
0.5	1.470	1.180	0.965	0.835	0.675	0.516	0.435	0.326	0.267
1	1.910	1.520	1.250	1.100	0.895	0.700	0.585	0.442	0.360
2	2.350	1.850	1.540	1.360	1.120	0.895	0.745	0.566	0.460
3	2.600	2.070	1.720	1.530	1.250	1.000	0.845	0.643	0.533
5	2.930	2.330	1.960	1.740	1.440	1.140	0.975	0.745	0.615
10	3.420	2.690	2.300	2.020	1.690	1.350	1.150	0.875	0.725
20	3.810	3.070	2.570	2.320	1.910	1.550	1.310	1.010	0.840
50	4.450	3.550	2.990	2.700	2.250	1.840	1.550	1.200	1.010
100	4.900	3.920	3.320	3.000	2.530	2.050	1.730	1.330	1.140

注:表 6-3-6 数据来自文献[77]925 页附表 6,且根据文献[77]934 页附表 10,笔者订正其附表 6 两处数据:$T=0.25$ a,$t=10$ min 时的雨强应为 $i=0.875$ mm/min;$T=50$ a,$t=45$ min 时的雨强应为 $i=1.840$ mm/min。

根据表 6-3-6,优选暴雨强度公式形式并确定其拟合参数的步骤如下。

(1)优选暴雨强度公式的形式及确定其参数初值

① 采用麦夸尔特法确定各单一重现期分公式(6-2-1)的参数 A,b,n,及拟合各重现期的暴雨强度的均方差 σ,见表 6-3-7。迭代计算时,取 $\delta=0.000\ 5$。

表 6-3-7　　　　　　　实例 6-3-4 单一重现期分公式的拟合参数与拟合均方差

重现期 T/a	A	b	n	均方差 /(mm/min)	重现期 T/a	A	b	n	均方差 /(mm/min)
0.25	10.078 5	10.821 3	0.807 2	0.008 1	5	15.264 1	7.400 7	0.656 6	0.014 5
0.333	11.305 1	10.503 9	0.808 7	0.003 5	10	16.583 0	6.940 7	0.638 5	0.022 1
0.5	11.411 3	9.099 3	0.773 5	0.006 8	20	19.434 5	7.697 8	0.642 1	0.022 7
1	12.338 5	8.161 7	0.724 0	0.008 4	50	19.650 7	6.648 1	0.606 5	0.032 0
2	12.588 2	7.098 3	0.674 3	0.014 1	100	22.176 9	7.084 4	0.607 8	0.039 4
3	13.838 3	7.284 8	0.667 1	0.012 1					

② 根据表 6-3-7 中 A 与 T 关系值,回归计算建立 $A=A_1+C_1\lg T$ 关系,确定 $A_1=12.483\ 0$,$C_1=4.487\ 7$,并将其作为暴雨强度公式中相应参数的初值。

③ 根据表 6-3-7 中 n 与 T 的关系值,优选 n 与 T 相关式。选配 $n=-0.080\ 7\lg T+0.736\ 2$,$n=0.733\ 3T^{-0.050\ 1}$ 两种形式,分别如图 6-3-4、图 6-3-5 所示,相关指数分别为 $R^2=0.886\ 5$,$R^2=0.906\ 0$,而后者幂函数相关形式的相关指数 R^2 较大,因此采用该形式,并将 $n_1=0.733\ 3$,$n_2=-0.050\ 1$ 作为暴雨强度公式中相应参数的初值。

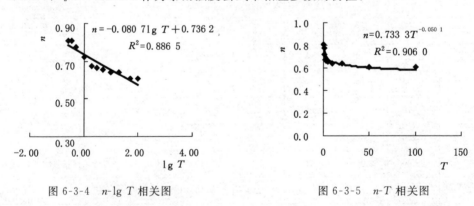

图 6-3-4　$n\text{-}\lg T$ 相关图　　　　　　　图 6-3-5　$n\text{-}T$ 相关图

因此,优选暴雨强度公式形式为式(6-3-23),并将表 6-3-7 中各分公式 b 的平均值 8.1 作为该公式参数 b 的初值。至此,确定式(6-3-23)参数初值为

$$\boldsymbol{\theta}_{(0)}=(A_{1(0)},C_{1(0)},b_{(0)},n_{1(0)},n_{2(0)})'=(12.483\ 0,4.487\ 7,8.1,0.733\ 3,-0.050\ 1)'$$

(2)确定暴雨强度公式(6-3-23)的参数

由参数的初值 $\boldsymbol{\theta}_{(0)}$、式(6-3-24)～式(6-3-28)以及全部重现期的 M 组观察值(T_i,t_i;i_i),角标 $i=1\sim M$,计算偏导数矩阵 $\boldsymbol{J}(\boldsymbol{\theta}_{(0)})$ 以及矩阵 $\boldsymbol{f}(\boldsymbol{\theta}_{(0)})$;采用麦夸尔特法,利用式(6-3-10)迭代计算(取 $\delta=0.000\ 5$),其结果见表 6-3-8。

表 6-3-8　　　用麦夸尔特法确定实例 6-3-4 暴雨强度公式参数的递推结果

参数与残差平方和	迭代次数 k						
	0	1	2	3	4	5	6
A_1	12.483 0	8.405 6	9.567 5	9.682 1	9.676 0	9.674 8	9.674 7
C_1	4.487 7	7.361 7	6.809 1	6.737 8	6.726 8	6.725 6	6.725 4
b	8.100 0	6.758 5	7.057 4	7.057 1	7.046 8	7.045 4	7.045 3
n_1	0.733 3	0.638 6	0.654 5	0.656 6	0.656 5	0.656 5	0.656 4
n_2	−0.050 1	−0.008 3	−0.011 6	−0.012 4	−0.012 5	−0.012 5	−0.012 5
Q	0.724 7	0.724 6	0.086 1	0.082 2	0.082 2	0.082 2	0.082 2

于是，由本节方法得北京站衰减指数 n 为函数型的五参数暴雨强度公式为

$$i = \frac{9.674\ 7 + 6.725\ 4 \lg T}{(t + 7.045\ 3)^{0.656\ 4T - 0.012\ 5}} \tag{6-3-30}$$

（3）与四参数暴雨强度公式比较

若采用四参数公式（6-3-1），采用麦夸尔特法，可求得北京站暴雨强度公式为

$$i = \frac{9.321\ 8 + 7.453\ 0 \lg T}{(t + 7.234\ 6)^{0.638\ 6}} \tag{6-3-31}$$

相应残差平方和为 0.177 9。

而文献[77]手工算法得北京站暴雨强度公式为

$$i = \frac{10.749(1 + 0.814 \lg T)}{(t + 8.5)^{0.675}} = \frac{10.749 + 8.750 \lg T}{(t + 8.5)^{0.675}} \tag{6-3-32}$$

相应残差平方和为 0.205 0。

可见，衰减指数 n 为函数型的暴雨强度公式（6-3-30）的残差平方和 0.082 2，显著小于其他公式的结果。进一步比较由式（6-3-30）～式（6-3-32）计算所得的各重现期不同历时雨强的均方差，结果见表 6-3-9。

表 6-3-9　　　实例 6-3-4 用不同暴雨强度公式所求各重现期雨强的均方差

重现期 T/a	均方差/(mm/min)			重现期 T/a	均方差/(mm/min)		
	五参数	四参数	文献[77]		五参数	四参数	文献[77]
0.25	0.019 0	0.054 8	0.069	5	0.019 5	0.028 5	0.021
0.333	0.023 2	0.037 1	0.045	10	0.033 8	0.023 9	0.027
0.5	0.031 3	0.040 2	0.038	20	0.025 1	0.027 4	0.029
1	0.025 3	0.041 9	0.035	50	0.035 3	0.044 9	0.056
2	0.022 1	0.042 9	0.034	100	0.049 0	0.068 2	0.079
3	0.017 5	0.037 1	0.027				

表 6-3-9 中结果表明,由衰减指数 n 为函数型的暴雨强度公式计算各重现期($T=10$ a 除外)雨强的绝对均方差均显著小于其他公式的计算结果,可有效降低重现期较小与较大时的均方差,且重现期 $0.25\sim100$ a 范围的每一重现期的绝对均方差均小于 0.05 mm/min,满足规范[21-22]的要求:当采用年多个样法选样时,重现期 $0.25\sim10$ a 平均绝对均方差不宜大于 0.05 mm/min。因此,当 n 值随重现期明显变化时,采用 n 为函数型的暴雨强度公式,能显著提高拟合精度。

6.4 城市暴雨强度公式推求路径的研究

在本节叙述时,关于城市暴雨强度公式的推求路径,涉及传统路径(以往采用的推求路径)和笔者提出的新路径,传统路径相应方法为传统方法;新路径相应方法称为直接拟合法。因此,本节对于推求路径的比较研究,实质也是对于传统方法和直接拟合法的比较研究。

6.4.1 对传统路径推求暴雨强度公式的有关问题剖析

推求暴雨强度公式的传统路径涉及两个拟合环节。其一,理论频率曲线的拟合。首先选配理论频率分布模型,然后对各历时相应的实测雨强样本系列进行频率曲线拟合,并由各历时的理论频率曲线,确定各计算重现期的设计雨强,进而得计算重现期、降雨历时、设计雨强关系表。此环节存在理论频率曲线与实测雨强样本点的拟合误差,现行规范中并未提及对此误差的要求。其二,暴雨强度公式的参数拟合。根据计算重现期、降雨历时、设计雨强关系表,推求暴雨强度公式的拟合参数。此环节存在由暴雨强度公式拟合由理论频率曲线计算的设计雨强的误差,对于此误差,《室外排水设计规范》[21-22]指出,当采用年最大值法取样时,计算重现期在 $2\sim20$ 年时,在一般强度的地方,平均绝对均方差不宜大于 0.05 mm/min(注:原文为"平均绝对方差不宜大于 0.05 mm/min"。显然是错误的,均方差才与暴雨强度具有相同量纲)。在较大强度的地方,平均相对均方差不宜大于 5%。

以下对传统路径推求暴雨强度公式的有关问题进行剖析。

(1) 关于理论频率分布模型的选择问题及其影响。城市暴雨强度公式表征的是短历时暴雨强度的变化规律,而短历时暴雨强度的总体符合何种分布?是无法从理论上证明的。正因为如此,在皮-Ⅲ型分布、耿贝尔分布、指数分布中,采用何种分布较好,说法不一,这在 6.2 节已介绍了国内外各种观点。由于此环节具有任意性,将导致确定暴雨强度公式参数存在任意性。

(2) 关于两个拟合环节与拟合误差问题。当总体未知时,只能用样本的统计特性反映总体的统计特性。基于回归分析的基本原理,所求暴雨强度公式应客观反映实测雨强所表征的特性,而采用传统路径时,在第二个拟合环节,暴雨强度公式拟合的是理论频率计算雨强,所求公式并非与实测雨强拟合最佳,即所求公式并非使拟合实测雨强样本的误差平方和为最小。这属于回归分析中的辗转相关,许多学者已证明辗转相关一定不会小于直接相关的拟合误差,辗转相关是不可取的[12,93]。本节对采用不同路径推求城市暴雨强度公式的拟合误差进行分析与实例比较研究,均证明了上述结论。

然而,传统路径对于两个拟合环节仅规定了第二个拟合环节的误差。实际上,由实测雨强样本推求暴雨强度公式,应考察暴雨强度公式拟合实测雨强样本的误差。也就是说,即使使用传统方法推求暴雨强度公式,对于理论频率分布模型的选择,以及采用不同理论频率分布模型所求公式优劣的评判,均应以所求暴雨强度公式拟合样本实测雨强的误差最小为标准,而不能仅考察暴雨强度公式参数拟合环节的误差。

此外,笔者结合实例计算发现,采用传统路径在理论频率曲线拟合环节,可能出现所求某一重现期有些历时的雨强较实测雨强系统偏大的现象[85];而在暴雨强度公式参数拟合环节,却要拟合偏大于实测雨强的频率计算雨强,且此环节仍可能出现拟合结果也偏大的情况。这样,就会出现由暴雨强度公式计算的雨强偏离实测雨强较大的情况。

(3)关于理论频率计算的必要性。在水利行业,为了解决经验频率曲线范围不够用以及成果的地区综合问题,采用皮-Ⅲ型分布进行理论频率计算,进而推求稀遇(例如,重现期1 000年、10 000年)的设计洪峰流量、设计洪量、设计暴雨量等,这些设计的水文特征值无法通过统一的公式来推求,因此理论频率计算是必要的且必需的。而对于城市排水,既然短历时暴雨强度可综合为公式 $i=f(T,t;\boldsymbol{\theta})$,则完全可以通过实测雨强样本直接确定其公式的参数,以挖掘重现期、降雨历时、实测雨强之间的规律,并用其估计雨强总体的统计规律。目前,我国积累的短历时暴雨资料一般在30年以上,由实测雨强直接建立暴雨强度公式 $i=f(T,t;\boldsymbol{\theta})$,可表征实测雨强与重现期、降雨历时的关系。例如,若用其推求50年一遇的雨强,甚至更大重现期的雨强,做一定范围的外延应是可行的,这样做与用理论频率曲线外延经验频率分布本质上是类似的。若实测雨强样本系列中有特大暴雨或调查的历史上特大暴雨数据,对暴雨强度公式的推求则具有重要意义。

综上所述,基于传统路经两个拟合环节推求暴雨强度公式的上述问题,笔者提出了推求暴雨强度公式的新路径,相应方法即直接拟合法[87-88]。

6.4.2　直接拟合法

城市暴雨强度公式反映了重现期、降雨历时、雨强三者之间的非线性关系,而将选样得到的各历时的实测雨强样本降序排列,并计算经验频率及重现期,则可得到重现期 T、降雨历时 t、实测雨强 i 三者的关系值,基于此挖掘非线性规律 $i=f(T,t;\boldsymbol{\theta})$。这就是直接拟合法的基本思想,符合回归分析的基本要求。直接拟合法的步骤如下。

(1)确定重现期历时实测雨强的关系值 (T,t,i)。由于暴雨强度选样方法的发展趋势是年最大值法,故以下针对此种选样方法介绍直接拟合法。对于年最大值法选样,设某一降雨历时具有 N 个雨强值,将其降序排列,记为 i_i,角标 $i=1,2,\cdots,N$,习惯上相应序号记为 m,分别用式(6-4-1)、式(6-4-2)计算频率 p 及重现期 T(单位:年,符号 a)

$$p=\frac{m}{N+1}\times 100\%\qquad(6-4-1)$$

$$T=\frac{1}{p}\qquad(6-4-2)$$

进而得到重现期 T、降雨历时 t、实测雨强 i 的关系值,记为 (T_i,t_j,i_{ij})(角标 i 为重现期或频率的序号,$i=1,2,\cdots,N$;角标 j 为降雨历时的序号,$j=1,2,\cdots,s$),并将其作为选配暴雨强度公式的基础数据。

(2)选配暴雨强度公式。根据样本值 (T_i,t_j,i_{ij})(角标 $i=1,2,\cdots,N$;$j=1,2,\cdots,s$),采用高斯-牛顿法或麦夸尔特法等非线性回归方法,则可推求暴雨强度公式的参数。

6.4.3 直接拟合法与传统方法的拟合误差分析与比较

6.4.3.1 暴雨强度公式拟合优劣的评价标准

选配与拟合暴雨强度公式的基础是实测雨强样本,该公式应揭示实测雨强样本所表征的暴雨特性,故应与其拟合最佳,这是回归分析的基本要求。因此,应以拟合实测雨强样本的误差作为评价所求暴雨强度公式优劣的标准。

需强调的是,采用传统方法(传统路径),规范[21-22]中仅规定了由暴雨强度公式拟合理论频率计算所得雨强的误差,而未明确理论频率曲线计算环节的拟合误差,但其是客观存在的。直接拟合法的拟合误差则是拟合实测雨强样本的误差,与规范[21-22]中规定的拟合误差含义不同,该法的拟合误差包含了传统方法两个拟合环节的误差。

因此,欲比较两种不同路径(不同方法)求得的暴雨强度公式的拟合误差,则必须计算传统方法拟合实测雨强样本的误差,才与直接拟合法具有可比性。

6.4.3.2 直接拟合法的拟合误差

直接拟合法,选配暴雨强度公式的基础数据为重现期 T、降雨历时 t、实测雨强 i 的关系值 (T_i, t_j, i_{ij}),角标 $i=1,2,\cdots,N$;$j=1,2,\cdots,s$(N 为某一降雨历时 t 的实测雨强的样本容量,s 为降雨历时个数)。为便于分析与比较,列出各降雨历时的实测雨强样本降序排列后,计算经验频率 p_i 及重现期 T_i,所构成的重现期、降雨历时、实测雨强关系见表 6-4-1,共 $N \times s$ 个样本观察值。

表 6-4-1　　　　　　　　　　重现期降雨历时实测雨强关系表

重现期 T/a	历时 $t/\min$				
	t_1	$\cdots$	t_j	$\cdots$	t_s
T_1	i_{11}	$\cdots$	i_{1j}	$\cdots$	i_{1s}
$\vdots$	$\vdots$	$\vdots$	$\vdots$	$\vdots$	$\vdots$
T_i	i_{i1}	$\cdots$	i_{ij}	$\cdots$	i_{is}
$\vdots$	$\vdots$	$\vdots$	$\vdots$	$\vdots$	$\vdots$
T_N	i_{N1}	$\cdots$	i_{Nj}	$\cdots$	i_{Ns}

直接拟合法的拟合误差为

$$W = i_{ijg} - i_{ij} \qquad (6-4-3)$$

式中,$i_{ijg} = f(T_i, t_j; \boldsymbol{\theta})$ 为由直接拟合法所得暴雨强度公式计算的第 i 个重现期、第 j 个降雨历时的计算雨强,角标 $i=1,2,\cdots,N$;$j=1,2,\cdots,s$。

直接拟合法,采用非线性回归方法求解拟合参数 $\boldsymbol{\theta}$,可使所求公式拟合全部实测雨强样本点的误差平方和为最小,即式(6-4-4)中 $Q(\boldsymbol{\theta})$ 为最小。

$$Q(\boldsymbol{\theta}) = \sum_{j=1}^{s} \sum_{i=1}^{N} (i_{ijg} - i_{ij})^2 \qquad (6-4-4)$$

6.4.3.3 传统方法的拟合误差分析及与直接拟合法的比较

(1)在理论频率曲线拟合环节的误差。拟定理论频率分布计算模型,并对各降雨历时

t_j，$j=1,2,\cdots,s$，利用样本资料(T_i,t_j,i_{ij})，角标 $i=1,2,\cdots,N$，推求理论频率曲线，这一环节存在由 t_j、T_i 在理论频率曲线上确定的雨强 i_{ijP}（第三个角标 P 是非动态角标，其作用是区别于实测雨强），拟合相应实测雨强 i_{ij} 的拟合误差 W_1，即

$$W_1 = i_{ijP} - i_{ij} \tag{6-4-5}$$

（2）依据规范选取计算重现期 T_k，$k=1,2,\cdots,L$，L 为计算重现期个数。由各计算重现期 T_k 及降雨历时 t_j 的理论频率曲线，确定相应的设计雨强，记为 i_{kjP}，进而构成计算重现期、降雨历时、设计雨强关系表 6-4-2，共 $L \times s$ 个样本点，其中第 k 个重现期、第 j 个降雨历时相应的样本点，记为(T_k,t_j,i_{kjP})，$k=1,2,\cdots,L$；$j=1,2,\cdots,s$。

表 6-4-2　　　　　　　　　　　计算重现期降雨历时设计雨强关系表

重现期 T/a	历时 t/min				
	t_1	$\cdots$	t_j	$\cdots$	t_s
T_1	i_{11P}	$\cdots$	i_{1jP}	$\cdots$	i_{1sP}
$\vdots$	$\vdots$	$\vdots$	$\vdots$	$\vdots$	$\vdots$
T_k	i_{k1P}	$\cdots$	i_{kjP}	$\cdots$	i_{ksP}
$\vdots$	$\vdots$	$\vdots$	$\vdots$	$\vdots$	$\vdots$
T_L	i_{L1P}	$\cdots$	i_{LjP}	$\cdots$	i_{LsP}

（3）在暴雨强度公式参数推求环节的拟合误差。传统方法依据表 6-4-2 数据推求公式中的拟合参数 $\boldsymbol{\theta}$。设由该法所得的公式，计算重现期 T_k、降雨历时 t_j 相应的雨强为 i_{kjg}，由其拟合相应设计雨强 i_{kjP} 的误差为 W_2，则

$$W_2 = i_{kjg} - i_{kjP} \tag{6-4-6}$$

前已叙及，必须计算传统方法的暴雨强度公式拟合实测雨强样本的误差，与直接拟合法才具有可比性。

对于某一确定的降雨历时 t_j，传统方法在理论频率计算环节的样本点(T_i,t_j,i_{ij})个数为 N 个，在暴雨强度公式参数推求环节的样本点(T_k,t_j,i_{kjP})个数是 L 个，不便于进行误差分析与比较。为便于与直接拟合法比较，作如下分析：

若传统方法在暴雨强度公式参数推求环节的计算重现期 T_k 的个数 L 与样本资料中的重现期 T_i 的个数 N 相同且相应重现期数值相等，则有 $i_{kjP} = i_{ijP}$，其角标 $k=i$，故由式(6-4-5)得

$$W_1 = i_{ijP} - i_{ij} = i_{kjP} - i_{ij} \tag{6-4-7}$$

$$i_{kjP} = W_1 + i_{ij} \tag{6-4-8}$$

将式(6-4-8)代入式(6-4-6)，得

$$W_2 = i_{kjg} - W_1 - i_{ij}$$

$$i_{kjg} - i_{ij} = W_1 + W_2 \tag{6-4-9}$$

因而，由传统方法求得的暴雨强度公式拟合实测雨强样本的误差平方和为

$$Q_c(\boldsymbol{\theta}) = \sum_{j=1}^{s} \sum_{k=1}^{N} (i_{kjg} - i_{ij})^2 = \sum_{j=1}^{s} \sum_{k=1}^{N} (W_1 + W_2)^2$$

$$= \sum_{j=1}^{s} \sum_{k=1}^{N} W_1^2 + \sum_{j=1}^{s} \sum_{k=1}^{N} W_2^2 + 2 \sum_{j=1}^{s} \sum_{k=1}^{N} W_1 W_2 \qquad (6\text{-}4\text{-}10)$$

式中,雨强的角标 $k = i$。

式(6-4-10)中的 i_{kjg} 与式(6-4-4)中的 i_{ijg},分别是传统方法和直接拟合法所得暴雨强度公式的计算雨强 $i = f(T, t; \boldsymbol{\theta})$,其所包含的自变量(重现期 T 与降雨历时 t)、参数向量 $\boldsymbol{\theta}$ 及函数类型完全相同;式(6-4-10)与式(6-4-4)中的实测雨强样本 i_{ij} 完全相同。故传统方法式(6-4-10)中 $Q_c(\boldsymbol{\theta})$ 与直接拟合法式(6-4-4)的 $Q(\boldsymbol{\theta})$ 具有可比性。直接拟合法,按拟合原则——求参数向量 $\boldsymbol{\theta}$,使拟合实测雨强样本的误差平方和为最小,相应误差平方和的最小值只有一个,既然直接拟合法的误差平方和 $Q(\boldsymbol{\theta})$ 最小,则从理论上讲传统方法拟合实测雨强样本的误差平方和 $Q_c(\boldsymbol{\theta})$ 只能大于 $Q(\boldsymbol{\theta})$ 或等于 $Q(\boldsymbol{\theta})$,而 $Q_c(\boldsymbol{\theta}) = Q(\boldsymbol{\theta})$ 的情况是:在理论频率曲线计算环节所有实测雨强的关系点 i_{ij} 均在理论频率曲线上,即 $i_{kjP} = i_{ij}$,$k = i = 1$,$2, \cdots, N$;$j = 1, 2, \cdots, s$,此时,式(6-4-10)中第三个等号右边的第(1)项、第(3)项分别为 0,实际中这种情况是不存在的。因此,综合理论分析与实际情况,必有

$$Q_c(\boldsymbol{\theta}) > Q(\boldsymbol{\theta})$$

即直接拟合法所求暴雨强度公式拟合实测雨强样本的误差平方和为最小,小于传统方法所求公式的拟合误差平方和。

由上述分析可知,尽管传统方法在频率曲线拟合环节和暴雨强度公式拟合环节能分别使式(6-4-10)中 $\sum_{j=1}^{s} \sum_{k=1}^{N} W_1^2$、$\sum_{j=1}^{s} \sum_{k=1}^{N} W_2^2$ 为最小,但求得的 $\boldsymbol{\theta}$ 不能使暴雨强度公式拟合全部实测雨强样本的误差平方和 $Q_c(\boldsymbol{\theta})$ 为最小,即不论式(6-4-10)中第三个等号右边的第三项为正值,还是负值,其三项之和即 $Q_c(\boldsymbol{\theta})$ 是大于 $Q(\boldsymbol{\theta})$ 的。

6.4.4　直接拟合法与传统方法的实例比较研究

在 6.5 节,结合 A 城市暴雨强度公式的编制与优化实例,对直接拟合法与传统方法进行了系统的比较研究,计算结果表明,直接拟合法的拟合误差平方和显著小于传统方法的结果,进一步通过实例验证了 6.4.3 节理论分析所得的结论。为避免重复,详见 6.5 节。

6.5　城市暴雨强度公式的编制与优化实例

本节内容是笔者所承担的三个城市暴雨强度公式编制与优化项目的部分研究成果,限于篇幅,以 A 城市为例进行介绍。参照 2014 年住房和城乡建设部、中国气象局联合下发的《城市暴雨强度公式编制和设计暴雨雨型确定技术导则》中关于数据保留小数位数的要求,本节计算过程中雨强、暴雨强度公式的参数,均保留 3 位小数。

6.5.1　基本资料的整理与暴雨特大值处理

A 城市雨量站为国家基本气象站,具有权威、可靠的短历时自记雨量计观测资料。利用该站 1980~2014 年共 35 年的短历时自记雨量计观测的雨量资料,采用年最大值法选样,分别得到降雨历时 5 min、10 min、15 min、20 min、30 min、45 min、60 min、90 min、120 min、180 min 的 10 个历时(该站无 150 min 雨量的逐年统计资料)的年最大降雨量样本系列,除

以相应历时,则可得出相应各历时的年最大平均雨强样本系列,据此编制与优化该城市的暴雨强度公式。

计算与分析发现,该站 1997 年历时 90 min、120 min、180 min 的雨强均排序第 1 位,其值均大于 2 倍的相应历时雨强的均值,且调查知,1997 年暴雨为有记录以来的最大暴雨,属特大值,需做特大值处理[21,77]。依据该地区已有短历时暴雨分析成果,并通过分析计算,确定 1997 年历时 90 min、120 min、180 min 雨强的重现期分别为 54 年、74 年、149 年。

6.5.2　直接拟合法与传统方法推求暴雨强度公式的比较

此部分内容分别采用直接拟合法与传统方法编制暴雨强度公式,并进行比较(关于暴雨强度公式的优化详见 6.5.3 节)。为使两种不同方法(不同路径)所得暴雨强度公式具有相同的比较基础,设计比较方案为:计算重现期范围为 2～36 a,分别编制暴雨强度四参数公式 (6-2-2),并计算其与实测雨强的拟合误差,然后进行比较。

6.5.2.1　用直接拟合法推求 A 城市暴雨强度公式

对 A 城市各历时雨强的样本系列,除特大值的重现期外,分别利用式(6-4-1)、式(6-4-2)计算经验频率 p 及重现期 T,进而得重现期、历时、实测雨强 T-t-i 关系表,见表 6-5-1(限于篇幅,仅列出部分数据),即为直接拟合法选配暴雨强度公式的基本数据。

表 6-5-1　A 城市重现期历时实测雨强关系值

频率/%	重现期/a	历时/min									
		5	10	15	20	30	45	60	90	120	180
0.67	149										1.174
1.35	74									1.333	
1.85	54								1.503		
2.78	36	3.700	3.600	2.933	2.460	1.960	1.578	1.392	1.330 *	1.090 *	0.855 *
5.56	18	3.600	2.890	2.493	2.400	1.900	1.536	1.375	1.093	0.885	0.708
⋮	⋮	⋮	⋮	⋮	⋮	⋮	⋮	⋮	⋮	⋮	⋮
50	2	2.340	2.050	1.653	1.485	1.217	1.000	0.838	0.591	0.458	0.363
⋮	⋮	⋮	⋮	⋮	⋮	⋮	⋮	⋮	⋮	⋮	⋮
97.22	1.03	1.100	0.860	0.773	0.715	0.567	0.484	0.372	0.288	0.250	0.179

注:表中 * 标注了历时 90、120、180 min 相应重现期 36 年的雨强,分别利用其经验频率曲线确定。

《室外排水设计规范》[21-22]指出,采用年最大值选样时,取设计重现期 $T \geqslant 2$ a。为与传统方法具有一致的比较基础,直接拟合法取表 6-5-1 中重现期 $T \geqslant 2$ a 范围的数据,并采用 6.3.1 节介绍的麦夸尔特法求取拟合参数。经计算,采用直接拟合法求得 A 城市四参数暴雨强度公式为

$$i = \frac{20.299 + 13.552 \lg T}{(t + 15.248)^{0.774}} \quad (2 \text{ a} \leqslant T \leqslant 36 \text{ a}, 5 \text{ min} \leqslant t \leqslant 180 \text{ min}) \quad (6\text{-}5\text{-}1)$$

式(6-5-1)拟合实测雨强样本的误差平方和 $Q = 1.174$、均方差为 0.081。绘出由式

(6-5-1)所得计算雨强,拟合实测雨强的图形,如图 6-5-1 所示。

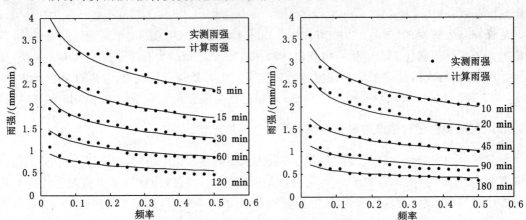

图 6-5-1 A 城市直接拟合法所得公式的计算雨强拟合实测雨强图

6.5.2.2 用传统方法推求 A 城市暴雨强度公式

(1) 不同理论频率分布曲线的拟合。依据《室外排水设计规范》[21-22],暴雨强度理论频率曲线分别采用皮-Ⅲ型分布、耿贝尔分布和指数分布,拟合各历时样本系列的经验频率点 (p_i, i_i),角标 $i=1,2,\cdots,35$。采用式(6-5-2)计算误差平方和 Q_1

$$Q_1 = \sum_{i=1}^{N} (i_i - i_{pi})^2 \tag{6-5-2}$$

式中,i_i、i_{pi} 分别为频率 p_i 相应的实测雨强、理论频率分布的计算雨强,mm/min;N 为各历时雨强的样本容量,A 城市 $N=35$。

同时,计算各历时拟合雨强的绝对均方差(简称均方差)$e_1 = \sqrt{Q_1/N}$。

对于皮-Ⅲ型分布的频率计算方法已在第 3 章作了介绍。采用频率计算软件进行优化适线,其结果如图 6-5-2 所示(限于篇幅,未列出 180 min 的拟合结果)及见表 6-5-2,经对频率计算成果进行合理性检查,成果合理。

表 6-5-2　　A 城市采用皮-Ⅲ型分布求得的统计参数与拟合误差

项目	历时/min									
	5	10	15	20	30	45	60	90	120	180
均值	2.408	1.986	1.723	1.534	1.243	0.995	0.828	0.631	0.519	0.406
C_v	0.300	0.310	0.320	0.330	0.330	0.350	0.370	0.440	0.460	0.460
C_s	0.750	0.775	0.800	0.825	0.825	0.875	1.110	1.760	2.070	2.070
C_s/C_v	2.5	2.5	2.5	2.5	2.5	2.5	3.0	4.0	4.5	4.5
Q_1	0.372	0.320	0.150	0.130	0.146	0.117	0.077	0.064	0.042	0.031
绝对均方差/(mm/min)	0.103	0.096	0.066	0.061	0.065	0.058	0.047	0.043	0.035	0.030
全历时绝对均方差:0.064 mm/min										

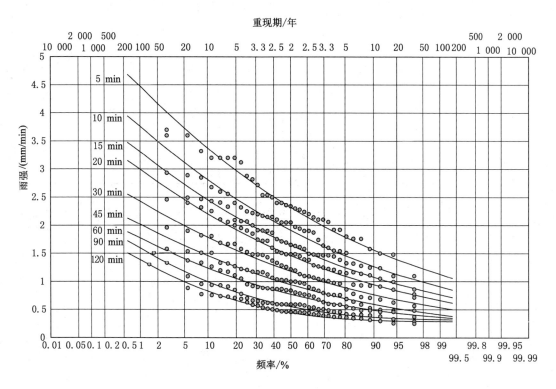

图 6-5-2　A 城市 5～120 min 雨强采用皮-Ⅲ型分布的优化适线结果

对于耿贝尔分布的频率计算方法已在第 3 章作了介绍。采用年最大值法选样时,根据式(3-4-6)、式(3-4-7),得耿贝尔分布的某一频率雨强 i_p 与重现期 T 的关系式为

$$i_p = \mu - \frac{\sqrt{6}}{\pi}\sigma\{0.577\,21 + \ln[\ln T - \ln(T-1)]\} = \mu + \sigma K \qquad (6\text{-}5\text{-}3)$$

$$K = -\frac{\sqrt{6}}{\pi}\{0.577\,21 + \ln[\ln T - \ln(T-1)]\} \qquad (6\text{-}5\text{-}4)$$

式中,μ 为雨强 i 总体的均值;σ 为雨强 i 总体的均方差;K 为频度系数;其他符号含义同前。

采用耿贝尔分布时,根据各历时雨强相应的 (K_i, i_i) 关系点,角标 $i=1\sim N$,确定各历时雨强的拟合参数 σ,μ 的最小二乘估计值 $\hat{\sigma},\hat{\mu}$ 的计算式为

$$\hat{\sigma} = \frac{\sum_i K_i i_i - N\overline{K}\,\overline{i}}{\sum_i K_i^2 - N\overline{K}^2} \qquad (6\text{-}5\text{-}5)$$

$$\hat{\mu} = \overline{i} - \hat{\sigma}\overline{K} \qquad (6\text{-}5\text{-}6)$$

编制基于 Matlab 软件的耿贝尔分布理论频率计算程序,对于 A 城市利用式(6-5-5)、式(6-5-6)求得最佳拟合参数 $\hat{\sigma},\hat{\mu}$ 及残差平方和 Q_1、绝对均方差,见表 6-5-3。

表 6-5-3 **A 城市采用耿贝尔分布求得的拟合参数与拟合误差**

项目	历时/min									
	5	10	15	20	30	45	60	90	120	180
$\hat{\sigma}$	0.699	0.627	0.542	0.517	0.421	0.341	0.307	0.260	0.221	0.179
$\hat{\mu}$	2.428	2.004	1.739	1.549	1.255	1.005	0.837	0.636	0.522	0.405
Q_1	0.498	0.351	0.174	0.195	0.218	0.148	0.070	0.081	0.058	0.044
绝对均方差/(mm/min)	0.119	0.100	0.071	0.075	0.079	0.065	0.045	0.048	0.041	0.035
全历时绝对均方差：0.072 mm/min										

对于指数分布的频率计算方法已在第 3 章作了介绍。采用年最大值法选样时，根据式(3-4-13)，指数分布的某一频率雨强 i_p 与重现期 T 的关系为

$$i_p = a \ln T + b \tag{6-5-7}$$

采用指数分布时，由各历时雨强相应的关系点 $(\ln T_i, i_i)$，角标 $i = 1 \sim N$，确定各历时雨强的拟合参数 a, b 的最小二乘估计值 $\hat{a}, \hat{b}$ 的计算式为

$$\hat{a} = \frac{\sum_i (\ln T_i) i_i - N \overline{\ln T} \, \overline{i}}{\sum_i (\ln T_i)^2 - N (\overline{\ln T})^2} \tag{6-5-8}$$

$$\hat{b} = \overline{i} - \hat{a} \, \overline{\ln T} \tag{6-5-9}$$

利用式(6-5-8)、式(6-5-9)，求得指数分布拟合参数 $\hat{a}, \hat{b}$ 及残差平方和 Q_1、绝对均方差，见表 6-5-4。

表 6-5-4 **A 城市采用指数分布求得的拟合参数与拟合误差**

项目	历时/min									
	5	10	15	20	30	45	60	90	120	180
$\hat{a}$	0.694	0.626	0.542	0.516	0.415	0.337	0.309	0.267	0.225	0.178
$\hat{b}$	1.748	1.390	1.207	1.043	0.848	0.675	0.535	0.375	0.300	0.229
Q_1	1.540	1.066	0.689	0.698	0.660	0.431	0.211	0.057	0.033	0.026
绝对均方差/(mm/min)	0.210	0.175	0.140	0.141	0.137	0.111	0.078	0.040	0.031	0.027
全历时绝对均方差：0.124 mm/min										

比较表 6-5-2～表 6-5-4 三种理论频率分布拟合各历时雨强及全历时雨强的绝对均方差(皮-Ⅲ分布 0.064 mm/min，耿贝尔分布 0.072 mm/min，指数分布 0.124 mm/min)表明，在理论频率曲线拟合阶段，三种频率分布线型中，皮-Ⅲ分布较好，耿贝尔分布次之，指数分布较差。

(2)不同理论频率分布的计算重现期历时雨强关系值的确定。为与直接拟合法具有可比性，取计算重现期 2 a、3 a、5 a、10 a、20 a、30 a、36 a，根据选配的各种理论频率曲线，确定各历时各计算重现期相应的设计雨强，得重现期历时设计雨强 T-t-i_p 关系值，见表 6-5-5～

表 6-5-7（限于篇幅仅列出部分数据）。

表 6-5-5　A 城市采用皮-Ⅲ型分布时计算重现期历时雨强 T-t-i_p 关系值

重现期/a	历时/min									
	5	10	15	20	30	45	60	90	120	180
36.00	4.015	3.358	2.957	2.672	2.165	1.749	1.546	1.333	1.139	0.891
30.00	3.929	3.285	2.890	2.610	2.115	1.740	1.504	1.286	1.095	0.857
⋮	⋮	⋮	⋮	⋮	⋮	⋮	⋮	⋮	⋮	⋮
2.00	2.320	1.907	1.650	1.465	1.187	0.945	0.772	0.554	0.444	0.347

表 6-5-6　A 城市采用耿贝尔分布时计算重现期历时雨强 T-t-i_p 关系值

重现期/a	历时/min									
	5	10	15	20	30	45	60	90	120	180
36.00	4.058	3.466	3.003	2.756	2.238	1.801	1.554	1.243	1.038	0.823
30.00	3.958	3.375	2.925	2.681	2.177	1.751	1.509	1.206	1.006	0.798
⋮	⋮	⋮	⋮	⋮	⋮	⋮	⋮	⋮	⋮	⋮
2.00	2.313	1.901	1.650	1.464	1.186	0.949	0.787	0.594	0.485	0.376

表 6-5-7　A 城市采用指数分布时计算重现期历时雨强 T-t-i_p 关系值

重现期/a	历时/min									
	5	10	15	20	30	45	60	90	120	180
36.00	4.234	3.634	3.150	2.893	2.336	1.881	1.641	1.330	1.106	0.866
30.00	4.108	3.520	3.051	2.799	2.260	1.820	1.585	1.281	1.065	0.834
⋮	⋮	⋮	⋮	⋮	⋮	⋮	⋮	⋮	⋮	⋮
2.00	2.229	1.824	1.583	1.401	1.136	0.908	0.749	0.560	0.456	0.353

对比表 6-5-5～表 6-5-7，不难发现，采用不同理论频率分布模型所得 T-t-i_p 关系值存在较大差异，这势必导致同样的样本实测雨强系列，编制的暴雨强度公式的参数会有较大的差别（见后续计算结果），显然是欠妥的。

（3）不同理论频率分布的暴雨强度公式参数的确定。分别根据表 6-5-5～表 6-5-7 中 T-t-i_p 关系值，采用麦夸尔特法推求四参数公式的拟合参数为：皮-Ⅲ型分布 $A_1 = 11.301$，$C_1 = 8.646$，$b = 10.759$，$n = 0.651$；耿贝尔分布 $A_1 = 14.915$，$C_1 = 11.987$，$b = 13.652$，$n = 0.716$；指数分布 $A_1 = 12.911$，$C_1 = 13.695$，$b = 13.567$，$n = 0.710$。根据采用三种理论频率分布所得的三个暴雨强度公式，分别计算拟合表 6-5-5～表 6-5-7 中雨强的均方差，其结果汇总于表 6-5-8。

表 6-5-8　　A 城市采用不同理论频率分布所求公式拟合频率计算雨强的均方差

分布线型	拟合误差	重现期/a							全重现期
		36	30	20	10	5	3	2	
皮-Ⅲ型	绝对均方差/(mm/min)	0.069	0.056	0.033	0.036	0.055	0.064	0.083	0.059
	相对均方差/%	5.04	4.34	2.94	1.47	5.22	10.21	16.70	8.15
耿贝尔	绝对均方差/(mm/min)	0.038	0.033	0.024	0.022	0.029	0.034	0.052	0.034
	相对均方差/%	2.45	2.32	1.95	1.31	1.65	3.87	8.32	3.85
指数	绝对均方差/(mm/min)	0.044	0.039	0.028	0.017	0.027	0.040	0.052	0.037
	相对均方差/%	2.93	2.65	1.96	1.00	2.78	5.43	8.53	4.32

由表 6-5-8 可见,在确定 A 城市暴雨强度公式参数的拟合环节,耿贝尔分布拟合情况最好,指数分布次之,皮-Ⅲ型分布较差。

6.5.2.3　直接拟合法与传统方法的比较

需要强调指出,直接拟合法的拟合误差是拟合实测雨强样本的误差,包含了传统方法两个拟合环节的误差,与《室外排水设计规范》[21-22]中规定的误差含义不同。因此,直接拟合法的误差限值不应该用该该规范中限定的"平均绝对均方差不宜大于0.05 mm/min"来衡量。

对直接拟合法与传统方法所求公式进行比较,需计算传统方法拟合实测雨强样本的误差,才具有可比性。利用直接拟合法、传统方法分别采用皮-Ⅲ分布、耿贝尔分布、指数分布时所求的各暴雨强度公式,分别计算拟合全部历时实测雨强的误差平方和分别为 1.174、1.556、1.484、2.737,以及分别计算按不同降雨历时、按不同重现期,计算的拟合实测雨强的绝对均方差,结果见表 6-5-9、表 6-5-10。

对上述结果进行比较表明,直接拟合法所求公式拟合实测雨强样本的误差平方和及绝对均方差小于传统方法的拟合结果。同时进一步表明,传统方法在暴雨强度公式拟合阶段的误差,不能全面反映该公式与实测雨强样本的拟合误差。因此,三种理论频率分布何者较好,应考察暴雨强度公式拟合实测雨强样本的误差。对于 A 城市而言,耿贝尔分布较好,皮-Ⅲ分布次之,它们均好于指数分布。而其他城市的情况则不一定,故不能一概而论。

表 6-5-9　　不同方法所得四参数公式拟合各历时实测雨强的绝对均方差　　单位:mm/min

不同公式	历时/min										全部历时/mm
	5	10	15	20	30	45	60	90	120	180	
直接拟合法公式	0.143	0.076	0.073	0.089	0.069	0.052	0.060	0.088	0.068	0.049	0.081
皮-Ⅲ分布所得公式	0.163	0.079	0.079	0.100	0.082	0.063	0.063	0.099	0.090	0.069	0.093
耿贝尔分布所得公式	0.174	0.082	0.082	0.097	0.088	0.066	0.058	0.084	0.069	0.045	0.091
指数分布所得公式	0.246	0.138	0.129	0.135	0.129	0.094	0.064	0.064	0.055	0.035	0.123

表 6-5-10　　　　　**不同方法所得四参数公式拟合各重现期实测雨强的均方差**

重现期/a	均方差/(mm/min)			
	直接拟合法公式	皮-Ⅲ分布所得公式	耿贝尔分布所得公式	指数分布所得公式
36.0	0.186	0.199	0.215	0.294
18.0	0.092	0.094	0.111	0.164
12.0	0.058	0.064	0.057	0.080
9.0	0.077	0.071	0.061	0.057
7.2	0.064	0.072	0.062	0.063
6.0	0.090	0.099	0.094	0.104
5.1	0.105	0.112	0.112	0.126
4.5	0.099	0.112	0.112	0.132
4.0	0.063	0.086	0.080	0.102
3.6	0.062	0.089	0.082	0.108
3.3	0.049	0.073	0.066	0.096
3.0	0.057	0.077	0.066	0.094
2.8	0.050	0.080	0.070	0.112
2.6	0.045	0.073	0.064	0.107
2.4	0.060	0.070	0.057	0.087
2.3	0.059	0.067	0.056	0.092
2.1	0.058	0.068	0.058	0.101
2.0	0.060	0.072	0.064	0.112
全重现期	0.081	0.093	0.091	0.123

6.5.3　A 城市暴雨强度公式的编制与优化

　　根据住房和城乡建设部、中国气象局发布的《城市暴雨强度公式编制和设计暴雨雨型确定技术导则》要求,应编制单一重现期的分公式和多重现期的总公式。单一重现期的分公式编制相对简单,限于篇幅,本节仅介绍 A 城市多重现期的暴雨强度公式的编制与优化。

　　《城市暴雨强度公式编制和设计暴雨雨型确定技术导则》中指出,暴雨强度公式精度检验重点为重现期 2～20 a,而 A 城市直接拟合法所求暴雨强度公式所涵盖的重现期范围为 2～36 a,在此范围内具有很高的精度。本节拟分别采用直接拟合法、传统方法对 A 城市暴雨强度公式进行编制与优化。

6.5.3.1　采用直接拟合法对 A 城市暴雨强度公式编制与优化

　　由表 6-5-10 可见,四参数暴雨强度公式在较大重现期时,拟合实测雨强的均方差偏大,需判断暴雨强度公式中是否需要考虑修正系数 d,以便改善拟合效果。

　　(1) A 与 $\lg T$ 关系趋势的判别

　　根据直接拟合法求得的四参数暴雨强度公式(6-5-1)中 $b=15.248,n=0.774$ 及表 6-5-1 中各重现期(年)36.0,18.0,…,2.0 的实测雨强,利用 6.3 节式(6-3-14)计算各重现期的雨力 A,并绘制 A 与 $\lg T$ 关系,如图 6-5-3 所示,关系点不是直线趋势,故应采用包含重现期修正系数 d 的五参数暴雨强度公式(6-3-11)。

　　(2) 确定式(6-3-11)中参数初值 $\boldsymbol{\theta}_{(0)}=(A_{1(0)},C_{1(0)},d_{(0)},b_{(0)},n_{(0)})'$

将式(6-5-1)中的各参数值分别作为初值 $A_{1(0)}$，$C_{1(0)}$，$b_{(0)}$，$n_{(0)}$；在 $d > -T_{\min}$（$T_{\min}$ 为所选配暴雨强度公式的最小重现期）范围，初拟修正系数 $d_{(0)} = -1.2$，绘制 A 与 $\lg(T-1.2)$ 关系，如图 6-5-4 所示，关系点为直线趋势。故确定参数初值 $\boldsymbol{\theta}_{(0)} = (20.299, 13.552, -1.2, 15.248, 0.774)'$。

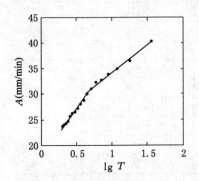

图 6-5-3 直接拟合法 A 与 $\lg T$ 关系图

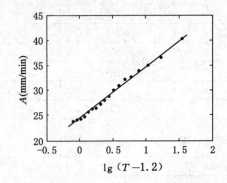

图 6-5-4 直接拟合法 A 与 $\lg(T-1.2)$ 关系图

（3）确定含有修正系数 d 的五参数暴雨强度公式

采用麦夸尔特法，利用式(6-3-10)递推迭代计算，得 A 城市直接拟合法的五参数暴雨强度公式为

$$i = \frac{24.450 + 10.295\lg(T-1.235)}{(t+15.249)^{0.774}} \quad (2\ \text{a} \leqslant T \leqslant 36\ \text{a}, 5\ \text{min} \leqslant t \leqslant 180\ \text{min})$$

$$(6\text{-}5\text{-}10)$$

由式(6-5-10)拟合重现期 2～36 a 的实测雨强的误差平方和为 $Q = 0.960$、均方差为 0.073 mm/min，分别小于四参数公式的拟合误差平方和 $Q = 1.174$ 与均方差 0.081 mm/min。进一步计算，由式(6-5-10)计算拟合各重现期不同历时实测雨强的均方差，结果见表 6-5-11。

再次指出，表 6-5-11 为直接拟合各重现期实测雨强的均方差，不同于传统方法拟合由理论频率曲线计算雨强的误差，故不能用《室外排水设计规范》[21-22] 中的误差限制值 0.05 mm/min 来衡量。

表 6-5-11　　　　　A 城市直接拟合法五参数暴雨强度公式的拟合均方差

重现期/a	均方差/(mm/min)	重现期/a	均方差/(mm/min)	重现期/a	均方差/(mm/min)
36	0.174	5.1	0.090	2.8	0.050
18	0.086	4.5	0.086	2.6	0.044
12	0.058	4	0.062	2.4	0.049
9	0.071	3.6	0.063	2.3	0.042
7.2	0.048	3.3	0.053	2.1	0.044
6	0.063	3	0.061	2	0.057

将直接拟合法所得五参数公式、四参数公式拟合实测雨强的均方差进行比较（表 6-5-11 与表 6-5-10 中第 2 列）可知，五参数公式(6-5-10)拟合实测雨强，在 18 个重现期中有 13 个

重现期的拟合均方差小于四参数公式的拟合结果,仅有 5 个重现期的拟合均方差与四参数公式的拟合结果相等或相近。故五参数公式显著提高了拟合精度,特别是五参数公式能显著降低重现期较小与较大时的拟合均方差,故引入修正系数 d 建立五参数暴雨强度公式可显著改善拟合效果。

6.5.3.2　采用传统方法对 A 城市暴雨强度公式进行编制与优化

基于 6.5.2.3 节对采用不同理论频率分布的比较结果:A 城市采用耿贝尔分布较优,故以下仅介绍采用耿贝尔分布时,对 A 城市暴雨强度公式进行编制与优化。

(1)计算重现期历时雨强 T-t-i_p 关系值的确定。采用传统方法时,《室外排水设计规范》[21-22] 要求,计算重现期取 100 a、50 a、30 a、20 a、10 a、5 a、3 a、2 a 共 8 个重现期,根据耿贝尔分布频率计算结果表 6-5-3 中各历时的统计参数,确定计算重现期、历时和雨强的关系值 T-t-i_p,见表 6-5-12(限于篇幅,列出部分结果)。

表 6-5-12　A 城市采用耿贝尔分布时计算重现期(按规范选取)历时雨强 T-t-i_p 关系值

计算重现期/a	历时/min									
	5	10	15	20	30	45	60	90	120	180
100	4.620	3.969	3.439	3.171	2.577	2.075	1.800	1.452	1.216	0.968
50	4.240	3.628	3.144	2.890	2.347	1.889	1.633	1.311	1.096	0.870
⋮	⋮	⋮	⋮	⋮	⋮	⋮	⋮	⋮	⋮	⋮
2	2.313	1.901	1.650	1.464	1.186	0.949	0.787	0.594	0.485	0.376

(2)暴雨强度公式的编制与优化。采用耿贝尔分布,根据表 6-5-12,推求四参数暴雨强度公式为

$$i = \frac{14.645 + 11.404\lg T}{(t + 13.650)^{0.707}} \quad (2\ \text{a} \leqslant T \leqslant 100\ \text{a}, 5\ \text{min} \leqslant t \leqslant 180\ \text{min}) \quad (6\text{-}5\text{-}11)$$

其拟合表 6-5-12 中理论频率曲线计算雨强的误差平方和 $Q = 0.126$,全重现期均方差 0.040 mm/min;拟合表 6-5-12 中各重现期雨强的均方差,见表 6-5-13。可见,重现期 100 a、2 a 时的均方差略大于 0.05 mm/min。计算并绘制 A 与 $\lg T$ 关系点,如图 6-5-5 所示,不为直线。若取 d 的初值 $d_{(0)} = -0.80$,绘制 A 与 $\lg(T-0.80)$ 关系点,如图 6-5-6 所示,近似为直线关系。可见,应采用五参数暴雨强度公式。

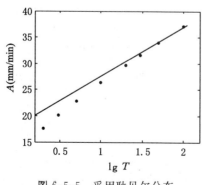

图 6-5-5　采用耿贝尔分布
A 与 $\lg T$ 关系图

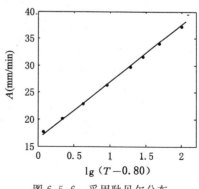

图 6-5-6　采用耿贝尔分布
A 与 $\lg(T-0.80)$ 关系图

对于采用耿贝尔分布,依据表 6-5-12 数据,经计算得五参数暴雨强度公式为

$$i = \frac{16.022 + 10.587\lg(T - 0.579)}{(t + 13.650)^{0.707}} \quad (2\text{ a} \leqslant T \leqslant 100\text{ a}, 5\min \leqslant t \leqslant 180\min)$$

$$(6-5-12)$$

式(6-5-12)拟合表 6-5-12 中理论频率曲线计算雨强的误差平方和 $Q=0.100$,全重现期均方差 0.035 mm/min,拟合表 6-5-12 中各重现期雨强的均方差,见表 6-5-13。与四参数公式的拟合均方差进行比较,可见,五参数暴雨强度公式拟合效果比较理想,符合规范要求。

表 6-5-13　A 城市采用耿贝尔分布所得不同公式的拟合频率计算雨强的均方差

重现期/a	均方差/(mm/min)		重现期/a	均方差/(mm/min)	
	四参数公式	五参数公式		四参数公式	五参数公式
100	0.053	0.049	5	0.034	0.029
50	0.035	0.035	3	0.040	0.040
30	0.026	0.026	2	0.061	0.051
20	0.024	0.020	全部重现期	0.040	0.035
10	0.028	0.019			

6.5.4　A 城市暴雨强度公式的优选与成果的合理性分析

采用耿贝尔分布所得的五参数公式,计算拟合不同重现期相应实测雨强的均方差,见表 6-5-14。为与直接拟合法所得结果比较,将直接拟合法所得结果表 6-5-11 数据列于表 6-5-14 中。比较可知,直接拟合法为优。因此,在重现期 $2\text{ a} \leqslant T \leqslant 36\text{ a}$ 范围,推荐采用直接拟合法所得五参数暴雨强度公式(6-5-10);在 $36\text{ a} < T \leqslant 100\text{ a}$ 范围内,推荐采用耿贝尔分布所得五参数暴雨强度公式(6-5-12)。

表 6-5-14　　　　A 城市不同方法所得五参数公式拟合实测雨强的均方差

重现期/a	均方差/(mm/min)		重现期/a	均方差/(mm/min)	
	耿贝尔分布五参数公式	直接拟合法五参数公式		耿贝尔分布五参数公式	直接拟合法五参数公式
36	0.208	0.174	3.3	0.069	0.053
18	0.117	0.086	3	0.068	0.061
12	0.066	0.058	2.8	0.073	0.050
9	0.055	0.071	2.6	0.070	0.044
7.2	0.056	0.048	2.4	0.062	0.049
6	0.080	0.063	2.3	0.062	0.042
5.1	0.105	0.090	2.1	0.067	0.044
4.5	0.107	0.086	2	0.077	0.057
4	0.079	0.062	全重现期	0.090	0.073
3.6	0.083	0.063			

本节所推荐的包含重现期修正系数 d 的五参数暴雨强度公式(简称新公式),采用年最大值法选样,样本资料系列为 1980~2014 年共 35 年的资料。该市 1979 年采用年多个样法编制了包含重现期修正系数 d 的五参数暴雨强度公式(简称旧公式),依据的样本资料系列为 1956~1979 年,其中缺 1964 年资料,共 23 年资料。该市 2013 年编制了四参数暴雨强度公式(简称 2013 年公式),采用年最大值法选样,样本资料系列为 1980~2011 年共 32 年的资料。

从定性分析的角度,本节所求公式采用 35 年的样本资料,其代表性好于编制旧公式所依据的 23 年资料的代表性,特别是样本系列中涵盖了导致城市内涝的短历时大暴雨,增强了样本的代表性。此外,本节采用年最大值法选样,更能反映每年极值事件的统计规律。

如何定量比较新公式、2013 年公式、旧公式的优劣? 最具说服力的比较则是考察其拟合实测雨强样本的优劣。根据上述不同年份编制的不同公式,分别推求不同重现期不同降雨历时的计算雨强,并与相应实测雨强比较,限于篇幅,仅列举计算重现期 36 a、12 a、9 a、2 a 时不同历时的计算雨强与实测雨强的拟合情况,如图 6-5-7 所示。

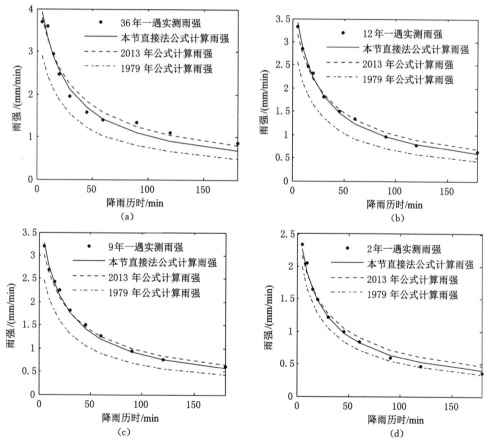

图 6-5-7　不同公式的计算雨强与实测雨强比较

(a) 计算重现期 36 a;(b) 计算重现期 12 a;(c) 计算重现期 9 a;(d) 计算重现期 2 a

由图 6-5-7 可见,本节直接拟合法所求公式(6-5-10)的整体拟合情况优于 2013 年公式和旧公式,该公式在 2 a≤T≤36 a,5 min≤t≤180 min 范围内具有较高的精度。此外,对耿贝尔分布所得五参数公式(6-5-12)、2013 年公式、旧公式,分别考察其计算雨强与实测雨强的拟合情况表明(图略),耿贝尔分布所得五参数公式也优于 2013 年公式和旧公式,因此,在 36 a$<T\leqslant$100 a、5 min$\leqslant t\leqslant$180 min 范围内,使用该公式具有较高的精度。

6.6 研究结论

本节对城市暴雨强度公式形式的选择与参数的拟合方法,以及公式的推求路径等方面进行了研究,并对 A 城市的暴雨强度公式进行编制与优化,得出以下结论:

(1)采用非线性回归的高斯-牛顿法和麦夸尔特法,可实现拟合参数的一举寻优,提高了计算效率和拟合精度。高斯-牛顿法对参数初值有较大的适应性,而麦夸尔特法放宽了对参数初值的要求,有利于迭代收敛,对参数初值有很强的适应性。基于 Matlab 软件平台采用非线性回归方法确定暴雨强度公式参数,将使计算易于实现。

(2)关于暴雨强度公式形式的选择,当雨力 A 与重现期的对数 lg T 的关系不呈直线趋势时,提出了暴雨强度公式中引入重现期修正系数 d 的判别方法,以及含有该系数的五参数暴雨强度公式参数的确定方法,并应用于 A 城市暴雨强度公式形式的优选中,显著提高了拟合精度,收到了显著成效。

针对暴雨衰减指数 n 随重现期显著变化的情况,提出了暴雨衰减指数 n 为函数型的五参数暴雨强度公式类型选择及其参数的确定方法,此类型公式能有效降低重现期较小与较大时的拟合均方差。

(3)对于传统方法,提出了应以暴雨强度公式拟合样本实测雨强的误差平方和最小为标准,来优选理论频率分布模型,而不能仅考察暴雨强度公式在参数拟合环节的误差。由本节计算表明,A 城市采用耿贝尔分布好于其他分布。而笔者采用传统方法对另一 B 城市暴雨强度公式的编制表明,B 城市皮-Ⅲ型分布略好于耿贝尔分布、显著好于指数分布。因此,关于采用何种理论频率分布较好,不能一概而论。

(4)对于传统方法,在暴雨强度公式参数拟合环节,所依据的数据是根据理论频率分布模型所得的计算重现期、降雨历时、频率计算雨强 T-t-i_p 关系值,而计算表明,采用不同理论频率分布模型所确定的 T-t-i_p 关系值存在较大差异,这势必导致同样的样本实测雨强系列,编制的暴雨强度公式其参数却有较大差别,显然是欠客观的、欠科学的。

(5)首次比较系统地从理论分析和实例计算与研究两方面将推求暴雨强度公式的直接拟合法与传统方法进行了比较研究。理论分析与实例计算均表明,直接拟合法求得的暴雨强度公式拟合实测雨强样本的误差平方和小于传统方法的拟合结果,该结论具有普适性。因此,直接拟合法不但减少了理论频率分布模型的选择与拟合环节,避免了选择何种理论频率分布模型的问题,可避免推求暴雨强度公式参数的任意性,而且可实现暴雨强度公式拟合样本实测雨强的误差平方和为最小。

随着样本实测雨强系列的增长,采用直接拟合法更具优越性。

参 考 文 献

[1] 张帼奋,张奕.概率论与数理统计[M].北京:高等教育出版社,2017.

[2] 丛树铮.水科学技术中的概率统计方法[M].北京:科学出版社,2010.

[3] 刘智庆,吕本吉.概率与数理统计(修订本)[M].武汉:华中理工大学出版社,1995.

[4] 盛骤,谢式千,潘承毅.概率论与数理统计[M].2版.北京:高等教育出版社,1989.

[5] 常柏林,卢静芳,李效羽.概率与数理统计[M].北京:高等教育出版社,1993.

[6] MEYER P L.概率引论及统计应用[M].中山大学数力系《概率引论及统计应用》翻译小组,译.北京:高等教育出版社,1986.

[7] 张子贤.关于二项分布的正态近似计算问题[J].河北工程技术高等专科学校学报,2002(1):20-23.

[8] 周品.MATLAB 概率与数理统计[M].北京:清华大学出版社,2012.

[9] 谢中华,李国栋,刘焕进,等.MATLAB 从零到进阶[M].北京:北京航空航天大学出版社,2012.

[10] 中华人民共和国水利部.水利水电工程水文计算规范:SL 278—2002[S].北京:中国水利水电出版社,2002.

[11] 张子贤.水科学中应用数理统计方法应注意的几个问题[J].中国农村水利水电,2005,(12):13-15.

[12] 王俊德.水文统计[M].北京:水利电力出版社,1993.

[13] 费勤贵,温秋根.工程技术统计[M].北京:中国水利水电出版社,1998.

[14] 刘光文.水文系列的插补展延[J].水文,1991(1):1-13.

[15] 刘光文.泛论水文计算的误差[J].水文,1992(1):4-11.

[16] 蒋金珠.工程水文及水利计算[M].北京:水利电力出版社,1992.

[17] 石振华,李传尧.城市地下水工程与管理手册[M].北京:中国建筑工业出版社,1993.

[18] 虎胆·吐马尔白.地下水利用[M].4版.北京:中国水利水电出版社,2008.

[19] 张子贤.论最小二乘法回归分析中的几个问题[J].河北水利水电技术,2002(5):15-17.

[20] 中华人民共和国水利部.水利水电工程设计洪水计算规范:SL 44—2006[S].北京:中国水利水电出版社,2006.

[21] 中华人民共和国住房和城乡建设部.室外排水设计规范(2014 年版):GB 50014—2006[S].北京:中国计划出版社,2014.

[22] 中华人民共和国住房和城乡建设部.室外排水设计规范(2016 年版):GB 50014—2006[S].北京:中国计划出版社,2016.

[23] 张子贤,刘家春.应用全概率公式研究输水管道系统的可靠性[J].数学的实践与认识,2006,36(3):147-154.

[24] 张子贤,刘家春.输水管道系统的可靠性研究[J].重庆建筑大学学报,2006,28(2):94-98.

[25] 张子贤,刘家春.水泵机组运行的可靠性研究[J].水利学报,2000,31(2):54-59.

[26] 张子贤,王瑞恩,刘家春.水泵机组运行的可靠度探讨[J].排灌机械,1997(4):28-32.

[27] 张子贤,刘家春.应用概率论方法确定给水泵站备用泵台数[J].水泵技术,1996(3):47-48+43.

[28] 张子贤,王瑞恩.雨水管道水力设计的可靠性计算[J].给水排水,1999,25(6):27-30.

[29] 张子贤.基于可靠性的雨水管道水力设计方法[J].给水排水,2001,27(11):10-12+1.

[30] 张子贤.溢洪道泄洪的可靠性计算[J].水电能源科学,2002,20(2):61-63.

[31] 郭永基.可靠性工程原理[M].北京:清华大学出版社,2002.

[32] 蒋仁言,左明健.可靠性模型与应用[M].北京:机械工业出版社,1999.

[33] 梁开武.可靠性工程[M].北京:国防工业出版社,2014.

[34] ELSAYED E A.Reliability Engineering[M].New York:Addison Wesley long-man,Inc.,1996.

[35] 汪光焘.城市供水行业 2000 年技术进步发展规划[M].北京:中国建筑工业出版社,1993.

[36] 中华人民共和国住房和城乡建设部.泵站设计规范:GB 50256—2010[S].北京:中国计划出版社,2011.

[37] 中华人民共和国国家质量监督检验检疫总局,中国国家标准化管理委员会.回转动力泵 水力性能验收试验 1 级、2 级和 3 级:GB/T 3216—2016[S].北京:中国标准出版社,2017.

[38] 黄兴棣.工程结构可靠性设计[M].北京:人民交通出版社,1989.

[39] 赵国藩.工程结构可靠度[M].北京:水利电力出版社,1984.

[40] 黄克中.堰闸水力设计的可靠性[J].水利水电技术,1984(8):14-18+43.

[41] 郭仲伟.风险分析与决策[M].北京:机械工业出版社,1987.

[42] 机械工业部.泵产品样本[M].北京:机械工业出版社,1997.

[43] 储祥元.水力不确定模型研究[J].水利学报,1992(5):33-38.

[44] 赵国藩,曹居易,张宽权.工程结构可靠度[M].北京:科学出版社,2011.

[45] ANG A H-S(洪华生),TANG W H(邓汉忠).工程规划与设计中的概率概念:第Ⅱ卷[M].孙芳垂,陈星焘,顾子聪,译.北京:冶金工业出版社,1991.

[46] 中华人民共和国国家质量监督检验检疫总局,中国国家标准化管理委员会.混凝土和钢筋混凝土排水管:GB/T 11836—2009[S].北京:中国标准出版社,2009.

[47] 中华人民共和国住房和城乡建设部.给水排水管道工程施工及验收规范:GB 50268—2008[S].北京:中国建筑工业出版社,2009.

[48] 赵永军,冯平,曲兴辉.河道防洪堤坝水流风险的估算[J].河海大学学报(自然科学版),1998,26(3):71-75.

[49] 周宜红,胡志根.施工截流系统风险率研究[J].水电能源科学,1996,14(3):171-175.

[50] 陈凤兰,王长新.施工导流风险分析与计算[J].水科学进展,1996,7(4):361-366.

[51] 中华人民共和国水利部.水工混凝土施工规范:SL 677—2014[S].北京:中国水利水电

出版社,2015.

[52] 张子贤.可线性化的非线性回归的有关问题与几种回归方法的比较[J].数学的实践与认识,2015,45(18):167-173.

[53] 张子贤.双曲线函数拟合工程沉降规律的方法研究[J].水利水电快报,2018,39(3):30-33.

[54] 张子贤.指数函数拟合公路隧道工程沉降规律的方法研究[J].城市道桥与防洪,2017(12):157-160+17.

[55] 张子贤.幂函数型水位流量关系回归方法研究[J].人民长江,2012,43(15):32-34+91.

[56] 张子贤.化非线性为线性的加权回归方法及其应用[J].水文,1991(2):46-48.

[57] 张子贤,刘玉伟,刘家春.指数函数与幂函数回归计算的极大似然法及其应用[J].数学的实践与认识,2018,48(24):217-222.

[58] 张子贤,路梅.一类纯非线性回归模型的新解法及其应用[J].水电能源科学,2002,20(4):57-59.

[59] 张子贤,张进旗.阿维扬诺夫潜水蒸发公式参数推求的新方法[J].中国农村水利水电,2002(12):13-14.

[60] 张子贤.用高斯-牛顿法确定给水度[J].河北工程技术高等专科学校学报,1999(1):33-36+46.

[61] 张子贤.用非线性回归方法研究地下水动态规律[J].徐州建筑职业技术学院学报,2005,5(4):1-4.

[62] 张子贤.最小二乘估计的异常现象与地下水位预报的岭回归模型[J].地下水,2002,24(1):12-13.

[63] 陶菊春,吴建民.可线性化非线性回归预测模型的剖析与改进[J].数学的实践与认识,2003,33(2):7-12.

[64] 王元柱,梁城.隧道监控量测数据的回归分析[J].土工基础,2013,27(5):70-72.

[65] 葛新权.线性化非线性回归预测模型质疑[J].预测,1999(1):77-78.

[66] 方开泰,全辉,陈庆云.实用回归分析[M].北京:科学出版社,1988.

[67] 袁志发,周静芋.多元统计分析[M].北京:科学出版社,2002.

[68] 朱建宇,鄢志辉.回归分析在隧道量测数据处理中的应用[J].湖南城市学院学报(自然科学版),2009,18(1):28-31.

[69] 谢进,李大美.MATLAB与计算方法实验[M].武汉:武汉大学出版社,2009.

[70] 张世禄,何洪英.计算方法[M].北京:电子工业出版社,2010.

[71] 张元禧,施鑫源.地下水水文学[M].北京:中国水利水电出版社,1998.

[72] 王冬梅,陈胜利.土壤给水度的计算方法研究[J].地下水,2016,38(1):45-47.

[73] 张子贤,卢宝林.承压水漏水位预报的动态模型[J].河海大学学报(自然科学版),2002,30(4):115-118.

[74] 张子贤,袁德明,李瑞森,等.承压水漏斗地区地下水位时空分布预报的BP网络模型[J].水利学报,2007,38(7):838-844.

[75] 陈希孺,王松桂.近代实用回归分析[M].南宁:广西人民出版社,1984.

[76] 中华人民共和国国家质量监督检验检疫总局,中国国家标准化管理委员会.水文情报

预报规范:GB/T 22482—2008[S].北京:中国标准出版社,2009.

[77] 北京市市政工程设计研究总院.给水排水设计手册第5册:城镇排水[M].北京:中国建筑工业出版社,2004.

[78] 邓培德.再论城市暴雨公式统计中的若干问题[J].给水排水,1998,24(4):15-19.

[79] 夏宗尧.编制暴雨强度公式中应用P-Ⅲ曲线与指数曲线的比较[J].中国给水排水,1990(3):32-38.

[80] 邵尧明.最大值选样配合指数分布曲线推求雨强公式[J].中国给水排水,2003,19(S1):142-144.

[81] 邵尧明,邵丹娜,马锦生.城市新一代暴雨强度公式编制实践及建议[J].中国给水排水,2012,28(8):19-22.

[82] 周玉文,翁窈瑶,张晓昕,等.应用年最大值法推求城市暴雨强度公式的研究[J].给水排水,2011,37(10):40-44.

[83] 金光炎.城市设计暴雨频率曲线线型的研究[J].水文,2002,22(1):20-22+26.

[84] 张子贤.用高斯-牛顿法确定暴雨公式参数[J].河海大学学报,1995,23(5):106-111.

[85] 张子贤,孙光东,彭长刚,等.采用含有重现期修正系数的暴雨强度公式参数的确定[J].中国给水排水,2014,30(19):116-122.

[86] 张子贤,孙光东,韩成标,等.暴雨衰减指数为函数型的暴雨强度公式确定方法[J].给水排水,2012,38(7):127-130.

[87] 张子贤,孙光东,孙建印,等.城市暴雨强度公式拟合方法研究[J].水利学报,2013,44(11):1263-1271.

[88] 张子贤,孙光东,孙建印,等.采用不同路径推求城市暴雨强度总公式的拟合误差分析[J].水利学报,2015,46(1):97-101.

[89] 张子贤,刘家春,孙光东,等.确定含有重现期修正系数的暴雨强度公式的一种方法:201410330737.x[P].2016-02-24.

[90] 张子贤,刘家春,孙光东,等.确定暴雨衰减指数为函数型的暴雨强度公式的一种方法:201210114694.2[P].2014-06-04.

[91] 樊建军,王峰,陈鹏飞.利用MATLAB推导城市暴雨强度公式[J].中国给水排水,2010,26(11):114-115.

[92] 柏绍光,黄英,方绍东,等.城市暴雨总公式与分公式精度分析[J].人民长江,2006,37(8):34-35.

[93] 马秀峰.回归分析中的伪相关与辗转相关[J].水文,1986(6):2-12.

附　表

　　　　　　　　　标准正态分布函数值 $\Phi(x)$ 表

$$\Phi(x) = \int_{-\infty}^{x} \frac{1}{\sqrt{2\pi}} e^{-\frac{t^2}{2}} dt \, (x \geqslant 0)$$

x	0.00	0.01	0.02	0.03	0.04	0.05	0.06	0.07	0.08	0.09
0.0	0.500 00	0.503 99	0.507 98	0.511 97	0.515 95	0.519 94	0.523 92	0.527 90	0.531 88	0.535 86
0.1	0.539 83	0.543 80	0.547 76	0.551 72	0.555 67	0.559 62	0.563 56	0.567 49	0.571 42	0.575 35
0.2	0.579 26	0.583 17	0.587 06	0.590 95	0.594 83	0.598 71	0.602 57	0.606 42	0.610 26	0.614 09
0.3	0.617 91	0.621 72	0.625 52	0.629 30	0.633 07	0.636 83	0.640 58	0.644 31	0.648 03	0.651 73
0.4	0.655 42	0.659 10	0.662 76	0.666 40	0.670 03	0.673 64	0.677 24	0.680 82	0.684 39	0.687 93
0.5	0.691 46	0.694 97	0.698 47	0.701 94	0.705 40	0.708 84	0.712 26	0.715 66	0.719 04	0.722 40
0.6	0.725 75	0.729 07	0.732 37	0.735 65	0.738 91	0.742 15	0.745 37	0.748 57	0.751 75	0.754 90
0.7	0.758 04	0.761 15	0.764 24	0.767 30	0.770 35	0.773 37	0.776 37	0.779 35	0.782 30	0.785 24
0.8	0.788 14	0.791 03	0.793 89	0.796 73	0.799 55	0.802 34	0.805 11	0.807 85	0.810 57	0.813 27
0.9	0.815 94	0.818 59	0.821 21	0.823 81	0.826 39	0.828 94	0.831 47	0.833 98	0.836 46	0.838 91
1.0	0.841 34	0.843 75	0.846 14	0.848 49	0.850 83	0.853 14	0.855 43	0.857 69	0.859 93	0.862 14
1.1	0.864 33	0.866 50	0.868 64	0.870 76	0.872 86	0.874 93	0.876 98	0.879 00	0.881 00	0.882 98
1.2	0.884 93	0.886 86	0.888 77	0.890 65	0.892 51	0.894 35	0.896 17	0.897 96	0.899 73	0.901 47
1.3	0.903 20	0.904 90	0.906 58	0.908 24	0.909 88	0.911 49	0.913 09	0.914 66	0.916 21	0.917 74
1.4	0.919 24	0.920 73	0.922 20	0.923 64	0.925 07	0.926 47	0.927 85	0.929 22	0.930 56	0.931 89
1.5	0.933 19	0.934 48	0.935 74	0.936 99	0.938 22	0.939 43	0.940 62	0.941 79	0.942 95	0.944 08
1.6	0.945 20	0.946 30	0.947 38	0.948 45	0.949 50	0.950 53	0.951 54	0.952 54	0.953 52	0.954 49
1.7	0.955 43	0.956 37	0.957 28	0.958 18	0.959 07	0.959 94	0.960 80	0.961 64	0.962 46	0.963 27
1.8	0.964 07	0.964 85	0.965 62	0.966 38	0.967 12	0.967 84	0.968 56	0.969 26	0.969 95	0.970 62
1.9	0.971 28	0.971 93	0.972 57	0.973 20	0.973 81	0.974 41	0.975 00	0.975 58	0.976 15	0.976 70
2.0	0.977 25	0.977 78	0.978 31	0.978 82	0.979 32	0.979 82	0.980 30	0.980 77	0.981 24	0.981 69
2.1	0.982 14	0.982 57	0.983 00	0.983 41	0.983 82	0.984 22	0.984 61	0.985 00	0.985 37	0.985 74
2.2	0.986 10	0.986 45	0.986 79	0.987 13	0.987 45	0.987 78	0.988 09	0.988 40	0.988 70	0.988 99
2.3	0.989 28	0.989 56	0.989 83	0.990 10	0.990 36	0.990 61	0.990 86	0.991 11	0.991 34	0.991 58
2.4	0.991 80	0.992 02	0.992 24	0.992 45	0.992 66	0.992 86	0.993 05	0.993 24	0.993 43	0.993 61
2.5	0.993 79	0.993 96	0.994 13	0.994 30	0.994 46	0.994 61	0.994 77	0.994 92	0.995 06	0.995 20
2.6	0.995 34	0.995 47	0.995 60	0.995 73	0.995 85	0.995 98	0.996 09	0.996 21	0.996 32	0.996 43
2.7	0.996 53	0.996 64	0.996 74	0.996 83	0.996 93	0.997 02	0.997 11	0.997 20	0.997 28	0.997 36
2.8	0.997 44	0.997 52	0.997 60	0.997 67	0.997 74	0.997 81	0.997 88	0.997 95	0.998 01	0.998 07
2.9	0.998 13	0.998 19	0.998 25	0.998 31	0.998 36	0.998 41	0.998 46	0.998 51	0.998 56	0.998 61
3.0	0.998 65	0.998 69	0.998 74	0.998 78	0.998 82	0.998 86	0.998 89	0.998 93	0.998 96	0.999 00
3.1	0.999 03	0.999 06	0.999 10	0.999 13	0.999 16	0.999 18	0.999 21	0.999 24	0.999 26	0.999 29
3.2	0.999 31	0.999 34	0.999 36	0.999 38	0.999 40	0.999 42	0.999 44	0.999 46	0.999 48	0.999 50
3.3	0.999 52	0.999 53	0.999 55	0.999 57	0.999 58	0.999 60	0.999 61	0.999 62	0.999 64	0.999 65
3.4	0.999 66	0.999 68	0.999 69	0.999 70	0.999 71	0.999 72	0.999 73	0.999 74	0.999 75	0.999 76
3.5	0.999 77	0.999 78	0.999 78	0.999 79	0.999 80	0.999 81	0.999 81	0.999 82	0.999 83	0.999 83

附表 2

皮尔逊Ⅲ型分布离均系数 Φ_P 值表

C_s \ $P/\%$	0.01	0.1	0.2	0.33	0.5	1	2	3	5	10	20	30	50	75	80	90	95	99
0.00	3.719	3.090	2.878	2.716	2.576	2.326	2.054	1.881	1.645	1.282	0.842	0.524	0.000	−0.674	−0.842	−1.282	−1.645	−2.326
0.05	3.826	3.162	2.939	2.770	2.623	2.363	2.081	1.902	1.659	1.287	0.839	0.518	−0.008	−0.679	−0.844	−1.276	−1.631	−2.290
0.10	3.935	3.233	3.000	2.823	2.670	2.400	2.107	1.923	1.673	1.292	0.836	0.512	−0.017	−0.683	−0.846	−1.270	−1.616	−2.253
0.15	4.043	3.305	3.061	2.876	2.717	2.436	2.133	1.943	1.686	1.297	0.834	0.506	−0.025	−0.687	−0.848	−1.264	−1.601	−2.216
0.20	4.153	3.377	3.122	2.929	2.763	2.472	2.159	1.964	1.700	1.301	0.830	0.499	−0.033	−0.691	−0.850	−1.258	−1.586	−2.178
0.25	4.263	3.449	3.183	2.982	2.810	2.508	2.185	1.984	1.713	1.305	0.827	0.493	−0.042	−0.695	−0.851	−1.252	−1.571	−2.141
0.30	4.374	3.521	3.244	3.035	2.856	2.544	2.211	2.003	1.726	1.309	0.824	0.486	−0.050	−0.699	−0.853	−1.245	−1.555	−2.104
0.35	4.485	3.594	3.305	3.088	2.903	2.580	2.236	2.023	1.738	1.313	0.820	0.479	−0.058	−0.702	−0.854	−1.238	−1.540	−2.067
0.40	4.597	3.666	3.366	3.141	2.949	2.615	2.261	2.042	1.751	1.317	0.816	0.472	−0.067	−0.706	−0.855	−1.231	−1.524	−2.029
0.45	4.709	3.739	3.427	3.194	2.995	2.651	2.286	2.061	1.763	1.320	0.812	0.465	−0.075	−0.709	−0.856	−1.224	−1.507	−1.992
0.50	4.821	3.811	3.487	3.246	3.041	2.686	2.311	2.080	1.774	1.323	0.808	0.458	−0.083	−0.712	−0.856	−1.216	−1.491	−1.955
0.55	4.934	3.883	3.548	3.299	3.087	2.721	2.335	2.099	1.786	1.326	0.804	0.451	−0.091	−0.715	−0.857	−1.208	−1.474	−1.918
0.60	5.047	3.956	3.609	3.351	3.132	2.755	2.359	2.117	1.797	1.329	0.800	0.444	−0.099	−0.718	−0.857	−1.200	−1.458	−1.880
0.65	5.160	4.028	3.669	3.403	3.178	2.790	2.383	2.135	1.808	1.331	0.795	0.436	−0.108	−0.720	−0.857	−1.192	−1.441	−1.843
0.70	5.274	4.100	3.730	3.455	3.223	2.824	2.407	2.153	1.819	1.333	0.790	0.429	−0.116	−0.722	−0.857	−1.184	−1.424	−1.806
0.75	5.388	4.172	3.790	3.507	3.268	2.857	2.430	2.170	1.829	1.335	0.785	0.421	−0.124	−0.724	−0.857	−1.175	−1.406	−1.769
0.80	5.501	4.244	3.850	3.559	3.312	2.891	2.453	2.187	1.839	1.336	0.780	0.413	−0.132	−0.726	−0.856	−1.166	−1.389	−1.733
0.85	5.615	4.316	3.910	3.610	3.357	2.924	2.476	2.204	1.849	1.338	0.775	0.405	−0.140	−0.728	−0.855	−1.157	−1.371	−1.696

续附表 2

$P/\%$ \\ C_s	0.01	0.1	0.2	0.33	0.5	1	2	3	5	10	20	30	50	75	80	90	95	99
0.90	5.729	4.388	3.969	3.661	3.401	2.957	2.498	2.220	1.859	1.339	0.769	0.397	-0.148	-0.730	-0.854	-1.147	-1.353	-1.660
0.95	5.843	4.460	4.029	3.712	3.445	2.990	2.520	2.237	1.868	1.340	0.763	0.389	-0.156	-0.731	-0.853	-1.138	-1.335	-1.624
1.00	5.957	4.531	4.088	3.763	3.489	3.023	2.542	2.253	1.877	1.340	0.758	0.381	-0.164	-0.732	-0.852	-1.128	-1.317	-1.588
1.05	6.071	4.602	4.147	3.813	3.532	3.055	2.564	2.268	1.886	1.341	0.752	0.373	-0.172	-0.733	-0.850	-1.118	-1.299	-1.553
1.10	6.185	4.673	4.206	3.863	3.575	3.087	2.585	2.284	1.894	1.341	0.745	0.365	-0.180	-0.734	-0.848	-1.107	-1.280	-1.518
1.15	6.299	4.744	4.264	3.913	3.618	3.118	2.606	2.299	1.902	1.341	0.739	0.356	-0.187	-0.735	-0.846	-1.097	-1.262	-1.484
1.20	6.413	4.815	4.323	3.963	3.661	3.149	2.626	2.313	1.910	1.340	0.733	0.348	-0.195	-0.735	-0.844	-1.086	-1.243	-1.449
1.25	6.526	4.885	4.381	4.012	3.703	3.180	2.647	2.328	1.918	1.339	0.726	0.339	-0.203	-0.735	-0.841	-1.075	-1.225	-1.416
1.30	6.640	4.956	4.438	4.061	3.745	3.211	2.667	2.342	1.925	1.338	0.719	0.331	-0.210	-0.735	-0.838	-1.064	-1.206	-1.383
1.35	6.753	5.025	4.496	4.110	3.787	3.241	2.686	2.356	1.932	1.337	0.712	0.322	-0.218	-0.735	-0.835	-1.053	-1.187	-1.350
1.40	6.867	5.095	4.553	4.158	3.828	3.271	2.706	2.369	1.938	1.335	0.705	0.313	-0.225	-0.735	-0.832	-1.041	-1.168	-1.318
1.45	6.980	5.164	4.610	4.206	3.869	3.301	2.725	2.382	1.945	1.335	0.698	0.304	-0.233	-0.734	-0.829	-1.030	-1.150	-1.287
1.50	7.093	5.234	4.667	4.254	3.910	3.330	2.743	2.395	1.951	1.333	0.691	0.295	-0.240	-0.733	-0.825	-1.018	-1.131	-1.256
1.55	7.206	5.302	4.723	4.302	3.950	3.359	2.762	2.408	1.957	1.331	0.683	0.286	-0.247	-0.732	-0.821	-1.006	-1.112	-1.226
1.60	7.318	5.371	4.779	4.349	3.990	3.388	2.780	2.420	1.962	1.329	0.675	0.277	-0.254	-0.731	-0.817	-0.994	-1.093	-1.197
1.65	7.431	5.439	4.834	4.396	4.030	3.416	2.797	2.432	1.967	1.327	0.668	0.268	-0.261	-0.729	-0.813	-0.982	-1.075	-1.168
1.70	7.543	5.507	4.890	4.442	4.069	3.444	2.815	2.444	1.972	1.324	0.660	0.259	-0.268	-0.727	-0.808	-0.970	-1.056	-1.140
1.75	7.655	5.575	4.945	4.488	4.108	3.472	2.832	2.455	1.977	1.321	0.652	0.250	-0.275	-0.725	-0.804	-0.957	-1.038	-1.113

续附表 2

C_s \ $P/\%$	99	95	90	80	75	50	30	20	10	5	3	2	1	0.5	0.33	0.2	0.1	0.01
1.80	-1.087	-1.020	-0.945	-0.799	-0.723	-0.282	0.241	0.643	1.318	1.981	2.466	2.849	3.499	4.147	4.534	4.999	5.642	7.766
1.85	-1.062	-1.002	-0.932	-0.794	-0.721	-0.288	0.232	0.635	1.314	1.985	2.477	2.865	3.526	4.185	4.580	5.054	5.709	7.878
1.90	-1.037	-0.984	-0.920	-0.788	-0.718	-0.294	0.223	0.627	1.311	1.989	2.487	2.881	3.553	4.223	4.625	5.108	5.776	7.989
1.95	-1.013	-0.966	-0.907	-0.783	-0.715	-0.301	0.213	0.618	1.307	1.993	2.497	2.897	3.579	4.261	4.669	5.161	5.842	8.100
2.00	-0.990	-0.949	-0.895	-0.777	-0.712	-0.307	0.204	0.609	1.303	1.996	2.507	2.912	3.605	4.298	4.714	5.215	5.908	8.210
2.1	-0.946	-0.915	-0.869	-0.765	-0.706	-0.319	0.185	0.592	1.294	2.001	2.525	2.942	3.656	4.372	4.802	5.320	6.039	8.431
2.2	-0.905	-0.882	-0.844	-0.752	-0.698	-0.330	0.167	0.574	1.284	2.006	2.542	2.970	3.705	4.444	4.888	5.424	6.168	8.650
2.3	-0.867	-0.850	-0.819	-0.739	-0.690	-0.341	0.148	0.555	1.274	2.009	2.558	2.997	3.754	4.515	4.973	5.527	6.296	8.868
2.4	-0.832	-0.819	-0.795	-0.725	-0.681	-0.351	0.130	0.537	1.262	2.011	2.573	3.023	3.800	4.584	5.057	5.628	6.423	9.084
2.5	-0.799	-0.790	-0.771	-0.711	-0.671	-0.360	0.111	0.518	1.250	2.013	2.587	3.048	3.845	4.652	5.139	5.728	6.548	9.299
2.6	-0.769	-0.762	-0.747	-0.696	-0.661	-0.369	0.093	0.499	1.238	2.013	2.599	3.071	3.889	4.718	5.219	5.826	6.672	9.513
2.7	-0.740	-0.736	-0.724	-0.681	-0.650	-0.376	0.075	0.479	1.224	2.012	2.610	3.093	3.932	4.783	5.298	5.923	6.794	9.725
2.8	-0.714	-0.711	-0.702	-0.666	-0.639	-0.384	0.057	0.460	1.210	2.010	2.620	3.114	3.973	4.847	5.376	6.019	6.915	9.936
2.9	-0.690	-0.688	-0.681	-0.651	-0.627	-0.390	0.040	0.440	1.195	2.007	2.629	3.134	4.013	4.909	5.452	6.113	7.034	10.146
3.0	-0.667	-0.665	-0.660	-0.636	-0.615	-0.396	0.023	0.420	1.180	2.003	2.637	3.152	4.051	4.970	5.527	6.205	7.152	10.354
3.1	-0.645	-0.644	-0.641	-0.621	-0.603	-0.400	0.006	0.401	1.164	1.999	2.644	3.169	4.089	5.029	5.601	6.296	7.269	10.561
3.2	-0.625	-0.624	-0.622	-0.606	-0.591	-0.405	-0.010	0.381	1.148	1.993	2.649	3.185	4.125	5.087	5.673	6.386	7.384	10.766
3.3	-0.606	-0.606	-0.604	-0.591	-0.578	-0.408	-0.027	0.361	1.131	1.987	2.654	3.200	4.159	5.144	5.743	6.474	7.497	10.970

续附表 2

$P/\%$ C_s	0.01	0.1	0.2	0.33	0.5	1	2	3	5	10	20	30	50	75	80	90	95	99
3.4	11.172	7.610	6.561	5.813	5.199	4.193	3.214	2.658	1.980	1.113	0.341	−0.042	−0.411	−0.566	−0.577	−0.587	−0.588	−0.588
3.5	11.373	7.720	6.646	5.881	5.253	4.225	3.226	2.660	1.972	1.096	0.322	−0.057	−0.413	−0.554	−0.562	−0.570	−0.571	−0.571
3.6	11.573	7.830	6.730	5.947	5.306	4.256	3.238	2.662	1.963	1.077	0.302	−0.072	−0.414	−0.541	−0.549	−0.555	−0.555	−0.556
3.7	11.771	7.937	6.813	6.012	5.357	4.285	3.249	2.663	1.953	1.059	0.283	−0.086	−0.414	−0.529	−0.535	−0.540	−0.541	−0.541
3.8	11.968	8.044	6.894	6.076	5.407	4.314	3.258	2.663	1.943	1.040	0.264	−0.100	−0.414	−0.518	−0.522	−0.526	−0.526	−0.526
3.9	12.163	8.149	6.974	6.139	5.456	4.342	3.267	2.662	1.932	1.020	0.245	−0.113	−0.414	−0.506	−0.510	−0.513	−0.513	−0.513
4.0	12.357	8.253	7.053	6.200	5.504	4.368	3.274	2.660	1.920	1.001	0.226	−0.125	−0.413	−0.495	−0.498	−0.500	−0.500	−0.500
4.1	12.549	8.355	7.130	6.261	5.550	4.393	3.281	2.657	1.908	0.981	0.208	−0.137	−0.411	−0.484	−0.486	−0.488	−0.488	−0.488
4.2	12.740	8.457	7.207	6.319	5.595	4.417	3.286	2.653	1.895	0.961	0.190	−0.149	−0.409	−0.473	−0.475	−0.476	−0.476	−0.476
4.3	12.930	8.556	7.281	6.377	5.639	4.440	3.291	2.649	1.882	0.941	0.172	−0.159	−0.406	−0.463	−0.464	−0.465	−0.465	−0.465
4.4	13.118	8.655	7.355	6.434	5.682	4.462	3.295	2.644	1.868	0.920	0.154	−0.170	−0.403	−0.453	−0.454	−0.455	−0.455	−0.455
4.5	13.305	8.752	7.427	6.489	5.724	4.483	3.298	2.638	1.853	0.900	0.137	−0.179	−0.400	−0.443	−0.444	−0.444	−0.444	−0.444
4.6	13.491	8.848	7.499	6.543	5.765	4.503	3.300	2.631	1.838	0.879	0.121	−0.188	−0.396	−0.434	−0.434	−0.435	−0.435	−0.435
4.7	13.675	8.943	7.568	6.596	5.804	4.522	3.301	2.624	1.822	0.858	0.104	−0.197	−0.392	−0.425	−0.425	−0.426	−0.426	−0.426
4.8	13.858	9.036	7.637	6.648	5.843	4.540	3.302	2.616	1.806	0.837	0.088	−0.204	−0.388	−0.416	−0.417	−0.417	−0.417	−0.417
4.9	14.040	9.129	7.705	6.698	5.880	4.557	3.301	2.608	1.790	0.816	0.073	−0.212	−0.384	−0.408	−0.408	−0.408	−0.408	−0.408
5.0	14 220	9.220	7.771	6.748	5.916	4.573	3.300	2.598	1.773	0.795	0.058	−0.218	−0.379	−0.400	−0.400	−0.400	−0.400	−0.400

附表 3　　　　　　　　　　　χ^2 分布上侧 α 分位点 $\chi_\alpha^2(n)$ 表

$$P\{\chi^2(n)>\chi_\alpha^2(n)\}=\alpha$$

α n	0.995	0.990	0.975	0.950	0.900	0.750	0.25	0.100	0.050	0.025	0.010	0.005
1	0.000	0.000	0.001	0.004	0.016	0.102	1.323	2.706	3.841	5.024	6.635	7.879
2	0.010	0.020	0.051	0.103	0.211	0.575	2.773	4.605	5.991	7.378	9.210	10.597
3	0.072	0.115	0.216	0.352	0.584	1.213	4.108	6.251	7.815	9.348	11.345	12.838
4	0.207	0.297	0.484	0.711	1.064	1.923	5.385	7.779	9.488	11.143	13.277	14.860
5	0.412	0.554	0.831	1.145	1.610	2.675	6.626	9.236	11.070	12.833	15.086	16.750
6	0.676	0.872	1.237	1.635	2.204	3.455	7.841	10.645	12.592	14.449	16.812	18.548
7	0.989	1.239	1.690	2.167	2.833	4.255	9.037	12.017	14.067	16.013	18.475	20.278
8	1.344	1.646	2.180	2.733	3.490	5.071	10.219	13.362	15.507	17.535	20.090	21.955
9	1.735	2.088	2.700	3.325	4.168	5.899	11.389	14.684	16.919	19.023	21.666	23.589
10	2.156	2.558	3.247	3.940	4.865	6.737	12.549	15.987	18.307	20.483	23.209	25.188
11	2.603	3.053	3.816	4.575	5.578	7.584	13.701	17.275	19.675	21.920	24.725	26.757
12	3.074	3.571	4.404	5.226	6.304	8.438	14.845	18.549	21.026	23.337	26.217	28.300
13	3.565	4.107	5.009	5.892	7.042	9.299	15.984	19.812	22.362	24.736	27.688	29.819
14	4.075	4.660	5.629	6.571	7.790	10.165	17.117	21.064	23.685	26.119	29.141	31.319
15	4.601	5.229	6.262	7.261	8.547	11.037	18.245	22.307	24.996	27.488	30.578	32.801
16	5.142	5.812	6.908	7.962	9.312	11.912	19.369	23.542	26.296	28.845	32.000	34.267
17	5.697	6.408	7.564	8.672	10.085	12.792	20.489	24.769	27.587	30.191	33.409	35.718
18	6.265	7.015	8.231	9.390	10.865	13.675	21.605	25.989	28.869	31.526	34.805	37.156
19	6.844	7.633	8.907	10.117	11.651	14.562	22.718	27.204	30.144	32.852	36.191	38.582
20	7.434	8.260	9.591	10.851	12.443	15.452	23.828	28.412	31.410	34.170	37.566	39.997
21	8.034	8.897	10.283	11.591	13.240	16.344	24.935	29.615	32.671	35.479	38.932	41.401
22	8.643	9.542	10.982	12.338	14.041	17.240	26.039	30.813	33.924	36.781	40.289	42.796
23	9.260	10.196	11.689	13.091	14.848	18.137	27.141	32.007	35.172	38.076	41.638	44.181
24	9.886	10.856	12.401	13.848	15.659	19.037	28.241	33.196	36.415	39.364	42.980	45.559
25	10.520	11.524	13.120	14.611	16.473	19.939	29.339	34.382	37.652	40.646	44.314	46.928
26	11.160	12.198	13.844	15.379	17.292	20.843	30.435	35.563	38.885	41.923	45.642	48.290
27	11.808	12.879	14.573	16.151	18.114	21.749	31.528	36.741	40.113	43.195	46.963	49.645
28	12.461	13.565	15.308	16.928	18.939	22.657	32.620	37.916	41.337	44.461	48.278	50.993
29	13.121	14.256	16.047	17.708	19.768	23.567	33.711	39.087	42.557	45.722	49.588	52.336
30	13.787	14.953	16.791	18.493	20.599	24.478	34.800	40.256	43.773	46.979	50.892	53.672
31	14.458	15.655	17.539	19.281	21.434	25.390	35.887	41.422	44.985	48.232	52.191	55.003
32	15.134	16.362	18.291	20.072	22.271	26.304	36.973	42.585	46.194	49.480	53.486	56.328
33	15.815	17.074	19.047	20.867	23.110	27.219	38.058	43.745	47.400	50.725	54.776	57.648
34	16.501	17.789	19.806	21.664	23.952	28.136	39.141	44.903	48.602	51.966	56.061	58.964
35	17.192	18.509	20.569	22.465	24.797	29.054	40.223	46.059	49.802	53.203	57.342	60.275
36	17.887	19.233	21.336	23.269	25.643	29.973	41.304	47.212	50.998	54.437	58.619	61.581
37	18.586	19.960	22.106	24.075	26.492	30.893	42.383	48.363	52.192	55.668	59.893	62.883
38	19.289	20.691	22.878	24.884	27.343	31.815	43.462	49.513	53.384	56.896	61.162	64.181
39	19.996	21.426	23.654	25.695	28.196	32.737	44.539	50.660	54.572	58.120	62.428	65.476
40	20.707	22.164	24.433	26.509	29.051	33.660	45.616	51.805	55.758	59.342	63.691	66.766
41	21.421	22.906	25.215	27.326	29.907	34.585	46.692	52.949	56.942	60.561	64.950	68.053
42	22.138	23.650	25.999	28.144	30.765	35.510	47.766	54.090	58.124	61.777	66.206	69.336
43	22.859	24.398	26.785	28.965	31.625	36.436	48.840	55.230	59.304	62.990	67.459	70.616
44	23.584	25.148	27.575	29.787	32.487	37.363	49.913	56.369	60.481	64.201	68.710	71.893
45	24.311	25.901	28.366	30.612	33.350	38.291	50.985	57.505	61.656	65.410	69.957	73.166

注：当 n 充分大时，$\chi_\alpha^2(n)\approx(u_\alpha+\sqrt{2n-1})^2/2$，$u_\alpha$ 为标准正态分布上侧 α 分位点。

附表4　　　　　　　　t 分布上侧 α 分位点 $t_\alpha(n)$ 表

$$P\{t(n) > t_\alpha(n)\} = \alpha$$

n \ α	0.250	0.100	0.050	0.025	0.010	0.005
1	1.000 0	3.077 7	6.313 8	12.706 2	31.820 5	63.656 7
2	0.816 5	1.885 6	2.920 0	4.302 7	6.964 6	9.924 8
3	0.764 9	1.637 7	2.353 4	3.182 4	4.540 7	5.840 9
4	0.740 7	1.533 2	2.131 8	2.776 4	3.746 9	4.604 1
5	0.726 7	1.475 9	2.015 0	2.570 6	3.364 9	4.032 1
6	0.717 6	1.439 8	1.943 2	2.446 9	3.142 7	3.707 4
7	0.711 1	1.414 9	1.894 6	2.364 6	2.998 0	3.499 5
8	0.706 4	1.396 8	1.859 5	2.306 0	2.896 5	3.355 4
9	0.702 7	1.383 0	1.833 1	2.262 2	2.821 4	3.249 8
10	0.699 8	1.372 2	1.812 5	2.228 1	2.763 8	3.169 3
11	0.697 4	1.363 4	1.795 9	2.201 0	2.718 1	3.105 8
12	0.695 5	1.356 2	1.782 3	2.178 8	2.681 0	3.054 5
13	0.693 8	1.350 2	1.770 9	2.160 4	2.650 3	3.012 3
14	0.692 4	1.345 0	1.761 3	2.144 8	2.624 5	2.976 8
15	0.691 2	1.340 6	1.753 1	2.131 4	2.602 5	2.946 7
16	0.690 1	1.336 8	1.745 9	2.119 9	2.583 5	2.920 8
17	0.689 2	1.333 4	1.739 6	2.109 8	2.566 9	2.898 2
18	0.688 4	1.330 4	1.734 1	2.100 9	2.552 4	2.878 4
19	0.687 6	1.327 7	1.729 1	2.093 0	2.539 5	2.860 9
20	0.687 0	1.325 3	1.724 7	2.086 0	2.528 0	2.845 3
21	0.686 4	1.323 2	1.720 7	2.079 6	2.517 6	2.831 4
22	0.685 8	1.321 2	1.717 1	2.073 9	2.508 3	2.818 8
23	0.685 3	1.319 5	1.713 9	2.068 7	2.499 9	2.807 3
24	0.684 8	1.317 8	1.710 9	2.063 9	2.492 2	2.796 9
25	0.684 4	1.316 3	1.708 1	2.059 5	2.485 1	2.787 4
26	0.684 0	1.315 0	1.705 6	2.055 5	2.478 6	2.778 7
27	0.683 7	1.313 7	1.703 3	2.051 8	2.472 7	2.770 7
28	0.683 4	1.312 5	1.701 1	2.048 4	2.467 1	2.763 3
29	0.683 0	1.311 4	1.699 1	2.045 2	2.462 0	2.756 4
30	0.682 8	1.310 4	1.697 3	2.042 3	2.457 3	2.750 0
31	0.682 5	1.309 5	1.695 5	2.039 5	2.452 8	2.744 0
32	0.682 2	1.308 6	1.693 9	2.036 9	2.448 7	2.738 5
33	0.682 0	1.307 7	1.692 4	2.034 5	2.444 8	2.733 3
34	0.681 8	1.307 0	1.690 9	2.032 2	2.441 1	2.728 4
35	0.681 6	1.306 2	1.689 6	2.030 1	2.437 7	2.723 8
36	0.681 4	1.305 5	1.688 3	2.028 1	2.434 5	2.719 5
37	0.681 2	1.304 9	1.687 1	2.026 2	2.431 4	2.715 4
38	0.681 0	1.304 2	1.686 0	2.024 4	2.428 6	2.711 6
39	0.680 8	1.303 6	1.684 9	2.022 7	2.425 8	2.707 9
40	0.680 7	1.303 1	1.683 9	2.021 1	2.423 3	2.704 5
41	0.680 5	1.302 5	1.682 9	2.019 5	2.420 8	2.701 2
42	0.680 4	1.302 0	1.682 0	2.018 1	2.418 5	2.698 1
43	0.680 2	1.301 6	1.681 1	2.016 7	2.416 3	2.695 1
44	0.680 1	1.301 1	1.680 2	2.015 4	2.414 1	2.692 3
45	0.680 0	1.300 6	1.679 4	2.014 1	2.412 1	2.689 6

注：当 n 充分大时，$t_\alpha(n) \approx u_\alpha$，$u_\alpha$ 为标准正态分布上侧 α 分位点。

附表 5

F 分布上侧 α 分位点 $F_\alpha(n_1, n_2)$ 表

$$P\{F(n_1, n_2) > F_\alpha(n_1, n_2)\} = \alpha$$

$$\alpha = 0.10$$

n_2 \ n_1	1	2	3	4	5	6	7	8	9	10	12	15	20	24	30	40	60	120	∞
1	39.86	49.50	53.59	55.83	57.24	58.20	58.91	59.44	59.86	60.19	60.71	61.22	61.74	62.00	62.26	62.53	62.79	63.06	63.33
2	8.53	9.00	9.16	9.24	9.29	9.33	9.35	9.37	9.38	9.39	9.41	9.42	9.44	9.45	9.46	9.47	9.47	9.48	9.49
3	5.54	5.46	5.39	5.34	5.31	5.28	5.27	5.25	5.24	5.23	5.22	5.20	5.18	5.18	5.17	5.16	5.15	5.14	5.13
4	4.54	4.32	4.19	4.11	4.05	4.01	3.98	3.95	3.94	3.92	3.90	3.87	3.84	3.83	3.82	3.80	3.79	3.78	3.76
5	4.06	3.78	3.62	3.52	3.45	3.40	3.37	3.34	3.32	3.30	3.27	3.24	3.21	3.19	3.17	3.16	3.14	3.12	3.10
6	3.78	3.46	3.29	3.18	3.11	3.05	3.01	2.98	2.96	2.94	2.90	2.87	2.84	2.82	2.80	2.78	2.76	2.74	2.72
7	3.59	3.26	3.07	2.96	2.88	2.83	2.78	2.75	2.72	2.70	2.67	2.63	2.59	2.58	2.56	2.54	2.51	2.49	2.47
8	3.46	3.11	2.92	2.81	2.73	2.67	2.62	2.59	2.56	2.54	2.50	2.46	2.42	2.40	2.38	2.36	2.34	2.32	2.29
9	3.36	3.01	2.81	2.69	2.61	2.55	2.51	2.47	2.44	2.42	2.38	2.34	2.30	2.28	2.25	2.23	2.21	2.18	2.16
10	3.29	2.92	2.73	2.61	2.52	2.46	2.41	2.38	2.35	2.32	2.28	2.24	2.20	2.18	2.16	2.13	2.11	2.08	2.06
11	3.23	2.86	2.66	2.54	2.45	2.39	2.34	2.30	2.27	2.25	2.21	2.17	2.12	2.10	2.08	2.05	2.03	2.00	1.97
12	3.18	2.81	2.61	2.48	2.39	2.33	2.28	2.24	2.21	2.19	2.15	2.10	2.06	2.04	2.01	1.99	1.96	1.93	1.90
13	3.14	2.76	2.56	2.43	2.35	2.28	2.23	2.20	2.16	2.14	2.10	2.05	2.01	1.98	1.96	1.93	1.90	1.88	1.85
14	3.10	2.73	2.52	2.39	2.31	2.24	2.19	2.15	2.12	2.10	2.05	2.01	1.96	1.94	1.91	1.89	1.86	1.83	1.80
15	3.07	2.70	2.49	2.36	2.27	2.21	2.16	2.12	2.09	2.06	2.02	1.97	1.92	1.90	1.87	1.85	1.82	1.79	1.76
16	3.05	2.67	2.46	2.33	2.24	2.18	2.13	2.09	2.06	2.03	1.99	1.94	1.89	1.87	1.84	1.81	1.78	1.75	1.72
17	3.03	2.64	2.44	2.31	2.22	2.15	2.10	2.06	2.03	2.00	1.96	1.91	1.86	1.84	1.81	1.78	1.75	1.72	1.69
18	3.01	2.62	2.42	2.29	2.20	2.13	2.08	2.04	2.00	1.98	1.93	1.89	1.84	1.81	1.78	1.75	1.72	1.69	1.66
19	2.99	2.61	2.40	2.27	2.18	2.11	2.06	2.02	1.98	1.96	1.91	1.86	1.81	1.79	1.76	1.73	1.70	1.67	1.63
20	2.97	2.59	2.38	2.25	2.16	2.09	2.04	2.00	1.96	1.94	1.89	1.84	1.79	1.77	1.74	1.71	1.68	1.64	1.61
21	2.96	2.57	2.36	2.23	2.14	2.08	2.02	1.98	1.95	1.92	1.87	1.83	1.78	1.75	1.72	1.69	1.66	1.62	1.59
22	2.95	2.56	2.35	2.22	2.13	2.06	2.01	1.97	1.93	1.90	1.86	1.81	1.76	1.73	1.70	1.67	1.64	1.60	1.57
23	2.94	2.55	2.34	2.21	2.11	2.05	1.99	1.95	1.92	1.89	1.84	1.80	1.74	1.72	1.69	1.66	1.62	1.59	1.55
24	2.93	2.54	2.33	2.19	2.10	2.04	1.98	1.94	1.91	1.88	1.83	1.78	1.73	1.70	1.67	1.64	1.61	1.57	1.53
25	2.92	2.53	2.32	2.18	2.09	2.02	1.97	1.93	1.89	1.87	1.82	1.77	1.72	1.69	1.66	1.63	1.59	1.56	1.52
26	2.91	2.52	2.31	2.17	2.08	2.01	1.96	1.92	1.88	1.86	1.81	1.76	1.71	1.68	1.65	1.61	1.58	1.54	1.50
27	2.90	2.51	2.30	2.17	2.07	2.00	1.95	1.91	1.87	1.85	1.80	1.75	1.70	1.67	1.64	1.60	1.57	1.53	1.49
28	2.89	2.50	2.29	2.16	2.06	2.00	1.94	1.90	1.87	1.84	1.79	1.74	1.69	1.66	1.63	1.59	1.56	1.52	1.48
29	2.89	2.50	2.28	2.15	2.06	1.99	1.93	1.89	1.86	1.83	1.78	1.73	1.68	1.65	1.62	1.58	1.55	1.51	1.47
30	2.88	2.49	2.28	2.14	2.05	1.98	1.93	1.88	1.85	1.82	1.77	1.72	1.67	1.64	1.61	1.57	1.54	1.50	1.46
40	2.84	2.44	2.23	2.09	2.00	1.93	1.87	1.83	1.79	1.76	1.71	1.66	1.61	1.57	1.54	1.51	1.47	1.42	1.38
60	2.79	2.39	2.18	2.04	1.95	1.87	1.82	1.77	1.74	1.71	1.66	1.60	1.54	1.51	1.48	1.44	1.40	1.35	1.29
120	2.75	2.35	2.13	1.99	1.90	1.82	1.77	1.72	1.68	1.65	1.60	1.55	1.48	1.45	1.41	1.37	1.32	1.26	1.19
∞	2.71	2.30	2.08	1.94	1.85	1.77	1.72	1.67	1.63	1.60	1.55	1.49	1.42	1.38	1.34	1.30	1.24	1.17	1.00

续附表 5

$\alpha = 0.05$

n_2 \ n_1	1	2	3	4	5	6	7	8	9	10	12	15	20	24	30	40	60	120	∞
1	161.4	199.5	215.7	224.6	230.2	234.0	236.8	238.9	240.5	241.9	243.9	245.9	248.0	249.1	250.1	251.1	252.2	253.3	254.3
2	18.51	19.00	19.16	19.25	19.30	19.33	19.35	19.37	19.38	19.40	19.41	19.43	19.45	19.45	19.46	19.47	19.48	19.49	19.50
3	10.13	9.55	9.28	9.12	9.01	8.94	8.89	8.85	8.81	8.79	8.74	8.70	8.66	8.64	8.62	8.59	8.57	8.55	8.53
4	7.71	6.94	6.59	6.39	6.26	6.16	6.09	6.04	6.00	5.96	5.91	5.86	5.80	5.77	5.75	5.72	5.69	5.66	5.63
5	6.61	5.79	5.41	5.19	5.05	4.95	4.88	4.82	4.77	4.74	4.68	4.62	4.56	4.53	4.50	4.46	4.43	4.40	4.36
6	5.99	5.14	4.76	4.53	4.39	4.28	4.21	4.15	4.10	4.06	4.00	3.94	3.87	3.84	3.81	3.77	3.74	3.70	3.67
7	5.59	4.74	4.35	4.12	3.97	3.87	3.79	3.73	3.68	3.64	3.57	3.51	3.44	3.41	3.38	3.34	3.30	3.27	3.23
8	5.32	4.46	4.07	3.84	3.69	3.58	3.50	3.44	3.39	3.35	3.28	3.22	3.15	3.12	3.08	3.04	3.01	2.97	2.93
9	5.12	4.26	3.86	3.63	3.48	3.37	3.29	3.23	3.18	3.14	3.07	3.01	2.94	2.90	2.86	2.83	2.79	2.75	2.71
1C	4.96	4.10	3.71	3.48	3.33	3.22	3.14	3.07	3.02	2.98	2.91	2.85	2.77	2.74	2.70	2.66	2.62	2.58	2.54
11	4.84	3.98	3.59	3.36	3.20	3.09	3.01	2.95	2.90	2.85	2.79	2.72	2.65	2.61	2.57	2.53	2.49	2.45	2.40
12	4.75	3.89	3.49	3.26	3.11	3.00	2.91	2.85	2.80	2.75	2.69	2.62	2.54	2.51	2.47	2.43	2.38	2.34	2.30
13	4.67	3.81	3.41	3.18	3.03	2.92	2.83	2.77	2.71	2.67	2.60	2.53	2.46	2.42	2.38	2.34	2.30	2.25	2.21
14	4.60	3.74	3.34	3.11	2.96	2.85	2.76	2.70	2.65	2.60	2.53	2.46	2.39	2.35	2.31	2.27	2.22	2.18	2.13
15	4.54	3.68	3.29	3.06	2.90	2.79	2.71	2.64	2.59	2.54	2.48	2.40	2.33	2.29	2.25	2.20	2.16	2.11	2.07
16	4.49	3.63	3.24	3.01	2.85	2.74	2.66	2.59	2.54	2.49	2.42	2.35	2.28	2.24	2.19	2.15	2.11	2.06	2.01
17	4.45	3.59	3.20	2.96	2.81	2.70	2.61	2.55	2.49	2.45	2.38	2.31	2.23	2.19	2.15	2.10	2.06	2.01	1.96
18	4.41	3.55	3.16	2.93	2.77	2.66	2.58	2.51	2.46	2.41	2.34	2.27	2.19	2.15	2.11	2.06	2.02	1.97	1.92
19	4.38	3.52	3.13	2.90	2.74	2.63	2.54	2.48	2.42	2.38	2.31	2.23	2.16	2.11	2.07	2.03	1.98	1.93	1.88
20	4.35	3.49	3.10	2.87	2.71	2.60	2.51	2.45	2.39	2.35	2.28	2.20	2.12	2.08	2.04	1.99	1.95	1.90	1.84
21	4.32	3.47	3.07	2.84	2.68	2.57	2.49	2.42	2.37	2.32	2.25	2.18	2.10	2.05	2.01	1.96	1.92	1.87	1.81
22	4.30	3.44	3.05	2.82	2.66	2.55	2.46	2.40	2.34	2.30	2.23	2.15	2.07	2.03	1.98	1.94	1.89	1.84	1.78
23	4.28	3.42	3.03	2.80	2.64	2.53	2.44	2.37	2.32	2.27	2.20	2.13	2.05	2.01	1.96	1.91	1.86	1.81	1.76
24	4.26	3.40	3.01	2.78	2.62	2.51	2.42	2.36	2.30	2.25	2.18	2.11	2.03	1.98	1.94	1.89	1.84	1.79	1.73
25	4.24	3.39	2.99	2.76	2.60	2.49	2.40	2.34	2.28	2.24	2.16	2.09	2.01	1.96	1.92	1.87	1.82	1.77	1.71
26	4.23	3.37	2.98	2.74	2.59	2.47	2.39	2.32	2.27	2.22	2.15	2.07	1.99	1.95	1.90	1.85	1.80	1.75	1.69
27	4.21	3.35	2.96	2.73	2.57	2.46	2.37	2.31	2.25	2.20	2.13	2.06	1.97	1.93	1.88	1.84	1.79	1.73	1.67
28	4.20	3.34	2.95	2.71	2.56	2.45	2.36	2.29	2.24	2.19	2.12	2.04	1.96	1.91	1.87	1.82	1.77	1.71	1.65
29	4.18	3.33	2.93	2.70	2.55	2.43	2.35	2.28	2.22	2.18	2.10	2.03	1.94	1.90	1.85	1.81	1.75	1.70	1.64
30	4.17	3.32	2.92	2.69	2.53	2.42	2.33	2.27	2.21	2.16	2.09	2.01	1.93	1.89	1.84	1.79	1.74	1.68	1.62
40	4.08	3.23	2.84	2.61	2.45	2.34	2.25	2.18	2.12	2.08	2.00	1.92	1.84	1.79	1.74	1.69	1.64	1.58	1.51
60	4.00	3.15	2.76	2.53	2.37	2.25	2.17	2.10	2.04	1.99	1.92	1.84	1.75	1.70	1.65	1.59	1.53	1.47	1.39
120	3.92	3.07	2.68	2.45	2.29	2.18	2.09	2.02	1.96	1.91	1.83	1.75	1.66	1.61	1.55	1.50	1.43	1.35	1.25
∞	3.84	3.00	2.60	2.37	2.21	2.10	2.01	1.94	1.88	1.83	1.75	1.67	1.57	1.52	1.46	1.39	1.32	1.22	1.00

续附表 5

α = 0.01

n_1 / n_2	1	2	3	4	5	6	7	8	9	10	12	15	20	24	30	40	60	120	∞
1	4 052	5 000	5 403	5 625	5 764	5 859	5 928	5 981	6 022	6 056	6 106	6 157	6 209	6 235	6 261	6 287	6 313	6 339	6 366
2	98.50	99.00	99.17	99.25	99.30	99.33	99.36	99.37	99.39	99.40	99.42	99.43	99.45	99.46	99.47	99.47	99.48	99.49	99.50
3	34.12	30.82	29.46	28.71	28.24	27.91	27.67	27.49	27.35	27.23	27.05	26.87	26.69	26.60	26.50	26.41	26.32	26.22	26.13
4	21.20	18.00	16.69	15.98	15.52	15.21	14.98	14.80	14.66	14.55	14.37	14.20	14.02	13.93	13.84	13.75	13.65	13.56	13.46
5	16.26	13.27	12.06	11.39	10.97	10.67	10.46	10.29	10.16	10.05	9.89	9.72	9.55	9.47	9.38	9.29	9.20	9.11	9.02
6	13.75	10.92	9.78	9.15	8.75	8.47	8.26	8.10	7.98	7.87	7.72	7.56	7.40	7.31	7.23	7.14	7.06	6.97	6.88
7	12.25	9.55	8.45	7.85	7.46	7.19	6.99	6.84	6.72	6.62	6.47	6.31	6.16	6.07	5.99	5.91	5.82	5.74	5.65
8	11.26	8.65	7.59	7.01	6.63	6.37	6.18	6.03	5.91	5.81	5.67	5.52	5.36	5.28	5.20	5.12	5.03	4.95	4.86
9	10.56	8.02	6.99	6.42	6.06	5.80	5.61	5.47	5.35	5.26	5.11	4.96	4.81	4.73	4.65	4.57	4.48	4.40	4.31
10	10.04	7.56	6.55	5.99	5.64	5.39	5.20	5.06	4.94	4.85	4.71	4.56	4.41	4.33	4.25	4.17	4.08	4.00	3.91
11	9.65	7.21	6.22	5.67	5.32	5.07	4.89	4.74	4.63	4.54	4.40	4.25	4.10	4.02	3.94	3.86	3.78	3.69	3.60
12	9.33	6.93	5.95	5.41	5.06	4.82	4.64	4.50	4.39	4.30	4.16	4.01	3.86	3.78	3.70	3.62	3.54	3.45	3.36
13	9.07	6.70	5.74	5.21	4.86	4.62	4.44	4.30	4.19	4.10	3.96	3.82	3.66	3.59	3.51	3.43	3.34	3.25	3.17
14	8.86	6.51	5.56	5.04	4.69	4.46	4.28	4.14	4.03	3.94	3.80	3.66	3.51	3.43	3.35	3.27	3.18	3.09	3.00
15	8.68	6.36	5.42	4.89	4.56	4.32	4.14	4.00	3.89	3.80	3.67	3.52	3.37	3.29	3.21	3.13	3.05	2.96	2.87
16	8.53	6.23	5.29	4.77	4.44	4.20	4.03	3.89	3.78	3.69	3.55	3.41	3.26	3.18	3.10	3.02	2.93	2.84	2.75
17	8.40	6.11	5.18	4.67	4.34	4.10	3.93	3.79	3.68	3.59	3.46	3.31	3.16	3.08	3.00	2.92	2.83	2.75	2.65
18	8.29	6.01	5.09	4.58	4.25	4.01	3.84	3.71	3.60	3.51	3.37	3.23	3.08	3.00	2.92	2.84	2.75	2.66	2.57
19	8.18	5.93	5.01	4.50	4.17	3.94	3.77	3.63	3.52	3.43	3.30	3.15	3.00	2.92	2.84	2.76	2.67	2.58	2.49
20	8.10	5.85	4.94	4.43	4.10	3.87	3.70	3.56	3.46	3.37	3.23	3.09	2.94	2.86	2.78	2.69	2.61	2.52	2.42
21	8.02	5.78	4.87	4.37	4.04	3.81	3.64	3.51	3.40	3.31	3.17	3.03	2.88	2.80	2.72	2.64	2.55	2.46	2.36
22	7.95	5.72	4.82	4.31	3.99	3.76	3.59	3.45	3.35	3.26	3.12	2.98	2.83	2.75	2.67	2.58	2.50	2.40	2.31
23	7.88	5.66	4.76	4.26	3.94	3.71	3.54	3.41	3.30	3.21	3.07	2.93	2.78	2.70	2.62	2.54	2.45	2.35	2.26
24	7.82	5.61	4.72	4.22	3.90	3.67	3.50	3.36	3.26	3.17	3.03	2.89	2.74	2.66	2.58	2.49	2.40	2.31	2.21
25	7.77	5.57	4.68	4.18	3.85	3.63	3.46	3.32	3.22	3.13	2.99	2.85	2.70	2.62	2.54	2.45	2.36	2.27	2.17
26	7.72	5.53	4.64	4.14	3.82	3.59	3.42	3.29	3.18	3.09	2.96	2.81	2.66	2.58	2.50	2.42	2.33	2.23	2.13
27	7.68	5.49	4.60	4.11	3.78	3.56	3.39	3.26	3.15	3.06	2.93	2.78	2.63	2.55	2.47	2.38	2.29	2.20	2.10
28	7.64	5.45	4.57	4.07	3.75	3.53	3.36	3.23	3.12	3.03	2.90	2.75	2.60	2.52	2.44	2.35	2.26	2.17	2.06
29	7.60	5.42	4.54	4.04	3.73	3.50	3.33	3.20	3.09	3.00	2.87	2.73	2.57	2.49	2.41	2.33	2.23	2.14	2.03
30	7.56	5.39	4.51	4.02	3.70	3.47	3.30	3.17	3.07	2.98	2.84	2.70	2.55	2.47	2.39	2.30	2.21	2.11	2.01
40	7.31	5.18	4.31	3.83	3.51	3.29	3.12	2.99	2.89	2.80	2.66	2.52	2.37	2.29	2.20	2.11	2.02	1.92	1.80
60	7.08	4.98	4.13	3.65	3.34	3.12	2.95	2.82	2.72	2.63	2.50	2.35	2.20	2.12	2.03	1.94	1.84	1.73	1.60
120	6.85	4.79	3.95	3.48	3.17	2.96	2.79	2.66	2.56	2.47	2.34	2.19	2.03	1.95	1.86	1.76	1.66	1.53	1.38
∞	6.63	4.61	3.78	3.32	3.02	2.80	2.64	2.51	2.41	2.32	2.18	2.04	1.88	1.79	1.70	1.59	1.47	1.32	1.00

附表 6　　　　　　　**复相关系数 R_α（或相关系数 r_α）显著性检验临界值表**

$$\alpha = 0.05$$

样本容量	自变量个数 p											
n	1	2	3	4	5	6	7	8	9	10	11	12
10	0.632	0.758	0.839	0.898	0.942	0.973	0.993	1.000	1.000	1.000	1.000	1.000
11	0.602	0.726	0.807	0.867	0.914	0.950	0.977	0.994	1.000	1.000	1.000	1.000
12	0.576	0.697	0.777	0.838	0.886	0.925	0.956	0.979	0.994	1.000	1.000	1.000
13	0.553	0.671	0.750	0.811	0.860	0.900	0.934	0.961	0.982	0.995	1.000	1.000
14	0.532	0.648	0.726	0.786	0.835	0.876	0.911	0.941	0.965	0.983	0.995	1.000
15	0.514	0.627	0.703	0.763	0.812	0.854	0.889	0.920	0.946	0.968	0.985	0.996
16	0.497	0.608	0.683	0.741	0.790	0.832	0.868	0.900	0.927	0.951	0.971	0.986
17	0.482	0.590	0.664	0.722	0.770	0.812	0.848	0.880	0.909	0.933	0.955	0.973
18	0.468	0.574	0.646	0.703	0.751	0.792	0.829	0.861	0.890	0.916	0.938	0.958
19	0.456	0.559	0.630	0.686	0.733	0.774	0.811	0.843	0.872	0.898	0.922	0.943
20	0.444	0.545	0.615	0.670	0.717	0.757	0.793	0.826	0.855	0.882	0.906	0.927
21	0.433	0.532	0.601	0.655	0.701	0.741	0.777	0.809	0.839	0.865	0.890	0.912
22	0.423	0.520	0.587	0.641	0.687	0.726	0.762	0.794	0.823	0.850	0.874	0.897
23	0.413	0.509	0.575	0.628	0.673	0.712	0.747	0.779	0.808	0.835	0.859	0.882
24	0.404	0.498	0.563	0.615	0.660	0.698	0.733	0.765	0.794	0.820	0.845	0.867
25	0.396	0.488	0.552	0.604	0.647	0.686	0.720	0.751	0.780	0.806	0.831	0.854
26	0.388	0.479	0.542	0.593	0.636	0.673	0.707	0.738	0.767	0.793	0.818	0.840
27	0.381	0.470	0.532	0.582	0.624	0.662	0.696	0.726	0.754	0.780	0.805	0.828
28	0.374	0.462	0.523	0.572	0.614	0.651	0.684	0.714	0.742	0.768	0.793	0.815
29	0.367	0.454	0.514	0.562	0.604	0.640	0.673	0.703	0.731	0.757	0.781	0.803
30	0.361	0.446	0.506	0.553	0.594	0.630	0.663	0.693	0.720	0.746	0.769	0.792
31	0.355	0.439	0.498	0.545	0.585	0.621	0.653	0.682	0.710	0.735	0.759	0.781
32	0.349	0.432	0.490	0.536	0.576	0.612	0.643	0.673	0.699	0.725	0.748	0.770
33	0.344	0.425	0.483	0.529	0.568	0.603	0.634	0.663	0.690	0.715	0.738	0.760
34	0.339	0.419	0.476	0.521	0.560	0.594	0.626	0.654	0.681	0.705	0.728	0.750
35	0.334	0.413	0.469	0.514	0.552	0.586	0.617	0.645	0.672	0.696	0.719	0.741
40	0.312	0.387	0.439	0.482	0.518	0.550	0.580	0.607	0.631	0.655	0.677	0.698
45	0.294	0.365	0.414	0.455	0.489	0.520	0.548	0.574	0.598	0.620	0.641	0.661
50	0.279	0.346	0.393	0.432	0.465	0.494	0.521	0.546	0.569	0.590	0.610	0.630
55	0.266	0.330	0.375	0.412	0.444	0.472	0.498	0.521	0.543	0.564	0.584	0.602
60	0.254	0.316	0.359	0.395	0.425	0.453	0.477	0.500	0.521	0.541	0.560	0.578
70	0.235	0.292	0.333	0.366	0.394	0.420	0.443	0.464	0.484	0.503	0.520	0.537
80	0.220	0.274	0.312	0.343	0.369	0.393	0.415	0.435	0.454	0.471	0.488	0.504
90	0.207	0.258	0.294	0.323	0.349	0.371	0.392	0.411	0.428	0.445	0.461	0.476
100	0.197	0.245	0.279	0.307	0.331	0.352	0.372	0.390	0.407	0.423	0.438	0.452

$\alpha = 0.01$ 续附表 6

样本容量	自变量个数 p											
n	1	2	3	4	5	6	7	8	9	10	11	12
10	0.765	0.855	0.911	0.949	0.975	0.991	0.999	1.000	1.000	1.000	1.000	1.000
11	0.735	0.827	0.885	0.927	0.957	0.979	0.992	0.999	1.000	1.000	1.000	1.000
12	0.708	0.800	0.860	0.904	0.938	0.963	0.981	0.993	0.999	1.000	1.000	1.000
13	0.684	0.776	0.837	0.882	0.918	0.946	0.967	0.984	0.994	0.999	1.000	1.000
14	0.661	0.753	0.814	0.861	0.898	0.928	0.952	0.971	0.985	0.995	0.999	1.000
15	0.641	0.732	0.793	0.840	0.878	0.909	0.935	0.957	0.974	0.987	0.995	0.999
16	0.623	0.712	0.773	0.821	0.859	0.891	0.919	0.942	0.961	0.976	0.988	0.995
17	0.606	0.694	0.755	0.802	0.841	0.874	0.902	0.926	0.947	0.964	0.978	0.989
18	0.590	0.677	0.737	0.785	0.824	0.857	0.886	0.911	0.932	0.951	0.967	0.980
19	0.575	0.662	0.721	0.768	0.807	0.841	0.870	0.895	0.918	0.938	0.955	0.969
20	0.561	0.647	0.706	0.752	0.791	0.825	0.855	0.881	0.904	0.924	0.942	0.958
21	0.549	0.633	0.691	0.738	0.776	0.810	0.840	0.866	0.889	0.911	0.929	0.946
22	0.537	0.620	0.678	0.724	0.762	0.796	0.825	0.852	0.876	0.897	0.916	0.934
23	0.526	0.607	0.665	0.710	0.749	0.782	0.812	0.838	0.862	0.884	0.904	0.922
24	0.515	0.596	0.652	0.697	0.736	0.769	0.799	0.825	0.849	0.871	0.891	0.910
25	0.505	0.585	0.641	0.685	0.723	0.757	0.786	0.813	0.837	0.859	0.879	0.898
26	0.496	0.574	0.630	0.674	0.712	0.745	0.774	0.801	0.825	0.847	0.867	0.886
27	0.487	0.565	0.619	0.663	0.700	0.733	0.762	0.789	0.813	0.835	0.856	0.875
28	0.479	0.555	0.609	0.653	0.690	0.722	0.751	0.778	0.802	0.824	0.844	0.864
29	0.471	0.546	0.600	0.643	0.679	0.711	0.740	0.767	0.791	0.813	0.834	0.853
30	0.463	0.538	0.590	0.633	0.669	0.701	0.730	0.756	0.780	0.802	0.823	0.842
31	0.456	0.529	0.582	0.624	0.660	0.692	0.720	0.746	0.770	0.792	0.813	0.832
32	0.449	0.522	0.573	0.615	0.651	0.682	0.711	0.736	0.760	0.782	0.803	0.822
33	0.442	0.514	0.565	0.607	0.642	0.673	0.701	0.727	0.751	0.773	0.793	0.812
34	0.436	0.507	0.558	0.598	0.633	0.664	0.692	0.718	0.741	0.763	0.784	0.803
35	0.430	0.500	0.550	0.591	0.625	0.656	0.684	0.709	0.733	0.754	0.775	0.794
40	0.403	0.469	0.517	0.556	0.589	0.618	0.645	0.670	0.692	0.713	0.733	0.752
45	0.380	0.444	0.489	0.526	0.558	0.586	0.612	0.636	0.658	0.678	0.697	0.716
50	0.361	0.422	0.465	0.501	0.532	0.559	0.584	0.606	0.628	0.647	0.666	0.684
55	0.345	0.403	0.445	0.479	0.508	0.535	0.559	0.581	0.601	0.620	0.639	0.656
60	0.330	0.386	0.427	0.460	0.488	0.513	0.537	0.558	0.578	0.596	0.614	0.631
70	0.306	0.358	0.396	0.427	0.454	0.478	0.499	0.519	0.538	0.556	0.572	0.588
80	0.286	0.336	0.371	0.400	0.426	0.448	0.469	0.488	0.506	0.522	0.538	0.553
90	0.270	0.317	0.351	0.378	0.402	0.424	0.443	0.461	0.478	0.494	0.509	0.524
100	0.256	0.301	0.333	0.359	0.382	0.403	0.422	0.439	0.455	0.470	0.485	0.498